Inorganic and Analytical Chemistry

无机及分析化学

主编 韩晓霞 倪刚

WUHAN UNIVERSITY PRESS
武汉大学出版社

图书在版编目(CIP)数据

无机及分析化学/韩晓霞,倪刚主编.—武汉:武汉大学出版社,2021.5
(2023.8 重印)
ISBN 978-7-307-22146-8

Ⅰ.无…　Ⅱ.①韩…　②倪…　Ⅲ.①无机化学—高等学校—教材
②分析化学—高等学校—教材　Ⅳ.①O61　②O65

中国版本图书馆 CIP 数据核字(2021)第 032940 号

责任编辑:林　莉　喻　叶　　责任校对:汪欣怡　　版式设计:马　佳

出版发行:**武汉大学出版社**　(430072　武昌　珞珈山)
(电子邮箱:cbs22@whu.edu.cn　网址:www.wdp.com.cn)
印刷:湖北恒泰印务有限公司
开本:787×1092　1/16　　印张:21.25　　字数:501 千字　　插页:1
版次:2021 年 5 月第 1 版　　2023 年 8 月第 2 次印刷
ISBN 978-7-307-22146-8　　定价:49.00 元

前　言

　　教材建设是提高教学质量，培养合格人才的重要措施之一。为适应教学体系改革的需要，我们在多年"无机及分析化学"教学实践的基础上，参考了大量农林院校教材后编写了这本书。本书适用于农林院校各专业"无机及分析化学"的教学。也可供医学、水产类院校师生参考。

　　本书每章后均附有阅读材料，内容涉及面广，通过对知识传授、能力培养与价值引领的有机统一，开阔学生视野，启迪学生思维，激发学生的学习兴趣，培养学生的科学精神和进取精神。每章后的习题循序渐进，形式多样，有利于学生巩固所学内容。

　　本书的编写与出版是在宁夏回族自治区"化学工程与技术"国内一流学科建设项目（CET-TX—2017A01）与"化学"一流专业建设项目的支持下完成的。

　　参与本书编写的有杨庆风（第1章，宁夏大学）、李莉（第2章，宁夏大学）、杨文远（第3章，宁夏大学）、韩晓霞、倪刚、祁晓津（第4章，宁夏大学中国矿业大学银川分校）、王玲（第5章，宁夏大学）、马景新（第6章，宁夏大学）、韩晓霞（第7章，宁夏大学）、李冰（第8章，宁夏大学）、田华（第9章，宁夏大学）、王泽云（第10章，宁夏大学）、马艳蓉（第11章，北方民族大学）、韩晓霞、倪刚（第12章，宁夏大学）。

　　由于编者水平有限，编写时间仓促，错误不妥之处在所难免。恳请读者不吝指正。

编者

2019年8月

目　　录

第1章 物质的聚集状态

物质由分子组成，通常情况下以气态、液态和固态三种不同的聚集状态存在，在特殊条件下，还可以以等离子体态存在。组成物质的分子是不停地运动的，并且分子间存在着相互作用力。固体内部粒子的相互作用力最强，液体次之，气体最弱。温度升高时，分子热运动加剧，物质的宏观状态就可能发生变化，由一种聚集状态变为另一种聚集状态。当温度足够高时，外界提供的能量足以破坏分子中的原子核和电子的结合，气体就电离成自由电子和正离子，即形成物质的第四态——等离子态。

当物质处于不同的聚集状态时，其物理性质和化学性质是不同的，本章将概括地介绍气体和溶液的基本性质和变化规律。

1.1 气体

1.1.1 理想气体状态方程

气体的基本特征是它的扩散性和可压缩性。一定温度下的气体常用其压力或体积进行计量。在压力不太高(小于101.325kPa)、温度不太低(大于0℃)的情况下，气体分子本身的体积和分子之间的作用力可以忽略，气体的体积、压力和温度之间具有以下关系式：

$$pV = nRT \qquad (1\text{-}1)$$

式(1-1)称为理想气体状态方程(state equation of ideal gas)。式中：p 为气体的压力，SI(国际单位制)单位为 Pa；V 为气体的体积，SI 单位为 m^3；n 为物质的量，SI 单位为 mol；T 为气体的热力学温度，SI 单位为 K；R 为摩尔气体常数。

R 的数值及单位可用下面的方法来确定：已知在标准状况($p = 101.325kPa$，$T = 273.15K$)下，1mol 气体的体积为 $22.414 \times 10^{-3} m^3$，则：

$$R = \frac{pV}{nT} = \frac{101.325 \times 10^3 Pa \times 22.414 \times 10^{-3} m^3}{1mol \times 273.15K}$$

$$= 8.314 Pa \cdot m^3 \cdot mol^{-1} \cdot K^{-1}$$

$$= 8.314 kPa \cdot L \cdot mol^{-1} \cdot K^{-1}$$

$$= 8.314 J \cdot mol^{-1} \cdot K^{-1} \qquad (1Pa \cdot m^3 = 1J)$$

理想气体状态方程还可表示为另外的形式：

$$pV = \frac{m}{M}RT \qquad (1\text{-}2)$$

1

$$pM = \rho RT \tag{1-3}$$

式中：m 为气体的质量；M 为摩尔质量；ρ 为密度。利用式(1-1)、式(1-2)和式(1-3)可进行一些有关气体的计算。要注意的是，计算时要保持 p，V 与 R 单位的统一。

例 1-1　一学生在实验室中于 73.3kPa 和 25℃ 条件下收集 250mL 气体，分析天平上称得净质量为 0.118g，求该气体的相对分子质量。

解：根据式(1-2)

$$M = \frac{mRT}{PV}$$

$$= \frac{0.118\text{g} \times 8.314\text{kPa} \cdot \text{L} \cdot \text{mol}^{-1} \cdot \text{K}^{-1} \times 298\text{K}}{73.3\text{kPa} \times 0.250\text{L}}$$

$$= 16.0\text{g} \cdot \text{mol}^{-1}$$

1.1.2　分压定律

在生产、科学实验和日常生活中所遇到的气体通常是气体混合物。气体的特性是能均匀地充满它占有的全部空间，容器内的混合气体只要不发生化学反应(或反应已达到平衡)，其中任一组分，分子之间的作用力可以忽略，如同该组分气体单独存在时一样，均匀地分布在整个容器中。

一定温度下某组分气体占据与混合气体相同体积时所具有的压力称为该组分气体的分压。1801 年，道尔顿(Dalton J.)通过实验发现：混合气体的总压力等于各组分气体分压力之和。这一关系被称为道尔顿分压定律(Partial Pressure of Dalton)，可表示为：

$$p(总) = p(A) + p(B) + p(C) \tag{1-4}$$

式中：$p(总)$ 为混合气体的总压；$p(A)$、$p(B)$、$p(C)$ 分别为组分气体 A、B、C 的分压。

理想气体状态方程不仅适用于单组分理想气体，也适用于多组分的混合理想气体。

根据理想气体状态方程

$$p(总) = \frac{n(总)}{V}RT$$

$$p(B) = \frac{n(B)}{V}RT$$

将上两式相除得　　　　　　　$$\frac{p(B)}{p(总)} = \frac{n(B)}{n(总)} = x(B)$$

式中：$x(B)$ 为 B 组分气体的摩尔分数，则

$$p(B) = x(B) \cdot p(总) \tag{1-5}$$

式(1-5)表示混合气体某组分的分压力等于该组分的摩尔分数与混合气体总压力的乘积。这是分压定律的另一种数学表达式。

应当指出，只有理想气体才严格遵守道尔顿分压定律，实际气体只有在低压和高温下

才近似地遵守此规律。在本门课程中，把气体均近似作为理想气体进行讨论。在实际反应中，直接测定各组分气体的分压较困难。而测定某一组分气体的摩尔分数及混合气体的总压较方便，故通常需用式(1-5)来计算各组分气体的分压。

在同温同压的条件下，气体的体积与其物质的量成正比，因此混合气体中组分 i 的体积分数等于其摩尔分数，即

$$\frac{V(B)}{V(总)} = \frac{n(B)}{n(总)} \tag{1-6}$$

式中：$V(B)$ 和 $V(总)$ 分别表示组分 B 的体积和混合气体的总体积。

将式(1-6)代入式(1-5)，可得：

$$p(B) = p(总)\frac{V(B)}{V(总)} \tag{1-7}$$

该式表明同温同压下，混合气体某组分 B 的分压等于组分 B 的体积分数与混合气体总压之乘积。

例 1-2 冬季草原上的空气主要含氮气、氧气和氩气。在压力为 9.9×10^4Pa 及温度为 $-20℃$ 时，收集的一份空气试样经测定其中氮气、氧气和氩气的体积分数分别为 0.790、0.20、0.010。计算收集试样时各气体的分压。

解： 根据式(1-7)

$$p(B) = p(总)\frac{V(B)}{V(总)}$$

$$p(N_2) = 0.79p_{(总)} = 0.790\times9.9\times10^4 = 7.82\times10^4(Pa)$$

$$p(O_2) = 0.20p_{(总)} = 0.20\times9.9\times10^4 = 1.98\times10^4(Pa)$$

$$p(Ar) = 0.010p_{(总)} = 0.010\times9.9\times10^4 = 0.099\times10^4(Pa)$$

1.2 液体

1.2.1 分散系

由一种或几种物质分散到另一种物质中所形成的体系叫分散体系(disperse system)，简称分散系。其中被分散的物质称为分散质(dispersate)，又称分散相(disperse phase)；起分散作用的物质称为分散剂(dispersant)，又称分散介质(disperse medium)。例如，蔗糖颗粒分散到水中形成的糖水，水蒸气分散在空气中形成的雾，奶油、蛋白质、乳糖分散到水中形成的牛奶等都属于分散体系。在分散系内，分散质和分散剂可以是固体、液体或气体。

按照分散相粒子大小不同，常把分散系分为三类：小分子或离子分散系、胶体分散系和粗分散系，见表1-1。

表 1-1　　　　　　　　　　　　　按分散相粒子大小分类的各种分散系

分散相粒子直径(nm)	分散系类型		分散相	主要特征		实　例
<1	小分子或离子分散系		小分子或离子	稳定、扩散快、粒子能透过半透膜	单相系统	氯化钠、氢氧化钠等水溶液
1~100	胶体分散系	高分子溶液	高分子	稳定、扩散慢、粒子不能透过半透膜		蛋白质、核酸水溶液、橡胶的苯溶液
		溶胶	分子、离子、原子的聚集体	较稳定、扩散慢、粒子不能透过半透膜	多相系统	氢氧化铁、碘化银溶胶
>100	粗分散系	乳浊液、悬浊液	分子的大集合体	不稳定、扩散很慢、粒子不能透过滤纸		乳汁、泥浆

系统中任何一个均匀的(组成均一)部分称为一个相。在同一相内,其物理性质和化学性质完全相同,相与相之间有明确的界面分隔。只有一个相的系统称为单相系统或均相系统,有两个或两个以上相的系统称为多相系统。表 1-1 中小分子或离子分散系为均相系统,溶胶和粗分散系属于多相系统。三种分散系之间虽然有明显的区别,但是没有截然的界限,三者之间的过渡是渐变的。实际上,已经发现颗粒直径为 500nm 的分散系也表现出溶胶的性质。

1.2.2　溶液浓度的表示方法

分散质以小分子、离子或原子为质点均匀地分散在分散剂中所形成的分散系称为溶液(solution)。溶液可分为固态溶液(如某些合金)、气态溶液(如空气)和液态溶液。其中最常见最重要的是液态溶液,特别是以水为溶剂的水溶液。

溶液的浓度是指溶液中溶质的含量,其表示方法可分为两大类:一类是用溶质和溶剂的相对量表示;另一类是用溶质和溶液的相对量表示。由于溶质、溶剂或溶液使用的单位不同,浓度的表示方法也不同,常用的有物质的量浓度、摩尔分数、质量摩尔浓度和质量分数等。

1. 物质的量浓度

溶液中溶质 B 的物质的量除以混合物的体积,称为物质 B 的物质的量浓度,简称为浓度,用符号"$c(B)$"表示,即

$$c(B) = \frac{n(B)}{V} \tag{1-8}$$

式中:n_B 为物质 B 的物质的量,SI 单位为 mol,V 为混合物的体积,SI 单位为 m^3。体积常用的非 SI 单位为 L,故浓度的常用单位为 $mol \cdot L^{-1}$。

若溶质 B 的质量为 $m(B)$,摩尔质量为 $M(B)$,则

$$c(B) = \frac{m(B)/M(B)}{V}$$

由于 $c_{(B)}$ 是由物质的量 n 导出的量，使用时必须指明基本单元。选择的基本粒子可以是分子、原子、离子、电子及其它粒子或这些粒子的特定组合，如 H_2SO_4、$\frac{1}{2}H_2SO_4$、$\frac{1}{6}$ $K_2Cr_2O_7$ 等。选择基本粒子组合单位形式即为基本单元，基本单元不同，物质的量的数值不同。基本单元一般注在物理量符号后面的括号内。例如 $c(H_2SO_4) = 0.10mol \cdot L^{-1}$ 与 $c(1/2H_2SO_4) = 0.10mol \cdot L^{-1}$ 的两个溶液，它们浓度数值虽然相同，但是，它们所表示 1L 溶液中所含 H_2SO_4 的物质的量是不同的，分别为 0.10mol 和 0.050mol。除系统的物质的量、物质的量浓度外，需注明基本单元的量还有质量摩尔浓度和摩尔质量等。

2. 质量摩尔浓度

溶液中溶质 B 的物质的量除以溶剂的质量，称为溶质 B 的质量摩尔浓度，用符号"$b(B)$"表示，即

$$b(B) = \frac{n(B)}{m(A)} = \frac{m(B)}{M(B) \cdot m(A)} \tag{1-9}$$

式中：$n(B)$ 表示溶质的物质的量，$m(A)$ 表示溶剂的质量，$b(B)$ 的单位是 $mol \cdot kg^{-1}$。

例如，将 18.0g 葡萄糖溶于 1000.0g 水中，此溶液中葡萄糖的质量摩尔浓度为 0.100mol $\cdot kg^{-1}$。质量摩尔浓度与体积无关，故不受温度变化的影响，常用于稀溶液依数性的研究。对于较稀的水溶液（$b(B) < 0.100mol \cdot kg^{-1}$）来说，$b(B)$ 与 $c(B)$ 的数值近似相等。

3. 物质的量分数

溶液中溶质 B 的物质的量与混合物的物质的量之比称为组分 B 的物质的量分数，又称为摩尔分数，用符号 $x(B)$ 表示，量纲为 1，即

$$x(B) = \frac{n(B)}{n} \tag{1-10}$$

式中：$n(B)$ 为组分 B 的物质的量，n 为溶液中各组分的总物质的量。

对于双组分系统的溶液来说，若溶质的物质的量为 $n(B)$，溶剂的物质的量为 $n(A)$，则其摩尔分数分别为：

$$x(B) = \frac{n(B)}{n(A) + n(B)}$$

$$x(A) = \frac{n(A)}{n(A) + n(B)}$$

显然，$x(A) + x(B) = 1$

对于多组分系统的溶液来说，则有 $\sum x_i = 1$

4. 质量分数

溶质 B 的质量与溶液总质量之比称为溶质 B 的质量分数，用符号 $w(B)$ 表示，量纲为

1，即

$$w(B) = \frac{m(B)}{m} \quad (1\text{-}11)$$

式中：$m(B)$ 为溶质 B 的质量，m 为溶液总质量。

质量分数的结果可用小数或"某数$\times 10^{-n}$"表示，常用%代表 10^{-2}，例如：$w(HCl) = 0.37$，指 HCl 的质量分数为 0.37，也可以表示为 37%。

例 1-3 将 8.34g Na_2CO_3 溶于水，配制 200mL Na_2CO_3 溶液，此溶液的密度为 1.04g·mL^{-1}，求该溶液的(1)质量分数 $w(Na_2CO_3)$；(2)摩尔分数 $x(Na_2CO_3)$；(3)质量摩尔浓度 $b(Na_2CO_3)$；(4)物质的量浓度 $c(Na_2CO_3)$。

解： (1)根据题意 $w(Na_2CO_3) = \dfrac{m(Na_2CO_3)}{m} = \dfrac{m(Na_2CO_3)}{\rho V}$

$$w(Na_2CO_3) = \frac{8.34g}{1.04g \cdot mol^{-1} \times 200mL} = 4.01 \times 10^{-2}$$

(2)由于 $x(B) = \dfrac{n(B)}{n}$

$$x(Na_2CO_3) = \frac{n(Na_2CO_3)}{n(Na_2CO_3) + n(H_2O)}$$

$$= \frac{\dfrac{8.34g}{106g \cdot mol^{-1}}}{\dfrac{8.34g}{106g \cdot mol^{-1}} + \dfrac{1.04g \cdot mL^{-1} \times 200mL - 8.34g}{18g \cdot mol^{-1}}}$$

$$= 0.00704$$

(3)根据公式 $b(B) = \dfrac{n(B)}{m(A)}$

$$b(Na_2CO_3) = \frac{\dfrac{8.34g}{106g \cdot mol^{-1}}}{1.04g \cdot mL^{-1} \times 200mL - 8.314g}$$

$$= \frac{0.0787mol}{0.1997kg}$$

$$= 0.394mol \cdot kg^{-1}$$

(4)$c(B) = \dfrac{n(B)}{V}$

$$c(Na_2CO_3) = \frac{\dfrac{8.34g}{106g \cdot mol^{-1}}}{0.2L} = 0.394mol \cdot L^{-1}$$

1.2.3 稀溶液的依数性

溶液的性质可以分为两大类：第一类如溶液的颜色、密度、导电性、酸碱性等，与溶液中溶质的本性有关；第二类性质只取决于溶液中溶质粒子的数目，而与溶质的本性无关，通常把这种性质叫做溶液的依数性（colligative properties）。溶液的依数性包括稀溶液的蒸气压下降（vapor pressure lowering）、沸点升高（boiling point elevation）、凝固点降低（freezing point depression）和稀溶液的渗透压（osmotic pressure）。当溶液为难挥发性非电解质的稀溶液时，依数性与溶液浓度之间有较好的定量关系。

1. 溶液的蒸气压下降

一定温度下，将一种纯溶剂置于一个密封容器中，密闭容器内同时进行着液体的蒸发与凝聚过程。当蒸发速度与凝结速度相等时，液体上方的蒸气所具有的压力称为溶剂在该温度下的饱和蒸气压，简称蒸气压（vapor pressure）（如图 1-1 所示）。蒸气压的大小表示液体分子向外逸出的趋势，它与液体的本性、温度两个因素有关，与液体的量无关。任何纯溶剂在一定温度下都有确定的蒸气压，且随温度的升高而增大。

如果在纯溶剂中加入一定量的非挥发性溶质，溶剂的表面就会被溶质粒子部分占据，溶剂的表面积相对减小，所以单位时间内逸出液面的溶剂分子数相比于纯溶剂要少。所以，达到平衡时溶液的蒸气压就比纯溶剂的饱和蒸气压低，这种现象称为溶液蒸气压下降，如图 1-2 所示。设纯溶剂的蒸气压为 p^*，溶液的蒸气压为 p，则溶液蒸气压下降 Δp 为

$$\Delta p = p^* - p \tag{1-12}$$

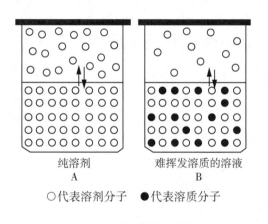

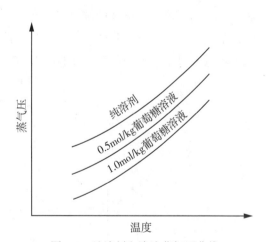

图 1-1　纯溶剂与溶液的蒸气压　　　　　图 1-2　纯溶剂和溶液蒸气压曲线

1887 年，法国物理学家拉乌尔（Raoult F. M.）根据大量实验结果提出："在一定温度下，难挥发非电解质稀溶液的蒸气压下降值与溶质 B 的摩尔分数成正比。"这一规律称为拉乌尔定律（Raoult's law），即

$$\Delta p = p^* \cdot x(B) \tag{1-13}$$

对于一个双组分溶液体系，$\Delta p = p* \cdot \dfrac{n(B)}{n(A) + n(B)}$

如果溶液非常稀 $n(A) \gg n(B)$，则 $n(A) + n(B) \approx n(A)$

$$\Delta p = p * \cdot \frac{n(\mathrm{B})}{n(\mathrm{A})} = p * \cdot \frac{n(\mathrm{B})}{m(\mathrm{A})} \cdot M(\mathrm{A})$$

在一定温度下 $p*$ 和 $M(\mathrm{A})$ 为常数，所以上式又可以写作：

$$\Delta p = K \cdot b(\mathrm{B}) \tag{1-14}$$

所以拉乌尔定律又可以表述为，在一定温度下，难挥发非电解质稀溶液的蒸气压下降值近似与溶质的质量摩尔浓度成正比，而与溶质的本性无关。

当溶质是挥发性的物质时(如乙醇加入水中)，式(1-14)仍然适用。只是 Δp 代表的是溶剂的蒸气压下降，不能表示溶液蒸气压的变化(因乙醇也易于蒸发，所以整个溶液的蒸气压等于水的蒸气压与乙醇蒸气压之和)。当溶质是电解质时，溶液的蒸气压也下降，但不遵循式(1-14)。

2. 溶液的沸点升高

液体的蒸气压随温度升高而增大，当温度升到蒸气压等于外界压力时，液体就沸腾了，此时的温度称为该液体的沸点(boiling point)。在一定外压下，任何纯液体都有确定的沸点，例如当外界压强为 $1.0 \times 10^5 \mathrm{Pa}$ 时，纯水的沸点为 373.15K(100℃)。

如果在溶剂中加入少量难挥发的非电解质，由于溶液的蒸气压在相同温度下总是低于纯溶剂的蒸气压，因此在纯溶剂的沸点(T_b^*)时，溶液的蒸气压低于外界压强，溶液不会沸腾。只有将溶液的温度升高到一定值，使溶液的蒸气压与外界压强相等时，溶液才沸腾，这时的温度即为溶液的沸点(T_b)(见图1-3)。图中曲线 AA′ 和 BB′ 分别表示纯溶剂和溶液的蒸气压随温度变化的关系。显然，溶液的沸点总是高于纯溶剂的沸点，即 $T_b > T_b^*$。溶液沸点升高值(ΔT_b)等于溶液的沸点(T_b)与纯溶剂的沸点(T_b^*)之差：

$$\Delta T_b = T_b - T_b^* \tag{1-15}$$

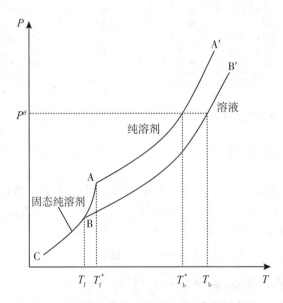

图 1-3 溶液的沸点升高和凝固点降低示意图

溶液沸点升高的根本原因是溶液的蒸气压下降。溶液浓度越大,其蒸气压下降越多,则溶液沸点升高越多,根据拉乌尔定律可以推导出:

$$\Delta T_b = K_b \cdot b(B) \tag{1-16}$$

即:难挥发非电解质稀溶液的沸点升高值近似地与溶质的质量摩尔浓度成正比,而与溶质的性质无关。式(1-16)中,K_b 是溶剂的沸点上升常数,单位为 $K \cdot kg \cdot mol^{-1}$,其大小与溶剂的性质有关,与溶质性质无关。不同的溶剂有不同的 K_b 值,它们可以理论推算,也可以由实验测得。常见溶剂的 K_b 列于表 1-2 中。

表 1-2　　　　　　　　　　　　　几种溶剂的 K_b 和 K_f

溶剂	T_b/K	$K_b/K \cdot kg \cdot mol^{-1}$	T_f/K	$K_f/K \cdot kg \cdot mol^{-1}$
水	373.15	0.52	273.15	1.86
乙酸	391.45	3.07	289.75	3.90
苯	353.35	2.53	278.66	5.12
萘	491.15	5.80	353.45	6.94
四氯化碳	351.65	4.88	—	—
环己烷	—	—	279.65	20.2

应用式(1-16)可以计算溶液的沸点或测定难挥发非电解质的摩尔质量。

例 1-4　将 34.2g 蔗糖($C_{12}H_{22}O_{11}$)溶于 2000g 水中,计算此溶液的沸点($K_b = 0.52K \cdot kg \cdot mol^{-1}$)。

解:$M(蔗糖) = 342g \cdot mol^{-1}$

$b(蔗糖) = [68.4/(342 \times 2000)] \times 1000 = 0.1(mol \cdot kg^{-1})$

$\Delta T_b(蔗糖) = 0.52 \times 0.1 = 0.052(K)$

$T_b(蔗糖) = 373.15 + 0.052 \approx 373.20(K)$

3. 溶液的凝固点下降

在一定外压下(一般指常压),物质的固相蒸气压与液相蒸气压相等,两相平衡共存时的温度称为该物质的凝固点(freezing point)。例如冰和水在 273.15K(0℃)时蒸气压相等,故水的凝固点是 273.15K,在此温度下,水和冰可以相互转化,即液体的凝固和固体的熔化处于平衡态。

溶液的凝固点,是指液体蒸气压与固态纯溶剂蒸气压相等时系统的温度,溶液凝固首先是溶液中溶剂的凝固,因此溶液的凝固点实际为溶液中溶剂的蒸气压与固态溶剂的蒸气压相等时的温度。在纯水中加入少量难挥发的非电解质后,由于溶液的蒸气压下降,在 273.15K 时,溶液的蒸气压小于冰的蒸气压,溶液和冰不能共存,欲使溶液的蒸气压等于冰的蒸气压,溶液和冰共存一体,必须降低温度。

如图 1-3 所示,T_f^* 时溶剂的蒸气压与固态溶剂的蒸气压相等,溶剂开始凝固,T_f^* 为纯溶剂的凝固点。在纯溶剂中加入少量难挥发的非电解质后，由于溶液的蒸气压降低，在纯溶剂的凝固点 T_f^* 时溶液蒸气压低于固态纯溶剂的蒸气压，此时，溶液不能凝固。当降至某温度 T_f 时，固态纯溶剂的蒸气压与溶液的蒸气压相等，此时溶液中的溶剂开始凝固，B 点对应的温度为该溶液的凝固点 T_f。因此，溶液的凝固点总是低于纯溶剂的凝固点，这种现象称为溶液的凝固点下降，溶液凝固点降低值（ΔT_f）等于纯溶剂的凝固点（T_f^*）与溶液的凝固点（T_f）之差，即

$$\Delta T_f = T_f^* - T_f \tag{1-17}$$

由此可见，溶液凝固点下降的原因也是溶液的凝固点下降。溶液浓度越大，其蒸气压下降越多，凝固点下降越多。根据拉乌尔定律可以推导出：难挥发性非电解质稀溶液的凝固点降低值 ΔT_f 近似地与溶质的质量摩尔浓度成正比，即

$$\Delta T_f = K_f \cdot b(B) \tag{1-18}$$

式中：K_f 称为溶剂的摩尔凝固点下降常数，单位为 ℃ · kg · mol^{-1} 或 K · kg · mol^{-1}，K_f 只与溶剂的性质有关。常见溶剂的 K_f 列于表 1-2 中。

K_b 和 K_f 的数值均不是在 $b(B)=1 \text{mol} \cdot \text{kg}^{-1}$ 时测定的，因为许多物质当其质量摩尔浓度远未达到 $1 \text{mol} \cdot \text{kg}^{-1}$ 时，拉乌尔定律已不适用。此外，还有许多物质的溶解度很小，根本不能形成 $1 \text{mol} \cdot \text{kg}^{-1}$ 的溶液，实际 K_b 和 K_f 值是从稀溶液性质的一些实验结果推算而出的。

应用凝固点降低法也可测定溶质的摩尔质量。比较表 1-2 中 K_f 和 K_b 的值可知，大多数溶剂的 $K_f>K_b$，所以凝固点降低法测定摩尔质量，精确度较高。

例 1-5　2.60g 尿素（分子量=60.0）溶于 50.0g 水中，试计算此溶液在常压下的凝固点和沸点。

解：

$$b(尿素) = \frac{2.60 \times 1000}{60.0 \times 50.0} = 0.867 \text{mol} \cdot \text{kg}^{-1}$$

$$\Delta T_f = K_f \cdot b(尿素) = 1.86 \times 0.867 = 1.61 \text{K}$$

$$T_f = T_f^* - \Delta T_f = 273.15 - 1.61 = 271.54 \text{K}$$

$$\Delta T_b = K_b \cdot b(尿素) = 0.512 \times 0.867 = 0.44 \text{K}$$

$$T_b = T_b^* + \Delta T_b = 373.15 + 0.44 = 373.59 \text{K}$$

例 1-6　萘 0.322g 溶于 80g 苯溶液，凝固点下降了 0.16K，求萘的摩尔质量。

解：

$$\Delta T_f = K_f \cdot b(萘) = K_f \frac{m(萘)}{M(萘) m(苯)}$$

$$M(萘) = K_f \frac{m(萘)}{\Delta T_f \cdot m(苯)} = 5.12 \cdot \frac{0.322}{0.16 \times 80 \times 10^{-3}} = 128 \text{g} \cdot \text{mol}^{-1}$$

溶液的蒸气压下降、沸点升高和凝固点降低具有广泛的用途。例如，当外界气温发生变化时，植物细胞内的有机体会产生大量可溶性碳水化合物（氨基酸、糖等），细胞液浓度增大，凝固点降低，保证了在一定的低温条件下细胞液不至结冰，植物表现出一定的防寒功能。另外，细胞液浓度增大，有利于其蒸气压的降低，从而使细胞中水分的蒸发量减少，蒸发过程变慢，因此在较高的气温下能保持一定的水分而不枯萎，表现了相当强的抗旱能力。冬季汽车水箱中常加防冻液和用于降温的制冷剂等都是凝固点降低的应用。此

外，有机化学实验中常常用测定化合物的熔点或沸点的办法来检验化合物的纯度。含有杂质的化合物其熔点比纯化合物低，沸点比纯化合物高，而且熔点的降低值和沸点的升高值与杂质含量有关。

4. 溶液的渗透压

物质自发地由高浓度向低浓度迁移的现象称为扩散(diffusion)，扩散现象不但存在于溶质与溶剂之间，它也存在于任何不同浓度的溶液之间。如果我们用一个连通器(如图1-4所示)，中间安装一种溶剂分子可以通过而溶质分子不能通过的半透膜(semi-permeable membrane)(动物肠衣、动植物细胞膜、羊皮纸及人工制的火棉胶膜等)。膜两侧分别装有相同体积的纯水(右边)和蔗糖溶液(左边)，在开始时让两侧液面等高。静置一段时间后，右侧的水面下降，而左侧的水面升高。由于膜两侧单位体积内水分子数不同，单位时间内由纯水一侧穿过半透膜的水分子比由蔗糖溶液穿过半透膜的水分子多，从表面上看只是水通过半透膜进入到糖水溶液中，于是右侧液面升高。直到两侧水分子相互扩散速度相等为止，这种溶剂分子透过半透膜进入溶液的自发过程，称为渗透作用(osmose)。

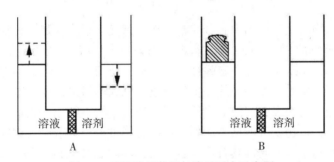

图 1-4　溶液渗透装置与渗透压力示意图

如果在蔗糖溶液的液面上施加压力，使连通器两边的液面重新持平，这时半透膜两侧水分子的进出速度相等，体系处于渗透平衡状态。为了维持渗透平衡而向溶液上方施加的最小压力称为溶液的渗透压(osmotic pressure)，用符号 π 表示，单位为 Pa 或 kPa。

产生渗透现象的必要条件是存在半透膜而且半透膜两侧溶液存在浓度差，浓度高的溶液为高渗溶液(hypertonic solution)，浓度低的溶液为低渗溶液(hypotonic solution)，浓度相等的溶液为等渗溶液(isoosmotic solution)。

1886 年，荷兰物理学家范特霍夫(Van't Hoff)总结大量实验指出，难挥发非电解质稀溶液的渗透压与溶液浓度和温度的关系是

$$\pi V = n(B)RT$$

或
$$\pi = c(B)RT \tag{1-19}$$

式中：π 是渗透压，R 是摩尔气体常数。

当溶液很稀时，则有

$$\pi = b(B)RT \tag{1-20}$$

上式表明：在一定温度下，溶液的渗透压与溶液的浓度成正比，而与溶质的本性

无关。

通过测定溶液的渗透压，可计算溶质的摩尔质量，特别是高分子化合物的摩尔质量。

例 1-7　293K 时，将 1.00g 血红素溶于水中，配制成 100mL 溶液，测得其渗透压为 366Pa。(1)求血红素的摩尔质量；(2)说明能否用其他依数性测定血红素的摩尔质量。

解：(1)
$$\pi V = n(血红素)RT$$

$$\pi = \frac{m(血红素)}{M(血红素)V}RT$$

$$M(血红素) = \frac{m(血红素)RT}{\pi V} = \frac{1.00 \times 8.314 \times 293}{366 \times 10^{-3} \times 100 \times 10^{-3}} = 6.66 \times 10^4 \text{g} \cdot \text{mol}^{-1}$$

(2)因为血红素的分子量太大，所以造成了质量摩尔浓度过小，而计算出的蒸气压的下降，沸点的升高，凝固点的降低值也很小，不容易精确测量，所以不能用其他依数性测定血红素的摩尔质量。

稀溶液的渗透压和其他依数性可以由质量摩尔浓度联系起来。

$$\frac{\pi}{RT} = \frac{\Delta T_b}{K_b} = \frac{\Delta T_f}{K_f} = \frac{\Delta p}{K} = b(B) \tag{1-21}$$

渗透作用在植物的生理活动中有着非常重要的意义。细胞膜是一种很容易透水且几乎不能透过溶解于细胞液中物质的薄膜。水进入细胞中产生相当大的压力，能使细胞膨胀，这就是植物茎、叶、花瓣等具有一定弹性的原因。它使植物能够远远地伸出它的枝叶，更好地吸收二氧化碳并接受阳光。另外，植物吸收水分和养料也是通过渗透作用，只有当土壤溶液的渗透压低于植物细胞溶液的渗透压时，植物才能不断地吸收水分和养料，促使本身生长发育；反之，植物就可能枯萎。如在根部施肥过多，会造成植物细胞脱水而枯萎。

渗透作用在动物生理上同样具有重要意义。人和动物体内的血液都要维持等渗关系，因此在向人体内血管输液时，应输入等渗溶液，如果输入高渗溶液，则红细胞中水分外渗，使之产生皱缩；如果输入低渗溶液，水自外渗入红细胞使其膨胀甚至破裂，产生溶血现象。淡水鱼不能在海洋中生活，反之亦然。

渗透作用在工业上也具有广泛的应用。例如，工业上常用"反渗透技术"进行海水淡化、污水处理及浓缩一些特殊要求的溶液。反渗透是指在溶液一方所加的额外压力超过溶液渗透压，迫使溶剂从高浓度溶液中渗出的过程。

关于稀溶液依数性的讨论，应该指出，稀溶液的依数性定律不适用于浓溶液和电解质溶液。浓溶液中溶质浓度大，溶质粒子间以及溶质与溶剂间相互影响增大，造成依数性与浓度的定量关系发生偏离。电解质溶液的蒸气压、沸点、凝固点和渗透压的变化要比相同浓度的非电解质都大，这是因为电解质在溶液中会解离产生正负离子，因此其总的粒子数大为增加，此时稀溶液的依数性取决于溶质分子、离子的总组成量度，稀溶液通性所指定的定量关系不再存在。

1.3　胶体溶液

胶体分散系是由颗粒直径在 1~100nm 的分散质组成的体系。它可分为两类：一类是高分子溶液，它是由一些高分子化合物所组成的溶液。高分子化合物因其分子结构较大，其溶液属于胶体分散系，因此它表现出许多与胶体相同的性质。事实上，它是一个均相的真溶液。另一类是胶体溶液，又称溶胶，它是由一些小分子化合物聚集成一个单独的大颗粒多相集合系统，如 $Fe(OH)_3$ 溶胶和 As_2S_3 溶胶等。本节主要讨论胶体溶液(溶胶，sol)。

溶胶是一种多相的高分散系统，具有很高的表面能。从热力学角度看，它是不稳定系统。胶体粒子有互相聚结而降低其表面能的趋势，即具有聚结不稳定性。正因这个原因，在制备溶胶时要有稳定剂存在，否则得不到稳定的溶胶。由此可见，溶胶的基本特征是：多相性、高分散性和热力学不稳定性。溶胶的各种性质都是由这些基本特征引起的。

1.3.1 溶胶的制备

要制得稳定的溶胶，需要满足两个条件：一是分散相粒子大小在合适的范围内；二是胶粒在液体介质中保持分散而不聚结，为此必须存在稳定剂。通常制备胶体的方法有分散法和凝聚法两种。

1. 分散法

分散法是将分散质大颗粒破碎或研磨，使其粒子大小达到胶体分散系的要求。常用的方法有：

(1)研磨法，用特殊的胶体磨，将粗颗粒研细；

(2)超声波法，用超声波所产生的能量来进行分散作用；

(3)电弧法，此法可制取金属溶胶，它实际上包括了分散和凝聚两个过程，既在放电时金属原子因高温而蒸发，随即又被溶液冷却而凝聚；

(4)胶溶法，它并不是把粗粒子分散成溶胶，而只是使暂时凝聚起来的分散相又重新分散开来。许多新鲜的沉淀经洗涤除去过多的电解质后，再加入少量的稳定剂，则又可制成溶胶。例如：

$$Fe(OH)_3(新鲜沉淀)\xrightarrow[\text{(稳定剂)}]{\text{加 } FeCl_3}Fe(OH)_3(溶胶)$$

2. 凝聚法

凝聚法是借助化学反应或通过改变溶剂，使单个分子或离子聚集成较大的胶体粒子。凝聚法又可分为物理凝聚法和化学凝聚法两种。

(1)物理凝聚法是利用适当的物理过程使某些物质凝聚成胶粒般大小的粒子。例如，将汞蒸气通入冷水中就可得到汞溶胶；

(2)化学凝聚法是使能生成难溶物质的反应在适当的条件下进行。反应条件必须选择适当，使凝聚过程达到一定的阶段即行停止，所得到的产物恰好处于胶体状态。

例如，将 H_2S 通入稀的亚砷酸溶液，通过复分解反应，可得到硫化砷溶胶：

$$2H_3AsO_3+3H_2S=As_2S_3(溶胶)+6H_2O$$

此外，还可通过水解反应和氧化还原反应等制得溶胶。如：

$$FeCl_3+3H_2O\xrightarrow{沸腾}Fe(OH)_3(溶胶)+6HCl$$

$$2AuCl_3+3HCHO+3H_2O \xrightarrow{\triangle} 2Au(溶胶)+6HCl+3HCOOH$$

1.3.2　溶胶的性质

1. 光学性质——丁达尔效应

当一束光从侧面照射溶胶，从光路的垂直方向上可清楚看到一条明亮的光柱，这种现象称为丁达尔(Tyndall)效应(如图 1-5 所示)。由于丁达尔效应是胶体所特有的现象，因此，可以通过此效应来区别胶体与溶液。

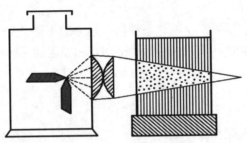

图 1-5　丁达尔效应示意图

丁达尔效应的产生与分散质粒子的大小和入射光的强度有关。当光线照射到分散系统时，可能产生两种情况：如果分散相的粒子直径远大于入射光的波长，此时入射光被完全反射，不出现丁达尔效应；如果分散相的粒子直径小于入射光的波长，则发生光的散射作用而出现丁达尔效应。因为溶胶的粒子直径为 1～100nm，而一般可见光的波长范围为 400～760nm，所以可见光通过溶胶时便产生明显的散射作用。真溶液中由于分散质粒子太小，散射现象很弱。粗分散系主要发生光的反射，观察不到散射光，所以丁达尔效应是溶胶特有的光学性质。

2. 动力学性质——布朗运动

在超显微镜下，可以看到胶体粒子的发光点在作无规则的运动，这种现象称为布朗(Brown)运动(如图 1-6 所示)。

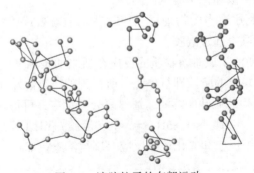

图 1-6　溶胶粒子的布朗运动

产生布朗运动的原因主要是溶胶粒子的热运动和分散剂分子对胶粒的不均匀撞击。在粗分散系中，由于分散相粒子的质量和体积比分散介质粒子大得多，因此它受到的碰撞力与其本身的重力相比可以忽略，位移不明显。而溶胶粒子的质量和体积都较小，所以在单位时间内所受到的力也较少，容易在瞬间受到冲击后产生一合力，又因为本身质量小，所以受力后会产生较大的位移。由于粒子热运动的方向和大小是无法预测的，所以溶胶粒子的运动是无规则的。

布朗运动导致了胶粒自发地从浓度大的区域向浓度较小的区域扩散，使胶粒不因重力场作用而迅速沉降，有利于保持溶胶的稳定性。

3. 电学性质——电泳和电渗

（1）电泳。溶胶粒子在外电场的作用下发生定向移动的现象叫电泳（electrophoresis），可以通过溶胶粒子在电场中的迁移方向来判断溶胶粒子的带电性。在图 1-7 所示的 U 形管中加入新制备的 $Fe(OH)_3$ 溶胶，在溶胶液面上小心地加入少量水，使溶胶和溶液间有明显的界面，在 U 形管两端插入电极（不要与溶胶接触），通入直流电后，发现阴极一端溶胶水界面上升，而阳极一端的溶胶水界面下降，说明 $Fe(OH)_3$ 溶胶粒子是带正电荷的。如果用 As_2S_3 溶胶做同样的电泳实验，会得到相反的结果，说明 As_2S_3 溶胶粒子带负电。

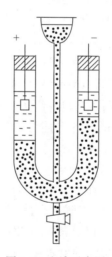

图 1-7　电泳示意图

电泳实验表明溶胶胶粒是带电荷的。由于粒子大小不同、所带电荷不同，因此电泳速率也不同。利用这一特点，可以将不同的带电胶粒分离出来。生物化学中通常利用电泳技术对不同的蛋白质、氨基酸、核酸进行分离。

（2）电渗。如果固定胶体颗粒不动，在外加电场作用下，分散剂定向移动的现象称为电渗（electroosmosis）。如图 1-8 所示，把 As_2S_3 溶胶浸渍在多孔物质（如海绵）上，使溶胶粒子被吸附而固定，在多孔性物质两侧施加电压，通电后可观察到负极一侧液面上升，正极一侧液面下降，说明分散剂向负极方向移动，分散剂是带正电的。电渗实验通过测定分散剂所带电荷的电性判断溶胶粒子所带电荷的电性，因为溶胶粒子所带电荷的电性与分散剂所带电荷的电性是相反的。

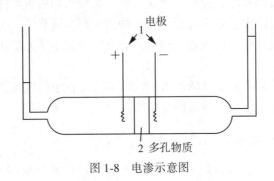

图 1-8 电渗示意图

溶胶的电泳和电渗统称为电动现象(electrokinetic phenomenon)。通过电动现象可以证明胶体颗粒是带电的。胶粒表面带电的主要原因是吸附作用和解离作用。

(1)吸附作用。溶胶的胶核是由许多高度分散的小颗粒组成的，因而具有很大的比表面积和较高的表面能，它们选择性地吸附在与其组成类似的离子上，导致溶胶粒子带电。以 $Fe(OH)_3$ 溶胶为例，该溶胶是用 $FeCl_3$ 溶液在沸水中水解制成：

$$FeCl_3+3H_2O \Longrightarrow Fe(OH)_3+3HCl$$

在水解过程中，反应系统中除了生成 $Fe(OH)_3$ 外，还有大量的副产物 FeO^+ 生成：

$$FeCl_3+2H_2O \Longrightarrow Fe(OH)_2Cl+2HCl$$

$$Fe(OH)_2Cl \Longrightarrow FeO^++Cl^-+H_2O$$

$Fe(OH)_3$ 溶胶在溶液中选择吸附了与自身组成有关的 FeO^+，而使 $Fe(OH)_3$ 溶胶带正电。又如硫化砷溶胶的制备通常是将 H_2S 气体通入饱和 H_3AsO_3 溶液中，经过一段时间后，生成淡黄色 As_2S_3 溶胶：

$$2H_3AsO_3+3H_2S \Longrightarrow As_2S_3+6H_2O$$

由于 H_2S 在溶液中电离产生大量 HS^-，所以 As_2S_3 吸附 HS^-，使 As_2S_3 溶胶带负电。

(2)解离作用。胶粒表面层的分子离解也会使溶胶粒子带电。例如，在硅酸溶液中，溶胶颗粒是由 SiO_2 分子聚集而成的，粒子表面的 SiO_2 与 H_2O 作用生成 H_2SiO_3，硅胶粒子带电就是因为 H_2SiO_3 解离形成 $HSiO_3^-$，并附着在表面而带负电。其反应式为：

$$SiO_2+H_2O \Longrightarrow H_2SiO_3 \Longrightarrow HSiO_3^-+H^+$$

应当指出，胶体粒子带电的原因非常复杂，上述两种原因只能说明胶体粒子带电的某些规律，至于胶体粒子如何带电还需要通过实验证实。

1.3.3 胶团结构

溶胶的性质与胶体粒子的结构有关。大量实验证明溶胶具有扩散双电层结构。例如，过量的 $AgNO_3$ 与 KI 反应制备的 AgI 溶胶时，KI 与 $AgNO_3$ 反应生成的大量 AgI 分子相互聚集形成许多固体小颗粒，称为胶核(直径 1~100nm)，以 $(AgI)_m$ 表示。胶核具有很大的表面能，选择性地吸附与其组成相关的且大量存在于溶液体系中的 Ag^+，从而使胶核表面带正电荷，被吸附的 Ag^+ 离子称为电位离子，电位离子被牢牢地吸附在胶核表面上。由于静电引力，带正电荷的 Ag^+ 吸引溶液中大量存在的 NO_3^-，NO_3^- 与电位离子的电荷相反，称为反离子。由于反离子受到电位离子的静电吸引和本身的热运动，使一部分反离子被束缚在胶核表面与电位离子一起形成吸附层，电泳时吸附层与胶核一起移动，这个运动单位为胶粒(idiosome)；另一部分离子离开胶核表面扩散到分散剂中，他们疏散地分布在胶粒周围，离胶核越远，浓度越小，这个液相层称为扩散层，胶粒与扩散层一起称为胶团(micelle)。胶团是电中性的，而胶粒是带电的，胶粒所带电荷与电位离子符号相同。AgI 胶团结构如图1-9所示。

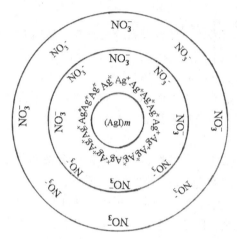

图1-9　$AgNO_3$ 过量时的 AgI 胶团结构示意图

AgI 胶团结构还可用胶团结构式表示：

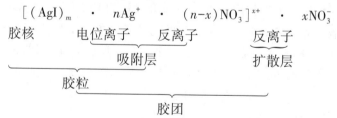

式中：m、n、x 分别表示胶核中 AgI 的数目、电位离子数和吸附层中反离子数。m、n、x 皆为不确定的数，即使同一溶胶的不同胶团，其 m、n、x 也不相同。

同理，若以过量 KI 与 $AgNO_3$ 反应制备 AgI 溶胶，则其电位离子是 I^-，反离子是 K^+，胶团结构式为：$[(AgI)_m \cdot nI^- \cdot (n-x)K^+]^{x-} \cdot xK^+$

将 $FeCl_3$ 溶液滴加到沸水中，可制得 $Fe(OH)_3$ 溶胶，其胶团结构式为：$\{[Fe(OH)_3]_m \cdot nFeO^+ \cdot (n-x)Cl^-\}^{x+} \cdot xCl^-$

将 H_2S 的饱和溶液滴加到亚砷酸稀溶液中，可制得 As_2S_3 溶胶，则其胶团结构式为：$[(As_2S_3)_m \cdot nHS^- \cdot (n-x)H^+]^{x-} \cdot xH^+$

向偏硅酸钠溶液中加入少许盐酸，使 pH 值为 2~3，则可生成硅酸溶胶，其胶团结构式为：$\left[(H_2SiO_3)_m \cdot nHSiO_3^- \cdot (n-x)H^+\right]^{x-} \cdot xH^+$。

胶粒带正电荷的溶胶称为正溶胶（positive sol），胶粒带负电荷的溶胶称为负溶胶（negative sol）。胶团中固相表面与液相带有符号相反的电荷形成双电层，反粒子分布在吸附层与扩散层中，溶胶具有扩散双电层结构。在电泳实验中，固、液两相间的相互移动实际就是胶粒和扩散层反离子间的相对移动。在没有外加电场情况下，胶核总是带着它的吸附层和扩散层一起运动，而布朗运动实际上是胶团的不规则运动。

1.3.4 溶胶的稳定性和聚沉

1. 溶胶的稳定性

溶胶是高度分散的多相体系，具有很高的表面能，是热力学不稳定体系。但事实上用正确方法制备的溶胶均可长期稳定存在，其主要原因是溶胶具有动力学稳定性（kinetic stability）和聚结稳定性（coagulation stability）。

溶胶的动力学稳定性是指在重力作用下，分散质粒子不会从分散剂中沉淀出来，从而保持系统相对稳定的性质。溶胶粒子具有强烈的布朗运动，使其能抵抗重力的作用而不沉淀，所以溶胶是动力学稳定系统。

溶胶的聚结稳定性是指溶胶在放置过程中不发生分散质粒子的相互聚结而产生沉淀。由于胶粒带电，当两个带同种电荷的胶粒相互靠近时，胶粒之间会产生静电排斥作用，从而阻止胶粒的相互碰撞，使溶胶趋向稳定。另外，离子的溶剂化使胶粒周围形成了一层具有一定保护作用的溶剂化膜，阻止了胶粒的聚结合并，从而增大了溶胶的稳定性。

实验证明，只有在适当过量的电解质存在下，胶核才能通过吸附电位离子，形成带有电荷的胶粒而具有一定的稳定性，所以这种电解质（吸附层中的电位离子加反离子）称为溶胶的稳定剂。如果没有稳定剂，胶粒不带电，增大了彼此直接接触的机会，很快就会由小粒子变成大粒子而沉淀。例如用 $AgNO_3$ 溶液和过量的 KI 溶液制备 AgI 溶胶时，由于 KI 的存在，才使溶胶具有扩散双电层结构，从而能稳定存在，故 KI 是该 AgI 溶胶的稳定剂。若用等量的 $AgNO_3$ 与 KI 反应，由于没有稳定剂存在，反应只能得到 AgI 沉淀，而得不到 AgI 溶胶。同样，若以过量 $AgNO_3$ 与 KI 作用制备 AgI 溶胶，则此溶胶的稳定剂就是 $AgNO_3$。

2. 溶胶的聚沉

溶胶的稳定性是有条件的、暂时的、相对的。一旦稳定条件被破坏，溶胶中的粒子就会聚结变大，最后从分散剂中沉淀下来，这一过程称为溶胶的聚沉（coagulation）。

促使溶胶聚沉的因素很多，如加入强电解质、加入相反电性的溶胶、长时间加热及增大溶胶浓度等，其中尤以电解质对溶胶聚沉的影响最为重要。

（1）电解质的聚沉作用。如果在溶胶中加入大量电解质，由于离子总浓度的增加、大量离子进入扩散层内，迫使扩散层中的反离子向胶粒靠近，由于吸附层中反离子浓度的增加，相对减小了胶粒所带的电荷，胶粒间的静电斥力减弱，胶粒间的碰撞变得更加容易，聚沉的机会增加。另外，由于外加离子强烈的溶剂化作用，大大削弱了胶粒的溶剂化膜，也促进了溶胶的聚沉。

不同类型电解质对某一溶胶的聚沉能力不同，电解质的聚沉能力可用聚沉值（coagulation value）衡量，在一定时间内，使一定量（一般指 1L）溶胶开始聚沉所需电解质的最低浓度称为聚沉值，单位为 mmol·L^{-1}。聚沉值的倒数定义为聚沉能力。聚沉值越小的电解质对溶胶的聚沉能力越强；反之，聚沉值越大，则其聚沉能力越小。

电解质促进溶胶聚沉一般有如下规律：

①不同电荷离子的影响。电解质中促进溶胶聚沉的离子是与胶粒电荷相反的异电离子，随着异电离子价数的升高而显著增大，这一规律称为舒尔策-哈代（Schulze-Hardy）规则。

例如，对于负电性的 As_2S_3 溶胶，电解质中起聚沉作用的主要是正离子，正离子的价数越高，聚沉值越小，电解质的聚沉能力越强。如：$AlCl_3$、$MgCl_2$ 和 $NaCl$ 三者的聚沉值之比为 $c(Al^{3+}):c(Mg^{2+}):c(Na^+) = 0.093:0.72:51 = 1:8:548$，则

$$聚沉能力之比即为 Al^{3+}:Mg^{2+}:Na^+ = 1:\frac{1}{8}:\frac{1}{548} = 548:68.5:1$$

②相同电荷离子的影响。带相同电荷离子对溶胶的聚沉能力相近，但随水合离子半径的增大而减小。水合离子半径为离子本身半径与水合半径之和，对于同族中同价离子来说，其本身的离子半径越小，则其电荷密度越高，吸引水分子能力愈强，水合离子半径也愈大，聚沉值越大，聚沉能力越小。反之，水合离子半径越小，聚沉能力越强。这种带相同电荷离子对溶胶聚沉能力大小顺序称为感胶离子序（lyotropic series）。例如在相同的阴离子条件下，带正电荷的离子对负溶胶的聚沉能力顺序为 $Cs^+>Rb^+>K^+>Na^+>Li^+$

$$Ba^{2+}>Sr^{2+}>Ca^{2+}>Mg^{2+}$$

（2）溶胶的相互聚沉。将两种带相反电荷的溶胶按适当比例相互混合，也会发生聚沉，称为溶胶的相互聚沉。溶胶的相互聚沉作用只有在两种溶胶的电荷总量大体相等时才进行得比较完全。

实际生活中，人们用明矾[$KAl(SO_4)_2·12H_2O$]进行天然水及污水的净化就是溶胶相互聚沉的一个例子。天然水中含有的悬浮粒子一般带负电荷，加入的明矾水解后形成 $Al(OH)_3$ 正溶胶，二者相互中和发生聚沉，同时利用 $Al(OH)_3$ 的吸附作用连同杂质一起下沉，达到净水的目的。

（3）加热。加热可使胶粒的运动加剧，从而破坏了胶粒的溶剂化膜，同时加热可使胶核对电位离子的吸附力下降，减少了胶粒所带的电荷数，降低了其稳定性，使胶粒间碰撞聚结的可能性大大增加，从而促进溶胶聚沉。

（4）浓度影响。溶胶浓度过高，单位体积中胶粒的数目较多，胶粒间的空间相对减小，因而胶粒的碰撞机会就会增加，溶胶容易发生聚沉。

1.4 高分子溶液和乳浊液

高分子溶液（macromolecular solution）和乳浊液都属于液体分散系，前者为胶体分散系，后者为粗分散系。

1.4.1　高分子溶液

具有较大相对分子质量的大分子化合物叫高分子化合物，如橡胶、蛋白质、淀粉、动物胶、人工合成的各种树脂等。高分子化合物在适当的溶剂中能强烈溶剂化，形成很厚的溶剂化膜，构成均匀、稳定的单相分散系，称为高分子溶液(macromolecular solution)。

高分子溶液由于其溶质的颗粒大小与溶胶粒子相近(1～100nm)，属于胶体分散系，所以它表现出某些溶胶的性质，例如，不能透过半透膜、扩散速度慢等。因此，高分子溶液与溶胶的研究方法有相似之处。然而，高分子溶液的分散相粒子为单个大分子，是一个分子分散的单均匀系统，因此，它又表现出溶液的某些性质，与溶胶的性质有许多不同之处。例如，蛋白质和淀粉溶于水，天然橡胶溶于苯后都能形成高分子溶液。除去溶剂后，重新加入溶剂时仍可溶解，因此高分子溶液是一种热力学稳定系统。与此相反，用特殊的方法制备而成的溶胶，其胶核是不溶于溶剂的，溶胶凝结后不能用再加溶剂的方法使它复原，因此是一种热力学不稳定系统。高分子溶液溶质与溶剂之间没有明显的界面，因此对光的散射作用很弱，丁达尔效应不像溶胶那样明显。另外高分子化合物还有很大的黏度，这与它的链状结构和高度溶剂化的性质有关。

在容易聚沉的溶胶中加入适量的高分子溶液，可以大大增加溶胶的稳定性，这种作用称为高分子溶液对溶胶的保护作用。一般高分子是具有链状结构的线型分子，它们很容易吸附在胶粒表面上，这样卷曲后的高分子就包住了溶胶粒子；又因高分子的高度溶剂化作用，在溶胶粒子的外面形成了很厚的保护膜，阻碍了胶粒间因相互碰撞而发生聚沉，从而大大增加了溶胶的稳定性。

高分子溶液的保护作用在生理过程中具有重要意义。例如，健康人的血液中所含的难溶物质[$MgCO_3$、$Ca_3(PO_4)_2$]等都是以溶胶状态存在，并被血清蛋白质等高分子化合物保护着。当人患上某些疾病时，这些高分子化合物在血液中的含量就会减少，于是溶胶发生聚沉，在体内的某些器官内形成结石，如常见的肾结石、胆结石等。

1.4.2　乳浊液

一种液体分散在另一种互不相溶的液体中所形成的体系称为乳浊液(emulsion)。牛奶、豆浆、原油、人和动物机体中的血液、淋巴液以及乳白鱼肝油和发乳等都是乳浊液。乳浊液属于粗分散系，被分散的液滴直径为100～500nm，用普通显微镜可以分辨。

乳浊液通常由水和油(习惯将不溶于水的有机液体，如苯、煤油等统称为油)所组成。如果是油分散在水中，形成水包油(油/水或O/W)型乳浊液，如牛奶和某些乳化农药等；如果是水分散在油中，形成油包水(水/油或W/O)型乳浊液，如原油和人造黄油等。

将油和水一起放在容器内猛烈震荡，可以得到乳浊液。但乳浊液是粗分散系，属于热力学不稳定系统，分散质液滴很容易互相聚结变大，导致油、水两相分层。要获得稳定的乳浊液，必须加入第三种物质作稳定剂。例如，在油和水的混合液中加入肥皂再震荡，便可获得稳定的乳浊液。乳浊液的稳定剂成为乳化剂，许多乳化剂都是表面活性剂。

表面活性剂的分子由极性基团(亲水)和非极性基团(疏水)两大部分构成。极性部分通常是由—OH，—COOH，—NH_2，=NH，—NH_3^+ 等基团构成。而非极性部分主要是由碳氢组成的长链或芳香基团所组成。因此，它能很好地在水相或油相的表面形成一层保护膜，降低水相或油相的表面能，起到防止被分散的物质重新碰撞而聚结的作用。

乳化剂可根据其亲和能力的差别分别为亲水性乳化剂和亲油性乳化剂。常用的亲水性乳化剂有：钾肥皂、钠肥皂、蛋白质、动物胶等。亲油性乳化剂有钙肥皂、高级醇类、高级酸类、石墨等。

在制备不同类型的乳浊液时，要选择不同类型的乳化剂。例如，亲水性乳化剂适合制备油/水型乳浊液，不适合制备水/油型乳浊液。这是因为亲水性乳化剂的亲水基团结合能力比亲油基团的结合能力强，乳化剂分子大部分分布在油滴表面。因此，它在油滴表面形成一层较厚的保护膜，防止油滴之间相互碰撞而聚结。相反该乳化剂不能在水滴表面较好地形成保护膜，因为表面活性剂分子大部分被拉入水滴中，因此水滴表面的保护膜厚度不够，水滴之间碰撞后，容易聚结而分层。同理，在制备水/油型乳浊液时，最好选用亲油性乳化剂。通过向乳浊液中加水可区分不同类型的乳浊液。加水稀释后，乳浊液不出现分层，说明水是一种分散介质，为油/水型乳浊液；加水稀释后，乳浊液出现分层，则为水/油型乳浊液。牛奶是一种油/水型乳浊液，所以加水稀释后不出现分层。

乳浊液及乳化剂在生产中的应用十分广泛，绝大多数有机农药、植物生长调节剂的使用都离不开乳化剂。例如，有机农药水溶性较差，不能与水均匀混合。为了使农药能与水较好地混合，加入适量的乳化剂，以减小它们的表面张力，从而达到均匀喷洒、降低成本、达到杀虫治病的目的。再如，食物中的脂肪在消化液（水溶液）中是不溶解的，但胆汁中胆酸的乳化作用和小肠的蠕动，使脂肪形成微小的液滴，其表面积大大增加，有利于肠壁的吸收。此外，乳浊液在日用化工、制药、食品、制革、涂料、石油钻探等工业生产中都有许多应用。

阅读材料

离子液体

传统的化学反应和分离过程由于使用大量易挥发的有机溶剂，会对环境造成严重污染。绿色化学便是针对污染的来源与特性通过设计新的路线、寻找绿色替代化合物与原材料、选择高效催化剂等方法从源头上防止污染的发生。针对有机溶剂产生的污染，目前普遍采用绿色替代溶剂技术，如用水和超临界二氧化碳作溶剂。近年来，一种新型绿色溶剂——离子液体已引起人们的高度重视。

离子液体(ionic liquids, ILs)是由正、负离子组成的，在室温或室温附近呈现液体状态的有机熔融盐。离子液体具有蒸汽压低、电导率高、电化学窗口宽、热稳定性好等独特的物理化学性质，因此在电化学、化学反应和分离过程等领域均显示出良好的应用前景。

离子液体的历史可以追溯到1914年，当时Walden报道了(EtNH2)+HNO3-的合成(熔点12℃)。这种物质由浓硝酸和乙胺反应制得，但是，由于其在空气中很不稳定而极易发生爆炸，它的发现在当时并没有引起人们的兴趣，这是最早的离子液体。20世纪70年代初，美国空军学院的科学家威尔克斯开始研究离子液体，以尝试为导弹和空间探测器开发更好的电池。在研究中他发现，一种离子液体可用作电池的液态电解质。到了 20 世纪 90 年代末，已有许多科学家参与离子液体的研究。

离子液体种类繁多，改变阳离子、阴离子的不同组合及结构，可以按需要设计合成出不同性能的离子液体。按阴阳离子的组成一般可分为三大类：有机阳离子-有机阴离子、有机阳离子-无机阴离子、无机阳离子-无机阴离子。最常用的离子液体的阳离子一般为体积比较大、对称性较低的有机离子。有不同烷基取代的咪唑离子、季铵离子、吡啶离子、吡咯离子、三唑离子、噻唑离子、吡唑离子等。其中，烷基取代的咪唑阳离子类室温离子液体的研究最多。阴离子则为无机、有机阴离子。主要分为两类：一类是多核阴离子，如 $Al_2Cl_7^-$、$Al_3Cl_{10}^-$、$Au_2Cl_7^-$、$Fe_2Cl_7^-$、$Sb_2F_{11}^-$ 等，这类阴离子一般对水和空气不稳定；另一类是单核阴离子，如 BF_4^-、PF_6^-、HSO_4^-、NO_3^-、CH_3COO^-、X^- 等，这类阴离子是碱性或者中性的。迄今为止，已合成出 200 余种离子液体。

与典型的有机溶剂不一样，在离子液体里没有电中性的分子，100% 是阴离子和阳离子，在负 100℃ 至 200℃ 之间均呈液体状态，具有良好的热稳定性和导电性，在很大程度上允许动力学控制；对大多数无机物、有机物和高分子材料来说，离子液体是一种优良的溶剂；其表现出的酸性及超强酸性质，使得它不仅可以作为溶剂使用，而且还可以作为某些反应的催化剂使用，这些催化活性的溶剂避免了额外的可能有毒的催化剂或可能产生大量废弃物的缺点；价格相对便宜，多数离子液体对水具有稳定性，容易在水相中制备得到；离子液体还具有优良的可设计性，可以通过分子设计获得特殊功能的离子液体。总之，离子液体的无味、无恶臭、无污染、不易燃、易与产物分离、易回收、可反复多次循环使用、使用方便等优点，是传统挥发性溶剂的理想替代品，它有效地避免了传统有机溶剂的使用所造成严重的环境、健康、安全以及设备腐蚀等问题，为名副其实的环境友好的绿色溶剂。适合于当前所倡导的清洁技术和可持续发展的要求，已经越来越被人们广泛认可和接受。

习　题

1-1　选择题

(1) 500g 水中含有 22.5g 葡萄糖($M_r = 180$)，该溶液的质量摩尔浓度是(　　) mol·kg^{-1}。

　　A. 13　　　　B. 0.25　　　　C. 0.38　　　　D. 0.50

(2) 物质的量浓度相同的下列稀溶液中，蒸气压最高的是(　　)。

　　A. HAc 溶液　　B. $CaCl_2$ 溶液　　C. 蔗糖溶液　　D. NaCl 溶液

(3) 用过量的 KI 溶液与 $AgNO_3$ 溶液混合，得到的溶胶(　　)。

　　A. 是负溶胶　　B. 电位离子是 Ag^+　　C. 反离子是 NO_3^-　　D. 扩散层带负电

(4) 外加直流电场于胶体溶液，向某一电极方向运动的是(　　)。

　　A. 胶核　　　　B. 紧密层　　　　C. 胶团　　　　D. 胶粒

(5)加入下列哪一种同浓度的溶液，能使硫化亚砷（As_2S_3）胶体溶液凝聚最快？（　　）

　　A. NaCl　　　　　　B. $CaCl_2$　　　　　　C. Na_3PO_4　　　　　　D. $Al_2(SO_4)_3$

1-2　填空题

(1)稀溶液的沸点升高和凝固点下降的原因是_____。

(2)产生渗透现象应具备两个条件_____和_____。

(3)_____可以用来区分胶体与溶液。

(4)溶胶的基本特征是_____、_____和_____。

(5)胶团是由_____、_____和_____组成。

1-3　判断题

(1)难挥发非电解质稀溶液的依数性不仅与溶液的浓度成正比，而且与溶质的种类有关。　　　　　　　　　　　　　　　　　　　　　　　　　　　　（　　）

(2)电解质的聚沉值越大，它对溶胶的聚沉能力越弱。　　　　　　　（　　）

(3)植物在较高的温度下耐干旱是因为细胞液的蒸气压下降所致。　　（　　）

(4)5%蔗糖溶液和5%葡萄糖溶液的渗透压不相同。　　　　　　　　（　　）

(5)在温度相同时，相同质量摩尔浓度的盐溶液和难挥发非电解质溶液的蒸气压相同。

　　　　　　　　　　　　　　　　　　　　　　　　　　　　　　　（　　）

1-4　简答题

(1)什么叫分散系？分散系是如何分类的？

(2)什么是溶液的依数性？稀溶液依数性与溶液中溶质粒子数的定量关系有哪些？它们的适用范围是什么？

(3)什么是渗透现象和渗透压？渗透压产生的条件是什么？如何用渗透现象解释盐碱地难以生长农作物？

(4)溶胶稳定的原因有哪些？促使溶胶聚沉的方法有哪些？用电解质聚沉溶胶时有何规律？

(5)把一块冰放在温度为273.15K的水中，把另一块冰放在温度为273.15K的盐水中，问有什么现象？

(6)试解释如下现象：

①为何江河入海处常会形成三角洲？

②加明矾为什么能够净水？

③不慎发生重金属离子中毒，为什么服用大量牛奶可以减轻症状？

④肉食品加工厂排出的含血浆蛋白的污水，为什么加入高分子絮凝剂可起净化作用？

1-5　计算题

(1)3% Na_2CO_3 溶液的密度为 1.03g·mL^{-1}，配制此溶液 200mL，需要 Na_2CO_3·$10H_2O$ 多少克？

(2)把 30.0g 乙醇（C_2H_5OH）溶于 50.0g 四氯化碳（CCl_4），所配成的溶液其密度为 1.28g·mL^{-1}。试计算①乙醇的质量分数；②乙醇的摩尔分数；③乙醇的质量摩尔浓度；④乙醇的物质的量浓度。

（3）已知浓硫酸的密度为 $1.84g \cdot mL^{-1}$，硫酸的质量分数为 96.0%，试计算 $C(H_2SO_4)$。（$M(H_2SO_4) = 98.07g \cdot mol^{-1}$）

（4）为了防止 $500.0mL$ 水在 $268.15K$ 结冰，需向水中加入甘油（$C_3H_8O_3$）多少克？

（5）与人体血液等渗的葡萄糖溶液，其凝固点降低值为 $0.534℃$，求此葡萄糖溶液的质量分数和 $37℃$ 时血液的渗透压？

（6）实验测定某未知物水溶液在 $298.15K$ 时的渗透压为 $750kPa$，求溶液的沸点和凝固点。

（7）今有两种溶液，一种为 $3.6g$ 葡萄糖（$C_6H_{12}O_6$）溶于 $200.0g$ 水中，另一种为 $20.0g$ 未知物溶于 $500.0g$ 水中，这两种溶液在同一温度下结冰，计算未知物的摩尔质量。

（8）假设某人在 $310.15K$ 时其血浆的渗透压为 $729.54kPa$，试计算葡萄糖等渗溶液的质量摩尔浓度。已知水的凝固点降低常数 $K_f = 1.86K \cdot mol^{-1} \cdot kg$，血浆密度近似等于水的密度，为 $1.0 \times 10^3 kg \cdot m^{-3}$。

（9）将 $15mL$ $0.01mol \cdot L^{-1}$ 的 KCl 溶液和 $100mL$ $0.05mol \cdot L^{-1}$ 的 $AgNO_3$ 溶液混合以制备 AgCl 溶液。写出胶团结构，试问该溶胶在电场中向哪极运动？并比较 $AlCl_3$、Na_2SO_4、$K_3[Fe(CN)_6]$ 三种电解质对该溶胶的聚沉能力。

（10）把过量的 H_2S 气体通入亚砷酸 H_3AsO_3 溶液中，制备得到硫化砷溶液。问：（1）写出该胶团的结构式，注明吸附层和扩散层；（2）用该胶粒制成电渗仪，通直流电后，水向哪一方流动？（3）NaCl、$CaCl_2$、$NaSO_4$、$MgSO_4$ 哪一种电解质对硫化砷溶液聚沉能力最强？

第2章 化学热力学基础

2.1 化学热力学初步

我们的日常生活和社会发展都离不开能量(energy)，而能量的产生和转化与化学反应息息相关，比如燃烧汽油能释放能量驱动汽车，而要把水分解成氢气和氧气则要额外提供能量。当今社会绝大部分能量还是来源于煤、石油以及天然气的燃烧反应，但随着化石能源的日益枯竭以及使用化石能源所带来的环境与社会问题的日益严重，科学家们正致力于寻求新的能源，如风能、太阳能、生物质能、潮汐能等。

热力学(thermodynamics)就是研究能量及其转换的科学。热力学研究起源于工业革命时期，人们在研究如何提高热机效率的过程中建立了热力学第一定律和第二定律，从而逐渐形成了热力学这门科学。20世纪初期建立的热力学第三定律，使热力学趋于完善。将热力学的基本原理应用于化学变化过程就形成了化学热力学(chemical thermodynamics)，也称为热化学(thermochemistry)。化学热力学主要解决三个问题：(1)利用热力学第一定律解决热力学系统变化过程中的能量计算问题。重点解决化学反应热效应的计算问题；(2)利用热力学第二定律解决系统变化过程的可能性问题，即过程的性质问题。重点解决化学反应变化自发方向和限度的问题；(3)利用热力学基本原理研究热力学平衡系统的热力学性质以及各种性质间相互关系的一般规律。

热力学采用宏观的研究方法：依据系统的初始、终了状态及过程进行的外部条件(均是可以测量的宏观物理量)对系统的变化规律进行研究。它不涉及物质的微观结构和过程进行的机理。热力学的这一特点就决定了它的优点和局限性：热力学是根据人类实践经验并借助数学知识，用逻辑推理方法得出的热力学规律，因而其结论绝对可靠。但正因为不涉及物质的微观结构，所以不能对热力学规律作出微观说明。换句话说，热力学只能告诉人们系统在一定条件下的变化具有什么样的规律，而不能回答为什么具有这样的规律。热力学只能告诉人们，在某种条件下，变化是否能够发生；若能发生，进行到什么程度，但不能告诉人们变化的速率及变化的过程。

1. 系统和系统的性质

在热力学研究过程中，为了研究方便，我们将研究对象和其周围相关的部分分开，研究对象就称为系统(system)，而系统之外与其相关的部分称为环境(surroundings)。如我们研究气缸内 H_2 和 O_2 的燃烧，可以将缸内气体当做研究对象即系统，而气缸以及气缸周围的大气乃至气缸以外的整个宇宙都可以认为是环境。根据系统和环境之间能量和物质的交换情况，通常可将系统分为三种：

敞开系统(open system)，系统和环境之间即有物质交换，又有能量交换；

封闭系统(closed system)，系统和环境之间只有能量交换，没有物质交换；

孤立系统(isolated system)，系统和环境之间没有物质和能量的交换。

系统和环境之间的界面可以是真实存在的，也可以是假想的，界面常归属于环境。

热力学在对系统进行描述时，不是用系统的微观性质，如原子半径、原子间距离、所处能态等。而是用系统的宏观性质(macroscopic properties)，如系统的体积、压力、温度、粘度、表面张力等，来描述它的状态。这些性质可分为两类：广度性质(extensive properties)：例如质量(m)和体积(V)等。此类性质与系统内物质的量 n 有关，在一定的条件下具有加和性。如系统的体积与系统物质的量成正比，并等于系统中各部分体积之和。所以，欲确定系统的广度性质必须指明系统中物质的量。强度性质(intensive properties)：系统的某些性质如温度(T)、压力(p)、粘度(η)和密度(ρ)等，取决于自身的特性，与系统物质的量无关。如系统的温度在系统各处都具有相同的数值，与系统内物质的量无关。因此，欲确定此类性质不需指明系统中物质的量。

2. 状态和状态函数

对于一个确定的系统，众多性质间并不是完全无关的，其状态性质之间的定量关系称为该系统的状态方程，例如 $pV = nRT$ 就是理想气体系统的状态方程式。因此，只要用少数几个独立的性质就可以确定一个系统的状态(state)，从这个意义上讲，系统性质又被叫做状态参量。同时，对确定状态的系统，其宏观性质也由状态所确定，且是状态的单值函数。这些由系统状态所确定的宏观性质叫做状态函数(state function)，例如系统的体积(V)、压力(p)及温度(T)等都是状态函数。状态函数的值仅与系统的现在状态有关而与系统状态是如何变化而来以及将如何变化无关；状态函数的改变值只取决于系统的初、终态而与变化所经历的细节无关。

3. 过程与途径

系统状态发生变化时，变化的经过称为过程(process)。如果系统状态的变化是在等温条件下进行的，则称为等温过程(isothermal process)；如果系统的变化是在压强一定的条件下进行的，则称为等压过程(isbar process)；如果系统状态变化是在体积不变的条件下进行的，则称为等容过程(isochoric process)；如果系统状态变化是在绝热的条件下进行的，则称为绝热过程(adiabatic process)；如果系统由某一状态出发，经过一系列变化又回到原来的状态，则称为循环过程(cyclic process)。

系统完成一个变化过程，由始态到终态，所经历的具体步骤称为途径(path)。一个变化过程可以经过多种不同的途径来完成。例如，某一系统由初始状态(T_1, P_1)可经过以下两条途径到达终态(T_2, P_2)：

无论经过哪条途径，其状态函数的改变量相同。如图 2-1 所示，经过两条途径其状态函数的变化值相同：$\Delta T = T_2 - T_1$，$\Delta p = p_2 - p_1$。

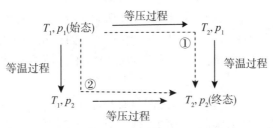

图 2-1　系统从 (T_1, P_1) 到 (T_2, P_2) 的两条途径

4. 热和功

热和功是系统和环境之间交换能量的两种形式。当系统和环境之间是因温度的差别而引起的能量交换，这种能量被称为热(heat)，常用符号 Q 表示。单位是焦尔(J)或千焦(kJ)，并且规定系统吸热时 Q 取正值，系统放热 Q 取负。系统与环境间除热以外，其他各种形式传递的能量统称为功(work)，常用符号 W 表示。功与热具有相同的能量量纲，同时规定环境对系统作功时 W 取正值，系统对环境作功时 W 取负值。

功有多种形式，通常把功分为两大类：由于系统体积变化而产生的功称为体积功(或膨胀功、无用功)；除体积功以外的其他功都称为非体积功(也叫有用功)，如电功、表面功等等。

在化学反应中，系统一般只做体积功，本章讨论中除非特别指明，否则一般均指体积功。

特别强调的是，热和功是在系统状态发生变化的过程中系统与环境之间被交换的能量，只有在系统发生变化时才表现出来，是过程量。所以它们都不是系统的状态函数，不能说"系统含有多少热或多少功"。热和功除了与系统的始态、终态有关以外还与变化的具体途径有关。

5. 热力学第一定律

热力学能(thermodynamic energy)也叫内能，它是系统内部各种形式能量的总和，常以符号 U 表示，其单位为 J 或者 kJ。热力学能包括系统中分子的平动等、转动能、振动能、电子运动和原子核内的能量以及系统内部分子与分子之间的相互作用的位能等等，但不包括系统整体的动能和整体的位能。由于人们对物质的认识还在不断的深化，体系的热力学能的绝对值还无法确定。但从宏观来看，热力学能既然是系统内部能量的总和，是系统自身的一种性质，在一定状态下必然有确定的数值，因此热力学能是系统的状态函数。当系统状态发生变化时，ΔU 的值取决于系统的始态和终态，而与变化的途径无关。

热力学第一定律(the first law of thermodynamics)即能量守恒定律：自然界的一切物质都具有能量，能量具有各种不同的形式，它们之间可以相互转化，但在转化的过程中能量的总量保持不变。它是人类经验的总结，不能用任何别的原理来证明。根据热力学第一定律可以设想，要制造一种机器，它既不靠外界供给能量，本身也不减少能量，却能不断地对外做功。人们把这种假想的机器称为第一类永动机。因为对外界做功就必须消耗能量，不消耗能量就无法对外界做功，因此第一定律也可以表达为"第一类永动机是不可能造成的"。反过来，第一类永动机永远不能造成，也就证明了热力学第一定律的正确性。

对于一个封闭系统，若环境和系统之间只有热和功的交换，当系统发生变化时，系统热力学能的变化一定等于它所吸收的热加上环境对系统所作的功。即：

$$\Delta U = Q + W \tag{2-1}$$

式(2-1)是热力学第一定律的表达式。其中 ΔU 是系统终态和始态的热力学能之差，Q 是变化过程中系统所吸收的热，W 是环境对系统所做的功。如果是孤立系统，则 $\Delta U = 0$。因为孤立系统与环境之间既没有物质交换也没有能量交换。

2.2　热化学

本节我们将学习如何利用热力学第一定律解决热力学系统变化过程中的能量计算问题。重点解决化学反应热效应的计算问题。

2.2.1　反应进度

化学反应过程中，系统吸热或放热的多少与发生反应的各物质的量(反应进行的程度)有关。因此，需要有一个物理量来表示反应进行的程度，这个物理量就是反应进度(extent of reaction)，用符号 ξ 表示。

对于任意一个化学反应：$aA+dD=gG+hH$

可以表示为

$$0 = \sum_B v(B) \cdot RB$$

式中：$v(B)$ 为反应物或生成物 B 的化学计量数，对于反应物它取负数，对于生成物则取正数，化学计量数的量纲是 1，则上式中：

$$v(A) = -a, \quad v(D) = -d, \quad v(G) = g, \quad v(H) = h$$

反应开始时，系统中各物质的量为 $n_0(B)$；反应时刻为 t 时，反应物的量减少，产物的量增加，各物质的量为 $n_t(B)$。则此时反应进度为：

$$\xi = \frac{n_t(B) - n_0(B)}{v(B)} = \frac{\Delta n(B)}{v(B)} \tag{2-2}$$

由式(2-2)可以看出，反应进度 ξ 的量纲是 mol。$\xi = 1\text{mol}$ 表示有 $a$mol 的反应物 A 和 $d$mol 的反应物 D 完全反应，生成 $g$mol 的 G 和 $h$mol 的 H。

例如合成氨反应：

$$3H_2 + N_2 =\!=\!= 2NH_3$$

当反应进度 $\xi = 1\text{mol}$ 时，表示有 3mol H_2 与 1mol N_2 完全反应，生成了 2mol NH_3。反应进度与该反应在一定条件下达到平衡的转化率没有关系，它是按照计量方程式为单元表示反应进行的程度，而且用反应体系中任意一种物质的量的变化来表示，所得的值均相同。若将合成氨的反应计量方程式写为：

$$\frac{3}{2}H_2 + \frac{1}{2}N_2 = NH_3$$

当反应进度为 $\xi = 1mol$ 时，则表示 $\frac{3}{2}mol\ H_2$ 和 $\frac{1}{2}mol\ N_2$ 完全反应，生成 $1mol\ N_2$。所以反应进度与反应计量方程式的写法有关，反应进度必须指明反应方程式。

2.2.2 化学反应的热效应(反应热)

化学反应热效应是指系统发生化学反应时，在不做非体积功的情况下，当产物的温度与反应物的温度相同时，系统吸收或放出的热量。如果化学反应在恒容条件下进行，则称为恒容热效应；如果化学反应在恒压条件下进行，则称为恒压热效应。反应热一般指反应进度 $\xi = 1mol$ 时的热。

1. 恒容热效应 Q_v

在等温条件下，若系统发生化学反应是在容积恒定的容器中进行，且不做非体积功，则，该过程中体系与环境之间交换的热量就是恒容反应热，用符号 Q_v 表示。

恒容条件下，$\Delta V = 0$，则过程的体积功 $W = -p\Delta V = 0$；$Q = Q_v$，根据热力学第一定律，$\Delta U = Q + W$ 可得：

$$\Delta U = Q_v \tag{2-3}$$

式(2-3)说明恒容反应热在数值上等于系统的热力学能变。所以，虽然系统热力学能 U 的绝对值无法知道，但可以通过测定系统的恒容反应热 Q_v 得到系统的热力学能变 ΔU。恒容反应热通常在弹式量热计中测定。

2. 恒压热效应 Q_p

在等温条件下，若系统发生化学反应是在恒压条件下进行，且不做非体积功，则系统与环境之间交换的热量就是恒压反应热，用符号 Q_p 表示。

恒压过程中，$p = p_1 = p_2 = p_{(环境)}$，根据热力学第一定律可得：

$$\Delta U = Q_p - p\Delta V \tag{2-4}$$

$$Q_p = \Delta U + p\Delta V$$
$$= (U_2 - U_1) + p(V_2 - V_1)$$
$$= (U_2 + pV_2) - (U_1 + pV_1) \tag{2-5}$$

式(2-5)中 U、p、V 都是系统的状态函数，故其组合函数 $U+pV$ 也是状态函数。热力学中将 $U+pV$ 定义为焓(enthalpy)，用符号 H 表示，其单位为 J 或 kJ，即

$$H = U + pV \tag{2-6}$$

焓具有能量的量纲，但没有明确的物理意义。由于热力学能 U 的绝对值无法确定，所以焓($U+pV$)的绝对值也无法确定，但可以通过式(2-7)求得系统的焓的变化值 ΔH，即

$$\Delta H = H_2 - H_1 = Q_p \tag{2-7}$$

式(2-7)表明，在恒温恒压不做非体积功的系统中，系统吸收的热量全部用于增加系统的焓。

对于恒温、恒压且不做非体积功的过程，若 $\Delta H>0$，则表示系统吸热；若 $\Delta H<0$，则表示系统放热。

2.2.3　热化学方程式

表示化学反应与反应热关系的化学方程式叫做热化学反应方程式。如：

$$3H_2(g)+N_2(g)=2\,NH_3(g)\qquad \Delta_r H_m^\theta=-92.22\text{kJ}\cdot\text{mol}^{-1}$$

表示标准状态下，298.15K 时，反应进度为 1mol 时，该反应放热 92.22kJ。因为通常大多数反应是在恒压下进行的，如果不加说明，都是指恒压反应热。反应热不仅与反应条件有关，还与物质的量以及物质的存在状态密切相关，因此书写热化学方程式必须注意以下几点：

(1)正确写出化学反应计量方程式。因为反应热常指反应进度为 1mol 时反应放出或吸收的热量，而反应进度与化学方程式的写法有关。同一反应，以不同的化学计量方程式表示，其热效应的数值不同。

(2)必须注明参与反应的各物质的聚集状态。汽、液、固态分别以 g、l、s 来表示。当固体有多种晶形时，还应该注明不同晶形，如 C(石墨)，C(金刚石)等。溶液中的溶质需注明浓度，以 aq 表示水溶液。

(3)要注明反应物和产物所处的温度和压力。若温度和压力分别是 298.15K 和标准压力下，可以不注明。

(4)$\Delta_r H_m^\theta$ 表示标准状态，298.15K 下，反应进度为 1mol 时，反应的焓变。其中 r 表示反应，m 表示反应进度为 1mol，θ 表示热力学标准状态。标准状态是热力学的重要概念，通常用符号 θ 表示。气体物质的标准状态，除指其表现出理想气体性之外，其压力(或在混合气体中的分压)值为标准压力 p^θ，并规定 $p^\theta=100\text{kPa}$；液体或固体的标准状态是指处在标准压力下的纯液体或纯固体；溶液的标准状态是指当溶液表现为理想溶液时，溶质的浓度为标准质量摩尔浓度 b_B^θ，即 $1\text{mol}\cdot\text{kg}^{-1}$，在浓度不是很大时，可以用标准物质的量浓度 C_B^θ 代替摩尔浓度 b_B^θ，即以 $1\text{mol}\cdot\text{L}^{-1}$ 代替 $1\text{mol}\cdot\text{kg}^{-1}$。

(5)$\Delta_r H_m^\theta$ 数值为正值，说明反应为吸热反应，数值为负值，说明反应为放热反应。

2.2.4　盖斯定律

1840 年，俄国化学家盖斯(Germain Henri Hess，1802—1850)根据大量的热化学实验数事实总结出一条规律："任一化学反应，在定容或定压条件下，不论是一步完成的，还是分几步完成的，其热效应都是一样的"。这就是盖斯定律。

因为等容条件下 $\Delta U=Q_v$，等压条件下 $\Delta H=Q_p$，而 U 和 H 都是状态函数，只要系统的始态(反应物)和终态(生成物)一定，ΔU 和 ΔH 就是定值，与反应物到生成物的途径无关。

盖斯定律应用广泛，适用于任何状态函数。利用一些反应热的数据，可以计算出另一些反应的反应热，尤其是不易直接测定或不能直接测定反应热的反应。如 C 和 O_2 不完全燃烧生成 CO 的反应热很难准确测定，因为在反应过程中很难控制不会生成 CO_2，但是 C 和 O_2 完全燃烧生成 CO_2 以及 CO 和 O_2 燃烧生成 CO_2 的反应热是可以准确测定的，因此可利用盖斯定律计算生成 CO 的反应热。

例 2-1　已知 $(1)C(s)+O_2(g)=CO_2(g)$　　　　$\Delta_r H_1^\theta = -393.5kJ \cdot mol^{-1}$

$(2)CO(g)+\dfrac{1}{2}O_2(g)=CO_2(g)$　　　$\Delta_r H_2^\theta = -283.0kJ \cdot mol^{-1}$

求 $(3)C(s)+\dfrac{1}{2}O_2(g)=CO(g)$　　　$\Delta_r H_3^\theta = ?$

解：3 个反应的关系如图 2-2 所示，从始态到终态可以通过两条途径 I 和 II，

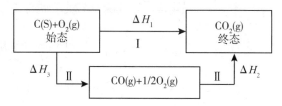

图 2-2　从 $C(S)+O_2(g)$ 到 $CO_2(g)$ 的两种途径

由盖斯定律可得：$\Delta_r H_1^\theta = \Delta_r H_2^\theta + \Delta_r H_3^\theta$

$\Delta_r H_3^\theta = \Delta_r H_1^\theta - \Delta_r H_2^\theta = [-393.5-(-280.3)]kJ \cdot mol^{-1}$

$= -113.2kJ \cdot mol^{-1}$

用盖斯定律计算反应热时，利用反应式之间的代数关系进行计算更方便。例如，上述 3 个反应式关系是：

$$(3)=(1)-(2)$$

所以　　　　　　　　　　　$\Delta_r H_3^\theta = \Delta_r H_1^\theta - \Delta_r H_2^\theta$

2.2.5　反应热的计算

化学反应热是热化学的重要数据，但化学反应千千万万，每个反应都对应着一定的热效应，没有一本手册可以列出全部的数据。有些反应的反应热可以通过实验来测得，也可以根据盖斯定律计算出各个反应的反应热。

热化学规定，在标准状态下，元素稳定单质的标准摩尔生成焓为零，以此为相对标准，由元素的稳定单质生成 1mol 纯化合物时的反应热称为该化合物的标准摩尔生成焓（standard molar enthalpy of formation），用 $\Delta_f H_m^\theta$ 表示，其单位是 $kJ \cdot mol^{-1}$。如：

$$H_2(g)+\dfrac{1}{2}O_2(s)=H_2O(l)\qquad \Delta_r H_m^\theta = -285.8kJ \cdot mol^{-1}$$

则：　　　　　　　　　$\Delta_f H_m^\theta(H_2O, l) = -285.8kJ \cdot mol^{-1}$

热力学中的标准状态指一定温度和标准压力 $p^\theta(p^\theta = 100kPa)$。所以标准状态只指明了压力，而未规定温度，为了研究方便，一般选择 298.15K 为规定温度。附录中列出了一些物质在 298.15K 时的标准摩尔生成焓数据。根据这些数据，可计算化学反应在 298.15K，

标准压力时的反应热。

对于一个化学反应，如果把生成物作为终态，把有关的稳定单质作为始态。从稳定单质到生成物有两种途径：一种是由始态直接到终态；另一种是由始态先生成反应物，再由反应物转化为生成物。第一种途径的焓变为 $\sum v(B) \cdot \Delta_f H_m^\theta$(生成物)，第二种途径焓变为 $\sum v(B) \cdot \Delta_f H_m^\theta$(反应物) $+ \Delta_r H_m^\theta$，由盖斯定律可知，两种途径的焓变相同(如图 2-3 所示)，整理后得到

$$\Delta_r H_m^\theta = \sum v(B) \cdot \Delta_f H_m^\theta(生成物) - \sum v(B) \cdot \Delta_f H_m^\theta(反应物)$$

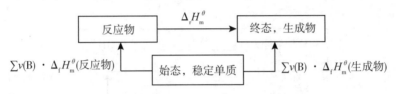

图 2-3　由稳定单质到生成物的两种途径

例 2-2　由已知条件求反应 $C_3H_8(g) + 5O_2(g) \longrightarrow 3CO_2(g) + 4H_2O(l)$ 的 $\Delta_r H_m^\theta$。

$$\begin{array}{cccc} & C_3H_8(g) & CO_2(g) & H_2O(l) \\ \Delta_f H_m^\theta(kJ \cdot mol^{-1}) & -103.85 & -393.5 & -285.8 \end{array}$$

解：
$$\begin{aligned} \Delta_r H_m^\theta &= \sum v(B) \cdot \Delta_f H_m^\theta(生成物) - \sum v(B) \cdot \Delta_f H_m^\theta(反应物) \\ &= 3 \times \Delta_f H_m^\theta(CO_2) + 4 \times \Delta_f H_m^\theta(H_2O) - \Delta_f H_m^\theta(C_3H_8) - \Delta_f H_m^\theta(O_2) \\ &= 3 \times (-393.5) + 4 \times (-285.8) - (-103.85) - 0 \\ &= 2219.8 kJ \cdot mol^{-1} \end{aligned}$$

2.3　化学反应的方向

2.3.1　化学反应的自发性

自然界发生的一切过程都有一定的方向性，比如水从高处往低处流，热从高温物体传向低温物体等。这些不需要外力就能自动进行的过程称为自发过程。如果是发生化学反应的过程则称为自发反应，如铁在潮湿的环境中被缓慢氧化，锌片放入硫酸铜溶液中，锌片溶解等。一般自发过程都具有以下特征：

（1）自发过程不需要环境对系统做功就能自动进行，并借助于一定的装置能对环境做功；

（2）自发过程有一定的方向性，其逆过程不能自发进行；

（3）自发过程有一定的限度，不能无休止的进行，总是进行到一定程度就会自动停止。

自发过程的逆过程不能自发进行，并不是说其逆过程完全不能进行，如热能自动从高

温物体流向低温物体，但不能自动从低温物体流向高温物体，可以借助外力(如环境对系统其做功)使逆过程进行，但却给环境造成了永久性的变化。再比如一个化学反应：

$$Zn(s) + CuSO_4(aq) = ZnSO_4(aq) + Cu(s)$$

此反应为正向自发的放热反应。设想可以用一个大热源来吸取放出的热量，如果能从这个发热源中吸取热量，使其完全转变为电功，就有可能是上述反应逆向进行，而使系统复原，而在环境中不留下其他变化，但实践证明上述化学反应是不可逆的。因此，不可能从单一热源吸取热量，使其全部转变为功，而不发生其他变化。这就是热力学第二定律。关于热力学第二定律还有多种表达方法，这种表述最先由开尔文提出，所以也叫热力学第二定律的开尔文说法。需要注意的是热力学第二定律揭示了自发过程的方向性问题，不是热不能完全转变为功，而是在"不引起其他变化"的条件下，热不能完全转变为功。

那么究竟是什么因素决定一个过程是不是能够自发进行呢？通过长期的研究表明推动自发过程的因素有两个：一是系统倾向于取得最低能量状态(焓因素)，一是体系倾向于取得最大混乱度(熵因素)。

2.3.2 熵与标准摩尔熵

1. 熵

熵(entropy)是表示系统混乱度的物理量，它的大小与系统中可能存在的微观状态数目有关。熵是体系的状态函数，用符号 S 表示，单位为 $J \cdot K^{-1}$。

$$S = k\ln\Omega$$

式中：k 为波尔兹曼常数，$k = 1.3807 \times 10^{-23} J \cdot K^{-1}$。

体系微观状态数是大量质点经过统计规律处理而得到的热力学概率，因此熵具有统计意义，不能使用于单独的原子或分子。

在孤立系统中，系统与环境没有物质和能量的交换，所以系统总是自发地向混乱度增大的方向变化，如冰溶解成水，NaCl 晶体溶解在水中等过程都是混乱度增大的过程，在一定条件下都能自发进行。即：在孤立系统中熵永不减小，也叫熵曾原理，是热力学第二定律的另一种表达形式。孤立系统达到平衡时，自发过程不再进行，系统的混乱度达到最大，此时系统的熵值最大。

2. 标准摩尔熵

熵是描述系统混乱度的热力学函数。对于纯净物质的完美晶体，在热力学温度为 0K 时，其内部质点(如分子、原子等)的热运动可以认为是完全停止的，此时系统处于理想的有序状态，其熵值为零。这就是热力学第三定律：在热力学温度 0K 时，任何纯物质的完美晶体熵值等于零。

可以根据热力学第三定律测定并计算出任何纯物质在温度 T 时熵的绝对值。1mol 纯物质在标准状态下的熵称为标准摩尔熵，用符号 $S_m^\ominus$ 表示，单位是 $J \cdot mol^{-1} \cdot K^{-1}$。附录中列出一些物质在 298.15K 时的标准摩尔熵值。

另外，熵既然是体现混乱度的物理量，不难看出物质标准摩尔熵的大小应有如下规律：

（1）同一物质所处的聚集状态不同，其熵值大小次序是：气态>液态>固态；

（2）聚集状态相同，分子越复杂熵值越大。

（3）结构相似的物质，相对分子质量越大其熵值也越大。

（4）相对分子质量相同，分子构型越复杂其熵值越大。

（5）物质的熵值随温度升高而增大，气态物质的熵值随压力增高而减小。

因为熵是状态函数，知道了各物质的 S_m^θ 数值，就可以利用式（2-8）计算化学反应的标准摩尔熵变 $\Delta_r S_m^\theta$。

$$\Delta_r S_m^\theta = \sum_B \upsilon_B S_m^\theta(B) \tag{2-8}$$

2.4　吉布斯自由能及其应用

2.4.1　自由能

如前所述，决定自发过程能否发生既有能量因素，又有熵因素，涉及两个变量 ΔH 和 ΔS。为了研究方便，热力学中提出一个新的状态函数自由能（free energy），由美国物理学家吉布斯（Gibbs J. W.，1893—1903）提出，也叫吉布斯自由能。自由能用符号 G 表示，

$$G = H - TS \tag{2-9}$$

式（2-9）中，H、T 和 S 都是系统的状态函数，所以他们的组合 G 也是状态函数，其单位是 J 或 kJ。

对于一个等温等压过程，设始态的吉布斯自由能为 G_1，终态的吉布斯自由能为 G_2，则该过程的吉布斯自由能变化为 ΔG，则

$$\Delta G = G_2 - G_1 = (H_2 - TS_2) - (H_1 - TS_1)$$
$$= (H_2 - H_1) - T(S_2 - S_1)$$
$$\Delta G = \Delta H - T\Delta S \tag{2-10}$$

式（2-10）称为吉布斯-亥姆霍兹方程。我们可以非常方便地判断等温等压条件下过程的自发性。即：

$$\Delta G < 0 \qquad 过程自发$$
$$\Delta G = 0 \qquad 过程非自发（其逆过程自发）$$
$$\Delta G > 0 \qquad 过程处于平衡状态$$

与状态函数熵不同的是，吉布斯自由能有明确的物理意义，它表示一个系统在定温定压下对外做有用功的能力。若经过某一过程后，系统的 $\Delta G < 0$，即 $G_2 < G_1$，说明这是一个自由能降低的过程，在此过程中自由能释放出来做有用功。当系统达到平衡状态时，便不能再做有用功，此时 $G_2 = G_1$。

将式（2-10）应用于化学反应则得到：

$$\Delta_r G_m = \Delta_r H_m - T\Delta_r S_m \tag{2-11}$$

如果是在标准状态下，则：

$$\Delta_r G_m^\theta = \Delta_r H_m^\theta - T\Delta_r S_m^\theta \tag{2-12}$$

2.4.2 标准生成吉布斯自由能

因吉布斯自由能和 U、H 一样都是状态函数，其绝对值都是不可知的，为了计算反应的吉布斯自由能变 ΔG，可以仿照求标准生成焓的处理方法：首先规定一个相对标准，即在标准状态下(压力为 100kPa，温度未指定，通常选取 298.15K)，令最稳定单质的吉布斯自由能为零，由最稳定单质生成 1mol 某物质的吉布斯自由能变化称为该物质的标准摩尔生成吉布斯自由能，用符号 $\Delta_f G_m^\theta$，其单位是 $kJ \cdot mol^{-1}$。如 298.15K 时下列反应：

$$C(s，石墨)+2H_2(g)+\frac{1}{2}O_2(g) = CH_3OH(l) \qquad \Delta_r G_m^\theta = -116.4 kJ \cdot mol^{-1}$$

则

$$\Delta_f G_m^\theta(CH_3OH，l) = -116.4 kJ \cdot mol^{-1}$$

附录中列出了部分物质在标准状态，298.15K 时的标准摩尔生成吉布斯自由能。由此我们可以通过式(2-13)来计算化学反应的摩尔吉布斯自由能变。

$$\Delta_r G_m^\theta = \sum_B \upsilon_B \Delta G_f^\theta(B) \tag{2-13}$$

2.4.3 吉布斯自由能与温度的关系

$\Delta_r G_m$ 作为判断反应自发性的标准，实际上包含了焓变 $\Delta_r H_m$ 和熵变 $\Delta_r S_m$ 两个因素，由于 $\Delta_r H_m$ 和 $\Delta_r S_m$ 的符号可正可负，所以 $\Delta_r G_m$ 的符号还会受到温度 T 的影响。对于有些反应，改变反应温度，有可能会影响反应进行的方向。$\Delta_r G_m$ 与 $\Delta_r H_m$、$\Delta_r S_m$ 以及温度 T 之间的关系如总结于表 2-1 中所示。

表 2-1　　　　　　　　　定压下反应自发性的几种类型

	$\Delta_r H_m$	$\Delta_r S_m$	$\Delta_r G_m = \Delta_r H_m - T\Delta_r H_m$		反应的自发性
			低温	高温	
1	−	+	−	−	任何温度下正向反应自发
2	+	−	+	+	任何温度下正向反应非自发
3	−	−	−	+	低温时正向反应自发，高温时正向反应非自发
4	+	+	+	−	低温时正向反应非自发，高温时正向反应自发

由表 2-1 可以看出，对于 $\Delta_r H_m$ 和 $\Delta_r S_m$ 符号同为正或同为负的反应来说，温度的改变的确能影响反应的方向。通常将 $\Delta_r G_m = 0$ 时的温度称为转变温度。对于 $\Delta_r H_m$ 和 $\Delta_r S_m$ 符号同为正的反应来说，温度大于转变温度时，有可能自发进行；而对于 $\Delta_r H_m$ 和 $\Delta_r S_m$ 符号

同为负的反应来说，温度低于转变温度时，有可能自发进行。

由附录中的数据可以得到 298.15K，标准状态下反应的 $\Delta_r G_m^\theta$ 值，可以用来判断 298.15K，标准状态下反应的自发性，那么在其他温度下反应自发性又如何呢？

一般来说，温度变化时，ΔH 和 ΔS 变化不大，而 ΔG 却变化较大。因此，当温度变化不太大时，可以近似的把 ΔH 和 ΔS 看做不随温度变化的常数，这样只要求得 298.15K 时的 ΔH 和 ΔS，利用式(2-11)可近似计算温度 T 时反应的吉布斯自由能变。

$$\Delta_r G_m^\theta(T) = \Delta_r H_m^\theta(298.15K) - T\Delta_r S_m^\theta(298.15K) \tag{2-14}$$

阅读材料

新型二次能源——氢能源的开发与利用

当今世界正面临着能源短缺和环境污染两大难题。清洁能源的开发和利用是解决这两大难题的有效方法。氢能，是人类公认的清洁能源，被誉为 21 世纪最具发展前景的二次能源，是人类社会实现可持续发展的绿色能源载体。

1. 氢能源概述

氢元素在元素周期表中处于第一的位置，它是重量最轻且具有良好导热性以及燃烧性的清洁物质。一般来讲我们将能源分为两大类：第一类是一次能源，这类能源主要是指以自然形态存在的能源。例如，煤炭、石油、天然气以及风能、核能等；第二类能源是二次能源，这类能源主要是指由一次能源加工以后所得到的能源。例如电能、氢能等。氢气是目前我们能够在自然界获取的含量最高并且具有很高效的含能体能源，作为一种清洁型能源，氢能源具有巨大的开发潜力。

氢自身没有毒性，氢在空气中发生燃烧除了会生成少量水以及氮化氢以外不会产生对环境造成污染的例如二氧化碳、一氧化碳等气体，也不会生成粉尘颗粒，与此同时少量的氮化氢经过相应的处理后对环境也不会造成污染，最为重要的一点就是燃烧生成的水可以继续制成氢，从而切实达到循环使用的目的。

就现阶段的能源情况来讲，氢能是除核燃料以外热值最高的燃料，其热值要远远高于传统的化学燃料以及生物燃料，一般来讲其热值可以达到 142350kJ/kg。通常情况下来讲每燃烧 1kg 的氢气所产生的热量可以达到汽油热量的 3 倍，可以达到酒精的将近 4 倍，可以达到焦炭的 4.5 倍以上。通常情况下氢可以以气态、液态或者是固态的金属氢化物出现，基本上可以适应不同要求的储存以及应用的要求。

2. 制氢方法

氢能源的制备方法经历了一个长时间的发展过程。当前，常用的制氢方式主要有四种，分别为化石燃料制氢、微生物制氢法、太阳能制氢法以及电解水制备氢气。(1)化石燃料制氢。化石燃料制氢会造成环境污染和消耗储量有限的化石燃料，不能从根本上摆脱对传统能源的依赖。(2)微生物制氢法。微生物制氢是在一定条件下，微生物自身通过酶催化反应来制取氢气。这种制氢的方式虽然在常温常压下即可进行，但是实现真正的工业化应用还面临着很多问题。(3)太阳能制氢法。这种制氢气方式是利用太阳能，在催化剂的辅助作用下，将水进行光解来达到制备氢的一种方法。这种方法需要的电极材料是半导体，将半导体制备成光化学电池再利用太阳光来进行水分解。这种制氢方式有其自身优点，即原材料、太阳能以及水资源的储量都很丰富，但是由于实际制备过程中需要使用到高效催化剂来降低生产过程的成本，所以这种方法还需要一定的科学研究。(4)电解水制氢。这种方式存在的最主要的问题是所用的电解槽需要消耗高的能量，效率比较低，但这种方法同样具有非常明显的优势。电解水制氢面临的主要难题就是要找到一种能降低能耗提高产氢效率的高效催化剂，从而实现电解水产氢的工业化应用。

3. 氢气的储存

目前所掌握的储氢技术分为两大类，即物理法和化学法。物理法即传统的液化或固化储氢和碳质材料吸附等；化学法是金属氢化物储氢，无机物及有机液态氢化物储氢。一般来说前者更为危险也不经济，而开发新型储氢材料可以很好地解决这些问题。

目前所用的储氢材料主要有合金、碳纳米材料、有机液体和络合物。其中，金属氢化物储氢材料有较高储氢能力，在较低压力 100MPa 下可以达到每立方米 100kg 以上，安全可靠且能耗低，但由于金属密度很大，氢的质量分数只能达到 5% 左右。碳质储氢材料可分为以下几类：(1)活性炭吸附。具有超高比表面积，具有经济、储氢量高、解吸快、寿命长、容易规模化的特点，而且条件是中低温(77~273K)和中高压(1~10MPa)；(2)碳纳米管纳米碳纤维吸附。不同尺度级别的纳米管束储氢能力取决于纤维结构的独特排布；(3)络合物储氢材料。如氢化硼钠，氢化硼钾等；(4)氢化铝络合物等有机物储氢材料。利用不饱和液体有机物与氢加成的可逆反应来实现，以单环芳烃为佳，储氢量大，便于运输储存，可循环使用。

4. 国内外氢能的现状

目前世界能源急缺，同时环境污染极为严重，所以为了使社会可持续性的发展，对清洁能源以及可再生能源的开发已经成为目前最主要的问题。氢是一种具有高清洁型的可再生能源，并且可以进行存储与输送，所以从可持续发展的角度来看，氢能将会对今后的国际能源结构造成巨大的改变，并且它还是一种非常好的低污染甚至是无污染的车用能源。目前国际的有关组织已经做出了预测，在不久的将来使用氢能源的汽车将会成为降低城市污染的主要交通工具之一。根据美国能源部公布的相关调查数据显示，在过去的几年中世界各工业国家在氢能源领域的研发投入年平均增长量为 20.5%。美国对氢能源的重视程度一直很高，在 21 世纪初期美国政府投入了 17 亿美元进行氢燃料的研制开发，并在一年后成功的建立了美国的第一座氢气站。对我国来说，能源建设战略是国民经济发展之重点战略。我国人口多，人均资源不足，人均煤炭探明可采储量仅为世界平均值的 1/2，石油仅为 1/10 左右，人均能源占有量明显落后；同时，我国近年来交通运输的能耗所占比重愈来愈大，汽车尾气污染也已经成为大气污染特别是城市大气污染的最重要因素之一，寻找新的洁净能源对我国的可持续发展有着特别重要的意义。

5. 氢能技术发展趋势

目前，氢能利用的技术开发已在世界主要发达国家和发展中国家中启动，并取得不同程度的成果。今后，氢能的开发利用技术主要从三个方面开展：氢能的规模制备、储运及相关燃料电池的研究。氢的规模制备是氢能应用的基础，氢的规模储运是氢能应用的关键，氢燃料电池汽车是氢能应用的主要途径和最佳表现形式，三方面只有有机结合才能使氢能迅速走向实用化。而其中储氢研究的重大突破是整个研究体系的关键。

结语

氢能源被视为 21 世纪最具发展潜力的清洁能源，是人类最理想的未来能源，氢能研究的舞台是广阔的，研究开发氢能必将大有可为。

习　题

2-1　简述热力学第一定律及其表达式。

2-2　简述热力学第二定律(可以根据自己的理解，有多种表述方式)。

2-3　简述判断自发过程进行的判据。

2-4　什么是系统的状态函数？系统的状态函数分为几类？本章都涉及到了哪些状态函数？分别属于哪一类？

2-5　将下列物质按熵值增大的顺序排列并说明理由。

$MgCl_2(s)$，$C_2H_6(g)$，$Mg(s)$，$CuSO_4(s)$。

2-6　判断下列说法是否正确。

(1)氢弹爆炸过程会伴随着热量释放，所以这是一个吸热过程。　　　　　（　　）

(2)在研究过程中，我们可以将宇宙分为两部分，一部分是我们的研究对象也就是系统，另一部分是系统以外的宇宙的其他部分也就是环境。　　　　　（　　）

(3)热化学是研究化学反应及其能量转换的科学。　　　　　（　　）

(4)热力学第一定律说明在任何过程中能量必须守恒。　　　　　（　　）

(5)恒容条件下，系统不做非体积功时 $\Delta U = Q_v$；恒压条件下，不做非体积功时 $\Delta H = Q_p$，所以 Q_v 和 Q_p 都是系统的状态函数。　　　　　（　　）

(6)$\Delta S_{(系统)} > 0$ 表示系统的熵增加了。　　　　　（　　）

(7)化学平衡状态时，产物的吉布斯自由能与反应物的吉布斯自由能相等。　（　　）

(8)根据热力学第三定律，任何晶体物质在绝对零度时熵值都为零。　　　（　　）

(9)标准状态 298.15K 时，纯物质的标准摩尔生成吉布斯自由能为零。　　（　　）

(10)如果一个化学反应的 $T \cdot \Delta S > 0$，$\Delta H < 0$，则这个反应无论在何温度下都不能自发进行。　　　　　（　　）

2-7　已知：$AgBr(s) + \dfrac{1}{2}Cl_2(g) \quad AgCl(s) + \dfrac{1}{2}Br_2(l) \qquad \Delta_r H_m = -27.6 kJ \cdot mol^{-1}$

关于此反应，下列哪些说法正确：(　　　)。

(1)热量被释放；(2)热量被吸收；(3)反应是放热反应；(4)反应是吸热反应；(5)产物的焓值比反应物的焓值高；(6)反应物的焓值比产物的焓值高。

A. 1，3，5　　　B. 1，3　　　C. 2，4，6　　D. 2，4，5　　E. 1，3，6

2-8　标准压力，298.15K 时，下列哪个不属于标准状态？（　　）

A. $H_2O(l)$　　　B. $F_2(g)$　　　C. $O_2(g)$　　　D. $H_2(g)$　　　E. $Fe(l)$

2-9　已知：

$$2SO_2(g)+O_2(g) \longrightarrow 2SO_3(g) \qquad \Delta_r H_m^\theta = -196.7 kJ \cdot mol^{-1}$$

$$SO_3(g)+H_2O(l) \longrightarrow H_2SO_4(l) \qquad \Delta_r H_m^\theta = -130.1 kJ \cdot mol^{-1}$$

则反应 $2SO_2(g)+O_2(g)+2H_2O(l) \longrightarrow 2H_2SO_4(l)$ 的标准摩尔焓变是多少？（　　）

A. $66.6 kJ \cdot mol^{-1}$　　　B. $326.7 kJ \cdot mol^{-1}$　　　C. $-326.7 kJ \cdot mol^{-1}$

D. $456.9 kJ \cdot mol^{-1}$　　　E. $-456.9 kJ \cdot mol^{-1}$

2-10　标准状态，298.15K 时，下列哪些物质的标准摩尔生成焓为零？

A. $H_2O(l)$　　　B. $O_2(g)$　　　C. $Fe(l)$　　　D. $HCl(l)$　　　E. $SiO_2(s)$

2-11　干冰气化过程，下列哪些说法是正确的？

A. ΔH 和 ΔS 都为正值　　　　　B. ΔH 和 ΔS 都为负值

C. ΔH 为负值，ΔS 为正值　　　　D. 当温度升高时，ΔG 正值增大

E. G 为正值

2-12　KNO_3 溶于水的过程，ΔH 为正值，则可以得到下列哪些结论？

A. KNO_3 溶解过程 $\Delta G > 0$　　　　B. KNO_3 溶解过程 $\Delta G = 0$

C. KNO_3 溶解过程 $\Delta S > 0$　　　　D. KNO_3 溶解过程 $\Delta S < 0$

2-13　根据给定的标准摩尔熵值 S_m^θ，计算下列反应在 298.15K 时的熵变 $\Delta_r S_m^\theta$

$$2SO_2(g)+O_2(g)=2SO_3(g)$$

$S_m^\theta / J \cdot K^{-1} \cdot mol^{-1}$　　　248.5　　　205.1　　　256.2

2-14　根据给定的 $\Delta_f G_m^\theta$ 值，计算葡萄糖氧化反应的 $\Delta_r G_m^\theta$，并判断在标准状态下该反应能否自发进行。

$$C_6H_{12}O_6(s)+6O_2(g) \longrightarrow 6CO_2(g)+6H_2O(l)$$

$\Delta_f G_m^\theta / kJ \cdot mol^{-1}$　　　−910.5　　　　　−394.6　　　−237.2

2-15　298.15K 时，已知下列数据：

	$S_m^\theta / J \cdot K^{-1} \cdot mol^{-1}$	$\Delta_f H_m^\theta / kJ \cdot mol^{-1}$
$NO_2(g)$	240.4	33.8
$N_2O_4(g)$	304.3	9.7

(1)计算反应 $2NO_2(g) \Longleftrightarrow N_2O_4(g)$ 在 298.15K 时的标准摩尔吉布斯自由能变 $\Delta_r G_m^\theta$。

(2)298.15K 时，生成 $N_2O_4(g)$ 的反应是自发反应吗？

2-16　利用所学过的热力学基础知识以及物质的基本性质，判断常温常压下列反应能不能自发进行，为什么？（提示：$\Delta_f H_m^\theta(NO，g)=90.4 kJ \cdot mol^{-1}$）

$$N_2(g)+O_2(g)=2NO(g)$$

2-17　已知 298.15K 时，下列反应

$$BaCO_3(s) = BaO(s) + CO_2(g)$$

$\Delta_f H_m^\theta (kJ \cdot mol^{-1})$　　　-1216.3　　-548.1　　-393.5

$S_m^\theta (J \cdot K^{-1} \cdot mol^{-1})$　　　112.1　　　72.1　　213.6

计算 298.15K 时该反应的 $\Delta_r H_m^\theta$，$\Delta_r S_m^\theta$ 和 $\Delta_r G_m^\theta$，以及该反应可以自发进行的最低温度。

第3章　化学反应速率和化学平衡

对于一个化学反应，除了关心它反应的可能性，即反应方向、反应的热效应以外，我们还关心反应的现实性，即反应的速率和反应进行的限度。本章将讨论化学反应的现实性问题的两个方面，即反应速率和化学平衡(限度)。

3.1　化学反应速率的定义及其表示方法

我们可以用热力学的知识判断一个化学反应在某一条件下进行的可能性，但热力学原理不能告诉我们化学反应进行的快慢。从热力学角度看，有些反应的吉布斯自由能变($\Delta_r G^{\theta}$)值很小，自发趋势很大，但化学反应进行的速率很慢。如氢和氧气的混合物在常温下生成水的的应：

$$H_2(g) + \frac{1}{2}O_2(g) === H_2O(l) \qquad \Delta_r G^{\theta} = -237.2 kJ \cdot mol^{-1}$$

该反应从 $\Delta_r G^{\theta}$ 来看，正向反应的自发趋势很大，但实际上该反应很慢，在室温下你放置它几年或几十年的时间也看不到有一滴水的生成。这是因为热力学只考虑反应的始态和终态，来预判反应的方向，而不涉及反应的途径，而化学反应的快慢与途径有关，采取不同的途径，反应的快慢是不同的。不同的化学反应，反应的快慢是不同的，反应的快慢可以用反应的速率来表示。反应速率可分为平均反应速率 $\bar{v}$ 和瞬时反应速率 v 表示之。

3.1.1　平均反应速率

单位时间内反应物浓度的减少或生成物浓度的增加值即为平均反应速率(average rate)$\bar{v}$。

例如对于反应　$aA + bB = cC + dD$

$$\bar{v}_A = -\frac{c(A_2) - c(A_1)}{t_2 - t_1} = -\frac{\Delta c(A)}{\Delta t} \quad \text{负号表示浓度减少}$$

$$\bar{v}_C = \frac{c(C_2) - c(C_1)}{t_2 - t_1} = +\frac{\Delta c(C)}{\Delta t} \quad \text{正号表示浓度增加}$$

对于 $2N_2O_5 === 4NO_2 + O_2$ 反应，在某一时间段内的分解速率可以用反应物 N_2O_5 来表示，还可以用生成物 NO_2、O_2 来表示。

反应进行的时间为 100s 时，用不同的物质来表示时，分别为：

用 $\bar{v}(N_2O_5) = 1.5 \times 10^{-3} mol \cdot dm^{-3} \cdot s^{-1}$；

用 $\bar{v}(NO_2) = 3.0 \times 10^{-3} mol \cdot dm^{-3} \cdot s^{-1}$；

41

$$用\ \bar{v}(O_2) = 0.75\times10^{-3}\,mol\cdot dm^{-3}\cdot s^{-1}$$

这样可以发现，用不同的对象来表示时，它们的数值是不相同的，但反映的问题实质是同一的，为了解决这个问题，我们可以除以相应物质在反应方程式中的系数，这样不管用哪种物质来表示，其速率均相同了。

$$-\frac{1}{2}\bar{v}(N_2O_5) = \frac{1}{4}\bar{v}(NO_2) = \frac{1}{1}\bar{v}(O_2) = 0.75\times10^{-3}\,mol\cdot dm^{-3}\cdot s^{-1}$$

对于一般的化学化学 $a\mathrm{A}+b\mathrm{B}\ {=\!=\!=}\ g\mathrm{G}=h\mathrm{H}$，则有

$$\frac{1}{a}\bar{v}(A) = \frac{1}{b}\bar{v}(B) = \frac{1}{g}\bar{v}(G) = \frac{1}{h}\bar{v}(H)$$

3.1.2　瞬时反应速率

瞬时反应速率可看作当时间间隔无限小时，浓度的变化值与时间间隔的比值，即平均反应速率的极限值，即为瞬时反应速率(v)。如反应：$\mathrm{A} \longrightarrow \mathrm{C}$
则有

$$v_A = -\lim_{\Delta t\to 0}\frac{\Delta c(A)}{\Delta t} = -\frac{dc(A)}{dt}$$

$$v_C = +\lim_{\Delta t\to 0}\frac{\Delta c(C)}{\Delta t} = -\frac{dc(C)}{dt}$$

瞬时反应速率通常用作图的方法通过斜率求得。

3.2　影响反应速率的因素

反应速率的大小首先决定于反应物的本性，除此之外，还受到浓度、温度、催化剂等外界条件的影响。

3.2.1　浓度对反应速率的影响

1. 基元反应和非基元反应

如果一个反应一步就能完成，称为基元反应(elementary reaction)或称简单反应。基元反应的逆反应也是基元反应。如：

$$2NO_2(g) {=\!=\!=} 2NO(g)+O_2(g)$$
$$NO_2(g)+CO(g) {=\!=\!=} NO(g)+CO_2(g)$$

若一个反应需分几步进行，称为非基元反应或称为复杂反应。如：

$$2NO(g)+2H_2(g) {=\!=\!=} N_2(g)+2H_2O \quad 要分三步进行：$$

第一步：$2NO {=\!=\!=} N_2O_2$　　　　　　　　　　（快）；

第二步：$N_2O_2+H_2 {=\!=\!=} N_2O+H_2O$　　　　（慢）；

第三步：$N_2O+H_2 {=\!=\!=} N_2+H_2O$　　　　　（快）。

又如：$2NO(g)+F_2(g) = 2NOF(g)$，反应分两步进行：

第一步：$NO(g)+F_2(g)=NOF_2(g)$　　（慢）；

第二步：$NOF_2(g)+NO(g)=2NOF(g)$　　（快）。

大量的实验事实表明，绝大多数的反应并不是简单地一步就能完成的，而往往是分步进行的，即复杂反应。

有的表面上看起来简单的反应，实际上也可能是分几步进行的复杂反应，如

$$H_2(g)+I_2(g)=2HI(g)$$

曾有半个多世纪一直误认为它是一个一步完成的简单反应。但是近年来，不论从实验或理论上都表明，它不是一步完成的基元反应，其反应机理可能是：

第一步：　　　$I_2=2I$　　（快）；

第二步：　　　$2I+H_2=2HI$　　（慢）。

2. 质量作用定律

对于基元反应，其反应速率与反应物浓度以方程式中化学计量数的绝对值为乘幂的乘积成正比，这种定量关系叫质量作用定律（law of mass action）。

将质量作用定律写作数学表示式称速率方程式（equation of reaction rate）

如对于基元反应：

$$aA+bB \Longrightarrow cC+dD$$

速率方程：$v=kC_A a \cdot C_B b$

式中：k 为速率常数（rate constant），a 称为反应物 A 的级数，b 称为反应物 B 的级数，$(a+b)$ 称反应级数。不加说明，通常反应级数指 $(a+b)$。

有关 k 的几点说明：

(1) 单位浓度的反应速率；

(2) k 值取决于反应物的本性，与反应物的浓度无关，与反应的温度、介质、催化剂等有关；

(3) k 的单位取决于反应级数。一级反应，k 的单位是 s^{-1}；二级反应，k 的单位是 $L \cdot mol \cdot s^{-1}$；n 级反应，则 k 的单位是 $L^{(n-1)} \cdot mol^{-(n-1)} \cdot s^{-1}$，因此，由给出的反应速率常数单位，可以判断出反应的级数。

注意：质量作用定律只适用于基元反应。

3. 反应级数（reaction order）

速率方程中各反应物浓度项幂之和为反应级数。一般而言，基元反应中反应物的级数与其计量系数一致，非基元反应中则可能不同，反应级数都是实验测定的，而且可能因实验条件改变而发生变化。

如　　　　　　　　　　　　$aA+bB \Longrightarrow cC+dD$

实验测定速率方程为　　　　　$v=kC_A^m \cdot C_B^n$

m：对 A 物质的反应级数；

n：对 B 物质的反应级数；

若反应是一个基元反应的话，则

$v=kC_A^m \cdot C_B^n = kC_A^a \cdot C_B^b$，$m+n=a+b$，其值称为反应分子数(molecularity of reaction)。

注意：只能是基元反应，其值才可以称为反应的分子数，对于非基元反应，只能称为反应的级数。

若反应是一个基元反应的话，则 $m+n$ 可能与 $a+b$ 相等，但也可能不等。

由于反应级数是通过实验测得的，它是化学反应中若干基元反应的综合表现，所以，反应级数的取值可以是零级、一级、二级、三级，也可以是分数。如：

零级：　　　$2Na+2H_2O \Longrightarrow 2NaOH+H_2$　　　　$v=k$

一级：　　　$C+O_2 \Longrightarrow CO_2$　　　　　　　　　$v=kC_{O_2}$

二级：　　　$NO_2+CO \Longrightarrow NO+CO_2$　　　　$v=kC_{NO_2}C_{CO}$

三级：　　　$2H_2+2NO \Longrightarrow 2H_2O+N_2$　　　$v=kC_{H_2}C_{NO}^2$

1.5 级：　　$H_2+Cl_2 \Longrightarrow 2HCl$　　　　　　$v=kC_{H_2}C_{Cl_2}^{\frac{1}{2}}$

反应级数的物理意义：反应级数的大小，反映了浓度对反应速率的影响程度。级数越大，表明浓度对反应速率的影响越大，反之亦然。对于零级反应，说明反应速率与浓度无关。

关于速率方程式的几点说明：

(1)反应速率方程式($v=kC_A^m \cdot C_B^n$)只能由实验得出，而不是由反应方程式得出。只有当告知某一反应为基元反应时，速率方程式中浓度的指数才是方程式中反应物前面的系数；

(2)如果有固体和纯液体参加反应，因固体和纯液体本身为标准态，即单位浓度，因此不必列入反应速率方程中；

(3)如果反应物气体，则可用气体的分压来代替浓度；

(4)如实验测出的反应级数与反应方程式中的系数相吻合，该反应也不一定就是基元反应。如：

$$H_2(g)+I_2(g) \Longrightarrow 2HI(g)$$

根据实验结果，其速率方程式为：

$$v=kC_{H_2} \cdot C_{I_2}$$，但它是一个二级反应：

第一步：$I_2 \Longrightarrow 2I$　　　　(快)；

第二步：$2I+H_2 \Longrightarrow 2HI$　　　(慢)。

反应速度方程式由慢反应决定：

$$v = kC_{H_2} \cdot C_I^2$$

基元反应第二步是在基元反应第一步已达平衡的基础上进行的。根据反应第一步有：

$$k_1 = \frac{c^2(I)}{c(I_2)}, \qquad c^2(I) = k_1 c(I_2)$$

$$v = k_2 c(H_2) c^2(I) = k_2 c(H_2) k_1 c(I_2) = k/c(H_2) c(I_2) = kC_{H_2} \cdot C_{I_2}$$

3.2.2　温度对反应速率的影响

温度是控制反应速率的最有效的方法。无论对于吸热反应还是放热反应，温度升高时反应速率都会加快。对于有些反应，温度升高几度到几十度，反应速率则是几倍、几十倍乃至上千倍的增加。反应速率和温度之间有什么定量关系呢? 早在 1889 年瑞典化学家阿仑尼乌斯(S. A. Arrhenius)在总结了大量的实验事实的基础上，提出了反应的速率常数与温度之间的定量关系式:

$$k = Ae^{-\frac{E_a}{RT}} \tag{3-1}$$

式中:

A: 指前因子(preexponential factor)(或称频率因子)，它的单位与 k 相同;

E_a: 活化能(activation energy)(kJ/mol);

R: 气体摩尔常数(8.314J·mol^{-1}·k^{-1});

T: 反应温度(K);

e: 自然对数的底数(e=2.718)。

对于某一指定反应，活化能 E_a、指前因子 A 可视为一定值(即不随温度而变化)，速率常数仅决定于温度。

我们对式(3-1)两端同时取自然对数，得一直线方程:

$$\mathrm{lin}k = -\frac{E_a}{RT} + \ln A$$

对式(3-1)两端同时取常用对数，得一直线方程:

$$\lg k = -\frac{E_a}{2.203RT} + \lg A \tag{3-2}$$

E_a 的求算:

(1)$\lg k$-$1/T$ 作图，得斜率$=-\dfrac{E_a}{2.303R}$，$E_a=-$斜率$\times 2.303R$

例 3-1 已知反应 $H_2(g)+I_2(g) = 2HI(g)$，在不同温度下的速率常数 k 值如下，试用作图法求该反应的活化能 E_a。

T/K	576	629	666	700	781
$k/(\mathrm{mol}^{-1}.\mathrm{dm}^3.\mathrm{s}^{-1})$	1.32×10^{-4}	2.52×10^{-3}	1.41×10^{-2}	6.43×10^{-2}	1.34

解: 从式(3-2)可知，以 $\lg k$-$1/T$ 作图，得一直线，如图 3-1 所示。

直线斜率$=-\dfrac{E_a}{2.303R}$，

直线斜率$=\dfrac{1.00+4.20}{(1.20-1.80)\times10^{-3}\mathrm{K}^{-1}}=8.67\times10^3\mathrm{K}$，

即 $8.67\times10^3\mathrm{K}=-\dfrac{E_a}{2.303R}$，

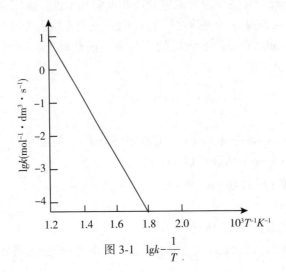

图 3-1　$\lg k - \dfrac{1}{T}$

解得 $E_a = 166.0 \text{kJ} \cdot \text{mol}^{-1}$

(2) 知道 T_1，k_1 和 T_2，k_2，代入直线方程，两式相减即可求得 E_a。

例 3-2　实验测得某一反应在 573K 时速率常数 (k) 为 $2.41 \times 10^{-10} \text{s}^{-1}$，在 673K 时速率常数 (k) 为 $1.16 \times 10^{-6} \text{s}^{-1}$，求此反应的活化能 E_a。

解：根据题意，把 T_1，k_1 和 T_2，k_2 分别代入式 (3-2)，然后两式相减得下式 $\lg \dfrac{k_2}{k_1} = \dfrac{E_a}{2.303R}\left(\dfrac{T_2 - T_1}{T_1 T_2}\right)$，再把具体数值代入得：

$$\lg \frac{1.16 \times 10^{-6}}{2.41 \times 10^{-10}} = \frac{1000 \times E_a}{2.303 \times 8.314} \times \frac{673 - 573}{673 \times 573}，\text{解此方程得}$$

$$E_a = 271.90 \text{kJ} \cdot \text{mol}^{-1}$$

3.2.3　催化剂对反应速率的影响

虽然提高反应的温度、浓度可以加快反应速率，但在实际生产中往往会带来较多的能耗和成本，且高温对设备也会有特殊的要求，而应用催化剂 (catalyst) 可以在不提高反应温度、反应浓度的情况下极大地提高反应速率。因此，使用催化剂是工业生产中优先采用的方法。

催化剂改变反应速率，其原因是改变了反应历程，进而降低了反应的活化能 (E_a)，而使反应速率增加，见图 3-2。

从图 3-2 可以看出加入催化剂后，能峰降低了，即活化能降低了，所以，反应速率加快了。

催化剂改变反应机理的特点：

(1) 催化剂降低了 E_a，使 k 值增大；

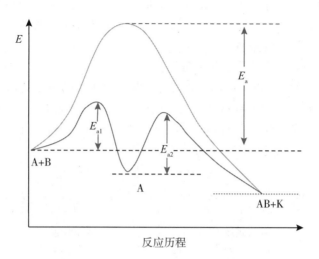

图 3-2　催化剂对反应历程和活化能影响

（2）催化剂对正、逆反应的活化能降低是同步进行的，也就是说，同等程度地加快了正、逆反应速率；

（3）催化剂的存在，不改变反应的始态和终态，即不会改变 ΔG、ΔH 值，也就是说，催化剂只能改变反应途径，而不能改变反应发生的方向；

（4）催化剂只能加速热力学上认为可以发生的反应，对于通过热力学计算不能发生的反应，使用任何催化剂都是徒劳的。

以上我们讨论了浓度、温度、催化剂对反应速率的影响，除此以外，反应物之间的接触状况等对反应速率也会产生影响。例如，红热状态的块状铁与水蒸气之间的反应进行得非常缓慢，而同样温度下粉铁的反应则要快得多。

$$3Fe(s)+4H_2O(g)=\!\!=\!\!=Fe_3O_4(s)+4H_2(g)$$

实际生活中可以找到不少反应物接触状况影响反应速率的实例，例如人们很难听到谁家的煤块或面粉发生爆炸的消息，但煤矿和面粉厂粉尘爆炸的报道却不乏其例。

3.3　反应速率理论简介

20 世纪，反应速率理论的研究取得了进展。主要的成果是 1918 年路易斯（G. N. Lewis）在气体分子运动论的基础上提出了化学反应的速率理论，以及 20 世纪 30 年代艾林（H. D. Eyring）在量子力学和统计力学的基础上提出了化学反应速率的过渡态理论。

3.3.1　碰撞理论

该理论认为，分子、原子或离子之间要发生反应，必须相互碰撞，分子之间的碰撞是发生化学反应的前提条件。如 A+B ===AB，其前提是 A 与 B 必须相互碰撞，但碰撞并不是都能发生反应，反应物分子之间的绝大多数碰撞都是无效的，它们碰撞后立即分开，并无反应发生，仅有极少数部分碰撞才能发生反应。所以，碰撞我们可以分成两类：无效碰撞和有效碰撞。反应物分子碰撞后立即分开，并无反应发生的，称为无效碰撞；碰撞后能导致化学反应的，称为有效碰撞。

分子发生有效碰撞必须满足的两个条件：

（1）在碰撞时，反应物分子必须有恰当的取向，使相应的原子能够相互接触而形成生成物。比如：$NO_2+CO \Longrightarrow NO+CO_2$ 反应，只有当 CO 分子中碳原子与 NO_2 分子中氧原子相碰撞时，才有可能发生反应，而氧原子与氧原子、碳原子与氮原子及氧原子与氮原子相碰撞的这种取向，均不会发生化学反应。见图 3-3。

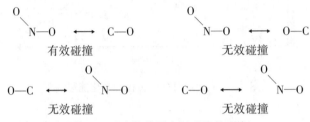

图 3-3　反应物分子之间碰撞的取向

（2）反应物分子必须具有足够的能量，在碰撞时原子的外电子层才能相互穿透，电子重新排列，导致旧键破裂而形成新键（形成生成物）。我们把能够导致有效碰撞的分子称为活化分子。

下面我们来解释一下什么是活化能。一定温度下气体分子的能量分布情况如图 3-4 所示：

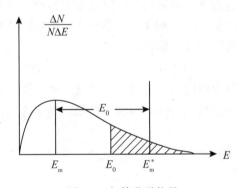

图 3-4　气体分子能量

E_m：反应物分子的平均能量；可见大多数分子具有的能量与平均能量接近，能量特别大的或特别小的分子都较少。

E_m^*：活化分子的平均能量。

E_0：活化分子必须具有的最低能量。

E_a：活化分子的平均能量与反应物分子的平均能量之差，称为活化能，即 $E_a = E_m^* - E_m$。

横坐标：为气体分子的能量。

纵坐标：为具有能量 E 到 $E+\Delta E$ 范围内分子在总的分子中所占的百分数。

结论：在一定温度下，反应的 E_a 值越大，活化分子百分数就小，反应速率小；反之，E_a 值越小，活化分子所占的百分数就大，反应速率大。

3.3.2 过渡态理论

该理论是用量子力学的方法计算反应物分子在相互作用过程中势能的变化。该理论认为化学反应不是通过反应物分子间的简单碰撞就能完成的，而是在反应分子相互接近时要经过一个中间过渡状态，即形成一个"活化配合物（activated complex）"，然后再转化为产物。例如 CO 与 NO_2 反应，如图 3-5 所示。

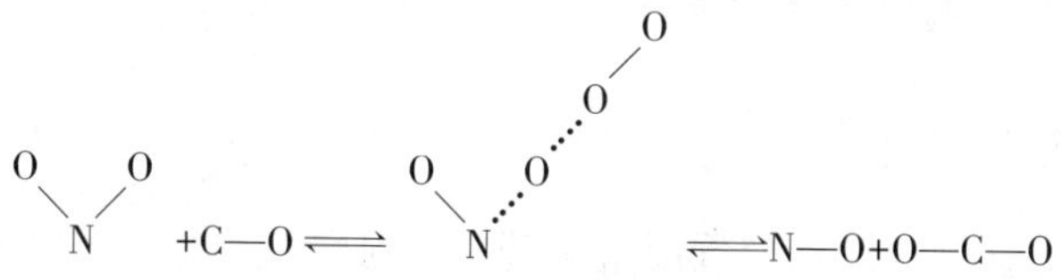

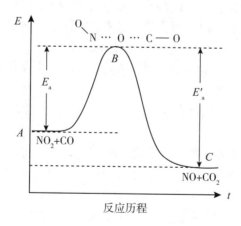

图 3-5 活化配合物（过渡状态）

中间过渡态形成的活化配合物中，原来分子中的旧键（N—O）其强度被削弱，但还没有完全断开，新化学键（C—O）键正在形成。处于该状态下的活化配合物具有较高的势能，不稳定，易分解为原来的反应物 NO_2 和 CO 或产物 NO 和 CO_2。

该理论中活化能 E_a 的含义与碰撞理论中活化能的含义不同，是指活化配合物的平均能量与反应物平均能量之差，要使反应发生所必须克服的势能垒，见图 3-6。

图 3-6 反应历程—势能图

纵坐标：为能量。

横坐标：为反应历程。

A 点：为反应物分子的平均能量。

B 点：为活化络合物分子的平均能量。

C 点：为产物分子的平均能量。

A 点与 B 点之间距离：正反应的活化能$(E_a) = 10.3\text{kJ} \cdot \text{mol}^{-1}$。

B 与 C 之间距离：逆反应的活化能$(E'_a) = 209.9\text{kJ} \cdot \text{mol}^{-1}$。

$$\Delta_r H = E_a - E'_a = 134 - 368 = -234\text{kJ} \cdot \text{mol}^{-1}$$

从图 3-6 可以看出，一定温度下，反应的活化能越大，即能峰越高，得到的活化分子数越小，因此，反应速率越慢；反之，活化能小的，反应速率越快。

3.4　化学平衡概述

3.4.1　化学平衡特征和平衡常数表示

1. 可逆反应与反应平衡

在众多的化学反应中，仅有少数反应能进行"到底"，即反应物几乎完全转变为生成物，而在同样条件下，生成物几乎不能转回反应物，如放射性元素的蜕变及 $KClO_3$ 的分解、酸碱中和反应等：

$$2KClO_3 \longrightarrow 2KCl + 3O_2; \qquad HCl + NaOH \longrightarrow NaCl + H_2O$$

像这种只能向一个方向进行的反应，称为不可逆反应(irreversible reaction)。

对于绝大多数反应来说，在一定条件下，反应既能按反应方程式从左向右进行(正反应)，也能从右向左进行(逆反应)，这种同时能向正逆两个方向进行的反应，称为可逆反应(reversible reaction)。如：

$$CO(g) + H_2O(g) \Longleftrightarrow H_2(g) + CO_2(g); \qquad N_2O_4(g) \Longleftrightarrow 2NO_2(g)$$

可逆反应进行到一定程度时，便会建立起平衡，即正、逆反应速率相等。当正、逆反应速率相等时的状态，称为化学平衡(chemical equilibrium)。

化学平衡是针对可逆反应而言的，对于不可逆反应，不存在化学平衡问题。化学平衡状态的几个重要特征：

(1)只有在恒温条件、封闭体系中进行的可逆反应，才能建立化学平衡，这是建立平衡的前提；

(2)正、逆反应速率相等是平衡建立的条件；

(3)平衡状态是封闭体系中可逆反应进行的最大限度，各物质浓度不再随时间变化，这是建立平衡的标志；

(4)化学平衡是有条件的平衡，当外界条件改变时，正逆反应速率发生变化，原平衡被破坏，直到建立新的动态平衡。

2. 化学平衡常数的表达

对于可逆反应：　　　　　　　$aA + bB \Longleftrightarrow dD + eE$

在一定温度下达到平衡时，则有如下关系式：

$$K = \frac{c(D)^d c(E)^e}{c(A)^a c(B)^b} \tag{3-3}$$

该式称为化学平衡定律的数学表达式。其中，以浓度表示的称为浓度平衡常数，用 K_c 表示；以分压表示的称为压力平衡常数，用 K_p 表示。

式(3-3)表示在一定温度下，某可逆反应达到平衡时，产物浓度系数次方乘积与反应物浓度系数次方的乘积之比是一个常数，即化学平衡常数(chemical equilibrium constant)，也称经验平衡常数(experimental equilibrium constant)。

若在经验平衡常数表达式中浓度或分压除以标准值，则该平衡常数称之为标准平衡常数(standard equilibrium constant)，如反应：

$$aA(aq) + bB(aq) \Longrightarrow gG(aq) + hH(aq)$$

$$K^\theta = \frac{\left[\dfrac{c(G)}{c^\theta}\right]^g \left[\dfrac{c(H)}{c^\theta}\right]^h}{\left[\dfrac{c(A)}{c^\theta}\right]^a \left[\dfrac{c(B)}{c^\theta}\right]^b}$$

$$aA(g) + bB(g) \Longrightarrow gG(g) + hH(g)$$

$$K^\theta = \frac{\left[\dfrac{p(G)}{p^\theta}\right]^g \left[\dfrac{p(H)}{p^\theta}\right]^h}{\left[\dfrac{p(A)}{p^\theta}\right]^a \left[\dfrac{p(B)}{p^\theta}\right]^b}$$

化学平衡常数 K 的特征：

(1)与反应的起始状态(浓度或分压)无关，仅取决于反应的本性。无论从正反应开始，还是从逆反应开始，或者从反应物和生成物的混合物开始，也不管起始状态(浓度)如何，最终的 K 值都是一样的。

(2)有些 K 值随温度的升高而增大，有些 K 值随温度的升高而减小，这取决于该过程是放热反应还是吸热反应。若是吸热反应，则随温度升高，K 值增大；若是放热反应，则随温度升高，K 值减小。

(3)溶液中的可逆反应平衡常数用 K_c 表示，这时各物质的平衡浓度单位用 $mol \cdot L^{-1}$，对于气体反应，可用气体的分压(p)来代替浓度(c)，K 用 K_p 表示之。对气相可逆反应 K_c 与 K_p 之间的关系为：

$$K_p = K_c (RT)^{\Delta n} \tag{3-4}$$

Δn 为反应前后气体分子数之差，相当于反应式中的 $(d + e) - (a + b)$。

书写平衡常数表达式的规则：

(1)反应中有固体和纯液体参加，它们的浓度不应写在平衡常数表达式中，如：

$$HgO(s) \Longrightarrow Hg(l) + 1/2O_2(g) \qquad K_p = P(O_2)^{1/2}$$

$$CaCO_3(s) \Longrightarrow CaO(s) + CO_2(g) \qquad K_p = P(CO_2)$$

(2)稀溶液中进行的反应，水的浓度不必写在平衡常数表式中，如：

$$Cr_2O_7^{2-} + H_2O \Longrightarrow 2CrO_4^{2-} + 2H^+, \quad K_c = c^2(CrO_4^{2-}) \, c^2(H^+)/c(Cr_2O_7^{2-})$$

(3)通常如无特殊说明，平衡常数一般均指标准平衡常数。在书写和应用平衡常数表

达式时应注意:

①平衡常数表达式中各组分的浓度(或分压)都是平衡状态时的浓度(或分压);

②平衡常数 K^θ 与化学反应计量方程式有关。同一化学反应,化学反应计量方程式不同,其 K^θ 值也不同。

例如合成氨反应:

$N_2+3H_2 \rightleftharpoons 2NH_3$　　　　$K_1^\theta = (p(NH_3)/p^\theta)^2 \cdot (p(H_2)/p^\theta)^{-3} \cdot (p(N_2)/p^\theta)^{-1}$

$1/2N_2+3/2H_2 \rightleftharpoons NH_3$　　$K_2^\theta = (p(NH_3)/p^\theta)^1 \cdot (p(H_2)/p^\theta)^{-3/2} \cdot (p(N_2)/p^\theta)^{-1/2}$

$1/3N_2+H_2 \rightleftharpoons 2/3NH_3$　　$K_3^\theta = (p(NH_3)/p^\theta)^{2/3} \cdot (p(H_2)/p^\theta)^{-1} \cdot (p(N_2)/p^\theta)^{-1/3}$

显然 $K_1^\theta = (K_2^\theta)^2 = (K_3^\theta)^3$。因此使用和查阅平衡常数时,必须注意它们所对应的化学反应计量方程式。

(4)由于化学反应的平衡常数随温度在改变,使用时须注明相应的温度。

3.4.2　平衡常数与平衡转化率

1. 平衡常数的物理意义

平衡常数的大小是衡量化学反应进行程度的物理量,也就是说,可以用 K 值来估计反应的可能性,如:

$N_2+O_2 \rightleftharpoons 2NO$　　　　$K=10^{-30}$,此值很小,说明几乎没有反应;

如:$N_2O_4 \rightleftharpoons 2NO_2$　　　$K=0.36$,此值较小,说明有一定程度的反应;

又如:$Ag^++Cl^- \rightleftharpoons AgCl$　$K=1.0 \times 10^{10}$,此值很大,说明该反应进行的程度非常之大。

K 值不能预示反应达到平衡所需时间。

2. 平衡转化率

一个反应进行程度的大小除了用 K 值大小来衡量以外,我们还可以利用平衡转化率这样一个物量来定量的描述它。平衡转化率就是反应物转化为生成物部分占该反应物起始总量的百分数。数学表达式:

$$平衡转化率(\alpha) = \frac{反应物转化量}{反应物起始总量} \times 100\%$$

平衡常数与转化率均可表示正反应进行程度的大小,但转化率与平衡常数有所不同,转化率与反应体系的起始状态有关,而且必须明确指出是反应物中的哪种物质的转化率。

例 3-3　在容积为 10 升的容器中装有等物质的量的 $PCl_3(g)$ 和 $Cl_2(g)$。已知在 523K 发生以下反应:

$$PCl_3(g)+Cl_2(g) \rightleftharpoons PCl_5(g)$$

达平衡时,$p(PCl_5)=100kPa$,$K^\theta=0.57$。求:

(1)开始装入的 $PCl_3(g)$ 和 $Cl_2(g)$ 的物质的量;

(2)$Cl_2(g)$ 的平衡转化率。

解:(1)设 $PCl_3(g)$ 和 $Cl_2(g)$ 的起始分压为 x kPa。

$$PCl_3(g) \ + \ Cl_2(g) \ \Longleftrightarrow \ PCl_5(g)$$

起始分压(Pa)	x	x	0
平衡分压(kPa)	$x-100$	$x-100$	100

$$K^\theta = \left[p(PCl_5)/p^\theta\right] \cdot \left[p(Cl_2)/p^\theta\right]^{-1} \cdot \left[p(PCl_3)/p^\theta\right]^{-1}$$

$$0.57 = \frac{100/100}{\left(\dfrac{x-100}{100}\right)^2}; \quad x=232$$

起始
$$n(PCl_3) = n(Cl_2)$$
$$= \frac{p(PCl_3) \cdot V(PCl_3)}{RT}$$
$$= \frac{232 \times 10^3 Pa \times 10 \times 10^{-3} m^3}{8.314 Pa \cdot m^3 \cdot mol^{-1} \cdot K^{-1} \times 523K}$$
$$= 0.534 mol$$

（2）
$$\alpha = \frac{n_{转化}(Cl_2)}{n_{起始}(Cl_2)} \times 100\%$$
$$= \frac{p_{转化}(Cl_2)}{p_{起始}(Cl_2)} \times 100\%$$
$$= \frac{100}{232} \times 100\%$$
$$= 43.1\%$$

有关平衡常数的几点学明：

（1）标准平衡常数和经验平衡常数都反映了在到达平衡是反应进行的程度。

（2）标准平衡常数是一个无量纲的量，而经验平衡常数是有量纲的。

（3）标准平衡常数与经验平衡常数，当研究的对象为溶液反应时，则 $K^\theta = K$，若研究对象为气体反应，则两者数值一般不相等（当反应前后气体的分子数相等时，两者相等）。

（4）由于标准平衡常数可以从热力学数计算得到（$\Delta_r G^\theta = -RT \ln K^\theta$），所以，在化学平衡的计算中多采用标准平衡常数。

3.4.3 多重平衡规则

在一个化学反应过程中，若有多个平衡同时存在，并且一种物质同时参与几种平衡，这种现象称为多重平衡(multiple equilibrium)。如 SO_2、SO_3、O_2、NO、NO_2 五种气体同存于同一反应器中，此时至少有三种平衡同时存在：

$$K_1 = \frac{p_{SO_3}}{p_{SO_2} p_{O_2}^{1/2}}$$

$$SO_2(g) + \frac{1}{2}O_2(g) = SO_3(g) \tag{3-5}$$

$$NO_2(g) = NO(g) + \frac{1}{2}O_2(g) \tag{3-6}$$

$$K_2 = \frac{p_{O_2}^{1/2} p_{NO}}{p_{NO_2}}$$

$$K_3 = \frac{p_{SO_3} p_{NO}}{p_{SO_2} p_{NO_2}}$$

$$SO_2(g) + NO_2(g) = SO_3(g) + NO(g) \tag{3-7}$$

可以发现：

(1) 式(3-7) = 式(3-5) + 式(3-6)；(2) $K_1 \times K_2 = K_3$。

多重平衡规则：在相同条件下，如有两个反应方程式相加(或相减)得到第三个反应方程式，则第三个反应方程式的平衡常数为前两个反应方程式平衡常数之积(或商)。

3.4.4　平衡常数与标准自由能变的关系

前面我们讲了用 $\Delta_r G_m^\theta$ 来判断反应的自发方向，它的前提条件是体系中各物质都处于标准状态，也就是说，对于气相反应，各物质的分压都是 100kP，对于溶液反应，各物质的活度恰好为 $1 mol \cdot dm^{-3}$，换句话说，用 $\Delta_r G_m^\theta$ 只能判断体系中各种物质都处于标准状态。那么，他们的浓度(或分压)是任意值时，这时候我们应该怎样去判断反应的自发方向呢？根据热力学推导，对于反应：

$$aA + bB \rightleftharpoons cC + dD$$

可得出任意状态下吉布斯自由能变与标准态下吉布斯自由能变、体系中反应物和生成物浓度(或分压)之间存在着如下关系：

$$\Delta_r G_m = \Delta_r G_m^\theta + RT \ln \frac{\left[\frac{p(C)}{p^\theta}\right]^c \left[\frac{p(D)}{p^\theta}\right]^d}{\left[\frac{p(A)}{p^\theta}\right]^a \left[\frac{p(B)}{p^\theta}\right]^b}$$

而对数项中的分数式 $\dfrac{\left[\frac{p(C)}{p^\theta}\right]^c \left[\frac{p(D)}{p^\theta}\right]^d}{\left[\frac{p(A)}{p^\theta}\right]^a \left[\frac{p(B)}{p^\theta}\right]^b} = Q$，为反应商

即上式变为：

$$\Delta_r G_m = \Delta_r G_m^\theta + RT \ln Q \tag{3-8}$$

该式称为化学反应等温式。

当系统达到平衡时，不但意味着 $\Delta_r G_m(T) = 0$，而且意味着反应商等于标准平衡常数。不难由上式得到：

$$\Delta_r G_m^\theta = -RT \ln K^\theta \tag{3-9}$$

式(3-9)是一个重要公式，在 $\Delta_r G_m^\theta$ 为已知的情况下可以通过它来计算 K^θ，或者进行相反的计算。

若将式(3-9)代入式(3-8)，可得到：

$\Delta_r G_m = -RT \ln K^\theta + RT \ln Q$，该式还可变为：$\Delta_r G_m = RT \ln \dfrac{Q}{K^\theta}$

从该式来分析：

当 $Q < K^\theta$ 时，$\Delta_r G_m < 0$ 反应朝正向进行；

当 $Q = K^\theta$ 时，$\Delta_r G_m = 0$ 反应达到平衡；

当 $Q > K^\theta$ 时，$\Delta_r G_m > 0$ 反应朝逆向进行。

3.5 化学平衡移动

化学平衡是一个动态平衡，一旦外界条件(如温度、压力、浓度等)发生改变，原先的平衡就会遭到破坏，其结果必然是在新的条件下建立起新的平衡状态。

这种因外界条件改变，使可逆反应从原来的平衡状态转变到新的平衡状态的过程，称之为化学平衡移动。下面我们来分析一下影响平衡的因素有哪些。

3.5.1 浓度的影响

增大反应浓度或减少生成物浓度时平衡将沿正反应方向移动；减小反应物浓度或增加生成物浓度时平衡则沿逆反应方向移动。例如 $BiCl_3$ 水解生成不溶性的 BiOCl 和盐酸的反应：

$$BiCl_3(aq) + H_2O(l) \rightleftharpoons BiOCl(s) + 2HCl(aq)$$

往系统中逐滴加入盐酸，作为平衡沿逆反应方向移动的一种标志是 BiOCl 沉淀减少或消失；往系统中加 H_2O，作为平衡沿正反应方向移动的标志是 BiOCl 沉淀重新出现或沉淀量增多。

从平衡常数与反应商之间的关系看，平衡状态下 $Q = K^\theta$，任何一种反应物或产物浓度的改变都将导致 $Q \neq K^\theta$。增加产物浓度或减少反应物浓度使 $Q > K^\theta$，而减小产物浓度或增加反应物浓度则使 $Q < K^\theta$。作为平衡状态的特征之一，破坏了的平衡要自发趋向新的平衡。如果是 A 与 B 之间的反应，增加反应物 A 的浓度后，要使减小了的 Q 值重新回到 K^θ，只可能是反应物 B 浓度的减小和产物浓度的增大。这意味着提高了反应物 B 的转化率。工业上通过增加廉价或易得原料(即反应物 A)的投量，提高贵重或稀缺原料(即反应物 B)转化率。

例 3-4 在某温度下，有反应

$$CO(g) + H_2O(g) \rightleftharpoons H_2(g) + CO_2(g) \quad K_c$$

若 CO 和 H_2O 的起始浓度均为 $0.02mol \cdot dm^{-3}$，求 CO 的平衡转化率。若反应开始前 H_2O 的浓度为 $1mol \cdot dm^{-3}$，其他条件不变，CO 的平衡转化率又为多少？

解：设反应达到平衡时体系中 H_2 和 CO_2 浓度均为 $x mol \cdot dm^{-3}$

	CO	+	H_2O	$\rightleftharpoons$	H_2	+	CO_2
起始浓度/$mol \cdot dm^{-3}$	0.02		0.02		0		0
平衡浓度/$mol \cdot dm^{-3}$	0.02−x		0.02−x		x		x

$$K_c = \frac{c(H_2) \cdot c(CO_2)}{c(CO) \cdot c(H_2O)} = \frac{x^2}{(0.02-x)^2} = 9$$

解方程得 $x = 0.015\text{mol} \cdot \text{dm}$

由反应方程式可知，平衡时已转化的 CO 浓度为 $c(\text{CO}) = x = 0.015\text{mol} \cdot \text{dm}^{-3}$

所以，CO 的平衡转化率为

$$\frac{0.015}{0.02} \times 100\% = 75\%$$

当 H_2O 的浓度为 $1.00\text{mol} \cdot \text{dm}^{-3}$ 时，同理可计算出 CO 的平衡转化率约为 99.8%。

3.5.2　压力的影响

如果把气体方程 $p = (n/V)RT$ 中的 (n/V) 看作浓度项，不难得知压力变化对平衡的影响实质是通过浓度的变化起作用。由于固、液相浓度几乎不随压力而变化，所以，改变压力对无气相参与的系统影响甚微。我们以合成氨的反应为例，说明压力是如何影响气相反应的平衡移动的。相关的反应方程和标准平衡常数如下：

$$3H_2(g) + N_2(g) \rightleftharpoons 2NH_3(g)$$

$$K^{\theta} = \frac{[p(\text{NH}_3)/p^{\theta}]^2}{[p(\text{N}_2)/p] \cdot [p(\text{H}_2)/p]^3}$$

如果平衡系统的总压力增至原来的 2 倍，此时各组分的压力分别都增至原来的 2 倍：$p'(\text{H}_2) = 2p(\text{H}_2)$；　$p'(\text{N}_2) = 2p(\text{N}_2)$；　$p'(\text{NH}_3) = 2p(\text{NH}_3)$，于是

$$Q = \frac{[2p(\text{NH}_3)/p^{\theta}]^2}{[2p(\text{N}_2)/p] \cdot [2p(\text{H}_2)/p]^3} = \frac{1}{4}K^{\theta}$$

即 $Q < K^{\theta}$。由于 Q 要自发趋于 K^{θ}，导致反应向生成氨的方向移动。

如果平衡系统的总压减至原来的 $\frac{1}{2}$ 倍时，同理可以得出 $Q > K^{\theta}$，反应向逆方向移动。

压力对 $H_2(g)$ 和 $I_2(g)$ 生成 $HI(g)$ 的平衡的影响与上述反应不同，该气相反应方程式两端气体分子数相等。

由此得出结论：压力变化只对那些反应前后气体分子数目有变化的反应有影响：增大压力，平衡沿分子数减少的方向移动；减小压力，平衡沿分子数增加的方向移动。

3.5.3　温度的影响

温度对化学平衡的影响与浓度、压强对平衡的影响有本质的区别。在一定的温度下，浓度、压强改变时，因系统组成改变使平衡发生移动，而平衡常数并未改变。温度变化时，主要改变了平衡常数，从而导致了平衡的移动。要定量地讨论温度对平衡的影响，必须先了解温度与平衡常数的关系。如下面两个公式：

$$\Delta_r G^{\theta} = -RT\ln K^{\theta} \tag{3-10}$$

$$G^{\theta} = \Delta_r H^{\theta} - T\Delta_r S^{\theta} \tag{3-11}$$

把上面两式合并可得：

$$\ln k^{\theta} = \frac{\Delta_r S^{\theta}}{R} - \frac{\Delta_r H^{\theta}}{RT}$$

设在温度 T_1 和 T_2 时，平衡常数为 K_1^θ 和 K_2^θ，并设 $\Delta_r H^\theta$ 和 $\Delta_r S^\theta$ 不随温度而变，则有，

$$\ln k_1^\theta = \frac{\Delta_r S^\theta}{R} - \frac{\Delta_r H^\theta}{RT_1} \tag{3-12}$$

$$\ln k_2^\theta = \frac{\Delta_r S^\theta}{R} - \frac{\Delta_r H^\theta}{RT_2} \tag{3-13}$$

将式(3-13)-式(3-12)得：
$$\ln \frac{K_2^\theta}{K_1^\theta} = \frac{\Delta_r H^\theta}{R}\left(\frac{T_2 - T_1}{T_1 T_2}\right) \tag{3-14}$$

该式是表述了 K^θ 与 T 之关系的一个重要方程式。现在我们利用该式来分析一下温度对平衡移动的影响。对于一反应：

若 $\Delta_r H^\theta < 0$（放热），当 $T_2 > T_1$ 时，则 $K_2^\theta < K_1^\theta$ 平衡逆向移动；

若 $\Delta_r H^\theta > 0$（吸热），当 $T_2 > T_1$ 时，则 $K_2^\theta > K_1^\theta$ 平衡正向移动。

通过以上分析可以得出温度对平衡移动影响的结论：

升高温度，平衡沿吸热反应的方向移动；降低温度，平衡沿放热反应的方向移动。

3.5.4 催化剂与化学平衡的关系

催化剂(catalyst)能降低反应的活化能，加速反应速率，缩短达到平衡的时间，但不改变反应的始态和终态，即不改变 $\Delta_r H_m^\theta$ 和 $\Delta_r G_m^\theta$，所以，催化剂不影响化学平衡的移动。

综上所述，浓度、压力、温度都是影响平衡的因素，这些因素对化学平衡的影响，可以概括为一句话：如果对平衡系统施加外力，平衡将沿着减小此外力的方向移动。这是法国化学家吕·查德里(Le Chatelier)提出的，故称之为吕·查德里原理(Le Chatelier' principle)。

吕·查德里原理是各种科学原理中适用范围最广的原理之一，除化学反应外，还适用于物理、生物、经济活动等领域的平衡系统。但必须注意，它只能应用在已经达到平衡的体系，对于未达平衡的体系是不能应用的。

阅读材料

弗里茨·哈伯——哈伯法合成氨的发明者

在化学发展史上，有一位化学家，曾给世人留下过关于他功过是非的激烈争论。他就是上世纪初世界闻名的德国物理化学家、合成氨的发明者弗里茨·哈伯(Fritz Haber)。

在19世纪以前，农业上所需氮肥主要来源于有机物的副产品。一些有远见的化学家指出要实现大气固氮。因此将空气中丰富的氮固定下来并转化为可被利用的形式，在20世纪初成为一项受到众多科学家注目和关切的重大课题。哈伯就是从事合成氨的工艺条件试验和理论研究的化学家之一。

利用氮、氢为原料合成氨的工业化生产曾是一个较难的课题，从第一次实验室研制到工业化投产，约经历了150年的时间。1795年有人试图在常压下合成氨，后来

又有人在 50 个大气压下试验，但都失败了。19 世纪下半叶，人们认识到由氮、氢合成氨的反应是可逆的：增加压力反应向生成氨的方向进行；升高温度反应逆向进行，但温度过低反应速度会减慢。当时物理化学的权威能斯特明确指出氮和氢在高压条件下是能够合成氨的，并提供了一些实验数据。法国化学家勒夏特里第一个尝试进行高压合成氨的实验，但是由于氮氢混和气中混进了氧气，引起了爆炸，从而放弃。哈伯决心攻克这一令人生畏的难题。

哈伯首先进行一系列实验，探索合成氨的最佳条件。在实验中他所取得的某些数据与能斯特的有所不同，他并不盲从权威，而是依靠实验来检验，终于证实了能斯特的计算是错误的。哈伯成功地设计出一套适于高压实验的装置和合成氨的工艺流程——在炽热的焦炭上方吹入水蒸气，可以获得几乎等体积的一氧化碳和氢气的混和气体。其中的一氧化碳在催化剂的作用下，进一步与水蒸汽反应，得到二氧化碳和氢气。然后将混和气体在一定压力下溶于水，二氧化碳被吸收，就制得了较纯净的氢气。同样将水蒸汽与适量的空气混和通过红热的炭，空气中的氧和碳便生成为一氧化碳和二氧化碳而被吸收，从而得到了所需要的氮气。

哈伯以锲而不舍的精神，经过不断的实验和计算得到了合成氨反应的条件：600℃、2.02×10^3 kPa 和锇催化剂。但转化率只有 8%。哈伯认为若能使反应气体在高压下循环加工，并从这个循环中不断地把反应生成的氨分离出来，则这个工艺过程是可行的。于是他成功地设计了原料气的循环工艺。这就是合成氨的哈伯法。

走出实验室，进行工业化生产，仍要付出艰辛的劳动。哈伯将他设计的工艺流程申请了专利后，交给了德国当时最大的化工企业。这个公司原先计划采用以电弧法生产氧化氮，然后合成氨的方法生产。两相比较，公司立即取消了原先的计划，组织了以化工专家波施为首的工程技术人员将哈伯的设计付诸实践。

首先，根据哈伯的工艺流程，他们找到了较合理的方法，生产出大量廉价的原料氮气、氢气。通过试验，他们认识到锇虽然是非常好的催化剂，但是它难于加工，因为它与空气接触时，易转变为具有挥发性的四氧化物，另外这种稀有金属在世界上的储量极少。哈伯建议的第二种催化剂是铀。铀很贵，而且对痕量的氧和水都很敏感。为了寻找高效稳定的催化剂，两年间，他们进行了多达 6500 次的试验，测试了 2500种不同的配方，最后选定了含铝镁促进剂的铁催化剂。开发适用的高压设备也是工艺的关键——在低碳钢的反应管子里加一层熟铁的衬里，解决了这一难题。

哈伯合成氨的设想终于在 1913 年得以实现，一个日产 30 吨的合成氨工厂建成并投产。从此合成氨成为化学工业中十分活跃且发展较快的一个部分。合成氨生产工艺的实现不仅开辟了获取固定氮的途径，而且更重要的是它对整个化学工艺的发展产生了重大的影响。正因如此，瑞典科学院把 1918 年的诺贝尔化学奖颁给了哈伯。由于在第一次世界大战中，哈伯担任化学兵工厂厂长时负责研制、生产氯气、芥子气等毒气，并使用于战争之中，造成近百万人伤亡，虽然按照他自己的说法，这是"为了尽早结束战争"，但哈伯这一行径，仍然遭到了美、英、法、中等国科学家们的谴责。

1919 年第一次世界大战以德国失败而告终。战后的一段时间里，哈伯曾设计了一种从海水中提取黄金的方案，希望能借此来支付协约国要求的战争赔款。遗憾的是海水中的含金量远比当时人们想象的要少得多，他的设想最终没有实现。此后，他把全部精力都投入到科学研究中。在他的领导下，威廉物理化学研究所成为世界上化学研究的学术中心之一。根据多年科研工作的经验，他特别注意为他的同事们创造一个毫无偏见、并能独立进行研究的环境，在研究中他又强调理论研究和应用研究相结合，从而培养出众多高水平的研究人员。为了改变大战中给人留下的不光彩印象，他积极致力于加强各国科研机构的联系和各国科学家的友好往来。他的实验室里将近有一半成员来自世界各国。友好的接待，热情的指导，使他不仅得到了科学界的谅解，同时威望也日益增高。

习　题

3-1　反应速率的碰撞理论和过渡态理论的基本要点是什么？

3-2　影响化学反应速率的因素有哪些？速率常数受哪些因素影响？

3-3　什么是基元反应？什么是质量作用定律？已知 A+B→C 是一个二级反应，能否认为该反应是一个基元反应？

3-4　试解释浓度、温度和催化剂对反应速率影响的原因。

3-5　已知基元反应 2A→B 的反应热为 ΔrH^{θ}，活化能为 E_a，而 B→2A 的活化能为 E'_a。问

（1）加催化剂，E_a 和 E'_a 各有何变化？

（2）提高温度，E_a 和 E'_a 各有何变化？

（3）增加起始浓度，E_a 和 E'_a 各有何变化？

3-6　指出下列说法的正确与错误：

（1）正催化剂能加快化学反应速率，所以能改变平衡系统中生成物和反应物的相对含量；

（2）在一定条件下，某化学反应的 $\Delta_r G > 0$，反应逆向进行，可以寻找合适催化剂，促使反应正向进行；

（3）正催化剂加快正反应速率，负催化剂加快逆反应速率；

（4）提高温度可使反应速率加快，其主要原因是分子运动速率加快，分子间碰撞频率增加。

3-7　可逆反应 A(g)+B(g) ⇌ 2C(g)，$\Delta_r H_m^{\theta}(298.15K) > 0$，达到平衡时如果改变下述各项条件，试将其他各项发生的变化填入表中。

	$v_正$	$v_逆$	$k_正$	$k_逆$	平衡常数	平衡移动方向
增加 A 分压						
升高温度						
加催化剂						

3-8 在 298.15K 时，用反应 $S_2O_8^{2-}(aq)+2I^-(aq)\rightleftharpoons 2SO_4^{2-}(aq)+I_2(aq)$ 进行实验，得到的数据列表如下：

实验编号	$C(S_2O_8^{2-})(mol \cdot dm^{-3})$	$C(I^-)(mol \cdot dm^{-3})$	$v(mol \cdot dm^{-3} \cdot min^{-1})$
1	1.0×10^{-4}	1.0×10^{-2}	0.65×10^{-6}
2	2.0×10^{-4}	1.0×10^{-2}	1.30×10^{-6}
3	3.0×10^{-4}	0.50×10^{-2}	0.65×10^{-6}

求：(1)反应速率方程；

(2)速率常数(k)；

(3)$C(S_2O_8^{2-}) = 5.0 \times 10^{-4}mol \cdot dm^{-3}$，$C(I^-) = 5.0 \times 10^{-2}mol \cdot dm^{-3}$时的反应速率。

3-9 在 300K 时鲜奶大约 4 小时变酸，但在 278K 时的冰箱中可保持 48 小时。假定反应速率与牛奶变酸的反应时间成反比，求牛奶变酸反应的活化能。

3-10 已知下列反应的平衡常数：

$$H_2(g)+S(s)\rightleftharpoons H_2S(g) \qquad K_1^\theta$$
$$S(s)+O_2(g)\rightleftharpoons SO_2(g) \qquad K_2^\theta$$

则反应：$2(g)+SO_2(g)\rightleftharpoons O_2(g)+H_2S(g)$ 的平衡常数是下列中的哪一个？

(1)$K_1^\theta-K_2^\theta$；(2)$K_1^\theta \cdot K_2^\theta$；(3)$K_2^\theta/K_1^\theta$；(4)$K_1^\theta/K_2^\theta$。

3-11 对于可逆反应：

$$C(s)+H_2O(g)\rightleftharpoons CO(g)+H_2(g) \qquad \Delta_rH_m>0$$

下列说法你认为对否？为什么？

(1)达平衡时各反应物和生成物的分压一定相等。

(2)改变生成物的分压，使 $Q<K^\theta$，平衡将向右移动。

(3)升高温度使 $v_正$ 增大、$v_逆$ 减小，故平衡向右移动。

(4)由于反应前后分子数目相等，所以增加压力对平衡无影响。

(5)加入催化剂使 $v_正$ 增大，故平衡向右移动。

3-12 在 699K 时，反应 $H_2(g)+I_2(g)\rightleftharpoons 2HI(g)$ 的 $K_p=55.3$，如果将 2.00molH$_2$ 2.00molI$_2$ 作用于 4.00L 的容器内，问在该温度下达到平衡时合成了多少 HI？

3-13 反应：$CO(g)+H_2O(g)=CO_2(g)+H_2(g)$ 在某温度下 $K=1$，在此温度下容器中加入 2.0dm^3、3.04×10^5Pa 的 $CO(g)$，3.0dm^3、2.02×10^5Pa 的 $CO_2(g)$，6.0dm^3、2.02×10^5Pa 的 $H_2O(g)$，1.0dm^3、2.02×10^5Pa 的 $H_2(g)$，问反应向哪个方向进行？

3-14 在 294.8K 时反应：$NH_4HS(s)\rightleftharpoons NH_3(g)+H_2S(g)$ 的 $K^\theta = 0.070$，求：

(1)平衡时该气体混合物的总压。

(2)在同样的实验中，NH_3 的最初分压为 25.3kPa 时，H_2S 的平衡分压为多少？

3-15 将 NO 和 O_2 注入一保持在 673K 的固定容器中，在反应发生以前，它们的分压分别为 $p(NO)=101$kPa，$p(O_2)=286$kPa。当反应：$2NO(g)+O_2(g)=2NO_2(g)$ 达平衡时，

$p(\mathrm{NO_2}) = 79.2\mathrm{kPa}$。计算该反应的 K^{θ} 和 $\Delta_r G_m^{\theta}$ 值。

3-16　已知反应：$\dfrac{1}{2}\mathrm{H_2} + \dfrac{1}{2}\mathrm{Cl_2} \Longrightarrow \mathrm{HCl}(\mathrm{g})$ 在 298.15K 时的 K^{θ} 4.9×10^{16}，$\Delta_r H_m^{\theta}$ (298.15K) $= -92.307\mathrm{kJ \cdot mol^{-1}}$，求在 500K 时的 K^{θ} 值（近似计算，不查 S_m^{θ} 和 $\Delta_f G_m^{\theta}$ 数据）。

第4章 定量分析基础

分析化学(analytical chemistry)是发展和应用各种理论、方法、仪器和策略以获取有关物质在相对时空内的信息的一门科学，又称分析科学。

4.1 分析化学概述

4.1.1 分析化学的作用和任务

分析化学是一门古老而又充满活力的科学，它能从一门技术发展成为一门科学，得益于化学和其他科学技术的进步，同时又对人类科学技术的发展起了任何学科都不可替代的重要作用。作为化学的重要分支学科，分析化学对化学各学科的发展起着重要作用，许多化学定律和理论的确立都离不开分析化学(如质量不灭定律的证实(18世纪中叶)、原子量的测定(19世纪前半期)、门捷列夫周期律的创建(19世纪后半期)、有机合成、催化机理、溶液理论等的确证)。分析化学对国民经济、国防建设和人民生活质量的提高等方面有实际意义，并被广泛应用于地质普查、矿产勘探、冶金、化学工业、能源、农业、医药、临床化验、环境保护、商品检验、考古分析、法医刑侦鉴定等领域。如工业生产方面从原料的选择、中间产品、成品的检验到新产品的开发，以及生产过程中的三废(废水、废气、废渣)的处理和综合利用都需要分析化学。在农业生产方面，从土壤成分、肥料、农药的分析到农作物生长过程的研究、农产品质量检验都离不开分析化学。在国防和公安方面，核武器的燃料、武器结构材料、航天材料及环境气氛的研究至刑事案件的侦破等都需要分析化学的密切配合。随着技术手段的不断更新，分析化学将更加深入地渗透进生活的方方面面。

分析化学是人们获得物质的化学组成和结构信息、分析方法及相关理论的科学，由定性分析(qualitative analysis)、定量分析(quantitative analysis)和结构分析(construction analysis)三部分构成。定性分析的任务是确定物质中含有哪些组分；定量分析的任务是测定各组分的含量是多少；结构分析的任务是确定这些组分是以怎样的形态构成物质的。

分析化学是高等农林院校一门重要的基础课程。鉴于在一般科研和生产中，分析试样的来源、主要组成和分析对象的性质是已知的，故本章只讨论定量分析。

分析化学是一门实践性很强的学科，学习过程中应注意理论联系实际，建立正确"量"的概念，培养实事求是的科学态度和严谨的科学实验作风，逐步提高分析问题、解决问题的能力。

4.1.2 定量分析方法的分类与程序

根据分析的测定原理、试样用量、分析对象等不同，定量分析的方法分为以下几类：

1. 化学分析和仪器分析

(1)化学分析法。以物质的化学反应为基础的分析方法称为化学分析法。化学分析法是最早采用的分析方法，是分析化学的基础，故又称经典分析法。化学分析法主要有重量分析法(gravimetric analysis)和滴定分析法(titration analysis)。

重量分析是采用适当的方法将待测组分转化为一种固定化学组成的沉淀，通过称量沉淀的质量计算待测组分含量的分析方法。例如，测定试样中氯含量，将试样转化为溶液后，加入 $AgNO_3$ 溶液，生成 $AgCl$ 沉淀，经过滤、洗涤、烘干、称量，通过化学计量关系即可算得氯的含量。重量分析法准确度高，但操作麻烦且费时，因此常用于仲裁分析。

滴定分析法是根据某一化学计量反应，由所加入的已知准确浓度的溶液的体积计算待测组分含量的分析方法。该法具有准确度高、操作简便、快速的特点。

(2)仪器分析法。以物质的物理和物理化学性质为基础的分析方法称物理和物理化学分析法。这类方法都需要较特殊的仪器，通常称为仪器分析方法。常用的仪器分析方法有：

光学分析法(spectrometric analysis)。根据物质的光学性质所建立的分析方法，主要包括：分子光谱法，如紫外可见光度法、红外光谱法、分子荧光及磷光分析法等；原子光谱法，如原子发射、原子吸收光谱法等。

电化学分析法(electrochemical analysis)。根据物质的电化学性质所建立的分析方法，主要包括电位分析法、极谱和伏安分析法、电重量和库仑分析法、电导分析法等。

色谱分析法(chromatographic analysis)。根据物质在两相(固定相和流动相)中吸附能力、分配系数或其他亲和作用的差异而建立的一种分离、测定方法。这种分析法最大的特点是集分离和测定于一体，是多组分物质高效、快速、灵敏的分析方法。主要包括气相色谱法、液相色谱法等。

还有质谱法、核磁共振、X 射线、电子显微镜分析、毛细管电泳等大型仪器分析方法，作为高效试样引入及处理手段的流动注射分析法以及为适应分析仪器微型化、自动化、便携化而涌现出的微流控芯片毛细管分析等。

仪器分析法具有操作简便、快速、灵敏度高、准确度高等优点，适用于微量或痕量分析。

化学分析法和仪器分析法是分析化学的两大分支，各有特点和局限性，两者互为补充。实验时要根据被测物质的性质和对分析结果的要求选择适当的分析方法。

2. 常量分析、半微量分析和微量分析

按照分析时所取的试样量的不同或被测组分在试样中的含量的不同，分析化学又可分为常量分析、半微量分析、微量分析、痕量分析等，见表4-1。

表 4-1 基于试样用量的分析方法分类

分析方法	试样用量	试液体积
常量分析	>0.1g	>10
半微量分析	0.01~0.1g	1~10
微量分析	0.1~10mg	0.01~1
超分类分析	<0.1mg	<0.01

根据被测组分在试样中的含量的不同分为常量组分(>1%)分析、微量组分(0.01%~1%)分析和痕量组分<(0.01%)分析。

3. 无机分析和有机分析

按照分析对象不同,分析化学可分为无机分析和有机分析。两者对分析的要求和使用的分析方法都有不同。无机分析通常要求分析的结果以元素、离子、化合物或某相是否存在及其含量的多少来表示。有机分析不仅有元素分析,更重要的是官能团分析和结构分析。

4.1.3 定量分析的一般程序

定量分析的任务是确定样品中有关组分的含量。工作程序一般包括取样、试样分解、测定、计算结果及数据处理等环节。

1. 取样

所谓样品或试样是指在分析工作中被采用来进行分析的物质体系,它可以是固体、液体或气体。从大量的分析对象中抽取一小部分作为分析材料的过程称为取样。分析化学对试样的基本要求是其在组成和含量上具有一定的代表性,能代表被分析的总体。否则,即使测定结果再准确也是毫无意义,甚至可能导致错误的结论。因此,合理的取样是分析结果是否准确可靠的基础。

2. 试样的预处理

包括试样的分解和预分离富集。

定量分析一般采用湿法分析,即将试样分解后制成溶液,然后进行测定。正确的分解方法应使试样分解完全;分解过程中待测组分不应损失;应尽量避免引入干扰组分。分解试样的方法很多,主要有酸溶法、碱溶法和熔融法,操作时可根据试样的性质和分析的要求选用适当的分解方法。

实际试样中往往有多种组分共存,如果测定其中某一组分时,共存的其他组分可能对其测定产生干扰,因此,必须采用适当的方法消除干扰。加掩蔽剂是最简单的消除干扰方法,但并非对任何干扰都能消除。在许多情况下,需要选用适当的分离方法使待测组分与其他干扰组分分离。有时,试样中待测组分含量太低,需用适当的方法将待测组分富集后，再进行测定。

3. 测定

根据试样的性质和分析要求选择合适的方法进行测定。一般地，对于标准物和成品的分析，准确度要求较高，应选用标准分析方法，如国家标准；对生产过程的中间控制分析则要求快速简便，宜选用在线分析；对常量组分的测定，常采用化学分析法，如滴定分析、重量分析；对微量组分的测定应采用高灵敏度的仪器分析法。

4. 分析结果的计算及数据处理

定量分析需要根据测得的有关数据计算出待测组分的含量，常量组分的分析多以百分含量表示，微量组分则以 $mg \cdot kg^{-1}$（或 $mg \cdot L^{-1}$）表示。对分析结果应进行评价，判断分析结果的可靠性和准确性。

4.2 定量分析中的误差

定量分析的目的是获得待测组分的准确含量。但是，在实际分析过程中，即使是技术熟练的分析人员，对同一试样、用同一方法、在相同条件下进行多次分析时，所测得的结果也不可能完全一致，即分析过程中误差是客观存在的。为减少误差，我们需要对测定结果进行评价，弄清误差产生的原因，采取有效措施减少误差，通过对所得数据进行归纳、取舍等一系列处理，使测定结果尽量接近真实值。

4.2.1 误差的分类

根据误差的性质和产生原因，可将其分为系统误差、随机误差和过失误差三类：

1. 系统误差

系统误差(systematic error)或称可测误差(determinable error)，它是由测定过程中某些经常性的、固定的因素所造成的比较恒定的误差。在同一测定条件下的重复测定中，误差的大小及正负会重复出现。它主要影响分析结果的准确度，对精密度影响不大，可以通过适当方法校正以减小或消除。系统误差主要来源有：

（1）方法误差。由于分析方法本身不够完善所造成，即使操作再仔细也无法克服。例如，重量分析中沉淀的溶解损失或吸附某些杂质所产生的误差；在滴定分析中，反应不完全、干扰离子的影响、滴定终点与化学计量点不一致、副反应的存在等所产生的误差，它系统地影响测定结果，使之偏高或偏低。

（2）仪器误差。由于仪器本身不准确或未经校准引入的误差。例如天平两臂不等长、砝码腐蚀、量器刻度和仪表刻度不准确等造成的误差。

（3）试剂误差。由试剂不纯或所用的蒸馏水含有微量杂质等因素所造成的误差。

（4）主观误差。是指在正常情况下，操作人员的主观原因所造成的误差，即个人的习惯和偏向所引起的，如滴定管读数偏高或偏低；终点颜色辨别偏深或偏浅；平行测定时，主观上追求平行测定的一致性等引起的操作误差。

2. 偶然误差

偶然误差(accidental error) 或称随机误差(random error)，它是由某些偶然因素所引起的误差，往往大小不等、正负不定。在正常情况下，平行测定结果会不一致，甚至相差较大。例如测定时外界条件(如温度、湿度、气压等)微小变化引起的误差。这类误差在测定中无法完全避免，也难找到确定的原因，它不仅影响分析结果的准确度，而且明显地影响分析结果的精密度。这类误差虽然不能完全消除，但是消除系统误差后，在同一条件下进行多次平行测定，则会发现随机误差的出现服从统计规律，如图 4-1 所示，图中横轴代表偶然误差的大小，以标准标准偏差 σ 为单位，纵轴为误差出现的频率。当平行测定次数趋于无限多次时，偶然误差的规律为：

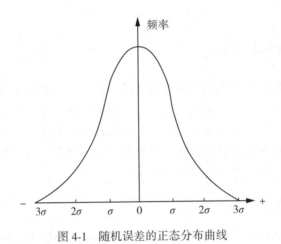

图 4-1　随机误差的正态分布曲线

(1)绝对值相等的正误差和负误差出现的概率相等。

(2)小误差出现的概率大，大误差出现的概率小，很大的误差出现的概率极小。

由此分布规律可知，随着测定次数的增加，偶然误差的算术平均值逐渐趋于零。分析结果的偶然误差随测定次数的增加迅速减小，即测定结果的准确度随测定次数的增加而提高。在实际工作中，适当增加平行测定次数，可以减小偶然误差对分析结果的影响。

(3)过失误差。过失误差是由于分析操作人员工作中的过失，如粗心或不遵守操作规程等引起的误差，如容器不洁净、加错试剂、看错砝码、丢损试液、记录错误等。过失误差严重影响分析结果的准确性，所测数据应弃去不用。

4.2.2　误差和偏差的表示方法

1. 误差和准确度

准确度(accuracy)是指测定值(x)与真实值(x_T)之间相符合的程度，用误差(error) E 衡量。误差小，表示分析测定结果的准确度高。

误差分为绝对误差和相对误差。表示为：

$$E = x - x_T$$

绝对误差的量纲与测量值和真值量纲相同。

相对误差是绝对误差在真值中占的百分数。相对误差是一个无量纲的量，表示为：

$$RE = \frac{E}{X_T} \times 100\% \tag{4-1}$$

分析结果的准确度常用相对误差表示。绝对误差是以被测量"量"的单位表示的误差，在很多场合它不能用来比较不同测定结果之间的准确程度。例如，两分析人员称量不同的试样，称量结果甲为 0.2345g，乙为 2.3450g，假定真值甲为 0.2346g，乙为 2.3451g，则两个测量的绝对误差都是−0.0001g，而其相对误差分别为

$$RE(甲) = \frac{-0.0001}{0.2346} \times 100\% = -0.04\%$$

$$RE(乙) = \frac{-0.0001}{2.3451} \times 100\% = -0.004\%$$

两者的相对误差相差不等，乙较甲的相对误差小一个数量级，即乙的称量准确度高。因此，相对误差能更确切地表示各种情况下测定结果的准确度。

绝对误差和相对误差都有正、负之分，正值表示分析结果偏高，负值表示分析结果偏低。

在定量分析中，被分析样品的真实值是不能准确知道的，实际工作中通常用"标准值"代替真值以检查分析方法的准确度。标准值是指采用多种可靠的分析方法，由具有丰富经验的分析人员经过多次测定得出的比较准确的结果。有时将纯物质中元素的理论含量作为真值。

误差的计算要涉及到被分析样品的真值，而在定量分析时，被分析样品的真值是不知道的，无法求出误差。这种情况下采用评价定量分析测定结果的重复性和再现性的精密度（precision）来表示定量分析测定结果的好坏。

2. 精密度和偏差

精密度是指多次平行测定结果间彼此的符合程度。精密度用偏差（deviation）衡量。偏差小，精度度高。说明实验中的随机误差小。偏差有多种表示方法，常用的有下面几种。

（1）绝对偏差：单次测定值 x_i 与算术平均值 $\bar{x}$ 之间的差值称为单次测定结果的绝对偏差（absolute deviation）d_i。

$$d_i = x_i - \bar{x} \tag{4-2}$$

$$\bar{x} = \frac{\sum x_i}{n} \tag{4-3}$$

为了更好地衡量一组测定数据的精密度，常用平均偏差和标准偏差表示。

（2）平均偏差与相对平均偏差

平均偏差（aberage deviation）$\bar{d}$。平均偏差是单次测定值绝对偏差的绝对值的算术平均

值,可用下式计算:

$$\bar{d} = \frac{|d_1| + |d_2| + |d_3| + \cdots + |d_n|}{n} \tag{4-4}$$

相对平均偏差(relative average deviation)$R\bar{d}$。平均偏差在平均值中占的百分数。

$$R\bar{d} = \frac{\bar{d}}{\bar{x}} \times 100\% \tag{4-5}$$

平均偏差和相对平均偏差没有正负,而绝对偏差有正负之分。由统计学知,当平行测定次数无限多时,单次测定值的偏差之和为零。即 $\sum\limits_{i=1}^{n} d_i = 0$。

例 4-1　用沉淀滴定法测定纯 NaCl 中氯的质量分数,六次测定结果为:0.6006,0.6020,0.5998,0.6016,0.5990,0.6024,计算分析结果的平均偏差、相对平均偏差及平均值的绝对误差和相对误差。

解:　$\bar{x} = \dfrac{\sum x_i}{n} = \dfrac{0.6006 + 0.6020 + 0.5998 + 0.6016 + 0.5990 + 0.6024}{6}$

$\qquad = 0.6009$

$\bar{d} = \dfrac{|d_1| + |d_2| + |d_3| + \cdots + |d_n|}{n}$

$\quad = \dfrac{0.0003 + 0.0011 + 0.0011 + 0.0007 + 0.0019 + 0.0015}{6}$

$\quad = 0.0011$

$$R\bar{d} = \frac{\bar{d}}{\bar{x}} \times 100\% = \frac{0.0011}{0.6009} \times 100\% = 0.18\%$$

纯 NaCl 中氯的理论质量分数为

$$w = \frac{M(Cl)}{M(NaCl)} = \frac{35.45}{58.44} = 0.6066$$

$$E = x - x_T = 0.6009 - 0.6066 = -0.0057$$

$$RE = \frac{E}{x_T} \times 100\% = \frac{-0.0057}{0.6066} \times 100\% = -0.94\%$$

(3)标准偏差与相对标准偏差

标准偏差(standard deviation)标准偏差是偏差平方的统计平均值,又称方根偏差,当测定次数 $n \to \infty$ 时可表示为:

$$\sigma = \sqrt{\frac{\sum (x_i - u)^2}{n}} \tag{4-6}$$

式中 μ 为无限多次测定值的算术平均值。σ 亦称为总体标准偏差,其算术平均值 μ 亦称为总体平均值。

当 n 为有限次数时,标准偏差用下式计算:

$$s = \sqrt{\frac{\sum (x_i - \bar{x})^2}{n - 1}} \tag{4-7}$$

s 亦称为样本标准差，其算术平均值 $\bar{x}$ 亦称为样本平均值。

相对标准偏差(relative standard deviation,)RSD：多次分析测定结果的标准偏差与其算术平均值之比，又称为变异系数(coefficient of variation,)CV，通常用百分数表示：

$$CV = \frac{S}{\bar{X}} \times 100\% \tag{4-8}$$

标准偏差，特别是相对标准偏差，能更好地表征多次分析测定结果的离散度。平均偏差和相对偏差是把大的偏差和小的偏差同样对待，而标准偏差和相对标准偏差由于是对偏差的平方进行统计平均，因而它对一组分析测定中的极值反应比较灵敏，也就是说能使大的偏差比小的偏差对标准偏差和相对标准偏差的贡献更大些。这样能使标准偏差和相对标准偏差要比平均偏差和相对偏差能更明显地反映定量分析结果的波动情况。几种偏差的计算实例见下。

用气相色谱测定无水乙醇中的水分含量，同一样品测定 10 次，测定结果及各种偏差计算方法如下：

次数 n	无水乙醇中水分含量($\mu g/g$)	平均值($\bar{x}$)($\mu g/g$)	偏差	$|x_i - \bar{x}|$	$(x_i - \bar{x})^2$
1	1.23		+0.01	0.01	0.0001
2	1.19		−0.03	0.03	0.0009
3	1.26	1.22	+0.04	0.04	0.0016
4	1.24		+0.02	0.02	0.0004
5	1.20		−0.02	0.02	0.0004
6	1.19		−0.03	0.03	0.0009
7	1.22		0.00	0.00	0.0000
8	1.21		−0.01	0.01	0.0001
9	1.23		+0.01	0.01	0.0001
10	1.24		+0.02	0.02	0.004
总和	12.21			0.19	0.0049

计算过程：

$$\bar{x} = \frac{\sum x_i}{n} = \frac{12.21}{10} = 1.22(\mu g \cdot g^{-1})$$

$$\bar{d} = \frac{\sum |x_i - \bar{x}|}{n} = \frac{0.19}{10} = 0.019(\mu g \cdot mL^{-1})$$

$$R \, \overline{d} = \frac{\overline{d}}{\overline{x}} \times 100\% = \frac{0.019}{1.22} \times 100\% = 1.6\%$$

$$S = \sqrt{\frac{0.0049}{(10 - 1)}} \, \mu g/g = 0.023 \mu g/g$$

$$CV = \frac{0.023}{1.22} \times 100\% = 1.9\%$$

3. 准确度与精密度的关系

准确度与精密度是两个完全不同的概念，精密度是指多次平行测定结果之间相互符合的程度，由偶然误差决定。准确度是指测定结果与真值之间的符合程度，准确度表示测定结果的正确性，精密度表示测定值的重现性。图 4-2 是用打靶命中图和测量值落点图来表明准确度与精密度的关系：(1)准确度好而精密度不好的定量分析结果就犹如打靶的命中点和定量分析结果的落点在靶的中心和欲测组分的真值周围均匀分布，但很分散(图 4-2(a))；(2)准确度不好而精密度好的定量分析结果就犹如打靶的命中点和定量分析结果的落点虽很集中，但离靶心和欲测组分的真值相距较远(图 4-2(b))；(3)准确度和精密度都好的定量分析结果就犹如打靶的命中点和定量分析的结果的落点既集中又接近靶心和欲测组分的真值(图 4-2(c))。

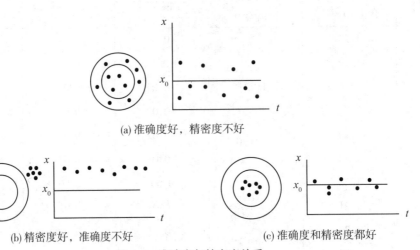

(a) 准确度好，精密度不好

(b) 精密度好，准确度不好　　　　(c) 准确度和精密度都好

图 4-2　准确度与精密度关系

上述三种情况中(a)和(b)的定量分析结果都不是理想的结果，理想的定量分析结果应该是准确度和精密度都好的分析结果。例如，甲、乙、丙、丁四人同时测定某一物质含量，各分析四次其测定结果见图 4-3。

由图可见，甲测定结果的准确度和精密度均好，结果可靠；乙测定结果的精密度虽然很高，但准确度较低；丙的精密度和准确度都很差；丁的精密度很差，平均值虽然接近真实值，但这是由于正负误差凑巧相互抵消的结果，因此丁的结果不可靠。

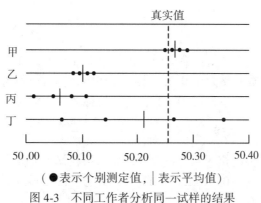

（●表示个别测定值，│表示平均值）

图 4-3　不同工作者分析同一试样的结果

在分析工作中评价一项分析结果的优劣，应该从分析结果的准确度和精密度两个方面入手。精密度是保证准确度的先决条件。精密度差，所得结果不可靠，也就谈不上准确度高。但是，精密度高并不一定保证准确度高。好的分析结果应该是精密度高，准确度也高。

4. 分析结果的评价

在评价分析结果时，要将系统误差和偶然误差的影响结合考虑，即以准确度来衡量分析结果的优劣。但是，在实际工作中，真值未知，无法求得分析结果的准确度。分析结果的评定只能用精密度表示。在分析工作中，如果选用合适的分析方法，在消除系统误差的情况下，分析结果已具备获得较高准确度的条件，测得的各次数据的差异主要是随机误差造成的，因此，完全可以用精密度评价分析结果的优劣。

一般定量分析，通常作 3~4 次平行测定，故可采用平均偏差或相对平均偏差表示测定的精密度。对于要求非常准确的分析需要进行多次重复测定，然后用统计方法进行处理，常用标准偏差来衡量。

4.2.3　提高分析结果准确度的方法

在定量分析中，分析结果的准确度受各种误差的制约，且误差是不可避免的，但找到误差产生的原因，采取相应的措施，消除系统误差，减小偶然误差，就可以提高分析结果的准确度。

1. 选择合适的分析方法

各种分析方法的准确度和灵敏度不同，在实际工作中要根据实际情况和要求选择合适的分析方法。化学分析法一般灵敏度较低而准确度高，相对误差在千分之几，常量组分分析一般要求相对误差小于 0.2%，故常量组分分析可以选择滴定分析法或重量分析法。仪器分析其灵敏度高，相对误差在 5% 以下，微量组分一般要求相对误差为 1%~5%，故微量组分分析可以选择仪器分析法。

2. 减小测量误差

任何分析方法都离不开测量，为保证分析结果的准确度，要设法减小测量误差。例如要减小称量误差，称样质量要大于 0.2g。因为分析天平的称量误差为 $\pm 0.0001g$，用减量法称量，可能引起的最大误差为 $\pm 0.0002g$，为了使称量的相对误差小于 $\pm 0.1\%$，则有：

$$试样质量 = \frac{绝对误差}{相对误差} = \frac{\pm 0.0002}{\pm 0.1\%} = 0.2g$$

滴定时，为了保证滴定相对误差小于 0.1%，消耗滴定剂的体积应该在 20mL 以上。因为常量滴定管读数误差 $\pm 0.01mL$，完成一次滴定，读数两次，可能造成 $\pm 0.02mL$ 的误差。

$$滴定体积 = \frac{绝对误差}{相对误差} = \frac{\pm 0.02}{\pm 0.1\%} = 20mL$$

一般滴定剂体积控制在 20~30mL 之间。

3. 减小随机误差

在分析过程中偶然误差始终存在，不可消除，但其具有统计规律性，因此，可以通过增加平行测定次数，减小偶然误差。在消除系统误差的前提下，平行测定次数愈多，平均值愈接近真实值。但测定次数大于 10 次时，随机误差减小将不明显，在化学分析中，对于同一试样，通常要求平行测定 3~4 次，以获得较准确的分析结果。

4. 消除系统误差

系统误差影响分析结果的准确度，由于系统误差是由某种固定的原因造成的，因而找出系统误差的来源，就可以将其消除。造成系统误差的原因有多方面，根据具体情况可采用不同的方法加以检验和消除。

(1) 对照试验。在相同条件下，用标准试样与被测试样同时进行测定，通过对标准试样的分析结果与其标准值的比较，可以判断测定是否存在系统误差。也可以对同一试样用其他可靠的分析方法与所采用的分析方法进行对照，以检验是否存在系统误差。

(2) 空白试验。空白实验：在不加待测组分的情况下，按照试样分析同样的操作步骤和条件进行实验，所测定的结果为空白值，从试样测定结果中扣除空白值，来校正分析结果。消除由试剂、蒸馏水、实验器皿和环境带入的杂质引起的系统误差，但空白值太大，则应更换或提纯试剂。

(3) 校准仪器。仪器不准确引起的系统误差，通过校准仪器来减小其影响。例如砝码、移液管和滴定管等，在分析测定前要进行校准，并在计算结果时采用校正值。

(4) 分析结果的校正。校正分析过程的方法误差，例如用重量法测定试样中的 SiO_2，因硅酸盐沉淀不完全而使测定结果偏低，可用光度法测定滤液中少量的硅，而后将分析结果相加。

4.2.4　分析结果的数据处理

分析测定所得数据，要用统计方法进行处理，首先对于一些可疑值采用统计检验方法以决定取舍；然后计算出数据的平均值、各数据对平均值的偏差、平均偏差与标准偏差等；最后按照要求的置信度求出平均值的置信区间。

1. 平均值的置信区间与置信概率

在实际工作中，分析结果用测定数据的平均值表示，而测得的少量数据的平均值带有一定的不确定性，它不能明确地说明测定的可靠性。在要求准确度较高的分析工作中，报告分析结果时，应同时指出真值出现的范围，即置信区间(the confidence interval)，以及真值在这一范围内出现的概率，称为置信度或置信水准(confidence level)，常用 P 表示。

根据统计学得到，对于有限次数的测定，总体平均值 μ（在消除系统误差的前提下 μ 就是真实值）与 $\bar{x}$ 平均值之间有如下关系：

$$\mu = \bar{x} \pm \frac{tS}{\sqrt{n}} \tag{4-9}$$

式中 S 为标准偏差，n 为测定次数，t 为在选定的某一置信度下的概率系数，可根据测定次数从表4-2中查得。

式(4-9)表示，在一定置信度下，以测定平均值 $\bar{x}$ 为中心，总体平均值 μ 将落在 $\bar{x}+\frac{tS}{\sqrt{n}} \sim \bar{x}-\frac{tS}{\sqrt{n}}$ 的区间，称其为平均值的置信区间。测量的精密度约高，S 越小，置信区间就越小，平均值 $\bar{x}$ 和总体平均值 μ 越接近，平均值的可靠性越大。

表 4-2　　　　　　　　　不同测定次数及不同置信度下的 t 值

测定次数 n	置　信　度				
	50%	90%	95%	99%	99.5%
2	1.00	6.314	12.71	63.66	127.3
3	0.816	2.920	4.30	9.925	14.09
4	0.765	2.353	3.182	5.841	7.453
5	0.741	2.132	2.776	4.604	5.598
6	0.727	2.015	2.571	4.032	4.773
7	0.718	1.943	2.447	3.707	4.317
8	0.711	1.895	2.365	3.500	4.029
9	0.706	1.860	2.306	3.355	3.832
10	0.703	1.833	2.262	3.250	3.690
11	0.700	1.812	2.228	3.169	3.581
21	0.687	1.725	2.086	2.845	3.153
∞	0.674	1.645	1.960	2.576	2.807

从 t 值表中还可以看出，当测量次数 n 增大时，t 值减小；当测定次数为 20 次以上到测定次数为 ∞ 时，t 值相差不多，这表明当 $n>20$ 时，再增加测定次数对提高测定结果的准确度已经没有什么意义，因此只有在一定的测定次数范围内，分析数据的可靠性才随平行测定次数的增多而增加。

例 4-2 分析铁矿石中铁的含量，结果的平均值 $\bar{x}=35.21\%$，$S=0.06\%$。计算：（1）若测定次数 $n=4$，置信度分别为 95% 和 99% 时，平均值的置信区间；（2）若测定次数 $n=6$，置信度为 95% 时，平均值的置信区间。

解： （1）$n=4$，置信度为 95% 时，$t_{95\%}=3.18$，有

$$\mu = \bar{x} \pm \frac{tS}{\sqrt{n}} = (35.21 \pm 0.10)\%$$

置信度为 99% 时，$t_{99\%}=5.84$，有

$$\mu = \bar{x} \pm \frac{tS}{\sqrt{n}} = (35.21 \pm 0.18)\%$$

（2）$n=6$，置信度为 95% 时，$t_{95\%}=2.57$，有

$$\mu = \bar{x} \pm \frac{tS}{\sqrt{n}} = (35.21 \pm 0.06)\%$$

由上面计算可知，在相同测定次数下，随着置信度由 95% 提高到 99%，平均值的置信区间将从 (35.21±0.10)% 扩大至 (35.21±0.18)%；另外，在一定置信度下，增加平行测定次数可使置信区间缩小，说明测量的平均值越接近总体平均值。

2. 可疑值的取舍

在一组平行测定的数据中，常会出现个别偏差较大的数据，这种数据称为可疑值（doubtful value）或离群值（divergent value）。可疑值的取舍会影响分析结果的平均值。因此要对可疑值进行合理的取舍。若可疑值是由过失造成的，则该测定值舍去，否则用统计的方法决定取舍。常用的取舍方法有四倍法、格鲁布斯法和 Q 检验法等。在 3~10 次的测定中，Q 检验法比较严格而且又比较方便。故下面介绍 Q 检验法。

Q 检验法对一组测定数据中偏高或偏低的可疑值进行检验，程序如下：

（1）先将数据从小到大顺序排列：x_1，x_2，$\cdots$，x_{n-1}，x_n

（2）计算 Q 值

$$Q(\text{计}) = \frac{|\text{可疑值} - \text{邻近值}|}{\text{最大值} - \text{最小值}} \tag{4-10}$$

若 x_1 为可疑值，则 $Q(\text{计})$ 为：

$$Q = \frac{x_2 - x_1}{x_n - x_1} \tag{4-11}$$

若 x_n 为可疑值，则 $Q(\text{计})$ 为：

$$Q(\text{计}) = \frac{x_n - x_{n-1}}{x_n - x_1} \tag{4-12}$$

$Q(计)$越大，说明x_1或x_n离群越远。

（3）根据测定次数和要求的置信度由表 4-2 查 $Q(表)$值

（4）判断。如果计算的 $Q(计)$值大于表 4-2 $Q(表)$值，则可疑值舍去，否则保留。

表 4-2   **不同置信度下舍弃可疑数据的 Q 值**

Q置信度	测定次数(n)							
	3	4	5	6	7	8	9	10
Q 0.90	0.94	0.76	0.64	0.56	0.51	0.47	0.44	0.41
Q 0.95	0.98	0.85	0.73	0.64	0.59	0.54	0.51	0.48
Q 0.99	0.99	0.93	0.82	0.74	0.68	0.63	0.60	0.57

例 4-3   一分析人员标定 NaOH 溶液浓度，四次测定结果分别为（$mol \cdot L^{-1}$）：0.1014，0.1012，0.1016，0.1025。用 Q 检验法判断有无可疑值并进行取舍（置信度 90%）

解：将测定值由小到大排列：0.1012，0.1014，0.1016，0.1025，0.1025 为可疑值。

$$Q(计) = \frac{0.1025 - 0.1016}{0.1025 - 0.1012} = \frac{0.18}{0.24} = 0.69$$

查表 4-2，置信度 90%时，$n = 4$，$Q(表) = 0.76 > Q(计) = 0.69$。因此，该数值保留。

分析测定中，分析结果的报告要体现测量的准确度和精密度，通常报告一下几项：

测定次数 n；平均值 x（衡量准确度）；标准偏差 S（衡量精密度）；指定置信度（一般取 95%）时的平均值的置信区间。

4.3 有效数字

在分析测定工作中，要得到准确的分析结果，不仅要设法减小或消除各类误差，还要对测得的数据正确记录、计算。分析结果的数值除表示待测组分的含量，还反映测定的准确度，因此在分析测试中，要用"有效数字"（significant figure）表示测定数据及分析结果。

有效数字是指在分析工作中实际能测量到的数字，通常包括由仪器直接读出的全部准确数字和最后一位估计的数字（可疑数字）。记录测得值时，只保留一位可疑数字。一般认为在可疑数字的位数上有±1 个单位的误差。

有效数字 = 所有确定的数字 + 一位估计数字

例如表示一个测量所得体积，若记作 23.00mL，为 4 位有效数字，表明是通过滴定管测量得到的。其中 23.0 是确定的数字（滴定管上有刻度读出），最后一个 0 是估读的，是不确定的数字。若记作 23mL，为两位有效数字，表明是用量筒量取的。数据 23.00 的相对误差为

$$RE = \pm \frac{0.02}{23.00} \times 100\% = 0.087\%$$

数据 23 的相对误差为：

$$RE = \pm \frac{2}{23} \times 100\% = 8.7\%$$

前者的准确度比后者高 100 倍。如果将滴定管的结果写作 23mL，就缩小了准确度；如果将量筒的结果写成 23.00mL，就夸大了测量的准确性，都是错误的。因此，有效数字的位数与测量的方法和所用仪器的准确度有关。

4.3.1　有效数字的定位规则

有效数字的保留位数，由测量的方法和仪器的准确度来决定，在记录测定数据时，只保留一位可疑数字。

如称得一份试样质量为 0.5g，分析天平称量，正确表达为 0.5000g。精度为 1/10 的电子天平要记作 0.5g。

同样，量取液体的体积记作 24mL，则说明用量筒量取的，而用滴定管放出的体积应记录为 24.00mL。

1. 有效数字的计位规则

数字"0"具有双重意义，当其表示测量值时，它是有效数字；当其起定位作用时，不是有效数字。具体讲，数字中间和数字后面的"0"是有效数字，而数字前面的"0"起定位作用，不是有效数字。因为这些"0"只与所取单位有关。如：20.10mL 是四位有效数字；单位改作"升"，记作 0.02010L，依然是四位有效数字，前面两个 0 为定位数字而非有效数字。另外 3600 这样的数字，有效数字位数含糊，为了明确其有效数字位数，采用科学计数法，写作 $a \times 10^n$。如 3600 若为两位有效数字，表示作 3.6×10^3，若为三位有效数字，表示作 3.60×10^3，若为四位有效数字，表示作 3.600×10^3。

对数值的有效数字位数，由小数点后的位数确定。整数部分只代表该数的幂。如 $pH = 0.03$，有效数字是两位，表示 $c(H^+) = 0.93 mol \cdot L^{-1}$。再如，$K_a^\theta = 1.79 \times 10^{-5}$，是三位有效数字，对其取负对数，表示为 $pK_a^\theta = 4.747$。

化学计算中的自然数、倍数、分数、化学计量数等，非测量所得，可看作无误差数字，其有效数字位数看作无限多位。

2. 有效数字的修约规则

对于分析数据进行处理时，合理保留有效数字，弃去多余数字的过程称为有效数字修约。修约规则为"四舍六入五成双"。当尾数 ≤4 时舍去，尾数 ≥6 则入；当尾数等于 5 而后面的数为零时，5 前面是偶数则舍，为奇数则入；当 5 后面还有不为零的数时，无论 5 前面是偶是奇皆入。修约时要一次到位，不能分次修约。如：13.4748 修约为 4 位为 13.47。

例 4-4　将下列数字修约为 4 位有效数字。

修约前	修约后
0.526647	0.5266
0.36266112	0.3627

10. 23500	10. 24
250. 65000	250. 6
18. 085002	18. 09
351746	3.517×10^5

4.3.2 有效数字的运算规则

在分析结果的计算中，每个测量值的误差都要被传递到结果里。因此必须运用有效数字的运算规则，做到合理取舍，先将数据修约后，再进行计算。

(1)加减法。加减运算中，结果的有效数字位数的保留，以各数中绝对误差最大的那个数为准。也就是说以计算式中小数点后位数最少的那个数为标准来修约其它各数的位数。

例如：0. 0147+12. 58－3. 5568

三个数中，小数点后位数最少的为12. 58，故都修约为小数点后两位后再计算。

原数	绝对误差	修约为
0. 0147	±0. 0001	0. 01
12. 58	±0. 01	12. 58
3. 5568	±0. 0001	3. 56

所以，0. 01+12. 58－3. 56＝0. 01+12. 58+3. 56＝9. 03

(2)乘除法。乘除运算中，结果的有效数字位数的保留，以各数中相对误差最大的那个数为准。也就是说以计算式中有效数字位数最少的那个数为标准来修约其它各数的位数。

例如：计算1. 25×1. 1456×0. 32。

三个数中，0. 32有效数字位数最少，相对误差最大，应以此数据为依据，确定其他数据位数，然后运算。

原数	相对误差(%)	修约为
1. 25	±0. 8	1. 2
1. 1456	±0. 0087	1. 1
0. 32	±3. 1	0. 32

所以，1. 25×1. 1456×0. 32＝1. 2×1. 1×0. 32＝0. 42。

计算结果0. 42的相对误差为±2. 4%与0. 32的相对误差±3. 1相近。

在乘除运算中，若位数最少的数首位≥8，则有效数字位数可多算一位。如0. 9×1. 26，可将0. 9看作两位有效数字，因为0. 9与数字1. 0的相对误差相近。所以结果保留两位有效数字：0. 9×1. 26＝1. 2。

定量分析结果一般要求准确到四位有效数字，用计算器运算，注意结果要按照计算规则修约为合适的位数。

通常报写分析结果，有效数字位数的表示为：高含量组分(>10%)的测定，保留四位有效数字(如23. 46%)；中含量组分的测定(1%～10%)，一般要求三位有效数字(如7. 25%)；微量组分的测定(<1%)，一般要求保留两位有效数字(如0. 66%)。误差一般最

多保留两位(如 0. 23%或 0. 2%)。

4.4　滴定分析法

4.4.1　滴定分析法概述

滴定分析(titrimetry)法,又叫容量分析法,是通过滴定管,将一种已知其准确浓度的溶液,滴加到被测溶液中(或者将被测溶液滴加到标准溶液中),直到二者按化学计量关系定量反应完全,根据标准溶液的浓度以及消耗的体积,计算待测物质含量的分析方法。滴定分析法简便、快速,应用广泛。

滴定分析中相关的基本术语:

(1)标准溶液(standard solution)。滴加到待测溶液中的已知其准确浓度的溶液称标准溶液,也称滴定剂。

(2)滴定(titration)。标准溶液通过滴定管加入到待测溶液中的过程称为滴定。

(3)化学计量点(stoichiometric point)。标准溶液与待测物质按化学计量关系恰好完全反应的一点,称为化学计量点,简称计量点(sp)。

(4)滴定终点(titration end point)。滴定过程中,利用指示剂的变色判断化学计量点的到达。指示剂颜色发生变化停止滴定的这一点称滴定终点,简称终点。

(5)滴定终点误差(end-point error)。在实际滴定中,化学计量点和滴定终点往往不一定完全符合,由此而造成的误差称为滴定终点误差。

4.4.2　滴定分析法的分类与滴定方式

1. 滴定分析法的分类

根据标准溶液和待测组分间的反应类型的不同,滴定分析法分为四类:

(1)酸碱滴定法——以酸碱反应为基础的一种滴定分析方法。

如利用下列酸碱反应, $HCl+NaOH \longrightarrow NaCl+H_2O$

$$2HCl+Na_2CO_3 \longrightarrow NaCl+CO_2+H_2O$$

用标准 HCl 溶液,测定烧碱中 NaOH、Na_2CO_3 的含量。

(2)配位滴定法——以配位反应为基础的一种滴定分析方法。

例如,利用 EDTA(H_2Y)与 Ca^{2+} 的配位反应测定水中的钙含量。

$$Ca^{2+}+H_2Y \longrightarrow CaY+2H^+$$

(3)氧化还原滴定法——以氧化还原反应为基础的一种滴定分析方法。

例如用 $K_2Cr_2O_7$ 为标准溶液测定铁的含量。

$$K_2Cr_2O_7+Fe^{2+}+14H^+ \longrightarrow 2Cr^{3+}+Fe^{3+}+7H_2O$$

(4)沉淀滴定法——以沉淀反应为基础的一种滴定分析方法。

例如用 AgCl 为标准溶液,测定水中氯含量。

$$Ag^++Cl^- \longrightarrow AgCl$$

不是所有的化学反应都能用于滴定，能用于滴定的化学反应必须具备以下条件：

(1)反应按照确定的化学反应方程式进行，不发生副反应。

(2)反应必须定量进行完全(完成程度>99.9%)。

(3)反应速率快。对反应速率慢的反应有合适的方法(如加热、加入催化剂等)加快反应速率。

(4)有简便可靠的方法确定滴定终点。

2. 滴定分析法的常用方式

(1)直接滴定法(direct titration)。能满足上述要求的化学反应，可以用标准溶液直接滴定待测物质，称为直接滴定法。例如用 HCl 标准溶液直接滴定纯碱试样，测定其 $NaHCO_3$、Na_2CO_3 的含量。直接滴定法是滴定分析中最常用和最基本的滴定方法。

(2)返滴定法(back titration)。待测物质与标准溶液反应慢或者待测物质是固体试样时，可先准确加入过量标准溶液，使之与试液中的待测物质或固体试样进行反应，待反应完成后，再用另一种标准溶液滴定剩余的标准溶液，这种滴定方法称为返滴定法，也称回滴法。

例如碳酸钙含量的测定。首先在称取的试样中加入准确过量的 HCl 标准溶液，待反应完全后，用标准 NaOH 溶液滴定剩余的 HCl，根据两种标准溶液的浓度和消耗的体积，可以计算试样中 $CaCO_3$ 含量。

(3)置换滴定法(replacement titration)。当待测组分与标准溶液不按照一定反应式进行或伴有副反应时，可以先用适当试剂与待测组分反应，使其定量地置换为另一种物质，再用标准溶液滴定置换出的物质。例如用 $K_2Cr_2O_7$ 标准溶液标定 $Na_2S_2O_3$ 溶液的浓度，不能用 $K_2Cr_2O_7$ 直接滴定试样中的 $Na_2S_2O_3$，因为两者没有确定的计量关系。在酸性介质中，$K_2Cr_2O_7$ 不仅将 $Na_2S_2O_3$ 氧化为 $Na_2S_4O_6$，还有一部分 $Na_2S_2O_3$ 被氧化为 Na_2SO_4，因此需采用置换滴定法进行测定。在 $K_2Cr_2O_7$ 的酸性介质溶液中加入过量的 KI，$K_2Cr_2O_7$ 与 KI 反应析出单质 I_2，再用 $Na_2S_2O_3$ 滴定析出的 I_2，即可标定出 $Na_2S_2O_3$ 浓度。

(4)间接滴定法(indirect titration)

有些待测物质不能与标准溶液直接起反应，利用间接反应使其转化为可被滴定的物质，再用标准溶液滴定所生成的物质，此滴定法称为间接滴定法。例如 $KMnO_4$ 与 Ca^{2+} 不反应，故不能用 $KMnO_4$ 标准溶液直接测定 Ca^{2+}。可先将 Ca^{2+} 沉淀为 CaC_2O_4，用 H_2SO_4 溶解，再用 $KMnO_4$ 标准溶液滴定与 Ca^{2+} 结合的 $C_2O_4^{2-}$，从而间接测定 Ca^{2+}。

$$Ca^{2+}+C_2O_4^{2-}\Longrightarrow CaC_2O_4$$
$$CaC_2O_4+2H^+\Longrightarrow H_2C_2O_4+Ca^{2+}$$
$$2MnO_4^-+5H_2C_2O_4+6H^+\Longrightarrow 2Mn^{2+}+10CO_2+8H_2O$$

4.4.3　标准溶液和基准物质

在滴定分析中，无论哪种滴定方式，都离不开标准溶液。标准溶液是已知其准确浓度的溶液。标准溶液的配制方法有直接配制法和间接配制法两种。

直接配制法。根据需要的浓度，准确称量要配制溶液的物质，溶解后，定量转移至容量瓶，定容至一定体积。这种配制方法称为直接配制法。能用直接法配制标准溶液的物质称为基准物质(primary standard substance)。作为基准物质必须具备下列条件：

(1)物质的组成与化学式完全相符，若含结晶水，其组成也应与化学式相符。

(2)物质的纯度足够高，一般要求其纯度在99.9%以上。

(3)性质稳定，在保存或称量过程中其组成不变，如不易吸水、不风化、不易被氧化等。

(4)试剂最好具有较大的摩尔质量，这样，称样量相应较多，从而可减小称量误差。例如 $Na_2B_4O_7 \cdot 10H_2O$ 和 Na_2CO_3 作为标定盐酸标准溶液浓度的基准物质，都符合上述前三条要求，但前者摩尔质量大于后者，因此 $Na_2B_4O_7 \cdot 10H_2O$ 更适合作为标定盐酸标准溶液浓度的基准物质。

常用的基准物质有 $Na_2B_4O_7 \cdot 10H_2O$，Na_2CO_3，邻苯二甲酸氢钾，$H_2C_2O_4 \cdot 2H_2O$，$K_2Cr_2O_7$，$CaCO_3$，$Na_2C_2O_4$，K_2IO_3，ZnO，$NaCl$，纯金属如 Ag，Cu 等。

间接法(也称标定法)。许多化学试剂，由于它们纯度或稳定性不够等原因，不能直接配制成标准溶液。只能采用间接法配制。配制分为两步：

(1)粗配——先配制成接近所需浓度的溶液。

(2)标定——用基准物质或已知准确浓度的标准溶液确定所配溶液的准确浓度。确定标准溶液浓度的过程称为标定。所以间接配制法也称标定法。例如欲配制 $0.1mol \cdot L^{-1}$ 的 HCl 标准溶液 500mL，具体做法是：①粗配。用量筒量取计算量(约 4.3mL)的浓盐酸，倒入盛有 500mL 蒸馏水的试剂瓶中，摇匀。②标定。准确称取基准物质硼砂加水溶解后，用配制的 HCl 溶液滴定。根据硼砂的质量以及消耗 HCl 的体积可以计算出所配制 HCl 溶液的准确浓度。(或准确移取一定体积粗配的 HCl 溶液，用已知准确浓度的 NaOH 标准溶液滴定，根据 NaOH 标准溶液的浓度以及所消耗的体积可以计算得到 HCl 溶液的准确浓度)。

4.4.4　滴定分析中的计算

1. 标准溶液浓度的表示方法

用于滴定分析的标准溶液，浓度的表示方法常用两种

(1)物质的量浓度

$$c = \frac{n(B)}{V}$$

(2)滴定度(titer)滴定度(T)是指每毫升标准溶液(B)相当于被测物质(A)的质量。单位为 $g \cdot mL^{-1}$ 或 $mg \cdot mL^{-1}$。

$$T(A/B) = \frac{m(A)}{V(B)} \tag{4-13}$$

例如 $T(Fe/KMnO_4) = 0.005312g \cdot mL^{-1}$ 表示 1mL $KMnO_4$ 标准溶液可以把 0.005312g Fe^{2+} 滴定为 Fe^{3+}。

滴定度的优点是，只要将滴定时所消耗的标准溶液的体积乘以滴定度，就可以直接得

到被测物质的质量。这在生产单位的批量分析中很方便。

2. 化学计量数比规则

化学计量数比规则，即反应物之间的物质的量之比，等于其反应方程式中化学计量系数之比。

滴定反应写作一个通式

$$aA+bB \Longrightarrow cC+dD$$

根据化学计量数比规则有

$$\frac{n(A)}{n(B)} = \frac{a}{b} \qquad (4\text{-}14)$$

滴定中的计算，如计算标准溶液浓度、计算试样的质量分数等都依据的是化学计量数比规则。

(1) 计算标准溶液的浓度。

称取 mg 基准物 A，标定标准溶液 B。基准物的摩尔质量为 $M(A)$，标定消耗标准溶液的体积为 $V(B)mL$，标准溶液的浓度为：

$$c(B) = \frac{\frac{b}{a}m(A)}{M(A)V(B)} \qquad (4\text{-}15)$$

例如，用基准物 $H_2C_2O_4 \cdot 2H_2O$ 标定 NaOH 标准溶液的浓度，反应式为

$$2NaOH+H_2C_2O_4 \Longrightarrow Na_2C_2O_4+2H_2O$$

$$c(NaOH) = \frac{2m(H_2C_2O_4 \cdot 2H_2O)}{M(H_2C_2O_4 \cdot 2H_2O)V(NaOH)}$$

(2) 计算被测物质 A 的质量分数 w

准确称取待测试样 $m_s g$，滴定消耗 VmL 标准溶液，则 A 的质量分数为

$$w = \frac{m(A)}{m_s}$$

$$w(A) = \frac{\frac{a}{b}c(B)V(B)M(A)}{m_s} \qquad (4\text{-}16)$$

例 4-5 0.3213g 不纯 $CaCO_3$ 试样，用返滴定法测定其含量。将 $CaCO_3$ 试样溶于 80.00mL 0.1000mol $\cdot$ L^{-1} 的 HCl 标准溶液中，过量的 HCl 用 0.1000mol $\cdot$ L^{-1} 的 NaOH 标准溶液滴定，终点时消耗 NaOH 标准溶液 22.74mL，求试样中 $CaCO_3$ 的含量。

解：滴定反应分两步进行：

$$CaCO_3+2HCl = CaCl_2+CO_2+H_2O$$
$$HCl+NaOH = NaCl+H_2O$$

故 $$w(CaCO_3) = \frac{\frac{1}{2}[c(HCl)V(HCl)-c(NaOH)V(NaOH)]M(CaCO_3)}{m_s \times 1000} \times 100$$

$$= \frac{\frac{1}{2}(0.1000 \times 80.00 - 0.1000 \times 22.74) \times 100.1}{0.3213 \times 1000} \times 100$$

$$= 89.20\%$$

(3)已知标准溶液 B 对待测组分 A 的滴定度 $T(A/B)$，计算待测组分 A 的质量分数

$$w(A) = \frac{T(A/B)V(B)}{m_s} \tag{4-17}$$

例 4-6　计算 $0.02015 \text{mol} \cdot \text{L}^{-1} \text{KMnO}_4$ 对 Fe 的滴定度。称取铁矿石样品 10.12g，溶解后，用该 KMnO_4 溶液滴定，用去溶液 22.16mL，计算铁矿石中 Fe 的质量分数。

解：滴定反应为

$$\text{MnO}_4^- + 5\text{Fe}^{2+} + 8\text{H}^+ = \text{Mn}^{2+} + 5\text{Fe}^{3+} + 4\text{H}_2\text{O}$$

$$T(\text{Fe}/\text{KMnO}_4) = \frac{m(\text{Fe})}{V(\text{KMnO}_4)} = \frac{5c(\text{KMnO}_4)V(\text{KMnO}_4)M(\text{Fe})}{V(\text{KMnO}_4)}$$

$$= \frac{5 \times 0.02015 \times 1 \times 55.85 \times 10^{-3}}{1}$$

$$= 5.627 \times 10^{-3} (\text{g} \cdot \text{mL}^{-1})$$

$$w(\text{Fe}) = \frac{m(\text{Fe})}{m_s} = \frac{T(\text{Fe}/\text{KMnO}_4)V(\text{KMnO}_4)}{m_s}$$

$$= \frac{5.627 \times 10^{-3} \times 22.16}{0.7153} = 0.1743$$

阅读材料

屠呦呦——青蒿素是这样提取的

研究员屠呦呦因发现青蒿素获得了 2015 年诺贝尔生理学或医学奖。青蒿素挽救了数百万人的生命，它的发现被认为是中国对全球人类健康所作出的最重要的贡献之一。屠呦呦，这位 85 岁的女药学家让国际社会看到中国科学界对世界的巨大贡献，一条通往斯德哥尔摩之路已在她脚下铺开，越来越多的后来者必将追随她的足迹，走到国际科学舞台的中央。

1930 年 12 月 30 日，屠呦呦出生于浙江省宁波市，是家里 5 个孩子中唯一的女孩。"呦呦鹿鸣，食野之苹"，《诗经·小雅》的名句寄托了屠呦呦父母对她的美好期待。早年，5 岁的屠呦呦被父母送入幼儿园，1 年后，进入宁波私立崇德小学初小，成为一名小学生。11 岁起就读于宁波私立西小学高小，13 岁起就读于宁波私立器贞中学初中，15 岁起就读于宁波私立甬江女中初中。16 岁的屠呦呦因不幸染上肺结核，被迫终止了学业。1948 年 2 月，休学两年病情好转后，屠呦呦以同等学力的身份进入宁波私立效实中学高中就读。

1951 年，屠呦呦考入北京大学，在北大医学院药学系学习，专业是生药学。大

学 4 年期间, 屠呦呦努力学习, 取得了优异的成绩。在专业课程中, 她尤其对植物化学、本草学和植物分类学有着极大的兴趣。

20 世纪 60 年代, 引发疟疾的寄生虫——疟原虫对当时常用的奎宁类药物已经产生了抗药性。1967 年 5 月 23 日中国召开大会, 动员全国 60 多个单位的 500 名科研人员, 同心协力, 寻找新的抗疟疾的药物, 这项工作后来有了一个代号, 被称为"523"项目。时年 39 岁的屠呦呦临危受命, 成为课题攻关的组长。

此前, 中美两国的抗疟研究已经经历多次失败。美国筛选了近 30 万个化合物而没有结果; 中国在 1967 年组织了全国 7 个省市开展了包括中草药在内的抗疟疾药研究, 先后筛选化合物及中草药达 4 万多种, 也没有取得阳性结果。屠呦呦和同事们通过翻阅中医药典籍、寻访民间医生, 搜集了包括青蒿在内的 600 多种可能对疟疾治疗有效果的中药药方, 对其中 200 多种中草药、380 多种提取物进行筛查, 用老鼠做实验, 但没有发现有效结果。

屠呦呦说:"后来, 我想到可能是因为在加热的过程中, 破坏了青蒿里面有效成分, 于是改为用乙醚提取。那时药厂都停工, 只能用土办法, 我们把青蒿买来先泡, 然后把叶子包起来用乙醚泡, 直到第 191 次实验, 我们才真正发现了有效成分, 经过实验, 用乙醚制取的提取物, 对鼠疟猴疟的抑制率达到了 100%。为了确保安全, 我们试到自己身上, 大家都愿意试毒。"

老伴儿李廷钊说:"那时候, 她脑子里只有青蒿素, 整天不着家, 不分白天黑夜地在实验室泡着, 回家满身都是酒精味。"1969 年屠呦呦加入"253"项目时, 在冶金行业工作的李廷钊也同样忙碌, 为了不影响工作, 他们咬牙把不到 4 岁的大女儿送到别人家寄住, 把尚在襁褓中的小女儿送回宁波老家。

1972 年 3 月, 屠呦呦在南京召开的"523"项目工作会议上报告了实验结果; 1973 年初, 北京中药研究所拿到青蒿结晶。随后, 青蒿结晶的抗疟功效在其他地区得到证实。"523"项目办公室将青蒿结晶物命名为青蒿素, 作为新药进行研发。几年后, 有机化学家完成了结构测定; 1984 年, 科学家们终于实现了青蒿素的人工合成。1992 年, 针对青蒿素成本高、对疟疾难以根治等缺点, 发明出双氢青蒿素(抗疟疗效为前者 10 倍的"升级版")。

青蒿素的发现和研制, 是人类防治疟疾史上的一件大事, 也是继喹啉类抗疟药后的一次重大突破。它被饱受疟疾之苦的非洲人民称为"中国神药", 屠呦呦也因此获得"青蒿素之母"的美名。

习   题

4-1 选择题

(1)下列情况分别会引起什么误差?(   )如果是系统误差, 应如何消除?(   )

  A. 砝码腐蚀

  B. 称量时, 试样吸收了空气中的水分

  C. 天平零点稍有变化

  D. 读取滴定管读数时，最后一位数字估计不准

  E. 以含量为98%的金属锌作为基准物质标定 EDTA 溶液的浓度

  F. 试剂中含有微量待测组分

  G. 重量法测定 SiO_2 时，试液中硅酸沉淀不完全

  H. 天平两臂不等长

  (2)用基准 Na_2CO_3 标定 HCl 溶液时，下列情况会对 HCl 的浓度产生何种影响(偏高，偏低或没有影响)?

  A. 滴定时速度太快，附在滴定管壁的 HCl 来不及留下来就读取体积；

  B. 称取 Na_2CO_3 时，实际质量为 0.1834g，记录时误记为 0.1824g；

  C. 在将 HCl 标准溶液倒入滴定管之前，没有用 HCl 溶液荡洗滴定管；

  D. 锥形瓶中的 Na_2CO_3 用蒸馏水溶解时，多加了 50mL 蒸馏水；

  E. 滴定开始之前，忘记调节零点，HCl 溶液的液面高于零点；

  F. 滴定管活塞漏出 HCl 溶液；

  G. 称取 Na_2CO_3 时撒在天平盘上；

  H. 配制 HCl 溶液时没有混匀。

  (3)定量分析工作要求测定结果的误差：(　　)。

  A. 越小越好   B. 等于零   C. 没有要求

  D. 略大于允许误差 E. 在允许误差范围内

  (4)下列叙述错误的是：(　　)。

  A. 方法误差属于系统误差 B. 系统误差包括操作误差

  C. 系统误差又称可测误差 D. 系统误差呈正态分布

  E. 系统误差具有单向性

4-2　简答题

(1)甲、乙二人同时分析一矿物中的含硫量，每次取样 3.5g，分析结果分别报告为：

甲：　0.042%，0.041%

乙：　0.04199%，0.4201%

试问哪一份报告合理? 为什么?

(2)什么是化学计量点? 什么是滴定终点?

(3)能用于滴定分析的化学反应必须符合哪些条件?

(4)下列物质中哪些可以用直接法配制标准溶液? 哪些只能用间接法配制?

HCl；NaOH；$KMnO_4$；$K_2Cr_2O_7$；$H_2C_2O_4 \cdot 2H_2O$；$Na_2S_2O_3 \cdot 5H_2O$。

  4-3　有一铜矿试样，经两次测定，得知铜含量 24.87%，24.93%，而调的实际含量为 25.05%求分析结果的绝对误差和相对误差。

  4-4　某试样经分析测得含锰质量分数为 41.24%，41.27%，41.23% 和 41.26%。求分析结果的平均偏差、相对平均偏差、标准偏差和相对标准偏差。

  4-5　标定 NaOH 溶液的浓度，要求消耗 0.1mol · L^{-1} NaOH 溶液体积为 20 ~ 30mL，问：

（1）应称取邻苯二甲酸氢钾基准物质（$KHC_8H_4O_4$）多少克？

（2）如果改用草酸（$H_2C_2O_4 \cdot 2H_2O$）作基准物质，又该称多少克？

（3）若分析天平的称量误差为±0.0002g，试计算以上两种试剂称量的相对误差。

（4）计算结果说明了什么问题？

4-6　分析血清中钾的含量，5 次测定结果分别为 0.160mg · mL^{-1}，0.152mg · mL^{-1}，0.156mg · mL^{-1}，0.153mg · mL^{-1}。计算置信度为 95% 时，平均值的置信区间。

4-7　标定 NaOH 溶液时，得到下列数据：0.1014mol · L^{-1}，0.1012mol · L^{-1}，0.1011mol · L^{-1}，0.1019mol · L^{-1}。用 Q 检验法进行检验，0.1019 是否应该舍弃（置信度为 90%）？

4-8　按有效数字运算规则，计算下列各式：

（1）$2.187 \times 0.854 + 9.6 \times 10^{-2} - 0.0326 \times 0.00814$；

（2）$0.01012 \times (25.44 - 10.21) \times 26.962$

（3）pH=4.03，计算 H^+ 浓度。

4-9　欲配制 $c(KMnO_4) \approx 0.020mol \cdot L^{-1}$ 的溶液 500mL，须称取 $KMnO_4$ 多少克？如何配制？

4-10　已知浓硫酸的相对密度为 1.84，其中 H_2SO_4 含量（质量分析数）为 98%，现欲配制 1L0.1mol · L^{-1} 的 H_2SO_4 溶液，应取这种浓硫酸多少毫开？

4-11　称取分析纯试剂 $K_2Cr_2O_7$ 14.709g，配成 500.0mL 溶液，试计算：

（1）$K_2Cr_2O_7$ 溶液的物质的量浓度；

（2）$K_2Cr_2O_7$ 溶液对 Fe 和 Fe_2O_3 的滴定度；

4-12　计算 0.1026mol · L^{-1} HCl 标准溶液对 NaOH 和 $CaCO_3$ 的滴定度。

4-13　0.250g 不纯 $CaCO_3$ 试样中不含干扰测定的组分。加入 25.00mL 0.2600mol · L^{-1} HCl 溶解，煮沸除去 CO_2，用 0.2450mol · L^{-1} NaOH 溶液返滴定过量酸，消耗 6.50ml。计算试样中 $CaCO_3$ 的质量分数。

4-14　用凯氏法测定蛋白质的含氮量，称取粗蛋白试样 1.658g，将试样中的氮转变为 NH_3 并以 25.00mL 0.2018mol · L^{-1} 的 HCl 标准溶液吸收，剩余的 HCl 以 0.1600mol · L^{-1} NaOH 标准溶液返滴定，用去 NaOH 溶液 9.15mL，计算此粗蛋白试样中氮的质量分数。

4-15　莫尔法测定食盐中 NaCl 含量。称取食盐试样 2.000g，用水溶解后转人 250mL 容量瓶中并稀释至刻度，摇匀。移取试液 25.00mL，以 K_2CrO_4 作指示剂，用 0.1000mol · L^{-1} $AgNO_3$ 标准溶液滴定消耗 33.85mL 至终点，试计算该食盐中 NaCl 的含量。

第5章 酸碱平衡和酸碱滴定法

5.1 酸碱质子理论

19世纪末，瑞典人阿伦尼乌斯（Arrhenius）提出了酸碱电离理论，给酸碱下了这样的定义：离解时生成的正离子全部是 H^+ 的化合物叫酸；离解时所生成的负离子全部是 OH^- 的化合物叫碱。以电离理论为基础去定义酸和碱，定量地研究酸和碱的强度，让人们对酸和碱的本质有了深刻的了解。这一理论对化学科学的发展起了积极作用，至今仍有应用。但其局限性是明显的，它把酸和碱局限于水溶液中，在近来兴起的大量非水体系的研究中并不适用。

20世纪20年代，丹麦人布朗斯特（J. N. Brönsted）和英国人劳莱（T. M. Lowry）提出的酸碱质子理论扩大了酸碱的物种范围，酸碱理论的适用范围扩展到非水体系乃至无溶剂体系。本章着重讨论酸碱质子理论。

5.1.1 酸碱的定义

酸碱质子理论认为：凡能给出质子的物质是酸，凡能接受质子的物质是碱。可用简式表示：

$$酸 \rightleftharpoons 碱 + 质子$$

例如，

$$HAc \rightleftharpoons Ac^- + H^+$$
$$NH_4^+ \rightleftharpoons NH_3 + H^+$$
$$H_2O \rightleftharpoons OH^- + H^+$$
$$H_3PO_4 \rightleftharpoons H_2PO_4^- + H^+$$

根据酸碱质子理论，上述 HCl、HAc、NH_4^+ 等因为能给出质子，所以是酸。OH^-、Ac^-、NH_3 等能接受质子，所以是碱。酸碱可以是中性分子、正离子或负离子。酸与其释放 H^+ 后形成的相应碱为共轭酸碱对（conjugated pair of acid-base），如 HCl 和 Cl^-，NH_4^+ 和 NH_3，以及 $H_2PO_4^-$ 和 HPO_4^{2-} 均互为共轭酸碱对。上述各个共轭酸碱对的质子得失反应，称为酸碱半反应。

在 H_2CO_3—HCO_3^- 共轭体系中，HCO_3^- 是碱，在 HCO_3—CO_3^{2-} 共轭体系中，HCO_3^- 是酸，即有些物质在不同的共轭酸碱对中分别呈现酸或碱的性质，这类物质称为两性物质

（amphoteric compound），除上述 HCO_3^- 外，H_2O、HS^-、HPO_4^{2-}、$H_2PO_4^-$ 等均为两性物质。

5.1.2 酸碱反应

在质子理论中，酸碱反应的实质是质子的转移（得失）。为了实现酸碱反应，酸所给出的 H^+ 必须要有碱来接受，碱所接受的 H^+ 必须要有酸来提供，例如使 HAc 转化为 Ac^-，它给出的质子必须被同时存在的另一物质碱接受才行。也就是说，酸碱反应实际上是两个共轭酸碱对共同作用的结果。

$$
\begin{array}{ccccccc}
 & \overset{H^+}{\longrightarrow} & & & & & \\
HAc & + & H_2O & \Longrightarrow & H_3O^+ & + & Ac^- \\
酸1 & & 碱2 & & 酸2 & & 碱1
\end{array}
$$

共轭酸碱对 2

共轭酸碱对 1

如果没有作为碱的溶剂水的存在，HAc 就无法实现其在水中的离解。同样，碱在水溶液中接受质子的过程，也必须有溶剂水分子的参加。例如，NH_3 溶于水。

$$
\begin{array}{ccccccc}
 & \overset{H^+}{\longrightarrow} & & & & & \\
NH_3 & + & H_2O & \Longrightarrow & OH^- & + & NH_4^+ \\
碱2 & & 酸1 & & 碱1 & & 酸2
\end{array}
$$

共轭酸碱对 1

共轭酸碱对 2

可见，从质子理论来看，任何酸碱反应都是两个共轭酸碱对之间的质子传递反应。即，

$$
酸1 \;+\; 碱2 \;\Longrightarrow\; 碱1 \;+\; 酸2
$$

H^+

而质子的传递，并不要求反应必须在水溶液中进行，也不要求先生成质子再加到碱上去，只要质子能从一种物质传递到另一种物质上就可以了。因此，酸碱反应可以在非水溶剂、无溶剂等条件下进行。比如 HCl 和 NH_3 的反应，无论是在水溶液中，还是在气相或苯溶液中，其实质都是一样的，都是 H^+ 转移的反应。

$$
HCl \;+\; NH_3 \;\Longrightarrow\; NH_4^+
$$

H^+

$$
H_2O \;+\; Ac^- \;\Longrightarrow\; HAc \;+ OH^-
$$

H^+

而盐的水解其实就是组成它的酸或碱与溶剂水分子间的质子传递的过程。

5.2　弱酸(碱)的离解平衡及平衡的移动

5.2.1　水的离解平衡与离子积常数

水既是质子酸又是质子碱, 水分子间发生质子的传递作用, 称为水的质子自递反应。

$$H_2O+H_2O \Longrightarrow H_3O^+ +OH^-$$

简写为

$$H_2O \Longrightarrow H^+ +OH^-$$

反应的平衡常数

$$K_w^\theta = \frac{c(H^+)}{c^\theta} \cdot \frac{c(OH^-)}{c^\theta}$$

式中: K_w^θ 称为水的离子积常数, 简称水的离子积(ionization product of water), 表明在一定温度下, 水溶液中 H^+ 浓度和 OH^- 浓度的乘积是一个常数。295K 时 $K_w^\theta = 1.00 \times 10^{-14}$。由于水的质子自递是吸热反应, 所以 K_w^θ 随温度升高而增大(表 5-1)。为了方便, 一般在室温时采用 $K_w^\theta = 1.0 \times 10^{-14}$。

表 5-1 不同温度时的 K_w^θ

温度/K	273	283	298	323	373
K_w^θ	1.14×10^{-15}	2.92×10^{-15}	1.01×10^{-14}	5.47×10^{-14}	5.50×10^{-13}

5.2.2　一元弱酸(碱)的离解平衡

在溶液中, 每个分子(或离子)只能给出一个 H^+ 的弱酸叫一元弱酸, 只能接受一个 H^+ 的弱碱叫一元弱碱。同理, 其余的叫多元弱酸(碱)。例如, HAc 在水溶液中建立离解平衡:

$$HAc+H_2O \Longrightarrow H_3O^+ +Ac^-$$

$$K_a^\theta = \frac{[c(H_3O^+)/c^\theta] \cdot [c(Ac^-)/c^\theta]}{c(HAc)/c^\theta}$$

可简写为:

$$HAc \Longrightarrow H^+ +Ac^-$$

$$K_a^\theta = \frac{[c(H^+)/c^\theta] \cdot [c(Ac^-)/c^\theta]}{c(HAc)/c^\theta}$$

其中 K_a^θ 叫做酸的离解常数, 同理弱碱(NH_3)在水中离解的平衡常数用 K_b^θ 表示, 叫做弱碱的离解常数。例如, NH_3 在水溶液中建立离解平衡:

$$NH_3+H_2O \Longrightarrow NH_4^+ +OH^-$$

$$K_b^\theta = \frac{[c(NH_4^+)/c^\theta] \cdot [c(OH^-)/c^\theta]}{c(NH_3)/c^\theta}$$

常见弱酸、弱碱离解常数见附录(Ⅱ)。应该指出, 文献资料中并未把所有弱酸(碱)

的平衡常数都给出来,有些弱碱的离解常数可以通过其共轭酸的离解常数求得,反之亦然。

例如可以通过 HAc 的 K_a^θ,求出其共轭碱 Ac^- 的 K_b^θ。

$$HAc+H_2O \Longrightarrow H_3O^+ + Ac^- \quad K_a^\theta(HAc)=\frac{[c(H^+)/c^\theta] \cdot [c(Ac^-)/c^\theta]}{c(HAc)/c^\theta}$$

$$Ac^-+H_2O \Longrightarrow OH^- + HAc \quad K_b^\theta(Ac^-)=\frac{[c(HAc)/c^\theta] \cdot [c(OH^-)/c^\theta]}{c(Ac^-)/c^\theta}$$

$$K_a^\theta \cdot K_b^\theta = \frac{[c(H^+)/c^\theta] \cdot [c(Ac^-)/c^\theta]}{c(HAc)/c^\theta} \cdot \frac{[c(HAc)/c^\theta] \cdot [c(OH^-)/c^\theta]}{c(Ac^-)/c^\theta}$$

$$= [c(H^+)/c^\theta] \cdot [c(OH^-)/c^\theta] = K_w^\theta$$

即在水溶液中共轭酸碱对的关系如下:

$$K_a^\theta \cdot K_b^\theta = K_w^\theta \tag{5-1}$$

在水溶液中,可以通过比较在水溶液中质子转移反应中平衡常数的大小,来比较酸碱的相对强弱。K_a^θ 越大,酸的强度越大;K_b^θ 越大,碱的强度越大。

例 5-1 HAc,NH_4^+,HS^- 三种酸与 H_2O 的反应及其相应的 K_a^θ 值如下:

(1) $HAc+H_2O \Longrightarrow H_3O^+ + Ac^- \quad K_a^\theta(HAc)=\dfrac{c(H_3O^+) \cdot c(Ac^-)}{c(HAc)}=1.76 \times 10^{-5}$

(2) $NH_4^+ + H_2O \Longrightarrow H_3O^+ + NH_3 \quad K_a^\theta(NH_4^+)=\dfrac{c(H_3O^+) \cdot c(NH_3)}{c(NH_4^+)}=5.64 \times 10^{-10}$

(3) $HS^- + H_2O \Longrightarrow H_3O^+ + S^{2-} \quad K_a^\theta(HS^-)=\dfrac{c(H_3O^+) \cdot c(S^{2-})}{c(HS^-)}=1.1 \times 10^{-12}$

试比较这三种酸的强弱。

解: 由 $K_a^\theta(HAc) > K_a^\theta(NH_4^+) > K_a^\theta(HS^-)$,则可知这三种酸的强弱顺序为:HAc > NH_4^+ > HS^-。

5.2.3 多元弱酸(碱)的离解平衡

多元弱酸(碱)在水溶液中的离解是分步进行的。以 H_2S 溶于水为例:

在水溶液中可建立如下二级离解平衡:

$$H_2S+H_2O \Longrightarrow H_3O^+ + HS^- \quad K_{a1}^\theta=\frac{c(H_3O^+) \cdot c(HS^-)}{c(H_2S)}=9.1 \times 10^{-8}$$

$$HS^- + H_2O \Longrightarrow H_3O^+ + S^{2-} \quad K_{a2}^\theta=\frac{c(H_3O^+) \cdot c(S^{2-})}{c(HS^-)}=1.1 \times 10^{-12}$$

由 $K_{a_1}^\theta \gg K_{a_2}^\theta$ 可知,氢硫酸在水中的第二步离解远弱于第一步离解。

同样,大多数多元弱酸(碱)在水中的离解平衡也有类似情况。

多元弱酸逐级离解常数与其共轭碱逐级离解常数,两者的乘积等于水的离子积。如上述 H_2S 溶液中 $K_{a_1}^\theta \cdot K_{b2}^\theta = K_{a_2}^\theta \cdot K_{b1}^\theta = K_w^\theta$

又如在磷酸溶液中:$K_{a_1}^\theta \cdot K_{b_3}^\theta = K_{a_2}^\theta \cdot K_{b_2}^\theta = K_{a3}^\theta \cdot K_{b_1}^\theta = K_w^\theta$

例 5-2　已知 H_2CO_3　$K_{a1}^\theta = 4.30 \times 10^{-7}$，求 HCO_3^- 的 K_{b2}^θ 值。

解：HCO_3^- 是 H_2CO_3 的共轭碱，它们的共轭酸碱离解常数之间的关系：

$$K_{a1}^\theta \cdot K_{b2}^\theta = K_{a2}^\theta \cdot K_{b1}^\theta = K_w^\theta$$

$$K_{b2}^\theta = \frac{K_w^\theta}{K_{a1}^\theta} = \frac{1.0 \times 10^{-14}}{4.30 \times 10^{-7}} = 2.32 \times 10^{-8}$$

5.2.4　离解度和稀释定律

弱酸、弱碱在溶液中的离解程度用离解度(α)表示，定义为：

$$\alpha = \frac{\text{已离解的分子总数}}{\text{离解前的分子总数}} \times 100\%$$

离解度 α 与弱酸、弱碱的离解常数之间有一定的关系。以浓度为 c 的 HAc 在水中的离解平衡为例，利用平衡原理，可求出 α 与 K_a^θ、c 的定量关系。

$$\begin{array}{cccccc}
& HAc & \rightleftharpoons & H^+ & + & Ac^- \\
\text{起始浓度}(mol \cdot L^{-1}) & c & & 0 & & 0 \\
\text{平衡浓度}(mol \cdot L^{-1}) & c-c\alpha & & c\alpha & & c\alpha
\end{array}$$

$$K_a^\theta = \frac{c(H^+) \cdot c(Ac^-)}{c(HAc)} = \frac{c\alpha \cdot c\alpha}{c-c\alpha} = \frac{c\alpha^2}{1-\alpha} \tag{5-2}$$

由于弱电解质离解的程度都比较小，所以当 $\alpha < 5\%$ 时，$1-\alpha \approx 1$，由上式可得 $K_a^\theta \approx c\alpha^2$ 于是可用以下近似关系式表示：

$$\text{弱酸：} \alpha = \sqrt{\frac{K_a^\theta}{c}}; \qquad \text{弱碱：} \alpha = \sqrt{\frac{K_b^\theta}{c}} \tag{5-3}$$

这个关系式成立的前提是 c 不是很小，α 不是很大。它表明酸碱平衡常数、离解度、溶液浓度三者之间的关系，称为稀释定律。

5.2.5　同离子效应和盐效应

1. 同离子效应

在弱电解质溶液中加入含有相同离子的强电解质，导致弱电解质的离解度降低的现象称为同离子效应。例如在 HAc 水溶液中加入少量 NaAc 固体，NaAc 在水中完全离解，使溶液中 Ac⁻ 离子浓度大大增加，使下列平衡

$$HAc + H_2O \rightleftharpoons H_3O^+ + Ac^-$$

向左移动，反应逆向进行，从而降低了 HAc 的离解度。

又如往氨水中加入少量 NH_4Cl 固体，情况也类似。

$$NH_3 + H_2O \rightleftharpoons OH^- + NH_4^+$$

2. 盐效应

如果加入不含相同离子的强电解质，如往 HAc 溶液中加入 NaCl，同样会破坏原有的

平衡，但平衡向右移动，使弱酸、弱碱的离解度增大，这种现象叫盐效应。

这是由于强电解质完全离解，大大增大了溶液中离子的总浓度，使得 H^+，Ac^- 被更多的异号离子 Cl^- 或 Na^+ 所包围，离子之间的相互牵制作用增强，大大降低了离子重新结合成弱电解质分子的几率，因此，离解度也相应增大。

当然，同离子效应也包含盐效应，但同离子效应要大得多，二者共存时，常常忽略盐效应，只考虑同离子效应。

例 5-3 在 $0.10 \text{mol} \cdot \text{L}^{-1}$ HAc 溶液中加入少量的 NaAc 固体，使其浓度为 $0.10 \text{mol} \cdot \text{L}^{-1}$（忽略溶液体积变化），比较加入 NaAc 固体前后 H^+ 浓度和 HAc 离解度的变化。已知：K_a^{θ} (HAc) $= 1.76 \times 10^{-5}$。

解：(1)加入 NaAc 前，$\alpha = \sqrt{\dfrac{K_a^{\theta}}{c}} = \sqrt{\dfrac{1.76 \times 10^{-5}}{0.10}} = 1.3\%$

(2)加入 NaAc 后：

	HAc+H₂O	⇌	H₃O⁺	+	Ac⁻
起始浓度/$(\text{mol} \cdot \text{L}^{-1})$	0.10		0		0.10
平衡浓度/$(\text{mol} \cdot \text{L}^{-1})$	$0.10-x \approx 0.10$		x		$0.10+x \approx 0.10$

$$K_a^{\theta} = \frac{c(H^+) \cdot c(Ac^-)}{c(HAc)} = \frac{x(0.10+x)}{0.10-x} = \frac{0.10x}{0.10} = 1.76 \times 10^{-5}$$

解得，$c(H^+) = x = 1.76 \times 10^{-5} \approx 1.8 \times 10^{-5} \text{mol} \cdot \text{L}^{-1}$

$$\alpha = \frac{c(H^+)}{c} = \frac{1.8 \times 10^{-5}}{0.10} = 0.018\%$$

5.3 酸碱平衡中有关浓度的计算

5.3.1 质子平衡式

按照酸碱质子理论，酸碱反应的实质是质子的转移，因此当酸碱反应达到平衡后，溶液中各种酸所给出的质子的总量一定等于各种碱所获得的质子。根据这一原理建立起来的得质子产物与失质子产物中浓度上的关系式称为质子平衡方程式（proton balance equation），简称质子平衡或质子条件，用 PBE 表示。根据 PBE 可求得溶液中 H_3O^+ 浓度和有关组分浓度之间的关系式，用于处理酸碱平衡中的有关计算。

求写质子平衡方程可按以下步骤进行：

(1)列出所有参与质子转移的反应式。

(2)选取进行质子转移的参考物质(参考水准)。

通常选择在水溶液中大量存在且参与质子传递的物质，如溶剂和溶质本身，作为得失质子的参考物质，称为参考水准(reference level)。

(3)写出全部得质子产物和失质子产物。

(4)根据得失质子的物质的量一定相等的原则，建立起得质子产物与失质子产物在浓度上的关系，即质子平衡方程。

例如，$Na_2C_2O_4$ 水溶液中，大量存在并参与质子传递的物质是 H_2O 和 $C_2O_4^{2-}$，故选择两者为参考水准，其质子传递情况为：

$$H_2O+H_2O \Longleftrightarrow H_3O^++OH^-$$
$$C_2O_4^{2-}+H_2O \Longleftrightarrow HC_2O_4^-+OH^-$$
$$HC_2O_4^-+H_2O \Longleftrightarrow H_2C_2O_4+OH^-$$

所以 $Na_2C_2O_4$ 水溶液的质子平衡式是：

$$c(H^+)+c(HC_2O_4^-)+2c(H_2C_2O_4)=c(OH^-)$$

其中 $H_2C_2O_4$ 与参考水准 $C_2O_4^{2-}$ 相比是得两个质子的产物，所以在浓度前乘以2。

5.3.2 酸碱溶液 pH 的计算

1. 强酸、强碱溶液

强酸、强碱在水中几乎全部离解，在一般情况下，酸度的计算比较简单。如 $0.10mol \cdot L^{-1}$ HCl 溶液，$c(H^+)=0.10mol \cdot L^{-1}$，pH=1.00。但如果强酸(碱)溶液太稀(浓度小于 $10^{-5}mol \cdot L^{-1}$)，计算溶液的 pH 还需考虑水的质子自递产生的 H^+或 OH^-。

2. 一元弱酸、弱碱溶液

对一元弱酸 HA，设其浓度为 c mol $\cdot L^{-1}$，则
当 $cK_a^\theta \geqslant 20K_w^\theta$ 时，可以忽略水的质子自递产生的 H^+，根据

$$HA \Longleftrightarrow H^++A^-$$
$$c(H^+)=c(A^-) \quad c(HA)=c-c(H^+)$$

当 $c/K_a^\theta \geqslant 500$ 时，已离解的酸极少，则 $c(HA)=c-c(H^+)\approx c$，代入下式

$$K_a^\theta=\frac{c(H^+) \cdot c(Ac^-)}{c(HAc)}=\frac{c^2(H^+)}{c}$$

$$c(H^+)=\sqrt{cK_a^\theta} \tag{5-4}$$

这是计算一元弱酸溶液 H^+浓度的最简式。同理可得一元弱碱溶液 OH^-浓度的最简式

$$c(OH^-)=\sqrt{cK_b^\theta} \tag{5-5}$$

例 5-4 计算 $0.10mol \cdot L^{-1}$ HAc 溶液的 pH 值和离解度。已知 $K_a^\theta=1.76\times10^{-5}$。

解： $c/K_a^\theta=0.10/(1.76\times10^{-5})=5.7\times10^3>500$
所以可用最简式求算，得：

$$c(H^+)=\sqrt{cK_a^\theta}=\sqrt{0.10\times1.76\times10^{-5}}=1.3\times10^{-3}mol \cdot L^{-1}$$
$$pH=2.89$$
$$\alpha=\frac{c(H^+)}{c}\times100\%=\frac{1.3\times10^{-3}}{0.10}\times100\%=1.3\%$$

例 5-5 计算 $0.10mol \cdot L^{-1}$ NaCN 溶液的 pH 值。

解： CN^-是 HCN 的共轭碱。已知 HCN 的 $K_a^\theta=4.93\times10^{-10}$，

则 $K_b^\theta(CN^-) = \dfrac{K_w^\theta}{K_a^\theta} = \dfrac{1.0 \times 10^{-14}}{4.93 \times 10^{-10}} = 2.0 \times 10^{-5}$

$\because c/K_b^\theta \geqslant 500$，可用最简式计算得

$$c(OH^-) = \sqrt{cK_b^\theta} = \sqrt{0.10 \times 2.03 \times 10^{-5}} = 1.4 \times 10^{-3} \text{mol} \cdot L^{-1}$$

$$pOH = 2.85 \qquad pH = 11.15$$

3. 多元弱酸、多元弱碱溶液

多元弱酸(碱)是分步离解的，一般说来，多元弱酸各级离解常数 $K_{a_1}^\theta > K_{a_2}^\theta \cdots > K_{a_n}^\theta$，如果 $K_{a_1}^\theta / K_{a_2}^\theta > 10^{1.6}$，可以认为溶液中的 H^+ 主要由第一级离解生成，忽略其他各级离解。因此可按一元弱酸处理。多元弱碱也可以同样处理。

例 5-6 计算 $0.10 \text{mol} \cdot L^{-1}$ Na_2CO_3 溶液的 pH 值。

解： 已知 H_2CO_3 的 $K_{a_2}^\theta = 5.61 \times 10^{-11}$，故 $K_{b_1}^\theta = K_w^\theta / K_{a_2}^\theta = 1.8 \times 10^{-4}$

由于 $c/K_{b_1}^\theta \geqslant 500$，故可采用最简式。

$$c(OH^-) = \sqrt{cK_{b_1}^\theta} = (0.10 \times 1.8 \times 10^{-4})^{1/2} = 4.2 \times 10^{-3} \text{mol} \cdot L^{-1}$$

$$pOH = 2.38, \quad pH = 11.62$$

例 5-7 计算 18℃时 $0.10 \text{mol} \cdot L^{-1}$ H_2S 溶液的 pH 值及 S^{2-} 浓度。

解： 已知 H_2S 溶液是二元弱碱，H_2S 的 $K_{a1}^\theta = 9.1 \times 10^{-8}$，$K_{a2}^\theta = 1.1 \times 10^{-12}$，$K_{a1}^\theta \gg K_{a2}^\theta$，计算 H^+ 浓度时只考虑第一级离解。

$\because c/K_{a1}^\theta \geqslant 500 \quad \therefore c(H^+) = \sqrt{cK_{a1}^\theta} = \sqrt{0.10 \times 9.1 \times 10^{-8}} = 9.5 \times 10^{-5} \text{mol} \cdot L^{-1}$

$$pH = 4.02$$

由于 S^{2-} 是二级离解产物，设 $c(S^2) = x$ mol $\cdot L^{-1}$

	HS^-	$\rightleftharpoons$	H^+	$+$	S^{2-}
起始浓度/(mol·L⁻¹)	9.5×10^{-5}		9.5×10^{-5}		
平衡浓度/(mol·L⁻¹)	$9.5 \times 10^{-5} - x$		$9.5 \times 10^{-5} + x$		x
	$\approx 9.5 \times 10^{-5}$		$\approx 9.5 \times 10^{-5}$		

$$K_{a2}^\theta = \frac{c(H^+) \cdot c(S^{2-})}{c(HS^-)} = \frac{9.5 \times 10^{-5} x}{9.5 \times 10^{-5}} = x = 1.1 \times 10^{-12}$$

解得，$c(S^2) = 1.1 \times 10^{-12} \text{mol} \cdot L^{-1}$

对二元弱酸，如果 $K_{a_1}^\theta \gg K_{a_2}^\theta$，则其酸根离子浓度近似等于 K_{a2}^θ。

4. 两性物质溶液

对于那些既能失质子，又能得质子的两性物质如酸式盐($NaHCO_3$、NaH_2PO_4 等)和弱酸弱碱盐(NH_4Ac)以及氨基酸等，其酸碱平衡较为复杂，应根据具体情况，针对溶液中的主要平衡进行处理。

(1)酸式盐：

$$HA^- + H_2O = H_2A + OH^-$$

$$HA^- + H_2O = H_3O^+ + A^{2-}$$

一般来说，当 NaHA 浓度较高时，溶液 H^+ 浓度可按式(5-6)作近似计算

$$c(H^+) = \sqrt{K_{a1}^\theta \cdot K_{a2}^\theta} \tag{5-6}$$

（2）弱酸弱碱盐：弱酸弱碱盐也可用式(5-6)进行计算。

例 5-8　计算 $0.20 mol \cdot L^{-1}$ Na_2HPO_4 溶液的 pH 值。

解：H_3PO_4 的 $K_{a2}^\theta = 6.23 \times 10^{-8}$，$K_{a3}^\theta = 4.4 \times 10^{-13}$

$$c(H^+) = \sqrt{K_{a2}^\theta K_{a3}^\theta} = \sqrt{6.23 \times 10^{-8} \times 4.4 \times 10^{-13}} = 1.6 \times 10^{-10} mol \cdot L^{-1}$$

$$pH = 9.80$$

例 5-9　计算 $0.10 mol \cdot L^{-1}$ NH_4Ac 溶液的 pH 值。

解：已知 NH_4^+ 的 $K_a^\theta = 5.64 \times 10^{-10}$，HAc 的 $K_a^{\theta'} = 1.76 \times 10^{-5}$

$$c(H^+) = \sqrt{K_a^\theta K_a^{\theta'}} = \sqrt{5.64 \times 10^{-10} \times 1.76 \times 10^{-5}} = 1.0 \times 10^{-7} mol \cdot L^{-1}$$

$$pH = 7.00$$

5.3.3　弱酸(碱)溶液中各型体的分布

在弱酸弱碱平衡体系中，溶液中常常同时存在 H_3O^+ 和不同形式的酸碱，它们的浓度随溶液 H^+ 浓度的变化而变化。

某物种的平衡浓度在总浓度 c(也称分析浓度，为各种物种的平衡浓度的总和)中占有的分数称为该物种的分布系数，用符号 δ 表示。分布系数的大小与该酸或碱的性质有关。分布系数 δ 与 pH 的关系曲线称为分布曲线。

1. 一元弱酸(碱)溶液

以一元弱酸 HAc 为例，在水溶液中有 HAc 和 Ac^- 两种物种。设它们的总浓度为 c，HAc 和 Ac^- 的平衡浓度为 $c(HAc)$ 和 $c(Ac^-)$，即 $c = c(HAc) + c(Ac^-)$。以 δ_{HAc} 和 δ_{Ac^-} 分别代表 HAc 和 Ac^- 的分布系数，则

$$\delta_{HAc} = \frac{c(HAc)}{c} = \frac{c(HAc)}{c(HAc) + c(Ac^-)} = \frac{1}{1 + \dfrac{c(Ac^-)}{c(HAc)}} = \frac{1}{1 + \dfrac{K_a^\theta}{c(H^+)}} = \frac{c(H^+)}{c(H^+) + K_a^\theta}$$

同理

$$\delta_{Ac^-} = \frac{c(Ac^-)}{c} = \frac{K_a^\theta}{c(H^+) + K_a^\theta}$$

各物种分布系数之和等于 1，即 $\delta_{HAc} + \delta_{Ac^-} = 1$。

由上式可计算出不同 pH 值时的 δ_{HAc} 和 δ_{Ac^-} 值，以 pH 为横坐标，δ 为纵坐标，可作 δ-pH 曲线图(图 5-1)。

由图 5-1 可见，当 $pH = pK_a^\theta$ 时，溶液中 HAc 和 Ac^- 两种物种各占 50%；

当 $pH < pK_a^\theta$ 时，HAc 为主要物种；当 $pH > pK_a^\theta$ 时，Ac^- 为主要物种。

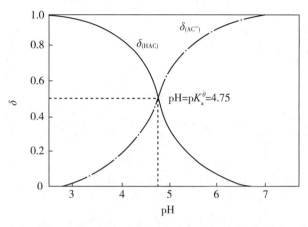

图 5-1 HAc 和 Ac⁻ 的 δ-pH 图

2. 多元元弱酸(碱)溶液

例如二元弱酸 $H_2C_2O_4$ 在水溶液中有 $H_2C_2O_4$，$HC_2O_4^-$ 和 $C_2O_4^{2-}$ 三种物种，它们的分析浓度 c，即 $c = c(H_2C_2O_4) + c(HC_2O_4^-) + c(C_2O_4^{2-})$。用类似的方法可得 $H_2C_2O_4$ 的分布曲线（图 5-2）。可以看出：$pH < pK_{a_1}^\theta$ 时，以 $H_2C_2O_4$ 为主；$pH > pK_{a_2}^\theta$ 时，以 $C_2O_4^{2-}$ 为主；当 $pK_{a_1}^\theta < pH < pK_{a_2}^\theta$ 时，则主要是 $HC_2O_4^-$。

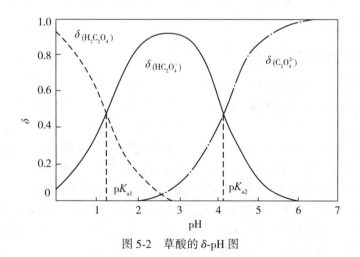

图 5-2 草酸的 δ-pH 图

H_3PO_4 的 $pK_{a_1}^\theta = 2.16$，$pK_{a_2}^\theta = 7.21$，$pK_{a_3}^\theta = 12.32$。图 5-3 为 H_3PO_4 的 δ-pH 图。每一共轭酸碱对的分布曲线相交于 $\delta = 0.5$ 处，此时的 pH 分别与 $pK_{a_1}^\theta$、$pK_{a_2}^\theta$、$pK_{a_3}^\theta$ 相对应。

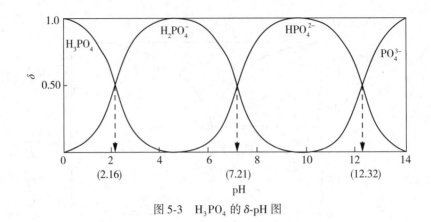

图 5-3 H_3PO_4 的 δ-pH 图

由以上讨论可知，分布系数只与酸碱的强度及溶液的 pH 有关，而与其分析浓度无关。

5.4 缓冲溶液

能够抵抗外加少量酸、碱或适当稀释，而本身 pH 基本保持不变的溶液，称为缓冲溶液(buffer solution)。

缓冲溶液主要有三类：(1)由共轭酸碱对物质组成的缓冲溶液；(2)由强酸或强碱形成的缓冲溶液，其作用范围在强酸性区域或强碱性区域；(3)由两性物质配制而成的缓冲溶液，其作用主要是用来减小由于溶液稀释引起的酸度变化。本书中重点讨论由共轭酸碱对物质组成的缓冲溶液。

5.4.1 缓冲溶液的缓冲原理

下面以 HAc-NaAc 缓冲溶液体系为例，说明缓冲原理。

HAc-NaAc 缓冲溶液中存在下列平衡：

$$HAc \rightleftharpoons H^+ + Ac^-$$

HAc 是部分离解，而 NaAc 能完全离解，使溶液中 Ac^- 浓度增大。由于同离子效应，抑制了 HAc 的离解，因此溶液中 HAc 浓度较大，而 H^+ 浓度相对较低。

当向 HAc—NaAc 缓冲溶液中加少量强酸如 HCl 时，H^+ 和溶液中的 Ac^- 结合成 HAc 分子使上述酸碱平衡向左移动，溶液中 H^+ 浓度几乎没有升高，即溶液的 pH 几乎保持不变。

当加入少量强碱如 NaOH 时，OH^- 与溶液中的 H^+ 结合成水，使上述平衡向右移动，以补充 H^+ 的消耗，结果溶液中 H^+ 浓度几乎没有降低，pH 几乎不变。

当加少量水稀释时，溶液中 H^+ 浓度和其他离子浓度相应地降低，促使 HAc 的离解平衡向右移动，给出 H^+ 来补充，达到新的平衡时，H^+ 浓度几乎保持不变。

5.4.2 缓冲溶液 pH 的计算

若缓冲溶液由弱酸 HB 及其共轭碱 NaB 组成的，设其浓度分别为 c_a 和 c_b。

在水溶液中的质子转移平衡为：

$$HB \rightleftharpoons H^+ + B^-$$

$$c(H^+) = K_a^\theta \frac{c(HB)}{c(B^-)}$$

HB 的离解度很小，体系中有 B^- 时，由于同离子效应，HB 的离解度变得更小。因此达平衡时，可看作 HB 未发生离解，而体系的 B^- 浓度也可以看作没有增大，即 $c(HB) = c_a$，$c(B^-) = c_b$，代入上式得

$$c(H^+) = K_a^\theta \frac{c_a}{c_b}$$

$$pH = pK_a^\theta + \lg \frac{c_b}{c_a} \tag{5-7}$$

式(5-7)为计算缓冲溶液 pH 的最简式，一般情况下可按此式进行计算。由此式亦可看出缓冲溶液的 pH 值，首先取决于弱酸的离解常数 K_a^θ 的大小，同时又与 c_b 和 c_a 的比值有关。

例 5-10 有 50mL 含有 $0.10\text{mol} \cdot \text{L}^{-1}$ HAc 和 $0.10\text{mol} \cdot \text{L}^{-1}$ NaAc 的缓冲溶液，试求：

(1)该缓冲溶液的 pH 值；

(2)加入 $1.0\text{mol} \cdot \text{L}^{-1}$ 的 HCl 0.1mL 后，溶液的 pH 值。

解：(1)缓冲溶液的 pH 值为：

$$pH = pK_a^\theta + \lg \frac{c_b}{c_a} = 4.75 + \lg \frac{0.10}{0.10} = 4.75$$

(2)加入 $1.0\text{mol} \cdot \text{L}^{-1}$ 的 HCl 0.1mL 后，所离解出的 H^+ 与 Ac^- 结合生成 HAc 分子，溶液中的 Ac^- 浓度降低，HAc 浓度升高，此时体系中：

$$c_a \approx 0.10 + \frac{1.0 \times 0.1}{50.1} = 0.102\text{mol} \cdot \text{L}^{-1}$$

$$c_b \approx 0.10 - \frac{1.0 \times 0.1}{50.1} = 0.098\text{mol} \cdot \text{L}^{-1}$$

$$pH = pK_a^\theta + \lg \frac{c_b}{c_a} = 4.75 + \lg \frac{0.098}{0.102} = 4.73$$

从计算结果可知，加入少量盐酸后，溶液的 pH 值基本不变。

5.4.3 缓冲能力

缓冲溶液的缓冲能力是有一定限度的。对每一种缓冲溶液，只有在加入的酸或碱的量不大，或将溶液适当稀释时，才能保持溶液的 pH 值基本保持不变。

缓冲容量(buffer capacity)是指单位体积缓冲溶液的 pH 改变极小值所需要的酸或碱的"物质的量"。缓冲容量的大小取决于缓冲体系共轭酸碱对的浓度及其浓度比值。在浓度较大的缓冲溶液中，当其总浓度一定时，缓冲组分浓度的比值为 1:1 时，缓冲容量最大。当共轭酸碱对浓度比为 1:1 时，共轭酸碱对的总浓度越大，缓冲能力越大。因此，缓冲溶液共轭酸碱对浓度比在 1/10~10 之间，其相应的 pH 及 pOH 变化范围为 $pH = pK_a^\theta \pm 1$ 或

$pOH = pK_b^\theta \pm 1$ 范围内，称为缓冲溶液的缓冲范围，各体系的相应的缓冲范围决定于它们的 K_a^θ 和 K_b^θ。

5.4.4　缓冲溶液的选择与配制

在实际配制一定 pH 缓冲溶液时，为使共轭酸碱对浓度比接近于 1，则要选用 pK_a^θ（或 pK_b^θ）等于或接近于该 pH 值（或 pOH 值）的共轭酸碱对。例如要配制 pH = 5 左右的缓冲溶液，可选用 $pK_a^\theta = 4.75$ 的 HAc—Ac^- 缓冲对；配制 pH = 9 左右的缓冲溶液，则可选用 $pK_a^\theta = 9.25$ 的 NH_4^+—NH_3 缓冲对。可见 K_a^θ、K_b^θ 值是配制缓冲溶液的主要依据，调节共轭酸碱对浓度的比值，即能得到所需 pH 值的缓冲溶液。

例 5-11　欲配制 pH = 10.0 的缓冲溶液，如用 500mL 0.10mol·L^{-1} NH_3·H_2O 溶液，问需加入 0.10mol·L^{-1} HCl 溶液多少毫升？或加入固体 NH_4Cl 多少克？（假设体积不变）

解：由式(5-7)有

$$pH = pK_a^\theta - lg\frac{c(NH_4^+)}{c(NH_3)} \qquad\qquad 10.0 = 9.25 - lg\frac{c(NH_4^+)}{c(NH_3)}$$

$$lg\frac{c(NH_4^+)}{c(NH_3)} = -0.75 \qquad\qquad \frac{c(NH_4^+)}{c(NH_3)} = 0.178$$

(1) 设需加入 HCl VmL。

$$\frac{c(NH_4^+)}{c(NH_3)} = \frac{0.10V}{0.10 \times 500 - 0.10V} = 0.178$$

$$V = 75.6mL$$

(2) 设需加入固体 NH_4Cl　mg。

$$\frac{c(NH_4^+)}{c(NH_3)} = \frac{\dfrac{m}{53.49}}{0.10 \times 500 \times 10^{-3}} = 0.178$$

$$m = 0.48g$$

5.4.5　重要的缓冲溶液

表 5-2 列出最常用的几种标准缓冲溶液，它们的 pH 值是经过准确的实验测得的，目前已被国际上规定作为测定溶液 pH 值时的标准参照溶液。

表 5-2 　　　　　　　　　　　　　　　**pH 标准缓冲溶液**

pH 标准溶液	pH 标准值（>5℃）
饱和酒石酸氢钾（0.034mol·L^{-1}）	3.56
0.05mol·L^{-1} 邻苯二甲酸氢钾	4.01
0.025mol·L^{-1} KH_2PO_4-0.025mol·L^{-1} Na_2HPO_4	6.86
0.01mol·L^{-1} 硼砂	9.18

5.5 酸碱指示剂

5.5.1 酸碱指示剂的作用原理

酸碱滴定一般是借助酸碱指示剂的颜色变化来指示反应的化学计量点。酸碱指示剂大多是结构复杂的有机弱酸或弱碱，其酸式和碱式结构不同，颜色也不同。当溶液的 pH 值改变时，指示剂由酸式结构变为碱式结构，或者由碱式结构变为酸式结构，从而引起溶液的颜色发生变化。

例如，甲基橙是一种双色指示剂，其离解作用与颜色变化如下：

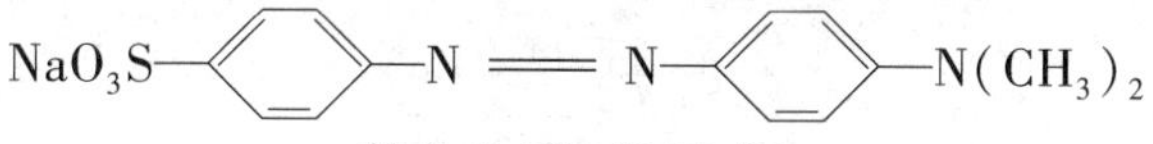

黄色分子(偶氮式)

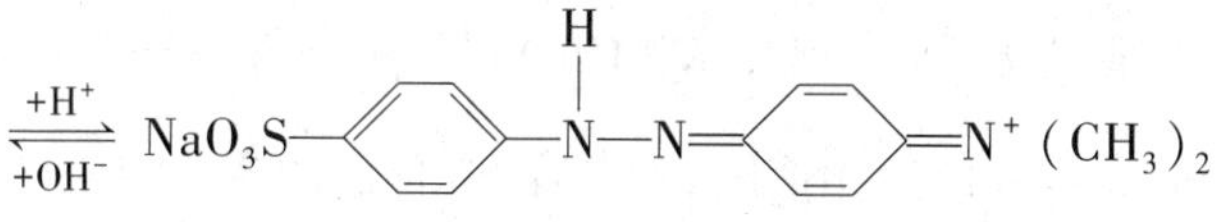

红色离子(醌式)

增大溶液酸度，甲基橙主要以醌式结构存在，溶液呈红色；反之，溶液由红色变为黄色。

又如，酚酞指示剂是有机弱酸($K_a^{\theta}=6\times10^{-10}$)，在水溶液中发生如下的离解作用和颜色变化。

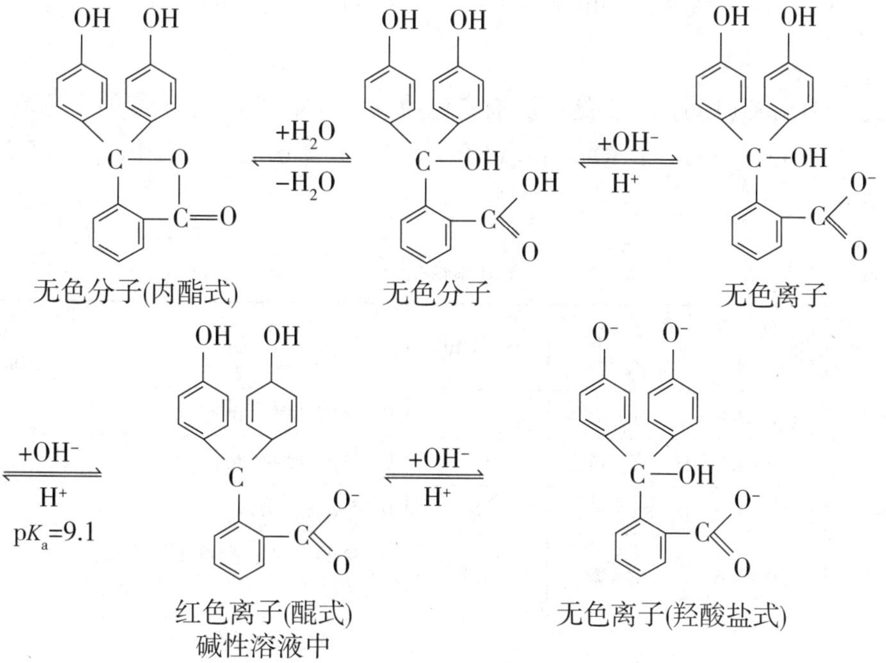

无色分子(内酯式)   无色分子   无色离子

红色离子(醌式)   无色离子(羟酸盐式)
碱性溶液中

酚酞在酸性溶液中无色，在碱性溶液中平衡向右移动，溶液由无色变为红色；反之，则溶液由红色变为无色。酚酞的醌式结构在浓碱溶液中会转变为无色的羧酸盐结构。

因此，酸碱指示剂颜色的改变是由于溶液 pH 的变化而引起指示剂结构发生变化。

5.5.2　酸碱指示剂的变色范围

若以 HIn 表示一种弱酸型指示剂，In⁻ 为其共轭碱，在水溶液中存在以下平衡：

$$HIn \rightleftharpoons H^+ + In^-$$

$$K_a^\theta(HIn) = \frac{c(H^+) \cdot c(In^-)}{c(HIn)}$$

式中 $K_a^\theta(HIn)$ 为指示剂的离解常数，上式也可写为：

$$\frac{c(In^-)}{c(HIn)} = \frac{K_a^\theta(HIn)}{c(H^+)}$$

由上式可见，只要酸碱指示剂一定，$K_a^\theta(HIn)$ 在一定条件下即为一常数，$\frac{c(In^-)}{c(HIn)}$ 就只取决于溶液中 $c(H^+)$ 的大小，即该比值随 $c(H^+)$ 的变化而改变，溶液的颜色也发生变化。

当 $c(In^-)/c(HIn) = 1$，即两种结构的浓度各占一半，此时的 pH 值 $[pH = pK_a^\theta(HIn)]$ 即为指示剂的理论变色点。

pH 值的微小变化都能使某一结构浓度超过另一结构浓度，从而发生颜色变化。由于人眼辨别颜色的能力有限，一般来说，在一种浓度是另一种浓度的 10 倍时，看到的是浓度大的那种颜色，即 $c(In^-)/c(HIn) \geq 10$ 时，看到的是碱式 In⁻ 的颜色；当 $c(In^-)/c(HIn) \leq \frac{1}{10}$ 时，看到的是酸式 HIn 的颜色；当 $\frac{1}{10} \leq c(In^-)/c(HIn) \leq 10$ 时，看到的是酸式和碱式的混合色。

因此，$pH = pK_a^\theta(HIn) \pm 1$ 就是指示剂变色的 pH 范围，称为指示剂的变色范围（color range of indicator）。不同的指示剂，$pK_a^\theta(HIn)$ 不同，其变色范围也不相同。表 5-3 列举了常用指示剂。

表 5-3　　　　　　　常用指示剂

指示剂	变色范围 pH 值	颜色变化	$pK_a^\theta(HIn)$	浓度	用量（滴/10mL 试液）
百里酚蓝	1.2~2.8	红~黄	1.7	0.1%的20%乙醇溶液	1~2
甲基黄	2.9~4.0	红~黄	3.3	0.1%的90%乙醇溶液	1
甲基橙	3.1~4.4	红~黄	3.4	0.05%的水溶液	1
溴酚蓝	3.0~4.6	黄~紫	4.1	0.1%的20%乙醇溶液或其钠盐水溶液	1
溴甲酚绿	4.0~5.6	黄~蓝	4.9	0.1%的20%乙醇溶液或其钠盐水溶液	1~3

指示剂	变色范围 pH 值	颜色 变化	pK_a^θ(HIn)	浓度	用量(滴 /10mL 试液)
甲基红	4.4~6.2	红~黄	5.2	0.1%的60%乙醇溶液或其钠盐 水溶液	1
溴百里酚蓝	6.2~7.6	黄~蓝	7.3	0.1%的20%乙醇溶液或其钠盐 水溶液	1
中性红	6.8~8.0	红~黄橙	7.4	0.1%的60%乙醇溶液	1
苯酚红	6.8~8.4	黄~红	8.0	0.1%的60%乙醇溶液或其钠盐 水溶液	1
酚酞	8.0~10.0	无~红	9.1	0.5%的90%乙醇溶液	1~3
百里酚蓝	8.0~9.6	黄~蓝	8.9	0.1%的20%乙醇溶液	1~4
百里酚酞	9.4~10.6	无~蓝	10.0	0.1%的90%乙醇溶液	1~2

应该指出，由于人眼对不同颜色的敏感程度不同，不同人员对同一种颜色的敏感程度不同，以及酸碱指示剂两种颜色之间的相互掩盖作用，会导致变色范围的不同。例如，甲基橙的变色范围理应是 pH 为 2.4~4.4，可表中所列的变色范围 pH 为 3.1~4.4，这是由于人眼对红色比对黄色敏感，使得酸式一边的变色范围相对变窄。温度、溶剂以及一些强电解质的存在也会改变酸碱指示剂的变色范围，主要在于这些因素会影响指示剂的离解常数 K_a^θ(HIn) 的大小。例如，甲基橙指示剂在 18℃ 的变色范围为 pH3.1~4.4，而 100℃ 时为 pH2.5~3.7。同时还应注意使用指示剂时不宜过多，由于指示剂本身是弱酸或弱碱，多加指示剂会消耗滴定剂，引入滴定误差，同时还影响其变色范围。

5.5.3 混合指示剂

在酸碱滴定中，有时需要将滴定终点限制在较窄的 pH 范围内，这时可采用混合指示剂(mixed indicator)。

混合指示剂利用颜色的互补来提高变色的敏锐性，可以分为以下两类。

一类是由两种或两种以上的指示剂按一定的比例混合而成。例如，溴甲酚绿(pK_a^θ = 4.9)和甲基红(pK_a^θ = 5.2)两种指示剂，前者酸色为黄色，碱色为蓝色；后者酸色为红色，碱色为黄色。当它们按照一定的比例混合后，由于共同作用的结果，使溶液在酸性条件下显橙红色，碱性条件下显绿色。在 pH≈5.1 时，溴甲酚绿的碱性成分较多，显绿色，而甲基红的酸性成分较多，显橙红色，两种颜色互补得到灰色，变色很敏锐。常用的 pH 试纸就是将多种酸碱指示剂按一定比例混合浸制而成，能在不同的 pH 值时显示不同的颜色，从而较为准确地确定溶液的酸度。另一类是由几种酸碱指示剂与一种惰性染料按一定的比例配成。在指示溶液酸度的过程中，惰性染料本身并不发生颜色的改变，只起衬托作用，通过颜色的互补来提高变色敏锐性。常见的酸碱混合指示剂见表 5-4。

表 5-4 常见的酸碱混合指示剂

序号	指示剂溶液的组成	变色点	酸色	碱色	备注
1	一份 0.1%甲基黄乙醇溶液 一份 0.1%次甲基蓝乙醇溶液	3.25	蓝紫	绿	pH3.4 绿色, pH3.2 蓝紫色
2	一份 0.1%甲基橙水溶液 一份 0.25%靛蓝二磺酸水溶液	4.1	紫	黄绿	
3	一份 0.1%溴甲酚绿钠盐水溶液 一份 0.02%甲基橙水溶液	4.3	橙	蓝绿	pH3.5 黄色, pH4.05 绿色, pH4.8 浅绿色
4	三份 0.1%溴甲酚绿乙醇溶液 一份 0%~2%甲基红乙醇溶液	5.1	酒红	绿	
5	一份 0.1%溴甲酚绿钠盐水溶液 一份 0.1%氯酚红钠盐水溶液	6.1	黄绿	蓝紫	pH5.4 蓝绿色, pH5.8 蓝色, pH6.0 蓝带紫, pH6.2 蓝紫
6	一份 0.1%中性红乙醇溶液 一份 0.1%次甲基蓝乙醇溶液	7.0	蓝紫	绿	pH7.0 紫蓝
7	一份 0.1%甲酚红钠盐水溶液 三份 0.1%百里酚蓝钠盐水溶液	8.3	黄	紫	pH8.2 玫瑰红, pH8.4 清晰的 紫色
8	一份 0.1%百里酚蓝 50%乙醇溶液 三份 0.1%酚酞 50%乙醇溶液	9.0	黄	紫	从黄到绿再到紫
9	一份 0.1%酚酞乙醇溶液 一份 0.1%百里酚酞乙醇溶液	9.9	无	紫	pH9.6 玫瑰红, pH10 紫色
10	两份 0.1%百里酚酞乙醇溶液 两份 0.1%茜素黄 R 乙醇溶液	10.2	黄	紫	

5.6 酸碱滴定基本原理

酸、碱物质或者通过一定的化学反应能转化为酸、碱的物质，都有可能采用酸碱滴定法测定它们的含量。为了正确运用酸碱滴定法进行分析测定，必须了解滴定过程中溶液 pH 变化规律，才有可能选择合适的指示剂，准确地确定化学计量点。表示滴定过程中溶液 pH 值随标准溶液用量变化而改变的曲线称为滴定曲线(titration curve)。下面分别讨论几种常见的酸碱滴定类型。

5.6.1 强碱(酸)滴定强酸(碱)

强酸强碱在水中几乎完全离解，酸以 H^+ 形式存在，碱以 OH^- 形式存在。这类滴定的基本反应是：

$$H^+ + OH^- = H_2O \qquad K^\theta = \frac{1}{K_w^\theta} = 1.0 \times 10^{14}$$

1. 酸碱滴定曲线与滴定突跃

今以 $0.1000mol \cdot L^{-1}$ NaOH 溶液滴定 20.00mL 浓度为 $0.1000mol \cdot L^{-1}$ 的 HCl 溶液为例，讨论强碱滴定强酸的滴定曲线。

（1）滴定前，溶液的浓度即为 HCl 溶液的浓度。

$$c(H^+) = 0.1000mol \cdot L^{-1} \qquad pH = 1.00$$

（2）滴定开始至化学计量点前，随着 NaOH 溶液的加入，溶液中 H^+ 浓度减小，溶液的酸度取决于剩余 HCl 的量。此时，H^+ 浓度按下式计算：

$$c(H^+) = c(HCl，剩余) = c(HCl) \cdot V(HCl，剩余)/V(总)$$

当滴入 NaOH 溶液 18.00mL 时，HCl 尚剩余 2.00mL 未被作用，此时

$$c(H^+) = 0.1000 \times \frac{2.00}{20.00+18.00} = 5.3 \times 10^{-3} mol \cdot L^{-1}$$

$$pH = 2.28$$

同理当滴入 NaOH 溶液 19.80mL 时，HCl 尚剩余 0.20mL 未被作用，

$$c(H^+) = 5.0 \times 10^{-4} mol \cdot L^{-1} \qquad pH = 3.30$$

滴入 NaOH 溶液 19.98mL 时，HCl 尚剩余 0.02mL 未被作用，

$$c(H^+) = 5.0 \times 10^{-5} mol \cdot L^{-1} \qquad pH = 4.30$$

（3）化学计量点时，当滴入 20.00mL NaOH 溶液时，NaOH 与 HCl 反应完全，溶液呈中性。

$$c(H^+) = \sqrt{K_w^\theta} = 1.0 \times 10^{-7} mol \cdot L^{-1} \qquad pH = 7.00$$

（4）化学计量点后，NaOH 溶液过量，溶液的 pH 由过量的 NaOH 决定。此时 OH^- 浓度按下式计算：

$$c(OH^-) = c(NaOH，剩余) = c(NaOH) \cdot V(NaOH，剩余)/V(总)$$

当滴入 NaOH 溶液 20.02mL 时，已过量 0.02mL。

$$c(OH^-) = 0.1000 \times \frac{0.02}{20.00+20.02} = 5.0 \times 10^{-5} mol \cdot L^{-1} \qquad pH = 9.70$$

依照上述方法计算出滴定过程中不同 NaOH 加入量时相应溶液的 pH 值（表 5-5）。以 NaOH 溶液的加入量为横坐标，对应的溶液 pH 值为纵坐标作图，就得到图 5-4 所示的滴定曲线。

表 5-5　**$0.1000mol \cdot L^{-1}$ NaOH 溶液滴定 $0.1000mol \cdot L^{-1}$ HCl 溶液 pH 的变化**

加入 NaOH 的体积 V(mL)	剩余 HCl 的体积 V(mL)	过量 NaOH 的体积 V(mL)	终点误差(%)	pH
0.00	20.00		−100.0	1.00
18.00	2.00		−10.0	2.28
19.80	0.20		−1.0	3.30

续表

加入 NaOH 的体积 V(mL)	剩余 HCl 的体积 V(mL)	过量 NaOH 的体积 V(mL)	终点误差(%)	pH
19.98	0.02		-0.1	4.30
20.00	0.00		0.0	7.00 突跃范围
20.02		0.02	0.1	9.70
20.20		0.20	1.0	10.70
22.00		2.00	10.0	11.68
40.00		20.00	100.0	12.52

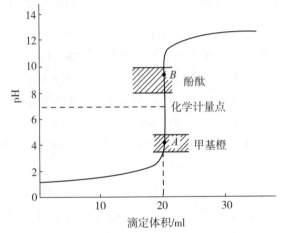

图 5-4　0.1000mol·L^{-1}NaOH 溶液滴定 20.00mL，0.1000mol·L^{-1}HCl 溶液的滴定曲线

从表 5-5 的数据和图 5-4 的滴定曲线可以看出，从滴定开始到加入 19.80mL NaOH 溶液时，溶液的 pH 值只改变了 2.3 个单位，变化缓慢；再加入 0.18mL（共 19.98mL）NaOH 溶液，pH 值就改变了一个单位，变化加快；再滴入 0.02mLNaOH 溶液，到达化学计量点，此时溶液 pH 值迅速增至 7.00。若再滴入 0.02mLNaOH 溶液，pH 到了 9.70。此后过量 NaOH 溶液所引起的 pH 变化又越来越小。

由此可见，在化学计量点前后，从还剩 0.02mL HCl 溶液，到过量 0.02mL NaOH 溶液，加入量只相差 0.04mL，即滴定由不足 0.1% 到过量 0.1%（在滴定允许相对误差范围内），溶液的 pH 值却从 4.30 突然上升至 9.70，增加了 5.4 个 pH 单位，曲线呈现出几乎垂直的段，形成滴定曲线中的"突跃"部分，计量点前后的这一 pH 值突变称为滴定突跃（titration jump），即化学计量点前后 ±0.1% 之间 pH 值变化的范围就称为滴定突跃范围，指示剂的选择主要以此为依据。

2. 指示剂的选择

根据化学计量点附近的 pH 值突跃，可选择适当的酸碱指示剂。显然，最理想指示剂应该恰好在计量点时变色。实际上，凡在突跃范围(4.30~9.70)变色的指示剂，都可用来正确指示终点，如甲基橙、甲基红、酚酞等。

用甲基橙(3.1~4.4)作指示剂，当滴定至溶液变为黄色时，溶液 pH≈44，这时未反应的量小于0.1%；用酚酞(8.0-10.0)作指示剂，酚酞变微红时，pH 值略大于8，此时超过计量点也不到半滴，即 NaOH 过量不到0.1%，因而滴定误差均小于±0.1%。

总之，在酸碱滴定过程中，如果用指示剂指示终点，应使指示剂的变色范围全部或分落在化学计量点附近的 pH 值突跃范围内。

3. 影响滴定突跃的因素

必须指出，滴定突跃范围的大小与溶液的浓度有关。溶液越浓，突跃范围越大，指示剂的选择就越方便；反之，溶液越稀，突跃范围越小，可供选择的指示剂越少，如图5-5所示。当溶液的浓度增大10倍为1mol·L^{-1}时，突跃范围为3.3~10.7，扩大了2个 pH 单位。若以甲基橙为指示剂，滴定至黄色为终点，滴定误差将小于0.1%。当溶液的浓度为0.01mol·L^{-1}时，突跃范围为5.3~8.7，减小了2个 pH 单位。若仍以甲基橙为指示剂，滴定误差将在1%以上，最好使用甲基红或酚酞。

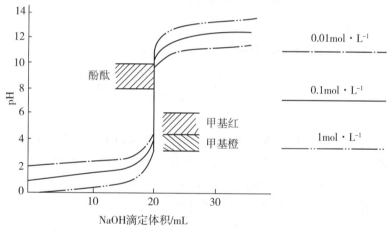

图 5-5 用不同浓度的 NaOH 溶液滴定不同浓度 HCl 溶液的滴定曲线

如果用0.1000mol·L^{-1}HCl 溶液滴定20.00mL0.1000mol·L^{-1}NaOH 溶液，其滴定曲线与 NaOH 溶液滴定 HCl 溶液曲线对称，pH 变化相反。

5.6.2 强碱(酸)滴定一元弱酸(碱)

强碱滴定一元弱酸的基本反应为

$$HA+OH^- = A^-+H_2O$$

以0.1000mol·L^{-1}NaOH 溶液滴定20.00mL0.1000mol·L^{-1}HAc 溶液为例，讨论强碱滴定一元弱酸的滴定曲线及指示剂的选择。

1．滴定曲线的绘制与指示剂的选择

（1）滴定前，由于被滴定物质 HAc 为一元弱酸，因此

$$c(H^+) = \sqrt{cK_a^\theta} = \sqrt{0.1000 \times 1.76 \times 10^{-5}} = 1.3 \times 10^{-3} \, mol \cdot L^{-1}$$

$$pH = 2.88$$

（2）滴定开始至化学计量点前，由于 Ac⁻ 离子的产生，未反应完的 HAc 与 Ac⁻ 的形成了 HAc—Ac⁻ 缓冲体系，所以溶液 pH 值可按式（5-7）进行计算。

$$pH = pK_a^\theta + lg\frac{c_b}{c_a}$$

例如当滴入 NaOH 溶液 19.98mL 时

$$c_a = c(HAc) = \frac{0.02 \times 0.1000}{20.00 + 19.98} = 5.0 \times 10^{-5} \, mol \cdot L^{-1}$$

$$c_b = c(NaAc) = \frac{19.98 \times 0.1000}{20.00 + 19.98} = 5.0 \times 10^{-2} \, mol \cdot L^{-1}$$

$$pH = 4.75 + lg\frac{5.0 \times 10^{-2}}{5.0 \times 10^{-5}} = 7.75$$

（3）化学计量点

加入 NaOH 体积为 20.00mL，HAc 全部作用生成 Ac⁻，则

$$c(OH^-) = \sqrt{cK_b^\theta} = \sqrt{\frac{0.1000}{2} \times \frac{10^{-14}}{1.76 \times 10^{-5}}} = 5.3 \times 10^{-6} \, mol \cdot L^{-1}$$

$$pH = 8.72$$

（4）化学计量点后，此时溶液组成为 Ac⁻ 和过量的 NaOH，由于 NaOH 抑制了 Ac⁻ 的离解，溶液的碱度由过量的 NaOH 决定，溶液 pH 值变化与强碱滴定强酸的情况类似。

$$c(OH^-) = c(NaOH，剩余) = c(NaOH) \cdot V(NaOH，剩余)/V(总)$$

当滴入 NaOH 溶液 20.02mL 时，已过量 0.02mL。

$$c(OH^-) = 0.1000 \times \frac{0.02}{20.00 + 20.02} = 5.0 \times 10^{-5} \, mol \cdot L^{-1} \qquad pH = 9.70$$

逐一计算出滴定过程中溶液的 pH 值（见表 5-6），同时绘制滴定曲线（见图 5-6 曲线 I）。

表 5-6　　**0.1000mol·L⁻¹NaOH 溶液滴定 0.1000mol·L⁻¹HAc 溶液 pH 值的变化**

加入 NaOH 的体积 V(mL)	剩余 HCl 的体积 V(mL)	过量 NaOH 的体积 V(mL)	终点误差(%)	pH 值
0.00	20.00		−100.0	2.88
10.00	10.00		−50.0	4.75
18.00	2.00		−10.0	5.71

加入 NaOH 的体积 V(mL)	剩余 HCl 的体积 V(mL)	过量 NaOH 的体积 V(mL)	终点误差(%)	pH 值
19.80	0.20		−1.0	6.75
19.98	0.02		−0.1	7.75
20.00	0.00		0.0	8.72 } 突跃范围
20.02		0.02	0.1	9.70
20.20		0.20	1.0	10.70
22.00		2.00	10.0	11.68
40.00		20.00	100.0	12.52

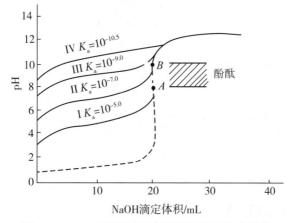

图 5-6　NaOH 溶液滴定不同弱酸溶液的滴定曲线

由表 5-6 和图 5-6 可以看出：强碱滴定一元弱酸的突跃范围比强碱滴定强酸时小得多，且落在碱性区域。这时可选碱性范围内变色的指示剂，如酚酞、百里酚酞或百里酚蓝等。在酸性范围内变色的指示剂如甲基橙、甲基红则不适用。

2. 准确滴定的判据

用 NaOH 滴定不同的一元弱酸，滴定突跃范围的大小与弱酸的强度(K_a^{θ})和浓度有关。如图 5-6 所示Ⅰ、Ⅱ、Ⅲ、Ⅳ四条滴定曲线，当弱酸的浓度一定时，其 K_a^{θ} 越大，酸越强，滴定突跃范围越大；反之，K_a^{θ} 越小，酸越弱，滴定突跃范围越小。当 $K_a^{\theta}<10^{-9}$ 时已无明显的突跃，利用一般的酸碱指示剂已无法判断终点。对于同一种弱酸，如果其浓度越大，滴定突跃范围越大；反之亦然。

综合弱酸的浓度与强度两因素对滴定突跃大小的影响，得到弱酸能被强碱溶液准确滴定的判据为：

$$cK_a^{\theta} \geqslant 10^{-8}$$

同理，弱碱能被强酸准确滴定的判据为

$$cK_b^\theta \geqslant 10^{-8}$$

对于 $cK_a^\theta < 10^{-8}$ 的弱酸，可采用其他方法进行测定。例如，用仪器来检测滴定终点，用适当的化学反应使弱酸强化，或在酸性比水更弱的非水介质中进行滴定等。

例 5-12　下列物质能否用酸碱滴定法直接准确滴定？若能，计算计量点时的 pH，并选择合适的指示剂。(1)$0.10\,mol \cdot L^{-1}$ NH_4Cl；(2)$0.10\,mol \cdot L^{-1}$ $NaCN$

解：(1)NH_4^+　$K_a^\theta = 5.64 \times 10^{-10}$

$$cK_a^\theta = 0.10 \times 5.64 \times 10^{-10} = 5.64 \times 10^{-11} < 10^{-8}$$

不能直接准确滴定。

(2)CN^- 是 HCN 的共轭碱，$K_a^\theta(HCN) = 4.93 \times 10^{-10}$

$$K_b^\theta(CN^-) = \frac{K_w^\theta}{K_a^\theta} = \frac{1.0 \times 10^{-14}}{4.93 \times 10^{-10}} = 2.0 \times 10^{-5}$$

$$cK_b^\theta = 0.10 \times 2.0 \times 10^{-5} = 2.0 \times 10^{-6} > 10^{-8}$$

能直接准确滴定。

若用 $0.10\,mol \cdot L^{-1}$ HCl 滴定，计量点时溶液组成主要是 HCN，有

$$H^+ + CN^- = HCN$$

$$c(H+) = \sqrt{cK_a^\theta} = \sqrt{\frac{0.1000}{2} \times 4.93 \times 10^{-10}} = 5.0 \times 10^{-6}\,mol \cdot L^{-1}$$

$$pH = 5.30$$

可选择甲基红作指示剂。

5.6.3　多元酸(碱)的滴定

1. 多元酸的滴定

对于多元酸，由于它们含有多个质子，而且在水中又是逐级离解的，因而首先应根据 $cK_{a_n}^\theta \geqslant 10^{-8}$ 判断各个质子能否被准确滴定，然后根据 $K_{a_n}^\theta / K_{a_{n+1}}^\theta \geqslant 10^4$ 来判断能否实现分步滴定，再由计量点 pH 值选择合适的指示剂。

二元弱酸能否分步滴定可按下列原则大致判断：

若 $cK_{a_1}^\theta \geqslant 10^{-8}$，且 $K_{a_1}^\theta / K_{a_2}^\theta \geqslant 10^4$，则可分步滴定至第一终点；若同时 $cK_{a_2}^\theta \geqslant 10^{-8}$，则可继续滴定至第二终点；若 $cK_{a_1}^\theta \geqslant 10^{-8}$，且 $cK_{a_1}^\theta \geqslant 10^{-8}$，但 $K_{a_1}^\theta / K_{a_2}^\theta < 10^4$，则只能滴定到第二终点。

例如，以 $0.10\,mol \cdot L^{-1}$ NaOH 溶液滴定 $0.10\,mol \cdot L^{-1}$ H_3PO_4 溶液，H_3PO_4 的 $K_{a_1}^\theta = 7.52 \times 10^{-3}$，$K_{a_2}^\theta = 6.23 \times 10^{-8}$，$K_{a_3}^\theta = 4.4 \times 10^{-13}$，则 $cK_{a_1}^\theta > 10^{-8}$，$cK_{a_2}^\theta \approx 10^{-8}$，$cK_{a_3}^\theta < 10^{-8}$，又有 $K_{a_1}^\theta / K_{a_2}^\theta > 10^4$，$K_{a_2}^\theta / K_{a_3}^\theta > 10^4$，则第一级和第二级离解的 H^+ 都可被滴定，且能分步滴定，而第三步离解的 H^+ 不能直接滴定，故 H_3PO_4 的滴定能形成两个突跃(图 5-7)。

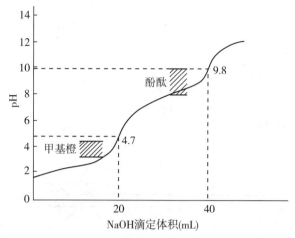

图 5-7 NaOH 溶液滴定 H_3PO_4 溶液的滴定曲线

第一计量点时，产物 NaH_2PO_4 是两性物质，所以

$$c(H^+) = \sqrt{K_{a1}^\theta \cdot K_{a2}^\theta} = \sqrt{7.52\times10^{-3}\times6.23\times10^{-8}} = 2.2\times10^{-5}\,mol\cdot L^{-1}$$
$$pH = 4.66$$

第二计量点时，产物 Na_2HPO_4 是两性物质，所以

$$c(H^+) = \sqrt{K_{a2}^\theta \cdot K_{a3}^\theta} = \sqrt{6.23\times10^{-8}\times4.4\times10^{-13}} = 1.6\times10^{-10}\,mol\cdot L^{-1}$$
$$pH = 4.66$$

分别选用甲基红和酚酞作指示剂，如想变色更敏锐，则分别改用溴甲酚绿和甲基橙、酚酞和百里酚酞混合指示剂。

2. 多元碱的滴定

多元碱的滴定与多元酸类似，多元酸准确滴定的条件同样适用于多元碱，只需将相应计算公式、判别式中的 K_a^θ 换成 K_b^θ。

例如 Na_2CO_3 溶液为二元弱碱，

$$K_{b1}^\theta = \frac{K_w^\theta}{K_{a2}^\theta} = \frac{1.0\times10^{-14}}{5.6\times10^{-11}} = 1.8\times10^{-4} \qquad K_{b2}^\theta = \frac{K_w^\theta}{K_{a1}^\theta} = \frac{1.0\times10^{-14}}{4.30\times10^{-7}} = 2.32\times10^{-8}$$

$cK_{b1}^\theta > 10^{-8}$，$cK_{b2}^\theta \approx 10^{-8}$，又有 $K_{b1}^\theta / K_{b2}^\theta \approx 10^4$，故对高浓度 Na_2CO_3 的溶液，近似认为第一级和第二级离解的 OH^- 都可被分步滴定，能形成 pH 值两个突跃(图 5-8)。

第一化学计量点时，产物 $NaHCO_3$ 是两性物质，因此

$$c(H^+) = \sqrt{K_{a1}^\theta K_{a2}^\theta} = \sqrt{4.2\times10^{-7}\times5.6\times10^{-11}} = 4.8\times10^{-9}\,mol\cdot L^{-1}$$
$$pH = 8.32$$

第二化学计量点时，产物是 CO_2 的水溶液，浓度约为 $0.040\,mol\cdot L^{-1}$，因此

$$c(H^+) = \sqrt{cK_{a1}^\theta} = \sqrt{0.040\times4.2\times10^{-7}} = 1.3\times10^{-4}\,mol\cdot L^{-1}$$
$$pH = 3.89$$

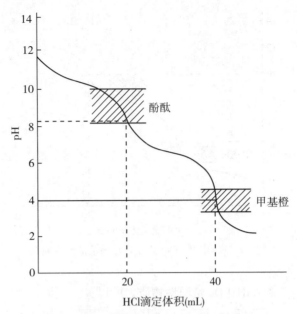

图 5-8　HCl 溶液滴定 Na_2CO_3 溶液的滴定曲线

根据计量点溶液的 pH 值，可分别选用酚酞、甲基橙作指示剂。在滴定过程中，需注意由于 $K_{b_2}^\theta$ 不够大，第二计量点 pH 值突跃较小，用甲基橙作指示剂，终点变色不太明显。另外，CO_2 易形成过饱和溶液，酸度增大，使终点过早出现，所以在滴定接近终点时，应剧烈摇动使 CO_2 尽快逸出。

5.6.4　酸碱标准溶液的配制与标定

1. 酸标准溶液

酸碱滴定法中常用的酸标准溶液有 HCl 和 H_2SO_4。H_2SO_4 标准溶液的稳定性较好，但它的第二级离解常数较小，因而滴定突跃也小些；HNO_3 具有氧化性，本身稳定性也差，所以应用较少。

市售 HCl，密度为 $1.19g \cdot mL^{-1}$，含 HCl 37%，其物质的量浓度约为 $12mol \cdot L^{-1}$。所以 HCl 标准溶液是不能直接配制的，而是先配成近似于所需浓度，后用基准物质进行标定。常用的标定 HCl 的基准物质有无水碳酸钠和硼砂。

无水碳酸钠（Na_2CO_3）：易制得纯品，价格便宜，但吸湿性强，因此使用前必须在 $270\sim300℃$ 加热干燥约 1 小时，然后存放于干燥器中备用。标定的反应为：

$$Na_2CO_3+2HCl=2NaCl+CO_2+H_2O$$

计量点 pH 约为 3.9，选用甲基橙作指示剂，终点变色不太敏锐。

硼砂（$Na_2B_4O_7 \cdot 10H_2O$）：硼砂易制得纯品，不易吸水，摩尔质量大，称量误差小。但在空气中易风化失去部分结晶水，因此需要保存在相对湿度为 60%（糖和食盐的饱和溶液）的恒湿器中。标定反应为：

$$Na_2B_4O_7+2HCl+5H_2O=4H_3BO_3+2NaCl$$

在化学计量点时，pH 约为 5.1，可选用甲基红作指示剂，终点变色明显。

2. 碱标准溶液

碱标准溶液多用 NaOH，有时也用 KOH。

NaOH 具有很强的吸湿性，又易吸收空气中的 CO_2，因此也不能直接配制成标准溶液，而是先配制成近似所需浓度的溶液，然后进行标定。常用来标定氢氧化钠溶液的基准物质有邻苯二甲酸氢钾和草酸等。

邻苯二甲酸氢钾（$KHC_8H_4O_4$），易制得纯品，不含结晶水，在空气中不吸水，易保存，摩尔质量较大，是标定碱较理想的基准物质。其标定反应为：

$$HOOCC_6H_4COOK+NaOH=NaOOCC_6H_4COOK+H_2O$$

滴定产物为为二元弱碱，pH 约为 9.1，因此采用酚酞作指示剂。

5.7　酸碱滴定法的应用

水溶剂体系中，可以利用酸碱滴定法直接或间接地测定许多酸碱物质或通过一定的化学反应能释放出酸或碱的物质。

5.7.1　混合碱的分析

混合碱是指 NaOH 和 Na_2CO_3 或 Na_2CO_3 和 $NaHCO_3$ 的混合物，混合碱的分析常用双指示剂法。

1. 烧碱中 NaOH 和 Na_2CO_3 含量的测定

氢氧化钠俗称烧碱，在生产和贮存的过程中由于吸收空气中的 CO_2 而含有少量 Na_2CO_3。用酸碱滴定法测定烧碱中 NaOH 含量的同时，Na_2CO_3 也参与反应，故采用双指示剂法。

双指示剂法是利用两种指示剂进行连续滴定，根据两个终点所消耗标准溶液的体积，计算各组分的含量。

准确称取质量为 m 的烧碱，溶于水后，先以酚酞为指示剂，用盐酸标准溶液滴定至终点(近于无色)，消耗 HCl 体积记为 V_1 mL，这时溶液中的 NaOH 全部被滴定，Na_2CO_3 被滴定至 $NaHCO_3$。

$$NaOH+HCl=NaCl+H_2O$$
$$Na_2CO_3+HCl=NaHCO_3+NaCl$$

再以甲基橙为指示剂，继续用 HCl 标准溶液滴定至溶液颜色由黄色变为橙色，表明溶液中 $NaHCO_3$ 被滴定完全，此时消耗 HCl 的体积记为 V_2 mL。

$$NaHCO_3+HCl=NaCl+CO_2+H_2O$$

滴定过程和 HCl 标准溶液用量可表示如下：

$$
\left.\begin{array}{l} OH^- \\ CO_3^{2-} \end{array}\right\} \xrightarrow[V_1 mL]{H^+} \left.\begin{array}{l} H_2O \\ HCO_3^- \end{array}\right\} \xrightarrow[V_2 mL]{H^+} \begin{array}{l} H_2O \\ H_2O+CO_2 \end{array}
$$

$$
\qquad\qquad\qquad 酚酞 \qquad\qquad\qquad 甲基橙
$$

烧碱中 NaOH 和 Na$_2$CO$_3$ 的质量分数分别为:

$$
w(NaOH) = \frac{c(HCl) \cdot (V_1 - V_2) \cdot M(NaOH)}{m_s} \times 100\%
$$

$$
w(Na_2CO_3) = \frac{c(HCl) \cdot V_2 \cdot M(Na_2CO_3)}{m_s} \times 100\%
$$

2. 纯碱中 Na$_2$CO$_3$ 和 NaHCO$_3$ 含量的测定

纯碱俗称苏打,是由 NaHCO$_3$ 转化而得,故 Na$_2$CO$_3$ 中往往含有少量 NaHCO$_3$。

测定方法与测定烧碱方法相同。以酚酞为指示剂,用盐酸标准溶液滴定至终点,消耗 HClV$_1$mL,再以甲基橙为指示剂,继续用 HCl 滴定至终点,消耗 HCl 为 V$_2$mL。

滴定过程和 HCl 标准溶液用量表示如下:

$$
\left.\begin{array}{l} CO_3^{2-} \\ HCO_3^- \end{array}\right\} \xrightarrow[V_1 mL]{H^+} \left.\begin{array}{l} HCO_3^- \\ HCO_3^- \end{array}\right\} \xrightarrow[V_2 mL]{H^+} \begin{array}{l} H_2O+CO_2 \\ H_2O+CO_2 \end{array}
$$

$$
\qquad\qquad\qquad 酚酞 \qquad\qquad\qquad 甲基橙
$$

纯碱中 Na$_2$CO$_3$ 和 NaHCO$_3$ 的质量分数分别为:

$$
w(Na_2CO_3) = \frac{c(HCl) \cdot V_1 \cdot M(Na_2CO_3)}{m_s} \times 100\%
$$

$$
w(NaHCO_3) = \frac{c(HCl) \cdot (V_2 - V_1) \cdot M(NaHCO_3)}{m_s} \times 100\%
$$

双指示剂法不仅应用于混合碱的定量分析,还可用于未知碱样的定性分析。某碱样可能含有 NaOH、Na$_2$CO$_3$、NaHCO$_3$ 或它们的混合物。如设酚酞终点时消耗 HCl 溶液 V_1mL,继续滴定至甲基橙终点时用去 HCl 溶液 V_2mL,则未知碱样的组成与 V_1、V_2 的关系见表 5-7。

表 5-7 　　　　　　　　　　　V_1、V_2 的大小与未知碱样的组成

V_1 与 V_2 的关系	$V_1>V_2$, $V_2 \neq 0$	$V_1<V_2$, $V_1 \neq 0$	$V_1 = V_2$	$V_1 \neq 0$, $V_2 = 0$	$V_2 \neq 0$, $V_1 = 0$
碱的组成	NaOH 和 Na$_2$CO$_3$	Na$_2$CO$_3$ 和 NaHCO$_3$	Na$_2$CO$_3$	NaOH	NaHCO$_3$

例 5-13　称取含惰性杂质的混合碱(NaOH 和 Na$_2$CO$_3$ 或 Na$_2$CO$_3$ 和 NaHCO$_3$ 的混合物)试样 0.8000g,溶于新煮沸除去 CO$_2$ 的水中,用酚酞作指示剂,用 0.3000mol·L^{-1}HCl 溶液滴至红色消失,消耗 HCl30.50mL,再加入甲基橙作指示剂,用上述 HCl 溶液继续滴至橙色,消耗 HCl2.50mL,求试样中由何种碱组成? 各组分的质量分数为多少? $w(NaOH)$,$w(Na_2CO_3)$。

解：据已知条件，因为 $V_1 > V_2$，可见试样组成是 $NaOH + Na_2CO_3$。

$$w(NaOH) = \frac{c(HCl) \cdot (V_1 - V_2) \cdot M(NaOH)}{m_s} \times 100\%$$

$$= \frac{0.3000 \times (30.50 - 2.50) \times 10^{-3} \times 40.01}{0.8000} \times 100\%$$

$$= 42.10\%$$

$$w(Na_2CO_3) = \frac{c(HCl) \cdot V_2 \cdot M(Na_2CO_3)}{m_s} \times 100\%$$

$$= \frac{0.3000 \times 2.50 \times 10^{-3} \times 106.0}{0.8000} \times 100\%$$

$$= 9.94\%$$

5.7.2 铵盐中氮的测定

肥料、土壤及某些有机化合物(如蛋白质、生物碱等样品)常需要测定其中氮的含量，一般用克氏(Kjeldahl)定氮法，即在 $CuSO_4$ 催化下，用浓硫酸消化样品，将各种形式的氮化物都转变成无机铵盐，由于 NH_4^+ 的 K_a^θ 极小，不能采用标准碱液直接滴定，但可用间接的方法进行滴定，测定的方法主要有蒸馏法和甲醛法。

$$C_mH_nN \xrightarrow[CuSO_4]{H_2SO_4,\ K_2SO_4} CO_2 \uparrow + H_2O + NH_4^+$$

1. 蒸馏法

在铵盐试样中加入过量 NaOH 溶液，加热煮沸，将蒸馏出的 NH_3 用过量但已知量的 HCl 标准溶液吸收，然后用 NaOH 标准溶液滴定剩余的 HCl 这样就能间接求得 $(NH_4)_2SO_4$ 或 NH_4Cl 的含量。

$$NH_4^+ + OH^- \Longrightarrow NH_3(g) + H_2O$$
$$NH_3 + HCl \Longrightarrow NH_4^+ + Cl^-$$
$$NaOH + HCl(剩余) \Longrightarrow NaCl + H_2O$$

由于计量点时溶液中存在 NH_4^+，显酸性，可用甲基红为指示剂，有

$$w(N) = \frac{[c(HCl) \cdot V(HCl) - c(NaOH) \cdot V(NaOH)] \cdot M(N)}{m} \times 100\%$$

蒸馏法也可以用硼酸吸收 NH_3，生成 $NH_4H_2BO_3$，由于 $H_2BO_3^-$ 是较强的碱，可用标准 HCl 溶液滴定，则有

$$NH_3 + H_3BO_3 = NH_4^+ + H_2BO_3^-$$
$$H_2BO_3^- + H^+ = H_3BO_3$$

计量点时 pH≈5，选用甲基红和溴甲酚绿混合指示剂。其中 H_3BO_3 作吸收剂，只需过量即可，不需知道其准确的量，有：

$$w(N) = \frac{c(HCl) \cdot V(HCl) \cdot M(N)}{m} \times 100\%$$

113

2. 甲醛法

在铵盐试样中加入过量的甲醛，NH_4^+ 与作用生成一定量的酸和六次甲基四胺。生成的酸可用标准碱滴定，由于计量点时溶液中存在六次甲基四胺这种极弱的碱，使溶液显碱性，可用酚酞作指示剂。

$$4NH_4^+ + 6HCHO = (CH_2)_6N_4 + 4H^+ + 6H_2O$$

$$H^+ + OH^- = H_2O$$

$$w(N) = \frac{c(NaOH) \cdot V(NaOH) \cdot M(N)}{m} \times 100\%$$

这种把较弱的酸转化为较强酸的方法叫做弱酸的强化，甲醛法测氮实际上采用了将弱酸强化的方法。

例 5-14　肥料 0.2471g，经克氏法处理后，加浓碱蒸馏，产生的 NH_3 用 50.00mL，$0.1015mol \cdot L^{-1}$ HCl 溶液吸收，剩余的 HCl 用 $0.1022mol \cdot L^{-1}$ NaOH 溶液返滴定，消耗 NaOH 11.69mL。计算肥料中氮的质量分数。

解：
$$w(N) = \frac{[c(HCl) \cdot V(HCl) - c(NaOH) \cdot V(NaOH)] \cdot M(N)}{m_s} \times 100\%$$

$$= \frac{(0.1015 \times 50.00 - 0.1022 \times 11.69) \times 14.01 \times 10^{-3}}{0.2471} \times 100\% = 22.00\%$$

阅读材料

凯氏定氮法与三聚氰胺事件

蛋白质是重要的食品营养物质之一，被称作最重要的生命物质，是构成生命体的主要物质，参与物质代谢，提供能量。食品中的蛋白质含量直接反映食物制品的质量，食品中蛋白质含量的测定一直是食品检测的重要指标之一。对于牛奶制品来说，蛋白质含量的多少更是重要的质量依据。2008 年，三聚氰胺事件的发生，与食品中蛋白质含量的测定方法——凯氏定氮法有很大关系。那么，凯氏定氮法是怎样的一种测定方法呢？

蛋白质的定量测定——凯氏定氮法，是 1883 年由 Kieldahl 首先提出的，经过长期不断改进成为世界各国普遍采用的标准方法。可用于所有动植物食品的蛋白质含量测定，不适用于添加无机含氮物质、有机非蛋白质含氮物质的食品测定。

食品样品与硫酸和催化剂一同加热消化，使蛋白质分解，分解的氨与硫酸结合生成硫酸铵。然后碱化蒸馏使氨游离，用硼酸吸收后再以硫酸或盐酸标准溶液滴定，根据酸的消耗量乘以换算系数，即为蛋白质含量。

三聚氰胺(Melamine)(化学式：$C_3H_6N_6$)，俗称密胺、蛋白精，是一种三嗪类含氮杂环有机化合物，被用作化工原料。它是白色单斜晶体，几乎无味，微溶于水($3.1g \cdot L^{-1}$常温)，可溶于甲醇、甲醛、乙酸、热乙二醇、甘油、吡啶等，不溶于丙酮、醚类，对身体有害，不可用于食品加工或食品添加物。

三聚氰胺的最大的特点是含氮量很高(67%)，加之其生产工艺简单、成本很低，给了掺假、造假者极大地利益驱动，有人估算在植物蛋白粉和饲料中使蛋白质增加一个百分点，用三聚氰胺的花费只有真实蛋白原料的1/5。所以"增加"产品的表观蛋白质含量是添加三聚氰胺的主要原因，三聚氰胺作为一种白色结晶粉末，没有什么气味和味道，掺杂后不易被发现等也成了掺假、造假者心存侥幸的辅助原因。

习　题

5-1　酸碱质子理论和电离理论的最主要的不同点是什么？

5-2　指出下列物质中的共轭酸、共轭碱，并按照强弱顺序排列起来：HAc，Ac^-；NH_4^+，NH_3；HF，F^-；H_3PO_4，$H_2PO_4^-$；H_2S，HS^-。

5-3　写出下列各弱酸的共轭碱，并比较各共轭碱的相对强弱。

HCN，NH_4^+，$H_2PO_4^-$，HPO_4^{2-}，HCO_3^-，HAc

5-4　已知下列各弱酸的 pK_a^θ 和弱碱的 pK_b^θ 值，求它们的共轭碱和共轭酸的 pK_b^θ 和 pK_a^θ。

(1) $pK_b^\theta = 4.69$　　(2) $pK_b^\theta = 4.75$　　(3) $pK_b^\theta = 10.25$　　(4) $pK_a^\theta = 4.66$

5-5　下列说法是否正确，说明理由。

(1) 按酸碱质子理论，$HCN-CN^-$ 为共轭酸碱对，HCN 是弱酸，CN^- 是强碱。

(2) 氨水浓度稀释一倍，溶液中 $c(OH^-)$ 就减为原来的一半。

(3) HCl 溶液浓度为 HAc 溶液浓度的一倍，则前者的 $c(H^+)$ 也为后者的一倍。

(4) 在浓度均为 $0.01mol \cdot L^{-1}$ 的 HCl、H_2SO_4、NaOH 和 NH_4Ac 四种水溶液中，H^+ 和 OH^- 离子浓度的乘积均相等。

(5) 滴定剂体积随溶液 pH 变化的曲线称为滴定曲线。

5-6　在氨水溶液中分别加入 HCl、NH_4Cl、NaCl、NaOH、H_2O，对氨水离解平衡有何影响？α 和 pH 值有何变化？

5-7　已知氨水的 $K_b^\theta = 1.8 \times 10^{-5}$，现有 1.0L，$0.10mol \cdot L^{-1}$ 的氨水溶液，求：(1)氨水溶液中 $c(OH^-)$ 和离解度 α。(2)向此氨水溶液中加入 5.35g NH_4Cl 后，溶液的 $c(OH^-)$ 和离解度 α(忽略溶液体积变化)。

5-8　298.15K 时，测得 $0.10mol \cdot L^{-1}$HAc 溶液的 $c(H^+) = 1.3 \times 10^{-3}mol \cdot L^{-1}$，求反应

$$HAc(aq) \rightleftharpoons H^+(aq) + Ac^-(aq)$$

的 $\Delta_r G_m^\theta$。

5-9　计算下列溶液的 pH 值。

(1)0.05mol · L⁻¹H₂SO₄　(2)0.10mol · L⁻¹NaF　(3)0.10mol · L⁻¹ NH₃ · H₂O

(4)0.10mol · L⁻¹HCOOH　(5)0.10mol · L⁻¹NaHCO₃　(6)0.50mol · L⁻¹Na₂CO₃

(7)0.10mol · L⁻¹NH₄Ac　(8)0.20mol · L⁻¹ Na₂HPO₄

5-10　欲配制 pH = 9.0 的缓冲溶液,有下列三组共轭酸碱对:(1)HCOOH—HCOO⁻(2)HAc—Ac⁻(3)NH₄⁺—NH₃,问哪组较为合适?

5-11　将 0.10mol · L⁻¹ HAc 溶液和 0.10mol · L⁻¹ NaAc 溶液直接混合,配制 pH = 5.2 的缓冲溶液 1L,问需加入上述溶液各多少毫升?

5-12　往 50mL 0.10mol · L⁻¹ 某一元弱酸溶液中加入 20mL 0.10mol · L⁻¹ NaOH 溶液混合后,稀释到 100mL,测此溶液的 pH = 5.25,求此一元弱酸的 K_a^θ。

5-13　今有 pH = 9.0 的 NH₄Cl 和 NH₃ · H₂O 的混合溶液,若溶液中 $c(NH_4^+)$ = 0.2mol · L⁻¹,求溶液的 $c(NH_3 · H_2O)$。

5-14　若标定 HCl 所用的基准物质含有不与 HCl 反应的杂质,则标定结果是偏高、偏低还是无影响?

5-15　酸碱滴定中指示剂的选择原则是什么?

5-16　在 0.10mol · L⁻¹ HCl 溶液滴定 0.10mol · L⁻¹ NaOH 溶液中,当指示剂甲基红变色时,pH 值是什么范围? 此时是否为该反应的化学计量点?

5-17　为什么 NaOH 溶液能直接滴定 0.10mol · L⁻¹ HAc,而不能直接滴定 0.10mol · L⁻¹H₃BO₃? 试加以说明。

5-18　借助指示剂的变色确定终点,下列各物质能否用酸碱滴定法直接准确滴定? 如果能,计算计量点时的 pH 值,并选择合适的指示剂。

(1)0.10mol · L⁻¹NaF;(2)0.10mol · L⁻¹ HCN;(3)0.10mol · L⁻¹CH₂ClCOOH;(4)0.10mol · L⁻¹NH₃ · H₂O。

5-19　一元弱酸(HA)纯试样 1.250g,溶于 50.00mL 水中,需 41.20mL 0.0900mol · L⁻¹NaOH 滴至终点。已知加入 8.24mL NaOH 时,溶液的 pH = 4.30,求:(1)弱酸的摩尔质量 M;(2)弱酸的离解常数 K_a^θ;(3)计量点时的 pH 值,并选择合适的指示剂指示终点。

5-20　HCl 和 NaOH 试剂能否用直接法配制成标准溶液,为什么?

5-21　有一浓度为 0.1000mol · L⁻¹ 的三元酸,其 pK_{a1}^θ = 2.0,pK_{a2}^θ = 6.0,pK_{a3}^θ = 12.0。能否用 0.1000mol · L⁻¹NaOH 标准溶液分步滴定? 若能,能滴到第几步? 计算计量点的 pH,选择合适的指示剂。

5-22　某混合碱(可能含有 NaOH、Na₂CO₃、NaHCO₃)溶液,用 HCl 溶液滴定至酚酞终点,消耗 HCl V_1(mL),再滴定至甲基橙终点,又消耗 HCl V_2(mL),若 $V_1 > V_2$,则混合碱的组成为_____;若 $V_1 < V_2$,则混合碱的组成为_____。

5-23　称取纯碱试样(含 NaHCO₃ 及惰性杂质)1.000g,溶于水后,以酚酞为指示剂滴至终点,需 0.2500mol · L⁻¹ HCl 20.40mL,再以甲基橙作指示剂继续以 HCl 滴定,到终点时消耗同浓度 HCl 28.46mL,求试样中 Na₂CO₃ 和 NaHCO₃ 的质量分数。

5-24　现有 0.2156g 某一仅含 Na₂CO₃ 和 NaHCO₃ 的试样,用 0.1000mol · L⁻¹ HCl 标

准溶液滴定至酚酞终点时，需 HCl 溶液 14.48mL，试计算 Na_2CO_3 和 $NaHCO_3$ 的质量分数。

　　5-25　蛋白质试样 0.2320g 经克氏法处理后，加浓碱蒸馏，用过量硼酸吸收蒸出的氨，然后用 $0.1200mol \cdot L^{-1}$ HCl 21.00mL 滴至终点，计算试样中氮的质量分数。

　　5-26　将 2.000g 的黄豆用经克氏法处理后，加浓碱蒸馏，产生的 NH_3 用 50.00mL，$0.6700mol \cdot L^{-1}$ HCl 溶液吸收，剩余的 HCl 用 $0.6520mol \cdot L^{-1}$ NaOH 溶液返滴定，消耗 NaOH 30.10mL。计算黄豆中氮的质量分数。

第6章 沉淀溶解平衡与沉淀滴定法

难溶强电解质在溶剂(通常为水)中存在沉淀-溶解平衡(Precipitation-dissolution equilibrium),这是一种典型的固-液两相平衡。这种平衡涉及沉淀的生成、溶解与转化,在物质的制备、分离提纯以及含量测定中有着广泛的应用。

6.1 溶度积原理

6.1.1 溶度积常数

当温度一定时,某种难溶强电解质(A_mB_n)溶解在水中能形成饱和溶液,此时为溶解的固体物质和溶液中的离子(A^{n+} 和 B^{m-})之间存在沉淀-溶解平衡。

$$A_mB_n(s) \rightleftharpoons mA^{n+}(aq) + nB^{m-}(aq)$$

该过程的标准平衡常数为:

$$K_{sp}^{\theta} = c_{A^{n+}}^{m} \cdot c_{B^{m-}}^{n} \tag{6-1}$$

式中 K_{sp}^{θ} 即称为难溶强电解质 A_mB_n 的溶度积常数,简称溶度积。

例如:在饱和 AgCl 水溶液中存在如下平衡:

$$AgCl(s) \rightleftharpoons Ag^+(aq) + Cl^-(aq)$$

那么 AgCl 的溶度积常数即为:$K_{sp}^{\theta}(AgCl) = c_{Ag^+} \cdot c_{Cl^-}$

有以下两点需要注意:

(1)K_{sp}^{θ} 的大小主要决定于难溶电解质的本性,与温度有关,而与离子浓度改变无关。

(2)在一定温度下,K_{sp}^{θ} 的大小可以反映物质的溶解能力和生成沉淀的难易。

常见的一些难溶强电解质的溶度积请参见附录 Ⅲ。

6.1.2 溶度积与溶解度的相互换算

溶解度(solubility),S 是浓度的一种表示方法,即在一定温度下 1L 难溶强电解质的饱和溶液(saturated solution)中所含溶质的量。溶解度和溶度积都可以用来反映了难溶强电解质的溶解能力,尽管概念不同但二者之间存在着必然的联系,在单位统一的条件下,可以相互换算。

例如:

$$A_mB_n(s) \rightleftharpoons mA^{n+}(aq) + nB^{m-}(aq)$$

设 A_mB_n 的溶解度为 S mol/L 时,则有:

$$K_{sp}^{\theta} = m^m n^n S^{m+n} \tag{6-2}$$

例 6-1 已知 298K 时 AgCl 的溶解度为 $1.93×10^{-3} g \cdot L^{-1}$，求该温度下 AgCl 的溶度积。

解：$\because M_{AgCl} = 143.4 g \cdot mol^{-1}$

$$\therefore S_{AgCl} = \frac{1.93×10^{-3}}{143.4} = 1.35×10^{-5} mol \cdot L^{-1}$$

又 $AgCl \Longrightarrow Ag^+ + Cl^-$

$$\therefore c(Ag^+) = c(Cl^-) = S_{AgCl} = 1.35×10^{-5} mol \cdot L^{-1}$$

故 $K_{sp}^{\theta} = c(Ag^+) \cdot c(Cl^-) = S^2 = 1.8×10^{-10}$

K_{sp}^{θ} 与 S 之间的关系如下：

(1) S 概念应用范围比 K_{sp}^{θ} 广，K_{sp}^{θ} 只用来表示难溶电解质的溶解度；

(2) K_{sp}^{θ} 不受离子浓度的影响，而 S 则不同；

(3) 用 K_{sp}^{θ} 比较难溶电解质的溶解性能只能在相同类型化合物之间进行，S 则比较直观（如表 6-1 所示）。溶度积大的难溶电解质其溶解度不一定也大，这与其类型有关。

表 6-1　　　　　　　几种不同类型难溶强电解质的 K_{sp}^{θ} 和 S

类型	难容电解质	K_{sp}^{θ}	$S/(mol \cdot L^{-1})$
AB	AgCl	$1.77×10^{-10}$	$1.35×10^{-5}$
	AgBr	$5.35×10^{-13}$	$7.33×10^{-7}$
	AgI	$8.52×10^{-17}$	$9.25×10^{-9}$
AB_2	MgF_2	$6.5×10^{-9}$	$1.2×10^{-3}$
A_2B	Ag_2CrO_4	$1.12×10^{-12}$	$6.54×10^{-5}$

从表中数据可以发现 $K_{sp}^{\theta}(AgCl) > K_{sp}^{\theta}(Ag_2CrO_4)$ 但 $S_{AgCl} < S_{Ag_2CrO_4}$，这说明要比较不同类型的难溶强电解质的溶解能力时不能以 K_{sp}^{θ} 为依据而只能用 S 来比较。

6.1.3　溶度积规则

在某难溶强电解质的溶液中，有关离子浓度幂次方的乘积称为离子积，用符号 Q 表示，

$$A_m B_n(s) \Longrightarrow mA^{n+} + nB^{m-}$$

$$Q = c_{A^{n+}}^m \cdot c_{B^{m-}}^n \tag{6-3}$$

显然，Q 和 K_{sp}^{θ} 有着相同的表达式，但是 K_{sp}^{θ} 表示的是在沉淀-溶解过程达到平衡时也就是饱和溶液中离子浓度幂次方的乘积；在某一指定温度下，对于某难溶强电解质溶液 K_{sp}^{θ} 是一个常数；Q 则表示任意状态下体系中离子浓度幂次方的乘积。

Q 和 K_{sp}^{θ} 的关系：

① $Q < K_{sp}^{\theta}$ 时，为不饱和溶液，若体系中有固体存在，固体将溶解直至饱和为止。所以 $Q < K_{sp}^{\theta}$ 是沉淀溶解的条件。

②$Q=K_{sp}^{\theta}$时，是饱和溶液，处于动态平衡状态。

③$Q>K_{sp}^{\theta}$时，为过饱和溶液，有沉淀析出，直至饱和。所以 $Q>K_{sp}^{\theta}$ 是沉淀生成的条件。

6.2　沉淀的生成、溶解和转化

6.2.1　沉淀的生成

根据溶度积规则，在难溶强电解质的溶液中，若 $Q>K_{sp}^{\theta}$ 就会生成沉淀。

1. 单一离子的沉淀

例 6-2　将含 Ba^{2+} 离子浓度为 $0.010mol \cdot L^{-1}$ 的溶液 10L 与 40L 浓度为 $6.00\times10^{-4}mol \cdot L^{-1}$ 的 Na_2SO_4 混合。问：是否会产生 $BaSO_4$ 沉淀？

解：
$$c(SO_4^{2-}) = \frac{6.0\times10^{-4}\times40.0}{50.0} = 4.8\times10^{-4}mol \cdot L^{-1}$$

$$c(Ba^{2+}) = \frac{0.010\times10.0}{50.0} = 2.0\times10^{-3}mol \cdot L^{-1}$$

$$Q = c(SO_4^{2-}) \cdot c(Ba^{2+}) = 4.8\times10^{-4}\times2.0\times10^{-3} = 9.6\times10^{-7}$$

$$K_{sp}^{\theta} = 1.1\times10^{-10}$$

$$\therefore \quad Q>K_{sp}^{\theta}$$

故有 $BaSO_4$ 沉淀生成。

例 6-3　在 $0.1mol \cdot L^{-1}$ HAc 和 $0.1mol \cdot L^{-1}$ $FeCl_2$ 混合溶液中通入 H_2S 达饱和（$0.10mol \cdot L^{-1}$），是否有沉淀生成？

解：$\because K_a^{\theta}(HAc) = 1.76\times10^{-5} \gg K_{a1}^{\theta}(H_2S) = 9.1\times10^{-8}$

$\therefore$ 溶液中 H^+ 主要来自 HAc 的电离

$$c(H^+) = \sqrt{K_a^{\theta}(HAc) \cdot c(HAc)} = 1.3\times10^{-3}mol \cdot L^{-1}$$

$$c(S^{2-}) = \frac{K_{a1}^{\theta}K_{a2}^{\theta} \cdot c(H_2S)}{c^2(H^+)} = \frac{1.0\times10^{-19}\times0.1}{1.76\times10^{-6}} = 5.7\times10^{-15}mol \cdot L^{-1}$$

$$\therefore \quad Q = 0.1\times5.7\times10^{-15}>K_{sp}^{\theta}(FeS) = 1.6\times10^{-19}$$

所以此时有 FeS 沉淀生成。

影响沉淀生成的其他因素：

（1）同离子效应：在难溶电解质饱和溶液中加入含有共同离子的易溶强电解质，使沉淀溶解平衡向着沉淀的方向移动，沉淀溶解度降低。

（2）盐效应：在难溶电解质饱和溶液中加入强电解质，使难溶物的溶解度略有增大。

以上两种效应同时存在且互为竞争，但是同离子效应作用更为明显，盐效应可以忽略，如图 6-1 所示。

用沉淀反应来分离溶液中的某种离子时，要使离子沉淀完全，一般应采取以下几种措施：

（1）选择适当的沉淀剂，对于弱电解质沉淀剂还应考虑其电离度；

（2）根据同离子效应，于是沉淀完全必须加入过量沉淀剂，但沉淀剂加入过多会明显提升盐效应或引发诸如配位反应等其他不利于沉淀的反应。故此，在分析化学中一般沉淀剂过量20%～50%；

（3）对于某些离子沉淀时，还必须控制溶液的 pH 值，才能确保沉淀完全；

（4）完全沉淀的浓度标志：定性沉淀完全 $c < 10^{-5}$ mol · L^{-1}，定量沉淀完全 $c < 10^{-6}$ mol · L^{-1}。

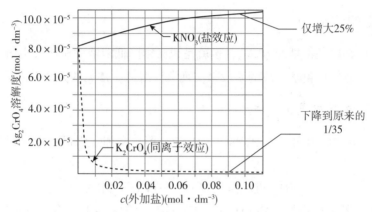

图 6-1 同离子效应与盐效应对 Ag_2CrO_4 溶解度的影响比较

2. 分步沉淀

分步沉淀（Fractional Precipitation）：由于难溶电解质溶度积不同，当加入同一种沉淀剂后混合离子按顺序先后沉淀下来的现象。

分步沉淀的基本原则：对于同类型难溶强电解质，当溶液中同时存在的被几种沉淀离子浓度相同或相近时，离子积 Q 最先达到溶度积 K_{sp}^{θ}（即 $Q > K_{sp}^{\theta}$）的难溶电解质首先沉淀；对于不同类型的难溶强电解质或者溶液中离子浓度不同，则必须通过计算根据生成不同难溶物所需的沉淀剂的浓度大小来确定，不能简单依据 K_{sp}^{θ} 的大小来判断沉淀顺序。

分步沉淀的原理经常被用于混合离子的分离，生产的难溶强电解质的 K_{sp}^{θ} 相差越大，分离越彻底。

例 6-4 某溶液中含有 Ca^{2+} 和 Ba^{2+}，浓度均为 0.10mol · L^{-1}，向溶液中滴加 Na_2SO_4 溶液，开始出现沉淀时 SO_4^{2-} 浓度应为多大？当 $CaSO_4$ 开始沉淀时，溶液中剩下的 Ba^{2+} 浓度为多大？能否用此方法定性分离 Ca^{2+} 和 Ba^{2+}？已知 K_{sp}^{θ}（$BaSO_4$）= 1.08×10^{-10}，K_{sp}^{θ}（$CaSO_4$）= 7.10×10^{-5}。

解：$BaSO_4$ 开始沉淀时，溶液中 $c(SO_4^{2-})$ 为：

$$c(SO_4^{2-}) = \frac{K_{sp}^{\theta}(BaSO_4)}{c(Ba^{2+})} = \frac{1.08 \times 10^{-10}}{0.10} = 1.08 \times 10^{-9} \text{mol} \cdot L^{-1}$$

$CaSO_4$ 开始沉淀时，溶液中 $c(SO_4^{2-})$ 为：

$$c(SO_4^{2-}) = \frac{K_{sp}^{\theta}(CaSO_4)}{c(Ca^{2+})} = \frac{7.10 \times 10^{-5}}{0.10} = 7.10 \times 10^{-4} mol \cdot L^{-1} (>1.08 \times 10^{-9})$$

先沉淀的是 $BaSO_4$，此时 $c(SO_4^{2-})$ 为 $1.08 \times 10^{-9} mol \cdot L^{-1}$

当 $CaSO_4$ 开始沉淀时，溶液中的 $c(Ba^{2+})$ 为：

$$c(Ba^{2+}) = \frac{K_{sp}^{\theta}(BaSO_4)}{c(SO_4^{2-})} = \frac{1.08 \times 10^{-10}}{7.10 \times 10^{-4}} = 1.52 \times 10^{-7} mol \cdot L^{-1} < 1.0 \times 10^{-5} mol \cdot L^{-1}$$

故可用此法分离 Ca^{2+} 和 Ba^{2+}。

6.2.2　沉淀的溶解

沉淀溶解的必要条件是使 $Q < K_{sp}^{\theta}$，也就是说必须降低溶液中难溶强电解质的某一组成离子的浓度。通常采用化学反应的手段来实现沉淀溶解。常见的方法有以下三种：

1. 生成弱电解质或微溶气体

对于难溶的酸如：H_2WO_4、H_2MoO_4、H_2SiO_3 等，常加入强碱(OH^-)以使其生成弱电解质 H_2O。

$$H_2WO_4(s) + 2OH^- \longrightarrow WO_4^{2-} + 2H_2O$$

难溶的金属氢氧化物如：$Mg(OH)_2$、$Fe(OH)_3$、$Cd(OH)_2$ 等，加入强酸(H^+)以生成 H_2O。

$$Cd(OH)_2(s) + 2H^+ \longrightarrow Cd^{2+} + 2H_2O$$

对于一些溶度积较大的难溶强电解质，如：$Mn(OH)_2$，还能溶解于足够量的铵盐溶液中。

$$Mn(OH)_2(s) + 2NH_4^+ \longrightarrow Mn^{2+} + 2NH_3 \cdot H_2O$$

金属硫化物的溶解可以根据 K_{sp}^{θ} 来粗略判断，K_{sp}^{θ} 较大的如：MnS、FeS、ZnS 等可溶于强酸，同时生成 H_2S 气体。但是对于 K_{sp}^{θ} 很小的 CuS 和 HgS 则不溶于强酸。

例 6-5　在 0.20L 的 0.50mol/L $MgCl_2$ 溶液中加入等体积的 0.10mol/L 的氨水溶液，问有无 $Mg(OH)_2$ 沉淀生成？为了不使 $Mg(OH)_2$ 沉淀析出，至少应加入多少克 NH_4Cl(s)？（设加入 NH_4Cl 后体积不变）

解：
$$NH_3 + H_2O \rightleftharpoons NH_4^+ + OH^-$$

初始 $c_B/(mol \cdot L^{-1})$　0.05　　　　　0　　　0

平衡 $c_B/(mol \cdot L^{-1})$　0.05-x　　　　x　　　x

$$\frac{x^2}{0.05 - x} = K_b^{\theta}(NH_3) = 1.8 \times 10^{-5}$$

$x = 9.5 \times 10^{-4}$ 即 $c(OH^-) = 9.5 \times 10^{-4} mol \cdot L^{-1}$

$Q = c^2(OH^-) \cdot c(Mg^{2+}) = (9.5 \times 10^{-4})^2 \times 0.25 = 2.3 \times 10^{-7}$

$K_{sp}^{\theta}(Mg(OH)_2) = 1.8 \times 10^{-11}$，$Q > K_{sp}^{\theta}$，有 $Mg(OH)_2$ 沉淀析出

为了不析出 $Mg(OH)_2 \downarrow$　则须有：$Q \leqslant K_{sp}^{\theta}$

$$c(OH^-) \leqslant \sqrt{\frac{K_{sp}^\theta(Mg(OH)_2)}{c(Mg^{2+})}} = \sqrt{\frac{5.1 \times 10^{-12}}{0.25}} = 4.5 \times 10^{-6} mol \cdot L^{-1}$$

$$NH_3 + H_2O \Longrightarrow NH_4^+ + OH^-$$

平衡 $c_B(mol \cdot L^{-1})/0.05 - 4.5 \times 10^{-6} \quad c_o + 4.5 \times 10^{-6} \quad 4.5 \times 10^{-6}$

$$\approx 0.05 \qquad \approx c_o$$

$$\frac{4.5 \times 10^{-6} \cdot c_o}{0.05} = 1.8 \times 10^{-5}$$

$$c_o(NH_4^+) = 0.20 mol \cdot L^{-1}$$

$$m(NH_4Cl) = 0.20 \times 0.40 \times 53.5 = 4.3(g)$$

加入至少 4.3g $NH_4Cl(s)$ 可以不使 $Mg(OH)_2$ 沉淀析出。

2. 发生氧化还原反应

向难溶强电解质溶液中加入可以使其发生氧化-还原反应的氧化剂或者还原剂,从而使之溶解。例如 CuS 不溶于盐酸,但可以溶于热和浓的 HNO_3。

$$3CuS(s) + 8HNO_3 \xrightarrow{\triangle} 3Cu(NO_3)_2 + 3S\downarrow + 2NO\uparrow + 4H_2O$$

3. 生成配合物

向难溶强电解质溶液中加入某些可以和金属离子发生配位反应的物质,通过形成溶解性更大的配离子使沉淀溶解。例如,AgCl 溶于氨水就是典型的因为金属离子形成配合物而使沉淀溶解的过程。

$$AgCl(s) + 2NH_3 \cdot H_2O \longrightarrow Ag(NH_3)_2^+ + Cl^- + 2H_2O$$

6.2.3 沉淀的转化

所谓沉淀的转化就是由一种难溶电解质借助于某一试剂的作用,转变为另一更难溶电解质的过程。如,向含有 $BaCO_3$ 白色沉淀的溶液中加入橙黄色的 K_2CrO_4 溶液,可以看到白色沉淀逐渐变为黄色,这是因为生成了 $BaCrO_4$。

$$BaCO_3 + CrO_4^{2-} \Longrightarrow BaCrO_4 + CO_3^{2-}$$

沉淀的转化是有方向性的,即:K_{sp}^θ 大的向 K_{sp}^θ 小的转化。

6.2.4 竞争平衡

沉淀溶解和转化其实质是竞争反应,这种竞争反应的平衡遵循多重平衡原理。在沉淀溶解和转化的过程中通常涉及两个相互竞争的平衡,最终的结果是这两个平衡共同作用的结果。竞争平衡也存在平衡常数,记作:K_j。在热力学标准状态下则记为:K_j^θ。

例 6-6 判断 $Ca(OH)_2$ 能否溶于 NH_4Cl 溶液中?已知:$K_{sp}^\theta[Ca(OH)_2] = 5.5 \times 10^{-6}$;$K_b^\theta(NH_3 \cdot H_2O) = 1.8 \times 10^{-5}$。

分析: $Ca(OH)_2$ 溶于 NH_4Cl 溶液时同时存在如下反应:

(1) $Ca(OH)_2 \Longrightarrow Ca^{2+} + 2OH^-$

(2) $2NH_4Cl \rightleftharpoons 2Cl^- + 2NH_4^+$

(3) $2OH^- + 2NH_4^+ \rightleftharpoons 2NH_3 \cdot H_2O$

反应(1)和(3)为竞争反应,那么 $Ca(OH)_2$ 溶于 NH_4Cl 溶液时总反应即为:

$$Ca(OH)_2 + 2NH_4^+ \rightleftharpoons Ca^{2+} + 2NH_3 \cdot H_2O$$

该反应的平衡常数就是 K_j^θ, K_j^θ 可以根据盖斯定律求出。

解:
$$Ca(OH)_2 + 2NH_4^+ \rightleftharpoons Ca^{2+} + 2NH_3 \cdot H_2O$$

$$K_j^\theta = \frac{c(Ca^{2+}) \cdot c^2(NH_3 \cdot H_2O)}{c^2(NH_4^+)} = \frac{K_{sp}^\theta}{K_b^2} = 1.7 \times 10^4$$

K_j^θ 很大,说明此反应进行得较完全。

即 $Ca(OH)_2$ 能溶于 NH_4Cl 中

6.3　沉淀滴定法

6.3.1　概述

沉淀滴定法是以沉淀反应为基础的一种滴定分析方法。应用于沉淀滴定法最广的是生成难溶性银盐的反应:

$$Ag^+ + X = AgX \downarrow \qquad (X 代表 Cl^-、Br^-、I^-、CN^-、SCN^- 等)$$

这种以生成难溶性银盐为基础的沉淀滴定法称为银量法。根据所选指示剂的不同,银量法可分为莫尔法、佛尔哈德法、法扬司法、碘-淀粉指示剂法等。

6.3.2　银量法终点的确定

1. 莫尔法(Mohr)

(1)基本原理:莫尔法是以铬酸钾作指示剂的银量法。

计量点前: $Ag^+ + Cl^- \rightleftharpoons AgCl \downarrow$ (白) $\qquad K_{sp}^\theta(AgCl) = 1.8 \times 10^{-10}$

计量点时: $2Ag^+ + CrO_4^{2-} \rightleftharpoons Ag_2CrO_4 \downarrow$ (砖红) $\quad K_{sp}^\theta(Ag_2CrO_4) = 1.1 \times 10^{-12}$

(2)滴定条件:

①指示剂的用量。K_2CrO_4 的浓度以 $0.005mol \cdot L^{-1}$ 为宜。

②溶液的 pH 值。莫尔法只适用于中性或弱碱性(pH = 6.5~10.5)条件下进行,因在酸性溶液中 Ag_2CrO_4 要溶解。

$$Ag_2CrO_4 + H^+ \rightleftharpoons 2Ag^+ + HCrO_4^-$$

$$2HCrO_4^- \rightleftharpoons Cr_2O_7^{2-} + H_2O$$

而在强碱性的溶液中,Ag^+ 离子会生成 Ag_2O 沉淀:

$$Ag^+ + OH^- \rightleftharpoons AgOH \downarrow \qquad 2AgOH \longrightarrow Ag_2O \downarrow + H_2O$$

如果待测液碱性太强可加入 HNO_3 中和,酸性太强可加入硼砂或碳酸氢钠中和。

(3)应用范围:莫尔法只适用于测定 Cl^- 和 Br^-。

2. 佛尔哈德法(Volhard)

(1)基本原理:佛尔哈德法(Volhard)法是用铁铵矾$(NH_4)Fe(SO_4)_2$作指示剂,以NH_4SCN或$KSCN$标准溶液滴定含有Ag^+离子的试液,反应如下:

$$Ag^+ + SCN^- \Longrightarrow AgSCN\downarrow(白) \qquad K_{sp}^{\theta}(AgSCN) = 1.0\times10^{-12}$$

$$Fe^{3+} + SCN^- \Longrightarrow [Fe(SCN)]^{2+}(红) \qquad K_f = 1.38\times10^2$$

此法测定Cl^-、Br^-、I^-和SCN^-时,先在被测溶液中加入过量的$AgNO_3$标准溶液,然后加入铁铵矾指示剂,以NH_4SCN标准溶液滴定剩余量的Ag^+。

(2)测定条件:

①指示剂的用量。通常Fe^{3+}的浓度为$0.015mol \cdot L^{-1}$。

②溶液酸度。溶液要求酸性,H^+离子浓度应控制在$0.1\sim1mol \cdot L^{-1}$之间。否则Fe^{3+}发生水解,影响测定。

(3)应用范围:佛尔哈德法在酸性溶液中滴定,免除了许多离子的干扰,所以它的适用范围广泛。不仅可以用来测定Ag^+、Cl^-、Br^-、I^-、SCN^-;还可以用来测定PO_4^{3-}和AsO_4^{3-},在农业上也常用此法测定有机氯农药如六六六和滴滴涕等。凡是能与SCN^-作用的铜盐、汞盐以及对Cl^-、Br^-、I^-等测定有干扰的离子应预先除去。能与Fe^{3+}发生氧化还原作用的还原剂也应除去。

3. 法扬司法(Fajans)

法扬司法是以吸附指示剂指示终点的银量法。

计量点前　　　$AgCl \cdot Cl^- + FIn^-$(黄绿色)

计量点后　　　$AgCl \cdot Ag^+ + FIn^- \xrightarrow{吸附} AgCl \cdot Ag \cdot FIn$(粉红色)

6.3.3 银量法的应用

1. 标准溶液的配制和标定

$AgNO_3$标准溶液的配制和标定。将优级纯或分析纯的$AgNO_3$在110℃下烘$1\sim2$小时,可用直接法配制。一般纯度的$AgNO_3$采用间接法配制,用基准$NaCl$标定。

NH_4SCN标准溶液的配制和标定。NH_4SCN试剂往往含有杂质,并且容易吸潮,只能用间接法配制,再以$AgNO_3$标准溶液进行滴定。

2. 应用实例

(1)莫尔法测定可溶性氯化物中氯的含量;

(2)佛尔哈德法测定银合金中银的含量。

阅读材料

沉淀法分离富集镭

沉淀法是最古老、经典的化学分离方法。尽管操作比较费时，而且有时存在选择性不好、分离不完全的缺点，但是由于方法简单和不需要特殊设备，至今依然是一种应用广泛的分离富集方法，特别是在冶金领域。

沉淀分离法就是利用沉淀反应有选择性地将某种离子以沉淀的形式从溶液中分离出来，而其他离子则留存于溶液中。沉淀分离发生的必要条件是溶液体系对目标分离离子达到饱和。沉淀分离法主要包括：常规沉淀、均相沉淀和共沉淀三种方法。这三种方法的主要区别在于前两种通常用于常量组分（目标分离离子浓度 $\geqslant 0.01$ mol/L）的分离；而共沉淀则主要应用于痕量组分（目标分离离子浓度 < 1mg/mL）的分离和富集。

利用沉淀法分离富集稀有金属的成功案例很多，其中最有代表性的就是镭（Ra）元素的分离与富集。1898 年 7 月在居里夫人发现沥青铀矿残渣铋盐组分中的钋（Po）后，又在更加难溶的硫酸盐中发现钡盐具有更强大的放射性，同年 12 月她预言新元素的存在。随后，她首先通过不断地重复溶解—沉淀—过滤—再溶解—再沉淀的过程，将沥青铀矿残渣中高放射性的钡盐组分以难溶硫酸盐的形式进行分离和富集；然后将难溶解硫酸盐用 Na_2CO_3 转换成 K_{sp} 更小的碳酸盐，经多次洗涤后除去 SO_4^{2-}，再用 HCl 将碳酸盐转变成可溶解的氯化物；最后利用 $BaCl_2$ 和 $RaCl_2$ 溶解度的差别（分别为：1041g/L 和 706g/L）采用分级结晶方法实现 Ba 元素和 Ra 元素的分离。最终历时 4 年在极其艰苦的工作条件下居里夫人从数以吨计矿渣中的提炼出 100mg 的极纯净 $RaCl_2$ 晶体并准确地测定了它的原子量。后来又通过电解 $RaCl_2$ 的方法制备出单质镭。镭的发现从根本上改变了物理学的基本原理，对于促进科学理论的发展和在实际中的应用都有十分重要的意义。

习　　题

6-1　已知 25℃时，AgI 溶度积为 8.5×10^{-17}，求（1）在纯水中；（2）在 0.01mol·L^{-1}KI 溶液中 AgI 的溶解度。

6-2　将等体积的 0.004mol·L^{-1}AgNO$_3$ 溶液和 0.004mol·L^{-1}的 K_2CrO_4 溶液混合，有无砖红色的 Ag_2CrO_4 沉淀析出？

6-3　1L 溶液中含有 4molNH$_4$Cl 和 0.2molNH$_3$，试计算溶液的［OH^-］和 pH 值；问在此条件下若有 $Fe(OH)_2$ 沉淀析出，溶液中 Fe^{2+} 的最低浓度为多少？已知 $K_{sp}^{\theta}(Fe(OH)_2) = 4.9 \times 10^{-17}$。

6-4　在 0.1mol·L^{-1}ZnCl$_2$ 溶液中通入 H_2S 气体至饱和，如果加入盐酸以控制溶液的 pH，试计算开始析出 ZnS 沉淀和 Zn^{2+} 沉淀完全时溶液的 pH。

6-5　某溶液中含有 Mg^{2+} 离子，其浓度为 0.01mol·L^{-1}，混有少量 Fe^{3+} 杂质，欲除去

Fe^{3+}杂质，应如何控制溶液的 pH 值。

6-6　用 Na_2CO_3 溶液处理 AgI 沉淀，使之转化为 Ag_2CO_3 沉淀，这一反应的共同平衡常数为多少？如果在 1L Na_2CO_3 溶液中要溶解 0.01molAgI，Na_2CO_3 的最初浓度应为多少？这种转化能否实现？已知 $K_{sp}^{\theta}(AgI)= 8.5\times10^{-17}$，$K_{sp}^{\theta}(Ag_2CO_3)= 8.5\times10^{-12}$。

第7章 氧化还原平衡与氧化还原滴定法

氧化还原反应(redox reaction)是一类在反应过程中反应物之间发生了电子转移(或电子的偏移)的反应。自然界中的燃烧、呼吸作用、光合作用都与氧化还原反应密切相关。这类反应对于制备新物质、获取化学能和电能都有重要的意义。本章首先讨论有关氧化还原反应的基本知识,在此基础上,判断氧化还原反应进行的方向与程度,并应用于滴定分析。

7.1 基本概念

7.1.1 氧化数

为了便于讨论氧化还原反应,此处引入元素的氧化数(又称氧化值,oxidation number)的概念。1970年国际纯粹和应用化学联合会(IUPAC)定义了氧化数的概念:氧化数是指某元素一个原子的表观电荷数(apparent charge number),这个电荷数的确定,是假设把每一个化学键中的电子指定给电负性更大的原子而求得。

确定氧化数的一般规则如下:

(1)在单质中元素的氧化数为零。如 Zn、H_2、O_3 中 Zn、H、O 原子的氧化数为零。

(2)氢在化合物中的氧化数通常为+1;只有在与活泼金属生成的离子型氢化物中为-1,如 NaH、CaH_2。

(3)氧在化合物中的氧化数通常为-2;在过氧化物中为-1,如 H_2O_2、Na_2O_2 等;在超氧化合物中为-1/2 如 KO_2;在氟的氧化物中氧化数则为+2 或+1,如 OF_2,O_2F_2 中。

(4)碱金属、碱土金属在化合物中的氧化数分别为+1、+2。

(5)所有卤化物中卤素的氧化数均为-1。如 HF、$MgCl_2$、NaBr、KI。

在中性分子中各元素的氧化数之和为零。在多原子离子中,各元素的氧化数之和等于离子所带的电荷数。

例7-1 计算 N_2O 中 N 的氧化数。

解:已知 O 的氧化数为-2,设 N 的氧化数为 x,则

$$2x + (-2) = 0$$
$$x = +1$$

所以 N 的氧化值为+1。

例7-2 求 $(NH_4)_2S_2O_8$ 和 $S_4O_6^{2-}$ 中 S 的氧化数。

解:$(NH_4)_2S_2O_8$ 为中性分子,各元素氧化数的代数和为零。已知 O 的氧化数为-2,

N 的氧化数为-3，H 的氧化数为+1。设 S 的氧化数为 x，则

$$2 \times (-3 + 4 \times 1) + 8 \times (-2) + 2x = 0$$
$$x = +7$$

所以 $(NH_4)_2S_2O_8$ 中 S 的氧化数为+7。

$S_4O_6^{2-}$ 为多原子离子，各元素氧化数的代数和为离子所带电荷数-2。已知 O 的氧化数为-2。设 S 的氧化数为 x，则

$$4x + 6 \times (-2) = -2$$
$$x = +2.5$$

所以 $S_4O_6^{2-}$ 中 S 的氧化数为+2.5。

氧化数是人为规定的概念，不考虑分子结构，它是一个形式上的电荷数，可以为正值，也可以为负值；可以是整数，也可以是分数或小数。

7.1.2 氧化与还原

可以根据氧化数的概念定义氧化还原反应。反应前后元素的氧化数发生变化的一类反应称为氧化还原反应。氧化数升高(失电子)的过程称为氧化，氧化数降低(得电子)的过程称为还原。反应中氧化数升高(失电子)的物质是还原剂(reducing agent)，氧化数降低(得电子)的物质是氧化剂(oxidizing agent)。

氧化还原反应中，氧化和还原必然同时发生。对反应物而言，原来是氧化剂，反应后变成还原剂，原来是还原剂，反应后变为氧化剂。如反应

氧化数降低 还原过程

$$Cu^{2+} + Zn \rightleftharpoons Zn^{2+} + Cu$$

氧化数升高 氧化过程

反应中，Cu^{2+} 得电子，氧化数由+2 降低为 0，Cu^{2+} 被还原为 Cu；Zn 失电子，氧化数由 0 升高为+2，Zn 被氧化为 Zn^{2+}。Cu^{2+} 是氧化剂，Zn 是还原剂。

7.1.3 氧化还原半反应与氧化还原电对

一个氧化还原反应可以分为两个半反应：一个半反应表示氧化剂得电子被还原；另一个半反应表示还原剂失电子被氧化。例如：

$$Cu^{2+} + Zn \rightleftharpoons Zn^{2+} + Cu$$

还原半反应　　　　$Cu^{2+} + 2e^- \rightleftharpoons Cu$

氧化半反应　　　　$Zn - 2e^- \rightleftharpoons Zn^{2+}$

每个半反应，都由同一元素的两个氧化数不同的物种组成，氧化数高的物种称为氧化态物质，氧化数低的物种称为还原态物质。氧化态物种和还原态物种构成氧化还原电对(redox couple)。书写电对时，氧化态物种先于还原态物种，如 Cu^{2+}/Cu，Zn^{2+}/Zn。

7.2　氧化还原反应方程式的配平

氧化还原反应往往比较复杂，反应方程式的配平方法有多种。下面介绍氧化数法和离子-电子法(半反应法)。

氧化还原反应方程式的配平要遵循两个原则：一是电荷守恒。氧化剂得电子总数等于还原剂失电子总数；二是质量守恒。反应前后各元素原子总数相等。

7.2.1　氧化数法

氧化数法配平氧化还原反应方程式的依据是还原剂氧化数升高总数和氧化剂氧化数降低总数相等。配平步骤如下：

(1)根据实验事实写出反应方程式。

(2)标出氧化数有变化的元素的氧化数，计算出反应前后氧化数的变化值。

(3)根据氧化数升高总数和氧化数降低总数相等的原则，在氧化剂和还原剂前面乘上相应的系数。

(4)使反应方程式两边各原子总数相等。

例 7-3　配平 $HClO_3 + P_4 \longrightarrow HCl + H_3PO_4$

解：(1)找出氧化剂和还原剂，标出其氧化数，计算氧化数的变化。

$$\overset{6 \times 10}{\overbrace{\qquad\qquad\qquad}}$$
$$\overset{+5}{H}\overset{}{Cl}O_3 + \overset{0}{P}_4 \longrightarrow \overset{-1}{H}Cl + H_3\overset{+5}{P}O_4$$
$$\underset{20 \times 3}{\underbrace{\qquad\qquad\qquad}}$$

(2)反应方程式两边乘以相应系数使氧化数升高和降低总数相等。

$$10ClO_3 + 3P_4 \longrightarrow 10HCl + 12H_3PO_4$$

(3)配平各原子数。方程式左边比右边少 36 个 H 原子，少 18 个 O 原子，应在左边加 18 个 H_2O。将式中的箭头改为等号。

$$10ClO_3 + 3P_4 + 18H_2O \Longrightarrow 10HCl + 12H_3PO_4$$

7.2.2　离子-电子法

离子电子法配平氧化还原反应方程式的依据是氧化剂得电子数与还原剂失电子数相等。此方法仅适用于水溶液中的反应。配平步骤如下：

(1)写出离子反应方程式。

(2)将离子反应方程式分为两个半反应：一个是氧化剂被还原的半反应，一个是还原剂被氧化的半反应。

(3)配平两个半反应。

(4)依据得失电子数相等的原则，给两个半反应分别乘以相应的系数。

(5)将两个半反应相加，得到配平的离子反应方程式。

(6)根据需要将离子反应方程式写为分子方程式。

例 7-4 配平 $KMnO_4+K_2SO_3+H_2SO_4 \longrightarrow MnSO_4+K_2SO_4+H_2O$

解：写成离子反应方程式：

$$MnO_4^- + SO_3^{2-} + H^+ \longrightarrow Mn^{2+} + SO_4^{2-} + H_2O$$

将上述反应分为两个半反应，并分别加以配平，使每一半反应的原子数和电荷数相等。

(1) $SO_3^{2-} + H_2O - 2e^- =\!=\!= SO_4^{2-} + 2H^+$

(2) $MnO_4^- + 8H^+ + 5e^- =\!=\!= Mn^{2+} + 4H_2O$

根据得失电子数相等的原则，(1)×5，(2)×2 后将两式相加

$$2MnO_4^- + 5SO_3^{2-} + 6H^+ =\!=\!= 2Mn^{2+} + 5SO_4^{2-} + 3H_2O$$

写作分子反应方程式

$$2KMnO_4 + 5K_2SO_3^{2-} + 3H_2SO_4 =\!=\!= 2MnSO_4 + 6K_2SO_4 + 3H_2O$$

例 7-5 配平 $KMnO_4$ 与 K_2SO_3 在碱性溶液中的反应方程式。

解：写出离子反应方程式：

$$MnO_4^- + SO_3^{2-} + OH^- \longrightarrow MnO_4^{2-} + SO_4^{2-} + H_2O$$

将上述反应分为两个半反应，并分别加以配平，使每一半反应的原子数和电荷数相等。

(1) $SO_3^{2-} + 2OH^- - 2e^- =\!=\!= SO_4^{2-} + H_2O$

(2) $MnO_4^- + e^- =\!=\!= MnO_4^{2-}$

根据得失电子数相等的原则，(2)×2 后将两式相加

$$2MnO_4^- + SO_3^{2-} + 2OH^- =\!=\!= 2MnO_4^{2-} + SO_4^{2-} + H_2O$$

写作分子反应方程式

$$2KMnO_4 + K_2SO_3 + 2KOH =\!=\!= 2K_2MnO_4 + K_2SO_4 + H_2O$$

例 7-6 配平 $KMnO_4$ 与 K_2SO_3 在中性溶液中的反应方程式。

解：写出离子反应方程式：

$$MnO_4^- + SO_3^{2-} \longrightarrow MnO_2 + SO_4^{2-} + H_2O$$

将上述反应分为两个半反应，并分别加以配平，使每一半反应的原子数和电荷数相等。

(1) $SO_3^{2-} + 2OH^- - 2e^- =\!=\!= SO_4^{2-} + H_2O$

(2) $MnO_4^- + 2H_2O + 3e^- =\!=\!= MnO_2 + 4OH^-$

根据得失电子数相等的原则，(1)×3，(2)×2 后将两式相加

$$2MnO_4^- + 3SO_3^{2-} + H_2O =\!=\!= 2MnO_2 + 3SO_3^{2-} + 2OH^-$$

写作分子反应方程式

$$2KMnO_4 + 3K_2SO_3 + H_2O =\!=\!= 2MnO_2 + 3K_2SO_4 + 2KOH$$

两种方法配平氧化还原反应方程式，一般先配平 H、O 以外的原子数，然后配平 H、O 原子数。可以根据介质的酸碱性，分别在半反应方程式中加 H^+，加 OH^- 或加 H_2O，使反应式两边的 H、O 原子数目相等。不同介质条件下配平氧原子的经验规则见表 7-1。

表 7-1   配平氧原子的经验规则

介质条件	方程式两边氧原子数	配平时左边应加入物质	生成物
酸性	左边 O 多	H^+	H_2O
	左边 O 少	H_2O	H^+
碱性	左边 O 多	H_2O	OH^-
	左边 O 少	OH^-	H_2O
中性 （或弱碱性）	左边 O 多	H_2O	OH^-
	左边 O 少	H_2O（中性）	H^+
		OH^-（弱碱性）	H_2O

7.3 原电池与电极电势

7.3.1 原电池

当锌片放入 $CuSO_4$ 溶液中时，Zn 与 Cu^{2+} 发生氧化还原反应。看到的现象是锌片溶解，溶液中有铜析出。反应式

$$Zn(s) + Cu^{2+}(aq) = Zn^{2+}(aq) + Cu(s)$$

反应的实质是 Zn 失去电子变成 Zn^{2+}，Cu^{2+} 得到电子成为 Cu。由于电子直接从还原剂 Zn 转移到氧化剂 Cu^{2+}，无法产生电流，化学能转变成热能。要将氧化还原反应的化学能转化为电能，必须使氧化剂和还原剂之间的电子转移通过一定的外电路做定向运动，因此需要一种特殊的装置来实现上述过程。

在两个烧杯中分别放入 $ZnSO_4$ 和 $CuSO_4$ 溶液，在盛有 $ZnSO_4$ 溶液的烧杯中放入 Zn 片，在盛有 $CuSO_4$ 溶液的烧杯中放入 Cu 片，将两个烧杯的溶液用一个充满电解质溶液（一般用饱和 KCl 溶液，为使溶液不致流出，常用琼脂与 KCl 饱和溶液制成胶冻。胶冻的组成大部分是水，离子可在其中自由移动）的倒置 U 形管作桥梁（称为盐桥，salt bridge），以联通两杯溶液，用一个灵敏电流计（A）将两金属片联接起来，如图 7-1 所示。可以观察到：

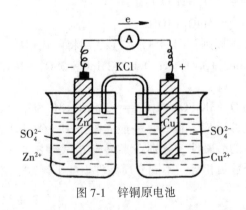

图 7-1 锌铜原电池

（1）电流表指针发生偏移，说明有电流产生。

（2）在铜片上有金属铜沉积上去，锌片发生溶解。

（3）取出盐桥，电流表指针回至零点；放入盐桥时，电流表指针又发生偏移。说明盐桥起着使整个装置构成通路的作用。这种利用化学反应，将化学能转变为电能的装置称原电池。

原电池由两个半电池构成，半电池包括电极材料（电极板）和电解质溶液，电极材料是电池反应中电子转移的导体。氧化还原电对的电子得失反应在溶液中进行。半电池也称电极，规定电子流出的电极为负极（negative electrode），负极上发生氧化反应；电子流入的电极为正极（positive electrode），正极上发生还原反应。在 Cu-Zn 原电池中，由检流计指针偏转的方向可知，外电路中电子从锌片流向铜片。Zn^{2+}/Zn 半电池为负极，称作锌电极，发生氧化反应，Cu^{2+}/Cu 半电池为正极，称作铜电极，发生还原反应，电极反应（半电池反应或称半反应）为：

负极（Zn）：$Zn(s) - 2e^- = Zn^{2+}(aq)$

正极（Cu）：$Cu^{2+}(aq) + 2e^- = Cu(s)$

电池反应为：

$$Zn(s) + Cu^{2+}(aq) = Zn^{2+}(aq) + Cu(s)$$

在 Cu-Zn 原电池进行的过程中，锌电极一侧随着锌片的溶解 Zn^{2+} 过剩，呈正电性；铜电极一侧随着 Cu^{2+} 得电子在铜片上沉积，SO_4^{2-} 过剩，呈负电性。外电路中电子从 Zn 片向 Cu 片的移动受到阻碍，氧化还原反应产生的电子的定向移动不能持续。放入盐桥，KCl 溶液中 Cl^- 向 Zn 电极一侧移动，K^+ 向 Cu 电极一侧移动，中和了两半电池中过剩的正负电荷，使溶液保持电中性，两个半电池反应得以继续进行，电流得以维持。

原电池可以用电池符号表示，上述 Cu—Zn 原电池表示为：

$$(-)Zn \mid ZnSO_4(c_1) \parallel CuSO_4(c_2) \mid Cu(+)$$

书写电池符号，要遵循以下规则：

（1）负极（-）写在左边，正极（+）写在右边。（-）和（+）可以省略不写。

（2）半电池中两相界面用"｜"分开，同相不同物种用","分开。用"‖"表示盐桥。

（3）组成电极的物质为溶液时要注明浓度，当溶液浓度为 $1mol \cdot L^{-1}$ 时，可省略。若为气体要表示出气体物质的分压。

（4）电极板写在外侧，纯液体、固体和气体紧靠电极板，溶液紧靠盐桥。

（5）当组成电极的物质是非金属单质及其相应的离子，或者是同一种元素不同氧化数的离子，如 H^+/H_2、Cl_2/Cl^-、O_2/OH^-、Fe^{3+}/Fe^{2+}、MnO_4^-/Mn^{2+} 等作电极时，需要加电极板（也称惰性电极），通常用金属铂或石墨，惰性电极不参加电极反应，仅起导电作用。

例 7-7 将下列氧化还原反应设计成原电池，并写出它的原电池符号。

（1）$2Ag^+(1.0mol \cdot L^{-1}) + H_2(100kPa) \Longrightarrow 2Ag(1.0mol \cdot L^{-1}) + 2H^+(1.0mol \cdot L^{-1})$

（2）$3Fe + Cr_2O_7^{2-} + 14H^+ \Longrightarrow 2Cr^{3+} + 3Fe^{2+} + 7H_2O$

解： 氧化还原反应中，氧化剂得电子，还原剂失电子，设计成原电池，氧化剂电对为正极，还原剂电对为负极。

（1）　负极　　$H_2 - 2e^- = 2H^+$

正极　　　$Ag^+ + e^- = Ag$

电池符号：

$$(-)Pt \mid H_2(100kPa) \mid H^+(1.0mol \cdot L^{-1}) \parallel Ag^+(1.0mol \cdot L^{-1}) \mid Ag(+)$$

（2）　负极　　　$Fe - 2e^- = Fe^{2+}$

正极　　　$Cr_2O_7^{2-} + 14H^+ + 6e^- = 2Cr^{3+} + 7H_2O$

电池符号：

$$(-)Fe \mid Fe^{2+}(c1) \parallel Cr_2O_7^{2-}(c2), \ Cr^{3+}(c3), \ H^+(c4) \mid Pt(+)$$

7.3.2　电极电势

1. 电极电势的产生

在 Cu-Zn 原电池中，把两个电极用导线连接后就有电流产生，说明两个电极的电极电势不等，存在电势差。电极电势是怎样产生的呢？

以金属电极为例说明电极电势的产生。金属晶体由金属原子、金属离子和自由电子组成。当把金属放在其盐溶液中，有两种过程：一是金属原子受极性水分子的吸引以水合离子的形式进入溶液，并将电子留在金属片上的过程（金属溶解 $M - ne^- = M^{n+}$）；另一个是溶液中的水合金属离子受到金属表面自由电子的吸引而沉积在金属表面的过程（$M^{n+} + ne^- = M$）。当这两种方向相反的过程进行的速率相等时，即达到动态平衡：

$$M(s) \rightleftharpoons M^{n+}(aq) + ne^-$$

金属越活泼或溶液中金属离子浓度越小，金属溶解的趋势就越大，溶液中金属离子沉积到金属表面的趋势就小，达到平衡时金属表面因聚集了金属溶解时留下的自由电子而带负电荷，溶液则因金属离子进入溶液而带正电荷，这样，由于正、负电荷相互吸引的结果，在金属与其盐溶液的接触界面处就建立起由带负电荷的电子和带正电荷的金属离子所构成的双电层（图 7-2a）。相反，如果金属越不活泼或溶液中金属离子浓度越大，金属溶解趋势就小，金属离子沉淀的趋势大，达到平衡时金属表面因聚集了金属离子而带正电荷，而溶液则由于金属离子沉淀带负电荷，这样，也构成了相应的双电层（图 7-2b）。这种双电层之间存在的电势差称为该金属的平衡电势简称电极电势。

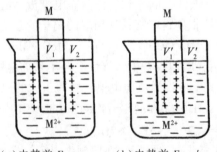

（a）电势差 $E = \varphi_2 - \varphi_1$　　（b）电势差 $E = \varphi_2' - \varphi_1'$

图 7-2　金属的电极电势

氧化还原电对不同，对应的电解质溶液的浓度不同，它们的电极电势也就不同。若将两种不同电极电势的氧化还原电对以原电池的方式连接起来，则在两极之间就存在电势差，因而产生电流。如 Cu—Zn 原电池，Zn 比 Cu 活泼，Cu 电极的电极电势高于 Zn 电极的电极电势，当用导线连接 Cu 电极和 Zn 电极，电子就从 Zn 电极流向 Cu 电极。

电极电势用符合 φ(氧化态/还原态)表示，如铜电极电势表示作 $\varphi(Cu^{2+}/Cu)$、锌电极的电势表示 $\varphi(Zn^{2+}/Zn)$。标准状态下的电极电势用 φ^{θ}(氧化态/还原态)表示。热力学标准状态即组成电极的离子其浓度(严格来讲，是离子活度)都为 $1mol \cdot L^{-1}$，气体的分压为 $100kPa$，液体和固体都是纯净物质。温度可以任意指定，但通常为 298.15K。

2. 电极电势与电动势

原电池正极的电极电势与负极的电极电势的差值为原电池的电动势，用符号 E 表示。

$$E = \varphi(+) - \varphi(-)$$

若两电极中的物质均处于标准状态，则电动势为标准电动势，用 E^{θ} 表示。

$$E^{\theta} = \varphi^{\theta}(+) - \varphi^{\theta}(-)$$

如 Cu—Zn 原电池电动势：$E = \varphi(Cu^{2+}/Cu) - \varphi(Zn^{2+}/Zn)$

标准状态的电动势：$E^{\theta} = \varphi^{\theta}(Cu^{2+}/Cu) - \varphi^{\theta}(Zn^{2+}/Zn)$

7.3.3 电极电势的测定

1. 标准氢电极

迄今为止，平衡电极电势的绝对值还无法测定，采用比较的方法得到各电对标准电极电势的相对值。通常选作标准的是标准氢电极(standard hydrogen electrode，SHE)，如图 7-3 所示。其电极可表示为：

$$Pt \mid H_2(100kPa) \mid H^+(1mol \cdot L^{-1})$$

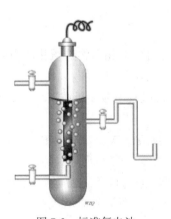

图 7-3 标准氢电池

标准氢电极是将铂片镀上一层蓬松的铂(称铂黑)，并把它浸入 H^+ 浓度为 $1mol \cdot L^{-1}$ 的溶液中，在 298.15K 时不断通入压力为 100kPa 的纯氢气流。H_2 电极与溶液中的 H^+ 离子建立了如下平衡

$$H_2(g) \rightleftharpoons 2H^+(aq) + 2e^-$$

规定 $\varphi^\theta(H^+/H_2) = 0.0000V$。

2. 标准电极电势的测定

在标准状态下，将氢电极与其他电极组成原电池，可以测得原电池的标准电动势 E^θ，$E^\theta = \varphi^\theta(+) - \varphi^\theta(-)$，其中一个电极为氢电极，由此得到其他电极的标准电极电势。

例如，欲测定铜电极的标准电极电势，将标准铜电极与标准氢电极组成原电池：

$$(-)Pt \mid H_2(100kPa) \mid H^+(1\ mol \cdot L^{-1}) \parallel Cu^{2+}(1\ mol \cdot L^{-1}) \mid Cu(+)$$

根据电流计指针偏转方向，可知电流是由铜电极通过导线流向氢电极（电子由氢电极流向铜电极）。所以氢电极是负极，铜电极为正极。测得此电池的电动势为 0.3419V。则

$$E^\theta = \varphi^\theta(Cu^{2+}/Cu) - \varphi^\theta(H^+/H_2) = 0.3419(V)$$

$$\varphi^\theta(H^+/H_2) = 0.0000V$$

所以，$\varphi^\theta(Cu^{2+}/Cu) = 0.3419V$。

再如，测定锌电极的标准电极电势，标准条件下，把锌电极与氢电极组成原电池，由电流的方向知道氢电极作正极，锌电极作负极，原电池符号写作

$$(-)Zn \mid Zn^{2+}(1\ mol \cdot L^{-1}) \parallel H^+(1\ mol \cdot L^{-1}) \mid H_2(100kPa) \mid Pt(+)$$

测得 $E^\theta = 0.7618(V)$

$$E^\theta = \varphi^\theta(H^+/H_2) - \varphi^\theta(Zn^{2+}/Zn) = 0.7618(V)$$

所以，$\varphi^\theta(Zn^{2+}/Zn) = -0.7618V$。

对于与水反应剧烈不能直接测定的电极，如 Na^+/Na、F_2/F^- 等，可以通过热力学数据用间接的方法计算得到其标准电极电势。书后附录 V 列出 298.15K 时一些电极的标准电极电势，该表称为标准电极电势表。

3. 标准电极电势表

电极电势是表示氧化还原电对中氧化态物种氧化能力或还原态物种还原能力相对大小的一个物理量。对标准电极电势表作几点说明：

(1)电极电势表分为酸表（在酸性介质）和碱表（在碱性介质），酸性和中性环境查酸表，碱性环境查碱表。

(2)所有电极反应写作还原反应形式 $Ox + ne^- = Red$。电极电势代数值大，说明氧化态物质(Ox)得电子能力强，即氧化能力强，而对应的还原态物质(Red)还原能力则弱；电极电势代数值小，说明还原态物质(Red)易失去电子，还原能力强，对应的氧化态物质氧化能力弱。附录 V 中，电极电势自上而下数值增大，电对氧化态物种氧化能力依次增强，还原态物种还原能力依次减弱。

(3)标准电极电势值的大小反映电对得失电子的倾向，只决定于电对的本性，与反应的方向、计量系数和反应速度无关。即 φ^θ 是强度性质的物理量，电极反应乘或除任何数，

数值不变；一个电对，无论电极反应写作氧化剂得电子或是反过来写作还原剂失电子的形式，电极电势值不变。例如：

Cl$_2$+2e$^-$ = 2Cl$^-$　　　　　φ^θ(Cl$_2$/Cl$^-$) = 1.358V

1/2Cl$_2$+2e$^-$ = Cl$^-$　　　　　φ^θ(Cl$_2$/Cl$^-$) = 1.358V

2Cl$^-$−2e$^-$ = Cl$_2$　　　　　　φ^θ(Cl$_2$/Cl$^-$) = 1.358V

（4）附录 V 为 298.15K 的标准电极电势，由于电极电势随温度的变化不大，所以室温下一般均可运用此表列值。

（5）标准电极电势仅适用于水溶液，非标准状态、非水溶液或熔融盐体系不能用 φ^θ 比较物质氧化还原能力。

4. 甘汞电极

标准氢电极要求氢气纯度很高，压力稳定，然而铂在溶液中易吸附其他组分而中毒，失去活性。因此，实际上常用易于制备、使用方便而且电极电势稳定的甘汞电极（calomel electrode）作为电极电势的对比参考，称为参比电极（reference electrode）。甘汞电极是金属汞和 Hg$_2$Cl$_2$ 及 KCl 溶液组成的电极，其构造如图 7-4 所示。内玻璃管中封接一根铂丝，铂丝插入纯汞中（厚度为 0.5~1cm），下置一层甘汞（Hg$_2$Cl$_2$）和汞的糊状物，外玻璃管中装入 KCl 溶液，即构成甘汞电极。电极下端与待测溶液接触部分是熔结陶瓷芯或玻璃砂芯等多孔物质或是一毛细管通道。

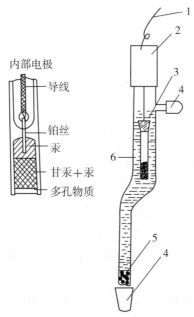

1—导线；2—绝缘体；3—内部电极；4—橡皮帽；5—多孔物质；6—饱和 KCl 溶液

图 7-4　甘汞电极

甘汞电极可以写成 Hg│Hg$_2$Cl$_2$(s)│KCl(c)电极反应为：

$$Hg_2Cl_2(s)+2e^- ====2Hg(1)+2Cl^-(aq)$$

当温度一定时，不同浓度的 KCl 溶液使甘汞电极的电势具有不同的恒定值。如表 7-2 所示。

表 7-2　　　　　　　　　　　　　　　　甘汞电极的电极电势

KCl 浓度	饱和	$1mol \cdot L^{-1}$	$0.1mol \cdot L^{-1}$
电极电势 E^θ/V	+0.2412	+0.2801	+0.3337

7.4　氧化还原反应与热力学

7.4.1　电池电动势 E 与吉布斯自由能 $\Delta_r G_m$ 的关系

热力学研究证明，在恒温恒压条件下，反应体系吉布斯自由能变 $\Delta_r G$ 的降低值等于体系所能做的最大有用功，即 $-\Delta_r G = W$。而一个能自发进行的氧化还原反应，可以设计成一个原电池，在恒温、恒压条件下，电池所作的最大有用功即为电功。电功(W)等于电动势(E)与通过的电量(Q)的乘积。

$$W = E \cdot Q$$

当反应进度为 ξ 时，反应转移 $n$mol 单子，电量 $Q = n$F，F 为法拉第(Faraday)常数，$F = 96485C \cdot mol^{-1} = 96485J \cdot V^{-1} \cdot mol^{-1}$。

则电功可以表示为

$$W = E \cdot Q = E \cdot nF$$

即

$$\Delta_r G = -W = -nEF$$

将上式两边同除以反应进度 ξ：

$$\frac{\Delta G}{\xi} = \frac{nFE}{\xi}$$

有：

$$\Delta_r G_m = -nFE \tag{7-1}$$

标准态下：

$$\Delta_r G_m^\theta = -nFE^\theta \tag{7-2}$$

由式(7-2)可见，利用 $\Delta_r G_m^\theta$，可计算标准电动势，这就为理论上确定标准电极电势提供了依据。

例 7-8　利用热力学数据，计算 298.15K Na$^+$/Na 电对的标准电极电势。

解：把电对 Na$^+$/Na 与另一电对(最好选择 H$^+$/H$_2$)组成原电池。写出电池反应，计算反应的 $\Delta_r G_m^\theta$，根据式(7-2)，计算得到 E^θ，已知 $\varphi^\theta(H^+/H_2) = 0.0000V$，由此问题得到解决。

电池反应式为

$$2Na \ + \ 2H^+ \ =\!=\!= \ 2Na^+ \ + \ H_2$$

$\Delta_f G_m^\theta/(kJ \cdot mol^{-1})$　　0　　　0　　　　−261.88　　0

则

$$\Delta_r G_m^\theta = -2×261.88 = -523.76(kJ \cdot mol^{-1})$$

$$\Delta_r G_m^\theta = -nFE^\theta = -523.76kJ \cdot mol^{-1}$$

$$E^\theta = \frac{-\Delta_r G_m^\theta}{nF} = \frac{523.76×10^3}{2×96485} = 2.71(V)$$

$$E^\theta = \varphi^\theta(H^+/H_2) - \varphi^\theta(Na^+/Na) = 2.71(V)$$

∵　$\varphi^\theta(H^+/H_2) = 0.000(V)$

∴　$\varphi^\theta(Na^+/Na) = -2.71(V)$

例7-9 把下列反应设计成电池，求电池的电动势 E^θ 及反应的 $\Delta_r G_m^\theta$。

$$MnO_2 + 4HCl =\!=\!= MnCl_2 + Cl_2 + 2H_2O$$

解： 正极的电极反应

$$MnO_2 + 4H^+ + 2e^- =\!=\!= Mn^{2+} + 2H_2O \quad \varphi^\theta = 1.224V$$

负极的电极反应

$$Cl_2 + 2e^- = 2Cl^- \quad \varphi^\theta = 1.358V$$

$$E^\theta = \varphi^\theta(+) - \varphi^\theta(-) = (1.224 - 1.358) = -0.134V$$

$$\Delta_r G_m^\theta = -nFE^\theta = -2×96485×(-0.134)×10^{-3} = 25.7(kJ \cdot mol^{-1})$$

7.4.2　标准电动势 E^θ 与反应的标准平衡常数 K^θ 的关系

将 $\Delta_r G_m^\theta = -RTlnK^\theta$ 与 $\Delta_r G_m^\theta = -nFE^\theta$ 联立，可得：

$$lnK^\theta = \frac{nFE^\theta}{RT} \tag{7-3}$$

298.15K 时，将 $F = 96485J \cdot V^{-1}mol^{-1}$、$R = 8.314J \cdot mol^{-1} \cdot K^{-1}$ 数值代入，并将自然对数换为常用对数

$$lgK^\theta = \frac{nE^\theta}{0.0592} \tag{7-4}$$

因此，将化学反应设计成原电池，可以由 E^θ 计算反应的标准平衡常数 K^θ，从而讨论反应进行的程度和限度。

例7-10 计算下列反应 298.15K 的标准平衡常数：

$$Zn(s) + Cu^{2+} =\!=\!= Zn^{2+}(aq) + Cu$$

解： 将反应设计成原电池，求出电池的 E^θ 即可得到 K^θ。

正极反应　　$Cu^{2+} + 2e^- = Cu$　　　$\varphi^\theta(Cu^{2+}/Cu) = 0.3419V$

负极反应　　$Zn^{2+} + 2e^- = Zn$　　　$\varphi^\theta(Zn^{2+}/Zn) = -0.7618V$

$$E^\theta = \varphi^\theta(Cu^{2+}/Cu) - \varphi^\theta(Zn^{2+}/Zn) = 0.3419 - (-0.7618) = 1.1037(V)$$

$$lgK^\theta = \frac{nE^\theta}{0.0592} = \frac{2×1.1037}{0.0592} = 37.287$$

$$K^\theta = 2.00×10^{37}$$

平衡常数值非常大，说明该反应进行得很完全。

7.5 影响电极电势的因素

7.5.1 影响电极电势的因素——能斯特方程式

电极电势的高低，主要取决于电极本性，此外，还与反应温度、物质的浓度或压力及介质条件有关。电极电势与离子浓度、温度间的定量关系可由能斯特方程给出。

对于一个任意给定的电极，其电极反应写作通式

$$a \text{ 氧化型} + ne^- = b \text{ 还原型}$$

能斯特方程为：

$$\varphi = \varphi^{\theta} + \frac{RT}{nF} \ln \frac{c^a(\text{氧化型})}{c^b(\text{还原型})} \tag{7-5}$$

式中：R 为气体常数；F 为法拉第常数；T 为热力学温度；n 为电极反应转移的电子数。

在温度为 298.15K 时，将各常数值代入式(7-5)，并将自然对数换为常用对数，能斯特方程写作常用的形式

$$\varphi = \varphi^{\theta} + \frac{0.0592}{n} \lg \frac{c^a(\text{氧化型})}{c^b(\text{还原型})} \tag{7-6}$$

应用能斯特方程式时，应注意以下问题。

(1)能斯特方程式中浓度应写为相对浓度，c/c^{θ}，由于 c^{θ} 不影响 c 值，为简便，公式中的相对浓度，写作 c；如果电极反应中有气体参加，气体物质用相对分压力 p/p^{θ} 表示。如果电极反应中有固体或纯液体时，它们的浓度不列入能斯特方程表示式中。

例如：
$$Zn^{2+}(aq) + 2e^- \Longrightarrow Zn$$

$$\varphi = \varphi^{\theta}(Zn^{2+}/Zn) + \frac{0.0592V}{2} \lg c(Zn^{2+})$$

$$Br_2(l) + 2e^- \Longrightarrow 2Br^-(aq)$$

$$\varphi(Br_2/Br^-) = \varphi^{\theta}(Br_2/Br^-) + \frac{0.0592V}{2} \lg \frac{1}{c^2(Br^-)}$$

$$2H^+ + 2e^- \Longrightarrow H_2(g)$$

$$\varphi(H^+/H_2) = \varphi^{\theta}(H^+/H_2) + \frac{0.0592V}{2} \lg \frac{c^2(H^+)}{p(H_2)/p^{\theta}}$$

(2)如果在电极反应中，除氧化态、还原态物种外，还有其他物种如 H^+、OH^- 参加，这些物种的浓度也要表示在能斯特方程式中。

例如：
$$MnO_2 + 4H^+ + 2e^- = Mn^{2+} + 2H_2O$$

$$\varphi(MnO_2/Mn^{2+}) = \varphi^{\theta}(MnO_2/Mn^{2+}) + \frac{0.0592V}{2} \lg \frac{c^4(H^+)}{c(Mn^{2+})}$$

从能斯特方程可见，若电对的氧化态物种浓度增大或还原态浓度减小，则电极电势 φ 增大，大于 φ^{θ}；反之，电对的还原态浓度增大或氧化态浓度减小，电极电势 φ 减小。因

此凡是影响氧化态或还原态物种浓度的因素，都将影响电极电势的值。

7.5.2 浓度对电极电势的影响因素

1. 直接改变氧化态或还原态物种本身浓度对电极电势的影响

例 7-11 当 Cu^{2+} 浓度为 $0.10mol \cdot L^{-1}$，时，计算 Cu^{2+}/Cu 电对的电极电势。

解：
$$Cu^{2+}+2e^- \Longrightarrow Cu$$

由附录 V 查得：
$$\varphi^{\theta}(Cu^{2+}/Cu^-) = 0.3419V$$

$$\varphi(Cu^{2+}/Cu) = \varphi^{\theta}(Cu^{2+}/Cu) + \frac{0.0592}{2}\lg c(Cu^{2+})$$

$$= 0.3419 + \frac{0.0592}{2}\lg 0.1 = 0.3123(V)$$

浓度改变了 10 倍，电极电势改变了 0.03。由此可知，改变氧化态或还原态物种浓度，对电极电势的影响有限。

2. 生成沉淀、弱酸、弱碱或配合物对电极电势的影响

加入沉淀剂，使电对中的氧化态物种或还原态物种生成沉淀，由于其浓度发生变化，电对的电极电势发生改变，导致氧化态物种的氧化能力或还原态物种的还原能力改变。

例 7-12 298.15K 向标准 $Ag\text{-}Ag^+$ 电极溶液中加入 KCl 溶液，使 $c(Cl^-) = 1.0mol \cdot L^{-1}$，计算 $\varphi(Ag^+/Ag)$。已知 $\varphi^{\theta}(Ag^+/Ag) = 0.799V$

解： 加入 KCl 溶液，Ag^+ 与 Cl^- 反应生成 AgCl 沉淀，使 Ag^+ 浓度减小，从而 $Ag\text{-}Ag^+$ 电极的电势改变。计算出反应后的 Ag^+ 浓度，代入能斯特方程，即可得到 $\varphi(Ag^+/Ag)$。

$$K_{sp}^{\theta} = c(Ag^+)c(Cl^-) = 1.8 \times 10^{-10}$$

$$c(Ag^+) = \frac{K_{sp}^{\theta}}{c(Cl^-)} = \frac{1.8 \times 10^{-10}}{1.0} = 1.8 \times 10^{-10}(mol \cdot L^{-1})$$

$$\varphi(Ag^+/Ag) = \varphi^{\theta}(Ag^+/Ag) + 0.0592\lg c(Ag^+)$$

$$= 0.799 + 0.0592\lg 1.8 \times 10^{-10} = 0.222(V)$$

计算所得的 $c(Cl^-) = 1.0mol \cdot L^{-1}$ 时的 $\varphi(Ag^+/Ag)$，实际就是 $AgCl/Ag$ 电对的标准电极电势 $\varphi^{\theta}(AgCl/Ag)$。

在含有 Ag^+、Cl^- 和 AgCl 沉淀的体系中，存在两个电对，Ag^+/Ag 和 $AgCl/Ag$，体系的电势可以用两个电对中的任一个电对进行计算。电极反应为

$$AgCl+e^- \Longrightarrow Ag+Cl^-$$

$$Ag^+ + e^- \Longrightarrow Ag$$

当 $c(Cl^-) = 1.0mol \cdot L^{-1}$ 时，$AgCl/Ag$ 电极处于标准态，其电极电势可以根据 Ag^+/Ag 电对的能斯特公式求算：

$$\varphi^{\theta}(AgCl/Ag) = \varphi(Ag^+/Ag)$$

$$= \varphi^{\theta}(Ag^+/Ag) + 0.0592\lg \frac{K_{sp}^{\theta}}{c(Cl^-)}$$

$$= \varphi^{\theta}(\mathrm{Ag^+/Ag}) + 0.0592 \lg K_{\mathrm{sp}}^{\theta}(\mathrm{AgCl})$$

同理，当 $c(\mathrm{Br^-}) = 1.0\,\mathrm{mol \cdot L^{-1}}$ 时，通过计算 $\varphi(\mathrm{Ag^+/Ag})$，可以得到 $\varphi^{\theta}(\mathrm{AgBr/Ag})$：

$$\varphi^{\theta}(\mathrm{AgBr/Ag}) = \varphi(\mathrm{Ag^+/Ag})$$

$$= \varphi^{\theta} + 0.0592 \lg \frac{K_{\mathrm{sp}}^{\theta}}{c(\mathrm{Br^-})}$$

$$= \varphi^{\theta}(\mathrm{Ag^+/Ag}) + 0.0592 \lg K_{\mathrm{sp}}^{\theta}(\mathrm{AgBr})$$

当 $c(\mathrm{I^-}) = 1.0\,\mathrm{mol \cdot L^{-1}}$ 时，计算 $\varphi^{\theta}(\mathrm{AgI/Ag})$：

$$\varphi^{\theta}(\mathrm{AgI/Ag}) = \varphi(\mathrm{Ag^+/Ag})$$

$$= \varphi^{\theta} + 0.0592 \lg \frac{K_{\mathrm{sp}}^{\theta}}{c(\mathrm{I^-})}$$

$$= \varphi^{\theta}(\mathrm{Ag^+/Ag}) + 0.0592 \lg K_{\mathrm{sp}}^{\theta}(\mathrm{AgI})$$

写作一个通式，$c(\mathrm{x^-}) = 1.0\,\mathrm{mol \cdot L^{-1}}$ 时，

$$\varphi^{\theta}(\mathrm{Agx/Ag}) = \varphi^{\theta}(\mathrm{Ag^+/Ag}) + 0.0592 \lg K_{\mathrm{sp}}^{\theta}(\mathrm{Agx})$$

氧化态物种生成沉淀，电极电势减小，生成沉淀物质的 K_{sp}^{θ} 越小，电极电势减小的越多。如 $\mathrm{Ag^+}$ 生成卤化物沉淀时，其电极电势变化见下：

	AgCl	AgBr	AgI
K_{sp}^{θ}	1.77×10^{-10}	5.35×10^{-13}	8.52×10^{-17}
$\varphi^{\theta}(\mathrm{Agx/Ag})/\mathrm{V}$	0.222	0.0731	−0.151
$\varphi^{\theta}(\mathrm{Ag^+/Ag})/\mathrm{V}$	0.799		

还原态物种生成沉淀，电极电势增大。如 $\mathrm{Cu^{2+}}$-$\mathrm{Cu^+}$ 电极，加入 $\mathrm{I^-}$，由于 $\mathrm{Cu^+}$ 生成沉淀 CuI，使 $\mathrm{Cu^{2+}/Cu^+}$ 电对电极电势增大，大于 $\varphi^{\theta}(\mathrm{Cu^{2+}/Cu^+})$。

若氧化态物种和还原态物种二者同时生成沉淀时，$K_{\mathrm{sp}}^{\theta}(\text{氧化态}) < K_{\mathrm{sp}}^{\theta}(\text{还原态})$，则电极电势变小；反之，则变大。

例 7-13　298.15K 时，在 $\mathrm{Fe^{3+}}$、$\mathrm{Fe^{2+}}$ 的混合溶液中加入 NaOH 时，有 $\mathrm{Fe(OH)_3}$、$\mathrm{Fe(OH)_2}$ 沉淀生成（假设无其它反应发生）。当沉淀反应达到平衡，并保持 $c(\mathrm{OH^-}) = 1.0\,\mathrm{mol \cdot L^{-1}}$ 时。计算 $\mathrm{Fe^{3+}/Fe^{2+}}$ 电对的电极电势 $\varphi(\mathrm{Fe^{3+}/Fe^{2+}})$。

已知：$K_{\mathrm{sp}}^{\theta}\{\mathrm{Fe(OH)_3}\} = 2.64 \times 10^{-38}$；$K_{\mathrm{sp}}^{\theta}\{\mathrm{Fe(OH)_2}\} = 4.87 \times 10^{-17}$

解： $\mathrm{Fe^{3+}} + \mathrm{e^-} = \mathrm{Fe^{2+}}$　　$\varphi^{\theta}(\mathrm{Fe^{3+}/Fe^{2+}}) = 0.771\mathrm{V}$

加入 NaOH 溶液，$\mathrm{Fe^{3+}}$、$\mathrm{Fe^{2+}}$ 生成沉淀，其浓度发生改变，电极电势发生改变。

加 NaOH 发生如下反应：

$$\mathrm{Fe^{3+}(aq)} + 3\mathrm{OH^-(aq)} =\!=\!= \mathrm{Fe(OH)_3(s)} \tag{1}$$

$$\mathrm{Fe^{2+}(aq)} + 2\mathrm{OH^-(aq)} =\!=\!= \mathrm{Fe(OH)_2(s)} \tag{2}$$

平衡时，　　　　　　　　$c(\mathrm{OH^-}) = 1.0\,\mathrm{mol \cdot L^{-1}}$

$$c(\mathrm{Fe^{3+}}) = \frac{K_{sp}^{\theta}\{\mathrm{Fe(OH)_3}\}}{c(\mathrm{OH^-})^3} = K_{sp}^{\theta}\{\mathrm{Fe(OH)_3}\}$$

$$c(\mathrm{Fe^{2+}}) = \frac{K_{sp}^{\theta}\{\mathrm{Fe(OH)_2}\}}{c(\mathrm{OH^-})^2} = K_{sp}^{\theta}\{\mathrm{Fe(OH)_2}\}$$

$$\varphi(\mathrm{Fe^{3+}/Fe^{2+}}) = \varphi^{\theta}(\mathrm{Fe^{3+}/Fe^{2+}}) + 0.0592\lg\frac{c(\mathrm{Fe^{3+}})}{c(\mathrm{Fe^{2+}})}$$

$$= \varphi^{\theta}(\mathrm{Fe^{3+}/Fe^{2+}}) + 0.0592\lg\frac{K_{sp}^{\theta}\{\mathrm{Fe(OH)_3}\}}{K_{sp}^{\theta}\{\mathrm{Fe(OH)_2}\}}$$

$$= 0.771 + 0.0592\lg\frac{2.64\times10^{-38}}{4.87\times10^{-17}} = -0.547(\mathrm{V})$$

根据标准电极电势的定义可知，计算所得 $\varphi(\mathrm{Fe^{3+}/Fe^{2+}})$ 的电极电势，就是电极反应 $\mathrm{Fe(OH)_3 + e = Fe(OH)_2 + OH^-}$ 的标准电极电势 $\varphi^{\theta}\{\mathrm{Fe(OH)_3/Fe(OH)_2}\}$。

3. 生成弱酸或弱碱对电极电势的影响

例 7-14 在标准氢电极中加入 NaAc，并维持 $c(\mathrm{Ac^-}) = c(\mathrm{HAc}) = 1.0\mathrm{mol\cdot L^{-1}}$，$p(\mathrm{H_2}) = 100\mathrm{kPa}$，计算氢电极的电极电势。

解： $\mathrm{H^+ + 2e^- = H_2}$ $\varphi^{\theta}(\mathrm{H^+/H_2}) = 0.0000\mathrm{V}$

加入 NaAc，$\mathrm{H^+}$ 与 $\mathrm{Ac^-}$ 发生反应 $\mathrm{H^+ + Ac^- = HAc}$，体系中存在 HAc、$\mathrm{Ac^-}$，

$$c(\mathrm{H^+}) = K_a^{\theta}\frac{c(\mathrm{HAc})}{c(\mathrm{Ac^-})} = 1.79\times10^{-5}(\mathrm{mol\cdot L^{-1}})$$

根据能斯特公式

$$\varphi(\mathrm{H^+/H_2}) = \varphi^{\theta}(\mathrm{H^+/H_2}) + \frac{0.0592}{2}\lg c(\mathrm{H^+}) = \frac{0.0592}{2}\lg 1.79\times10^{-5}$$

$$= -0.141(\mathrm{V})$$

4. 生成配位合物对电极电势的影响

加入配位剂使氧化态物种或还原态物种生成配位化合物，由于浓度发生变化，也将引起电极电势的变化。若氧化态物种生成配位合物，因其浓度变小，电极电势变小；若还原态物种生成配位合物，则会使电极电势增大。

7.5.3 酸度对电极电势的影响因素

电极反应中有 $\mathrm{H^+}$ 或 $\mathrm{OH^-}$ 参与，改变他们的浓度，电极电势也会改变，从而导致氧化态物种或还原态物种的氧化能力或还原能力发生改变。

例 7-15 已知电极反应

$$\mathrm{NO_3^- + 4H^+ + 3e^- = NO + 2H_2O} \qquad \varphi^{\theta}(\mathrm{NO_3^-/NO}) = 0.96\mathrm{V}$$

若其他条件不变，只改变 $\mathrm{H^+}$ 浓度，计算：$c(\mathrm{H^+}) = 1.0\times10^{-7}\mathrm{mol\cdot L^{-1}}$ 时的 $\varphi(\mathrm{NO_3^-/NO})$。

解： 根据能斯特方程式：

$$\varphi(\mathrm{NO_3^-/NO}) = \varphi^{\theta}(\mathrm{NO_3^-/NO}) + \frac{0.0592}{3}\lg\frac{c(\mathrm{NO_3^-})c^4(\mathrm{H^+})}{p(\mathrm{NO})/p^{\theta}}$$

$$= 0.96 + \frac{0.0592}{3}\lg\frac{(1.0\times10^{-7})^4}{100/100} = 0.41(\mathrm{V})$$

当 $c(\mathrm{H^+})$ 由 $1.0\mathrm{mol\cdot L^{-1}}$ 减小到 $1.0\times10^{-7}\mathrm{mol\cdot L^{-1}}$ 时，电极电势由 0.96 减小到 0.41，$\mathrm{NO_3^-}$ 的氧化能力随酸度的减小而降低。我们知道，浓硝酸的氧化能力很强，而中性的硝酸盐（如 $\mathrm{KNO_3}$）氧化能力很弱。

通常来说，氧化物、含氧酸及含氧酸盐其氧化能力随着酸度的增大而增强。

溶液的酸度不仅影响氧化还原电对的电极电势，还会影响氧化还原反应的产物。例如，$\mathrm{MnO_4^-}$ 氧化 $\mathrm{SO_3^{2-}}$，在不同介质条件下，还原产物不同。

$$2\mathrm{MnO_4^-} + 5\mathrm{SO_3^{2-}} + 6\mathrm{H^+} = 2\mathrm{Mn^{2+}} + 5\mathrm{SO_4^{2-}} + 3\mathrm{H_2O}$$

$$2\mathrm{MnO_4^-} + 3\mathrm{SO_3^{2-}} + \mathrm{H_2O} = 2\mathrm{MnO_2} + 3\mathrm{SO_4^{2-}} + 2\mathrm{OH^-}$$

$$2\mathrm{MnO_4^-} + \mathrm{SO_3^{2-}} + 2\mathrm{OH^-} = 2\mathrm{MnO_4^{2-}} + \mathrm{SO_4^{2-}} + \mathrm{H_2O}$$

7.6　电极电势的应用

7.6.1　计算原电池的电动势

例 7-16　把下列反应设计成原电池，计算该原电池的电动势 E。

$$2\mathrm{Fe^{3+}}(0.10\mathrm{mol\cdot L^{-1}}) + \mathrm{Sn^{2+}}(0.010\mathrm{mol\cdot L^{-1}}) = 2\mathrm{Fe^{2+}}(0.50\mathrm{mol\cdot L^{-1}}) + \mathrm{Sn^{4+}}(0.2\mathrm{mol\cdot L^{-1}})$$

解：查得 $\varphi(\mathrm{Fe^{3+}/Fe^{2+}}) = 0.771\mathrm{V}$；$\varphi(\mathrm{Sn^{4+}/Sn^{2+}}) = 0.151\mathrm{V}$

根据反应，$\mathrm{Fe^{3+}/Fe^{2+}}$ 电对作正极，$\mathrm{Sn^{4+}/Sn^{2+}}$ 电对作负极，原电池符号：

$\mathrm{Pt\mid Sn^{2+}}(0.010\mathrm{mol\cdot L^{-1}}),\mathrm{Sn^{4+}}(0.2\mathrm{mol\cdot L^{-1}}) \parallel \mathrm{Fe^{3+}}(0.10\mathrm{mol\cdot L^{-1}}),\mathrm{Fe^{2+}}(0.50\mathrm{mol\cdot L^{-1}})\mid \mathrm{Pt}$

根据能斯特方程式

$$\varphi(\mathrm{Fe^{3+}/Fe^{2+}}) = \varphi^{\theta}(\mathrm{Fe^{3+}/Fe^{2+}}) + 0.0592\lg\frac{c(\mathrm{Fe^{3+}})}{c(\mathrm{Fe^{2+}})}$$

$$= 0.771 + 0.0592\lg\frac{0.10}{0.50}$$

$$= 0.73(\mathrm{V})$$

$$\varphi(\mathrm{Sn^{4+}/Sn^{2+}}) = \varphi^{\theta}(\mathrm{Sn^{4+}/Sn^{2+}}) + \frac{0.0592}{2}\lg\frac{c(\mathrm{Sn^{4+}})}{c(\mathrm{Sn^{2+}})}$$

$$= 0.151 + \frac{0.0592}{2}\lg\frac{0.2}{0.01}$$

$$= 0.19(\mathrm{V})$$

$$E = \varphi(\mathrm{Fe^{3+}/Fe^{2+}}) - \varphi(\mathrm{Sn^{4+}/Sn^{2+}}) = 0.73 - 0.19 = 0.54(\mathrm{V})$$

7.6.2　判断氧化还原反应的方向

在定温定压条件下，化学反应自发性的判据 $\Delta_r G_m$ 与电动势 E 的关系：

$$\Delta_r G_m = -nFE = -nF[\varphi(+)-\varphi(-)]$$

对于氧化还原反应：

当 $\Delta_r G_m < 0$，则 $E > 0$ 或 $\varphi(+) > \varphi(-)$，反应正向自发；

当 $\Delta_r G_m > 0$，则 $E < 0$ 或 $\varphi(+) < \varphi(-)$，反应逆向自发；

当 $\Delta_r G_m = 0$，则 $E = 0$ 或 $\varphi(+) = \varphi(-)$，反应达到平衡；

因此，对于氧化还原反应，将其设计成原电池，通过 E 值可以判断反应方向，或直接比较正负极的电极电势的大小可以判断出反应的方向。氧化还原反应的方向总是较强的氧化剂与较强的还原剂相互反应，生成较弱的还原剂和较弱的氧化剂。若反应处于标准状态，用 E^θ 判断。

例如判断例 7-16 反应在标准状态和题设条件下反应能否正向进行。反应在标准条件下，正极 $\varphi^\theta(Fe^{3+}/Fe^{2+}) = 0.771V$；负极 $\varphi^\theta(Sn^{4+}/Sn^{2+}) = 0.151V$，$\varphi^\theta(Fe^{3+}/Fe^{2+}) > \varphi^\theta(Sn^{4+}/Sn^{2+})$，$E^\theta > 0$，所以反应可以正向进行。在题设条件下，$\varphi(Fe^{3+}/Fe^{2+}) = 0.730V$；负极 $\varphi(Sn^{4+}/Sn^{2+}) = 0.190V$，$\varphi(Fe^{3+}/Fe^{2+}) > \varphi(Sn^{4+}/Sn^{2+})$，$E > 0$，所以反应依然正向进行。

从能斯特方程式知道，φ 的大小主要取决于电极的本性 φ^θ，φ^θ 值在 φ 中占主要部分，浓度对 φ 的影响不大，因其取对数后，还要乘 $(0.0592/n)$。大多数情况下，可以直接用 φ^θ 值来判断，当 $E^\theta > 0.2V$ 或 $E^\theta < -0.2V$ 时，一般不会因浓度变化而使 E^θ 值改变符号。而 $0.2V > E^\theta > -0.2V$ 时，氧化还原反应的方向常因参加反应的物质的浓度、分压和酸度的变化而有可能产生逆转。

例 7-17 判断反应 $Pb^{2+} + Sn = Pb + Sn^{2+}$ 能否在下列条件下进行。

(1) $c(Pb^{2+}) = c(Sn^{2+}) = 1.0 mol \cdot L^{-1}$

(2) $c(Pb^{2+}) = 0.50 mol \cdot L^{-1}$，$c(Sn^{2+}) = 2.0 mol \cdot L^{-1}$

解： 反应设计成原电池，Pb^{2+}/Pb 作正极，Sn^{2+}/Sn 作负极

(1) $c(Pb^{2+}) = c(Sn^{2+}) = 1.0 mol \cdot L^{-1}$，反应处于标准状态，计算 E^θ

由附录 V 得

$Pb^{2+} + 2e^- = Pb$　　$\varphi^\theta(Pb^{2+}/Pb) = -0.126V$

$Sn^{2+} + 2e^- = Sn$　　$\varphi^\theta(Sn^{2+}/Sn) = -0.138V$

$\varphi^\theta(Pb^{2+}/Pb) > \varphi^\theta(Sn^{2+}/Sn)$，反应正向进行。

(2) 反应为非标准状态，根据能斯特方程分别计算 Pb^{2+}/Pb，Sn^{2+}/Sn 电极的电极电势

$$\varphi(Pb^{2+}/Pb) = \varphi^\theta(Pb^{2+}/Pb) + \frac{0.0592}{2} \lg c(Pb^{2+})$$

$$= -0.126 + 0.0592 \lg 0.50 = -0.14(V)$$

$$\varphi(Sn^{2+}/Sn) = \varphi^\theta(Sn^{2+}/Sn) + \frac{0.0592}{2} \lg c(Sn^{2+})$$

$$= -0.138 + 0.0592 \lg 2.0 = -0.12(V)$$

$\varphi(Pb^{2+}/Pb) = -0.14V < \varphi(Sn^{2+}/Sn) = -0.120V$ 或 $E < 0V$，反应逆向进行。

例 7-17 中，$E^\theta = 0.012V$，改变浓度使 E 值符号改变，反应方向发生逆转。因此，当 $-0.2V < E^\theta < 0.2V$，非标准状态下，要用 E 值，而不能用 E^θ 判断反应进行的方向。

当氧化还原反应中有 H^+ 和 OH^- 参加，溶液的酸度对氧化还原电对的电极电势产生影

响，从而有可能影响反应的方向。

例 7-18　在 298.15K 标准状态下，MnO_2 和 HCl 反应能否制得 Cl_2? 如果改用 $12mol \cdot L^{-1}$ 的浓盐酸，$c(Mn^{2+}) = 1.0mol \cdot L^{-1}$ 可否制得 Cl_2 呢?

解: MnO_2 和 HCl 的反应　　$MnO_2 + 4HCl = MnCl_2 + Cl_2 + H_2O$

将反应设计成原电池

正极反应　$MnO_2 + 4H^+ + 2e^- = Mn^{2+} + 2H_2O$　　$\varphi^\theta(MnO_2/Mn^{2+}) = 1.224V$

负极反应　$Cl_2(g) + 2e^- = 2Cl^-(aq)$　　　　$\varphi^\theta(Cl_2/Cl^-) = 1.358V$

在标准状态下，　　$\varphi^\theta(MnO_2/Mn^{2+}) < \varphi^\theta(Cl_2/Cl^-)$，$E^\theta < 0$，

所以反应不能正向进行，即不能制得 Cl_2。

改用浓盐酸，$c(H^+) = 12mol \cdot L^{-1}$，$c(Mn^{2+}) = 1.0mol \cdot L^{-1}$ 时

$$\varphi(MnO_2/Mn^{2+}) = \varphi^\theta(MnO_2/Mn^{2+}) + \frac{0.0592}{2}lg\frac{c^4(H^+)}{c(Mn^{2+})}$$

$$= 1.224 + \frac{0.0592}{2}lg(12)^4 = 1.352(V)$$

$$\varphi(Cl_2/Cl^-) = \varphi^\theta(Cl_2/Cl^-) + \frac{0.059V}{2}lg\frac{p(Cl_2)/p^\theta}{c^2(Cl^-)}$$

$$= 1.358 + \frac{0.0592}{2}lg\frac{100/100}{(12)^2} = 1.290(V)$$

$$\varphi(MnO_2/Mn^{2+}) > \varphi(Cl_2/Cl^-) \text{ 或 } E > 0V$$

此时可以制得 Cl_2。实验室中利用 MnO_2 和 HCl 反应制 Cl_2，除了采用浓盐酸，还需要加热，以加快反应速率。

作为反应介质的 H^+ 或 OH^-，其浓度变化的范围可以很大，如可以从 $1.0mol \cdot L^{-1}$ 到 $1.0 \times 10^{-14}mol \cdot L^{-1}$，故有 H^+ 或 OH^- 参与的氧化还原反应，改变 H^+ 或 OH^- 浓度，反应方向会发生逆转，或者说在非标准状态时，要用 E，而不能用 E^θ 判断反应方向。

7.6.3　选择氧化剂和还原剂

例如在含有 Cl^-、Br^-、I^- 三种离子的混合溶液中，欲使 I^- 被氧化为 I_2，而不使 Cl^-、Br^- 被氧化，在氧化剂 $Fe_2(SO_4)_3$ 和 $KMnO_4$ 中应选择哪一种合适? 所选氧化剂，其电对的电极电势应该大于要求氧化的还原剂电对的电极电势，小于其他共存还原剂电对的电极电势。查附录 V，$\varphi^\theta(MnO_4^-/Mn^{2+}) = 1.51V$，$\varphi^\theta(Cl_2/Cl^-) = 1.358V$，$\varphi^\theta(Br_2/Br^-) = 1.065V$，$\varphi^\theta(I_2/I^-) = 0.5355V$，$\varphi^\theta(Fe^{3+}/Fe^{2+}) = 0.771V$。故选择 $Fe_2(SO_4)_3$。若选择 $KMnO_4$，所有离子均被氧化。

对有 H^+ 或 OH^- 参与的反应，也可以通过控制酸度，达到在混合体系中选择氧化或还原的目的。

例 7-19　已知 $\varphi^\theta(MnO_4^-/Mn^{2+}) = 1.51V$，$\varphi^\theta(Br_2/Br^-) = 1.07V$，$\varphi^\theta(Cl_2/Cl^-) = 1.358V$。欲使 Br^- 和 Cl^- 混合液中 Br^- 被 MnO_4^- 氧化，而 Cl^- 不被氧化，溶液 pH 应控制在什么范围(假定系统中除 H^+ 外，其它物质均处于标准态)?

解： 要满足题目条件 $1.07V<\varphi(MnO_4^-/Mn^{2+})<1.358V$，$MnO_4^-/Mn$ 电对的电极反应：

$$MnO_4^-+8H^++5e^-=Mn^{2+}+4H_2O$$

电极电势受酸度的影响，所以，控制 H^+ 浓度，可以满足条件。

$$\varphi(MnO_4^-/Mn^{2+})=\varphi^\theta(MnO_4^-/Mn^{2+})+\frac{0.0592}{5}\lg\frac{c(MnO_4^-)c^8(H^+)}{c(Mn^{2+})}$$

当 $\varphi(MnO_4^-/Mn^{2+})=1.07V$，其它物质均处于标准态，将值代入上式

$$1.07=1.51+\frac{0.0592\times8}{5}\lg c(H^+)$$

$$\lg c(H^+)=-4.64 \quad pH=4.64$$

当 $\varphi(MnO_4^-/Mn^{2+})=1.36V$，其它物质均处于标准态，将值代入上式

$$\varphi(MnO_4^-/Mn^{2+})=\varphi^\theta(MnO_4^-/Mn^{2+})+\frac{0.0592}{5}\lg\frac{c(MnO_4^-)c^8(H^+)}{c(Mn^{2+})}$$

$$1.358=1.51+\frac{0.0592\times8}{5}\lg c(H^+)$$

$$\lg c(H^+)=-1.60 \quad pH=1.60$$

欲使 Br^- 和 Cl^- 混合液中 Br^- 被 MnO_4^- 氧化，而 Cl^- 不被氧化，溶液 pH 值应控制在 $160\sim4.64$。

7.6.4 判断氧化还原反应进行的次序

体系中含有多种氧化态(或还原态)物种时，在一定条件下，氧化还原反应首先发生在电极电势差值最大的两个电对之间。

例 7-20 在含有 I^- 和 Br^- 的溶液中，加入氯水，哪一种离子首先被氧化？

解： 查附录 V

$I_2+2e^-=2I^- \quad \varphi^\theta(I_2/I^-)=0.5355V$

$Br_2+2e^-=2Br^- \quad \varphi^\theta(Br_2/Br^-)=1.065V$

$Cl_2(g)+2e^-=2Cl^-(aq) \quad \varphi^\theta(Cl_2/Cl^-)=1.358V$

$E^\theta(1)=\varphi^\theta(Cl_2/Cl^-)-\varphi^\theta(I_2/I^-)=1.358V-0.536V=1.002V$

$E^\theta(2)=\varphi^\theta(Cl_2/Cl^-)-\varphi^\theta(Br_2/Br^-)=1.358V-1.07V=0.288V$

由计算所得 E^θ 值可见，氯水即可以氧化 I^- 也可以氧化 Br^-。$E^\theta(1)>E^\theta(2)$，所以，首先氧化还原性相对较强的 I^-。

随着 I^- 被氧化，I^- 浓度不断下降，从而导致 $\varphi(I_2/I^-)$ 不断增大。当下式成立时：

$$\varphi^\theta+\frac{0.0592}{2}\lg\frac{1}{c^2(I^-)}=\varphi^\theta(Br^-)$$

I^- 和 Br^- 同时被氧化，可以计算此时溶液中的 I^- 浓度

$$0.536+\frac{0.0592}{2}\lg\frac{1}{c^2(I^-)}=1.07$$

$$c(I^-)=1.0\times10^{-9}mol\cdot L^{-1}$$

由计算结果可知，当 Br^- 开始被氧化，I^- 已被氧化完全。

需要注意的是，有时两电对电极电势差大（E 大），但反应速率不一定快，这种情况下，应同时考虑电动势 E 和反应速率。

利用反应的顺序不同，对于混合体系，体系中各氧化剂（或还原剂）所对应电对的电极电势相差很大时，控制所加入的还原剂（或氧化剂）的用量，达到分离体系中各氧化剂（或还原剂）的目的。例如，在盐化工生产上，从卤水中提取 Br_2、I_2 时，就是用 Cl_2 作氧化剂来先后氧化卤水中的 Br^- 和 I^-，并控制 Cl_2 的用量以达到分离 I_2 和 Br_2 的目的。

7.6.5 判断氧化还原反应进行的程度

化学反应完成程度的大小，用平衡常数衡量，平衡常数大，反应完成程度高。在7.4.2 节中，推导出了标准平衡常数 K^θ 与标准电动势 E^θ 的关系

$$\ln K^\theta = \frac{nFE^\theta}{RT}$$

298.15K 时

$$\lg K^\theta = \frac{nE^\theta}{0.0592}$$

由上式可知，氧化还原反应，设计成原电池，计算出 E^θ，就可以计算标准平衡常数 K^θ 的值。从而判断反应的完成程度。两电对的标准电极电势差值越大，反应的完成程度越高。但需要强调的是，平衡常数大小只表示反应的完成程度，并不说明反应速率的快慢。

例 7-21 计算下列反应：

$$Zn + 2Ag^+(aq) \Longrightarrow 2Ag + Zn^{2+}$$

（1）在 298.15K 时的平衡常数 K^θ；

（2）如果反应开始时，$c(Ag^+) = 0.10 mol \cdot L^{-1}$，$c(Zn^{2+}) = 0.20 mol \cdot L^{-1}$ 求反应达到平衡时，溶液中剩余的 $c(Ag^+)$。

解：查附录 V

$$\varphi^\theta(Ag^+/Ag) = 0.799V, \quad \varphi^\theta(Zn^{2+}/Zn) = -0.763V.$$

$$\lg K^\theta = \frac{nE^\theta}{0.0592} = \frac{n[(\varphi^\theta_{(+)} - \varphi^\theta_{(-)})]}{0.0592} = \frac{2 \times [0.799 - (-0.763)]}{0.0592} = 52.770,$$

$$K^\theta = 5.89 \times 10^{52}$$

K^θ 很大，说明反应进行得非常完全，可以认为溶液中的 Ag^+ 被 Zn 全部还原。故设达到平衡时 $c(Ag^+) = x mol \cdot L^{-1}$

	Zn	+	$2Ag^+(aq)$	$\Longrightarrow$	2Ag	+	Zn^{2+}
初始浓度/(mol·L⁻¹)			0.10				0.20
平衡浓度/(mol·L⁻¹)			x				$0.20 + \frac{0.10-x}{2} \approx 0.25$

$$K^\theta = \frac{c(Zn^{2+})}{c^2(Ag^+)} = \frac{0.25}{x^2} = 5.9 \times 10^{52}$$

$$x = 2.1 \times 10^{-27} (\text{mol} \cdot \text{L}^{-1})$$

溶液中剩余的 Ag^+ 为 $2.06 \times 10^{-27} \text{mol} \cdot \text{L}^{-1}$。

7.6.6 测定某些化学常数

弱电解质、沉淀、配合物等的形成，使氧化还原反应中相关离子的浓度降低，从而影响电极电势，标准平衡常数与电动势存在定量关系，将化学反应设计成原电池，通过测定电动势的方法，可以计算化学平衡常数。

1. 计算 K_a^θ

例 7-22 298.15K 时，实验测得由 $c(\text{HAc}) = 0.10 \text{mol} \cdot \text{L}^{-1}$ 的 HAc，$p(\text{H}_2) = 100\text{kPa}$ 的氢电极和标准氢电极所组成的原电池电动势为 0.17V。计算弱酸 HAc 的解离常数 $K_a^\theta(\text{HAc})$。

解题思路：HAc 是弱酸，在水溶液中发生离解 $\text{HAc} \rightleftharpoons \text{H}^+ + \text{Ac}^-$

离解达到平衡

$$K_a^\theta = \frac{c(\text{H}^+)c(\text{Ac}^-)}{c(\text{HAc})}$$

$c(\text{H}^+) = c(\text{Ac}^-)$，$c(\text{HAc}) = 0.10 \text{mol} \cdot \text{L}^{-1}$，计算出 $c(\text{H}^+)$，就可以计算解离常数 K_a^θ。$c(\text{H}^+)$ 与 φ 相关联。依据题意，组成的原电池：

$$\text{Pt} \mid \text{H}_2(100\text{kPa}) \mid \text{HAc}(1.00 \text{mol} \cdot \text{L}^{-1}) \parallel \text{H}^+(1.00 \text{mol} \cdot \text{L}^{-1}) \mid \text{H}_2(100\text{kPa}) \mid \text{Pt}$$

正极为标准氢电极，$\varphi(+) = 0.0000\text{V}$，则 $\varphi(-) = -E$。

解：

$$\varphi_{(-)} = \varphi^\theta(\text{H}^+/\text{H}_2) + \frac{0.0592}{2}\lg c^2(\text{H}^+)$$

$$E = \varphi_{(+)} - \varphi_{(-)} = 0.00 - 0.059\lg(\text{H}^+) = 0.17$$

$$c(\text{H}^+) = 1.3 \times 10^{-3} \text{mol} \cdot \text{L}^{-1}$$

$$K_a^\theta = \frac{c(\text{H}^+) \times c(\text{Ac}^-)}{c(\text{HAc})} = \frac{(1.3 \times 10^{-3})^2}{0.10 - 1.3 \times 10^{-3}} = 1.79 \times 10^{-5}$$

例 7-22 中的原电池正极和负极都是氢电极，只是氢离子浓度不同，这类只涉及同一物种浓度变化的电池称为浓差电池(concentration cell)。

2. 计算 K_{sp}^θ

例 7-23 为了测定 AgCl 的 K_{sp}^θ，有人设计了如下原电池：

$$(-)\text{Ag} \mid \text{AgCl}(s), \text{Cl}^-(1.0 \text{mol} \cdot \text{L}^{-1}) \parallel \text{Ag}^+(1.0 \text{mol} \cdot \text{L}^{-1}) \mid \text{Ag}(+)$$

试计算 $K_{sp}^\theta(\text{AgCl})$。

解题思路：氧化还原反应的 K^θ 与 E^θ 有定量关系，题目中正极为标准银电极 Ag^+/Ag，负极为标准 AgCl/Ag 电极。

$$\text{Ag}^+ + e^- = \text{Ag} \qquad \varphi^\theta(\text{Ag}^+/\text{Ag}) = 0.799\text{V}$$

$$\text{AgCl} + e^- = \text{Ag} + \text{Cl}^- \qquad \varphi^\theta(\text{AgCl}/\text{Ag}) = 0.222\text{V}$$

电池反应：$Ag^+ + Cl^- = AgCl$，可知反应的 K^θ 与 K_{sp}^θ 的关系为

$$K_{sp}^\theta = \frac{1}{K^\theta}$$

解法一：

$$\lg K^\theta = \frac{nE^\theta}{0.0592} = \frac{(0.771 - 0.222)}{0.0592} = 9.75(V)$$

$$K^\theta = 5.58 \times 10^9$$

$$K_{sp}^\theta = \frac{1}{K^\theta} = 1.79 \times 10^{-10}$$

解法二：根据 7.5.2 浓度对电极电势的影响的讨论结果：

$$\varphi^\theta(AgCl/Ag) = \varphi(Ag^+/Ag) = \varphi^\theta(Ag^+/Ag) + 0.0592 \lg c(Ag^+)$$

$$= \varphi^\theta(Ag^+/Ag) + 0.0592 \lg \frac{K_{sp}^\theta(AgCl)}{c(Cl^-)}$$

$$0.222 = 0.771 + 0.0592 \lg K_{sp}^\theta$$

$$K_{sp}^\theta(AgCl) = 1.79 \times 10^{-10}$$

不少难溶电解质的 K_{sp}^θ 都是通过设计成原电池用这种方法测定的。

利用类似的方法，可以计算配位化合物的稳定常数 K_f^θ。在此不作进一步的讨论。

7.7　元素电势图及其应用

7.7.1　元素电势图

有些元素，有多种氧化态，如铁，有 0、+2、+3 等氧化态，同一元素的不同氧化态物种氧化或还原能力是不同的。为了表示同一元素各不同氧化态物种的氧化还原能力以及它们相互之间的关系，将元素各种氧化态形式依氧化数由高到低排列，并在元素的两种氧化态物种之间的连线上标出对应电对的标准电极电势的数值。这种图称为元素的标准电极电势图，拉提莫($W.~M.~Latimer$)首次提出，所以标准电极电势图也称拉提莫图。

酸性介质($pH=0$)时的标准电极电势图用 φ_A^θ 表示，碱性介质($pH=14$)时的标准电极电势图用 φ_B^θ 表示。

例如：

φ_A^θ/V

$$BrO_4^- \xrightarrow{1.85} BrO_3^- \xrightarrow{+1.45} HBrO \xrightarrow{+1.60} Br_2 \xrightarrow{+1.065} Br^-$$

φ_B^θ/V

$$BrO_4^- \xrightarrow{+1.025} BrO_3^- \xrightarrow{+0.49} BrO^- \xrightarrow{+0.455} Br_2 \xrightarrow{+1.065} Br^-$$

$$+0.52$$

7.7.2 元素电势图的应用

1. 判断处于中间氧化数的元素能否发生歧化反应

歧化反应(disproportionation)是一种自身氧化还原反应。一种元素处于中间氧化态时，它一部分被氧化，另一部分即被还原，这类反应称为歧化反应。例如：

$$2Cu^+ = Cu + Cu^{2+}$$

在这一反应中，一部分 Cu^+ 被氧化为 Cu^{2+}，另一部分 Cu^+ 被还原为金属 Cu。

铜的元素电势图为：

$$Cu^{2+} \underset{}{\overset{0.153}{\rule{1cm}{0.4pt}}} Cu^+ \underset{}{\overset{0.52}{\rule{1cm}{0.4pt}}} Cu$$
$$0.337$$

在 Cu^{2+}/Cu^+ 电对中，Cu^+ 做还原剂，Cu^+/Cu 电对中 Cu^+ 作氧化剂。将两电对组成原电池，Cu^+/Cu 作正极，Cu^{2+}/Cu^+ 作负极，

$$\varphi^\theta(Cu^+/Cu) > \varphi^\theta(Cu^{2+}/Cu^+)，即 E^\theta = 0.521 - 0.153 = 0.368(V) > 0$$

所以 Cu^+ 在水溶液中能自发歧化为 Cu^{2+} 和 Cu。

因此，根据元素标准电极电势图，很容易判断处于中间氧化态的物种是否能发生歧化。元素 B 的标准电极电势图：

$$\varphi^\theta/V$$
$$B^+ \overset{\varphi^\theta(左)}{\rule{1.5cm}{0.4pt}} B \overset{\varphi^\theta(右)}{\rule{1.5cm}{0.4pt}} B^-$$

当 $\varphi^\theta(右) > \varphi^\theta(左)$ 时，B 发生如下歧化反应：

$$2B = B^+ + B^-$$

反之，$\varphi^\theta(右) < \varphi^\theta(左)$ 时，B 不能发生歧化反应，而逆向反应则是自发的，也称逆歧化反应：

$$B^+ + B^- = 2B$$

例如，铁元素电势图，Fe^{2+} 能否歧化？

$$Fe^{3+} \overset{0.771}{\rule{1cm}{0.4pt}} Fe^{2+} \overset{-0.441}{\rule{1cm}{0.4pt}} Fe$$

因为 $\varphi^\theta(右) < \varphi^\theta(左)$，所以 Fe^{2+} 不能歧化。可以发生的反应是逆歧

$$Fe^{3+} + Fe = 2Fe^{2+}$$

2. 计算未知电对的标准电极电势

利用标准电极电势，根据相邻电对的已知标准电极电势，可以求算任一未知电对的标准电极电势。假设有下列元素电势图：

$$A \underset{n_1}{\overset{\varphi_1^\theta}{\rule{1cm}{0.4pt}}} B \underset{n_2}{\overset{\varphi_2^\theta}{\rule{1cm}{0.4pt}}} C$$
$$\varphi^\theta，\ n$$

已知 A/B 电对的标准电极电势为 $\varphi^\theta(A/B)$，转移的电子数为 n_1，B/C 电对的标准电极电势为 $\varphi^\theta(B/C)$，转移的电子数为 n_2，A/C 电对标准电极电势为 $\varphi^\theta(A/C)$，转移的电子数为 n，$n=n_1+n_2$。

运用热力学知识可以推得：

$$n\varphi^\theta(A/C) = n_1\varphi^\theta(A/B) + n_2\varphi^\theta(B/C)$$

$$\varphi^\theta(A/C) = \frac{n_1\varphi^\theta(A/B) + n_2\varphi^\theta(B/C)}{n}$$

若有 i 个相邻的电对，则：

$$\varphi^\theta = \frac{n_1\varphi_1^\theta + n_2\varphi_2^\theta + \cdots + n_i\varphi_i^\theta}{n_1 + n_2 + \cdots + n_i} \tag{7-7}$$

例 7-24　根据下面列出的酸性溶液中氯元素的电势图：

$$ClO_4^- \xrightarrow{+1.23} ClO_3^- \xrightarrow{+1.21} HClO_2 \xrightarrow{+1.64} HClO \xrightarrow{+1.63} Cl_2 \xrightarrow{1.36} Cl^-$$

(1) 计算 $ClO_3^-/HClO$ 及 ClO_3^-/Cl_2 电对的标准电极电势。

(2) 哪些氧化态能发生歧化？

解：(1) 根据式 (7-7)：

$$\varphi^\theta(ClO_3^-/HClO) = \frac{1}{4}\left[2\varphi^\theta(ClO_3^-/HClO_2) + 2\varphi^\theta(HClO_2/HClO)\right]$$

$$= \frac{1}{4}\left[2\times1.21 + 2\times1.64\right] = 1.43(V)$$

$$\varphi^\theta(ClO_3^-/Cl_2) = \frac{1}{5}\left[4\varphi^\theta(ClO_3^-/HClO) + \varphi^\theta(HClO/Cl_2)\right]$$

$$= \frac{1}{5}\left[4\times1.43 + 1.63\right] = 1.47(V)$$

(2) 能发生歧化反应的有 ClO_3^-、$HClO_2$、$HClO$。

7.8　条件电极电势

在前面的学习中，一个氧化还原电对 Ox/Red(aOx+ne ══ bRed) 其电极电势的能斯特方程式表示为

$$\varphi = \varphi^\theta + \frac{RT}{nF}\text{Ln}\frac{c^a(Ox)}{c^b(Red)}$$

用这个方程计算得到的电极电势与实际的电极电势存在偏差。因为在方程中采用的是标准电极电势。标准电极电势是一种理想状态，没有考虑离子强度和副反应的影响。在实际工作中，当溶液的离子强度较大，氧化态、还原态物种的价态较高，溶液的组成较复杂时，离子强度和副反应的影响不可忽略。考虑离子强度和副反应的影响，能斯特方程式为：

$$\varphi = \varphi^{\theta'} + \frac{RT}{nF}\text{Ln}\frac{c^a(Ox)}{c^b(Red)} \tag{7-8}$$

式中 $\varphi^{\theta'}$ 称为条件电极电势，它是随实验条件而变的常数。可以推得：

$$\varphi^{\theta'} = \varphi^{\theta} + \frac{0.0592}{n}\lg\frac{\gamma(Ox)\cdot\alpha(Red)}{\gamma(Red)\cdot\alpha(Ox)} \tag{7-9}$$

式中 γ 为活度系数，α 为副反应系数。

条件电极电势反映了离子强度和各种副反应对电极电势影响的结果。它更接近于实际的电势(实验测定)。

298.15K 时，引入条件电极电势，能斯特方程式为：

$$\varphi(Ox/Red) = \varphi^{\theta'}(Ox/Red) + \frac{0.0592}{n}\lg\frac{c^a(OX)}{c^b(Red)} \tag{7-10}$$

当条件确定时，$\varphi^{\theta'}$ 为一定值。各种条件下的条件电极电势都是由实验测定的。附录Ⅵ列出了部分氧化还原半反应的条件电极电势，在处理有关氧化还原反应的电势计算时，采用条件电极电势是较为合理的。但由于条件电极电势的数据目前还较少，如没有相同条件下的条件电势，可采用条件相近的条件电势数据，对于没有条件电势的氧化还原电对，则只能采用标准电极电势。

实际应用时考虑离子强度和副反应，标准电极电势 φ^{θ} 用条件电极电势 $\varphi^{\theta'}$，平衡常数 K^{θ} 应采用条件平衡常数 $K^{\theta'}$。

298.15K 时：

$$\lg K' = \frac{n\{\varphi^{\theta'}(+) - \varphi^{\theta'}(-)\}}{0.0592} \tag{7-11}$$

7.9 氧化还原滴定法

氧化还原滴定法(redox titration)是利用氧化还原反应为基础的滴定分析法。不仅可以用来直接测定氧化剂和还原剂，也可用来间接测定一些能和氧化剂或还原剂定量反应的物质。由于氧化还原反应机理复杂，许多反应的历程也不够清楚。还有许多反应速度慢，而且副反应多，不能满足滴定分析的要求。

能够用于氧化还原滴定分析的化学反应除了要满足反应速率快(如果反应慢有合适的方法加快速率)，有适当的方法确定滴定终点外，滴定剂与待测物质条件电极电势差值($\varphi_1^{\theta'} - \varphi_2^{\theta'}$)还要大于 0.40V，反应才可以定量进行。

滴定反应写作通式：

$$n_2Ox_1 + n_1Red_2 =\!=\!= n_2Red_1 + n_1Ox_2$$

氧化还原反应应用于滴定分析时，反应完成程度必须达到 $\geq 99.9\%$，

即

$$\left\{\frac{c(Red_1)}{c(Ox_1)}\right\}^{n_2} = \left(\frac{99.9}{0.1}\right)^{n_2} \geq 10^{3n_2}$$

同理

$$\left\{\frac{c(Ox_2)}{c(Red_2)}\right\}^{n_1} \geq 10^{3n_1}$$

$n = n_1 = n_2 = 1$ 时，$Ox_1 + Red_2 =\!=\!= Red_1 + Ox_2$

298.15K 时，根据平衡常数的计算式

$$\lg K^{\theta'} = \lg\left[\frac{c(\text{Red}_1)}{c(\text{Ox}_1)}\right] \cdot \left[\frac{c(\text{Ox}_2)}{c(\text{Red}_2)}\right] = \frac{(\varphi_1^{\theta'} - \varphi_2^{\theta'})n}{0.0592} \geq \lg(10^3 \times 10^3) = \lg 10^6$$

$$\varphi_1^{\theta'} - \varphi_2^{\theta'} = \frac{0.0592}{n}\lg K^{\theta'} \geq \frac{0.0592}{1} \times 6 \approx 0.4(\text{V})$$

因此，两个电对的条件电极电势之差大于 0.4V 时，这样的反应才能用于滴定分析。

7.9.1　氧化还原反应的滴定曲线

在氧化还原滴定过程中，随着滴定剂的加入，标准溶液与被测物质电对的各物质浓度不断变化，有关电对的电极电势随之发生变化，因此，滴定曲线的绘制是以电极电势为纵坐标，以滴定体积或滴定分数为横坐标。电极电势可以用实验的方法测得，也可以用能斯特方程计算得到。用能斯特方程计算，一般适用于可逆电对（即在反应的任一瞬间能很快建立平衡的电对），计算不可逆电对时误差较大。

根据电对氧化态与还原态物质的化学计量数是否相等，电对分为对称电对和不对称电对。如 Fe^{3+}/Fe^{2+} 电对，氧化态和还原态物质的化学计量数（$Fe^{3+} + e^- = Fe^{2+}$）相等，是对称电对。Cl_2/Cl^- 电对，氧化态和还原态物质的化学计量数（$Cl_2 + 2e^- = 2Cl^-$）不相等，是不对称电对。两种电对在计算计量点电势时有区别。

氧化还原滴定过程中存在两个电对，被滴定物质电对和滴定剂电对，随着滴定剂的加入，两个电对的电极电势不断发生变化，并随时处于动态平衡中，可以由任一个电对计算溶液的电极电势。通常，化学计量点前，采用被滴定物电对计算溶液的电极电势，因为此时滴定剂与被滴物完全反应，滴定剂的残余量难以得到，而被滴定物质只部分发生反应，剩余的被滴定物质与相应生成的物质浓度是可以得到的；计量点后，用滴定剂电对计算溶液的电极电势。因为此时溶液中被滴定物质已反应完全，其浓度难以得到，而滴定剂电对的浓度可以得到。化学计量点时，用单一电对无法计算溶液的电极电势，联立两个电对进行计算。

氧化还原滴定，与其他滴定不同之处是不讨论起点，即滴定开始前的电极电势，因为滴定前溶液存在被滴定物质的氧化态或还原态的一种形态，虽然也可能存在其他的另一种形态，但量非常少，具体浓度未知。故只考虑滴定开始至化学计量点前，化学计量点，计量点之后三个阶段。

以 $0.1000\text{mol} \cdot L^{-1}$ $Ce(SO_4)_2$ 溶液在 $1\text{mol} \cdot L^{-1}$ H_2SO_4 溶液中滴定 20.00mL $0.1000\text{mol} \cdot L^{-1}Fe^{2+}$ 溶液为例，讨论滴定曲线的绘制。

滴定反应为：

$$Ce^{4+} + Fe^{2+} = Ce^{3+} + Fe^{3+}$$

两电对的条件电极电势

$Ce^{4+} + e^- = Ce^{3+}$　　　　$\varphi^{\theta'}(Ce^{4+}/Ce^{3+}) = 1.44\text{V}$

$Fe^{3+} + e^- = Fe^{2+}$　　　　$\varphi^{\theta'}(Fe^{3+}/Fe^{2+}) = 0.68\text{V}$

（1）滴定开始至化学计量点前

滴定开始后，因溶液中存在过量的 Fe^{2+}，滴定过程中电极电势的变化用被滴定 Fe^{3+}/Fe^{2+} 电对计算。

$$\varphi = \varphi^{\theta\prime}(\mathrm{Fe^{3+}/Fe^{2+}}) + 0.059\mathrm{Vlg}\frac{c(\mathrm{Fe^{3+}})}{c(\mathrm{Fe^{2+}})}$$

$$c(\mathrm{Fe^{2+}}) = \frac{c(\mathrm{Fe^{2+}})V(\mathrm{Fe^{2+}})}{V(总)}$$

$$c(\mathrm{Fe^{3+}}) = \frac{c(\mathrm{Fe^{3+}})V(\mathrm{Fe^{3+}})}{V(总)}$$

$$\frac{c(\mathrm{Fe^{3+}})}{c(\mathrm{Fe^{2+}})} = \frac{0.1000\times V(\mathrm{Fe^{3+}})/V(总)}{0.1000\times V(\mathrm{Fe^{2+}})/V(总)} = \frac{V(\mathrm{Fe^{3+}})}{V(\mathrm{Fe^{2+}})}$$

$$\varphi = \varphi^{\theta\prime}(\mathrm{Fe^{3+}/Fe^{2+}}) + 0.0592\mathrm{lg}\frac{V(\mathrm{Fe^{3+}})}{c(\mathrm{Fe^{2+}})}$$

当加入 19.98mL $\mathrm{Ce^{4+}}$,

$$\varphi = 0.68 + 0.0592\mathrm{lg}\frac{19.98}{0.02}$$
$$= 0.68 + 0.0592\mathrm{lg}10^3 = 0.86(\mathrm{V})$$

(2)化学计量点

化学计量点时两电对的电势相等,可以通过两个电对的浓度关系来计算。
令化学计量点时的电势为 φ_{sp}。则

$$\varphi_{sp} = \varphi^{\theta\prime}(\mathrm{Fe^{3+}/Fe^{2+}}) + 0.0592\mathrm{lg}\frac{c(\mathrm{Fe^{3+}})}{c(\mathrm{Fe^{2+}})} \qquad (1)$$

$$\varphi_{sp} = \varphi^{\theta\prime}(\mathrm{Ce^{4+}/Ce^{3+}}) + 0.0592\mathrm{lg}\frac{c(\mathrm{Ce^{4+}})}{c(\mathrm{Ce^{3+}})} \qquad (2)$$

两式相加,得

$$2\varphi_{sp} = \varphi^{\theta\prime}(\mathrm{Ce^{4+}/Ce^{3+}}) + \varphi^{\theta\prime}(\mathrm{Fe^{3+}/Fe^{2+}}) + 0.0592\mathrm{lg}\frac{c(\mathrm{Ce^{4+}})c(\mathrm{Fe^{3+}})}{c(\mathrm{Ce^{3+}})c(\mathrm{Fe^{2+}})}$$

达到计量点时,$c(\mathrm{Ce^{3+}}) = c(\mathrm{Fe^{3+}})$ \qquad $c(\mathrm{Ce^{4+}}) = c(\mathrm{Fe^{2+}})$

所以 $$\varphi_{sp} = \frac{\varphi^{\theta\prime}(\mathrm{Ce^{4+}/Ce^{3+}}) + \varphi^{\theta\prime}(\mathrm{Fe^{3+}/Fe^{2+}})}{2} = \frac{1.44+0.68}{2} = 1.06(\mathrm{V})$$

氧化还原滴定反应写作通式:
$$n_2\mathrm{Ox_1} + n_1\mathrm{Red_2} = n_2\mathrm{Red_1} + n_1\mathrm{Ox_2}$$

其半反应及条件电极电势分别为:
$$\mathrm{Ox_1} + n_1\mathrm{e^-} =\!=\!= \mathrm{Red_1} \qquad \varphi_1^{\theta\prime}$$
$$\mathrm{Ox_2} + n_2\mathrm{e^-} =\!=\!= \mathrm{Red_2} \qquad \varphi_2^{\theta\prime}$$

计量点电势为:
$$\varphi_{sp} = \frac{n_1\varphi_1^{\theta\prime} + n_2\varphi_2^{\theta\prime}}{n_1+n_2} \qquad (7\text{-}12)$$

化学计量点后,加入了过量的 $\mathrm{Ce^{4+}}$,利用 $\mathrm{Ce^{4+}/Ce^{3+}}$ 电对方便计算

$$\varphi = \varphi^{\theta\prime}(\mathrm{Ce^{4+}/Ce^{3+}}) + 0.0592\mathrm{lg}\frac{c(\mathrm{Ce^{4+}})}{c(\mathrm{Ce^{3+}})}$$

$$= \varphi^{\theta'}(\mathrm{Ce^{4+}/Ce^{3+}}) + 0.0592 \lg \frac{V(\mathrm{Ce^{4+}})}{V(\mathrm{Ce^{3+}})}$$

加入 20.02mLCe^{4+}

$$\varphi = 1.44 + 0.0592 \lg \frac{0.02}{20.00}$$

$$= 1.44 + 0.0592 \lg 10^{-3} = 1.26(\mathrm{V})$$

不同滴定点计算的 φ 值列于表 7-3，并汇成滴定曲线，如图 7-5 所示。

表 7-3　　　　0.1000mol·L^{-1}Ce(SO$_4$)$_2$ 溶液在 1mol·L^{-1}H$_2$SO$_4$ 溶液中滴定 20mL0.1000mol·L^{-1}Fe^{2+} 溶液

滴入溶液(mL)	滴入百分数(%)	电势(V)
2.00	10.0	0.62
10.00	50.0	0.68
18.00	90.0	0.74
19.80	99.0	0.80
19.98	99.9	0.86
20.00	100.0	1.06
20.02	100.1	1.26
22.00	110.0	1.38
30.00	150.0	1.42
40.00	200.0	1.44

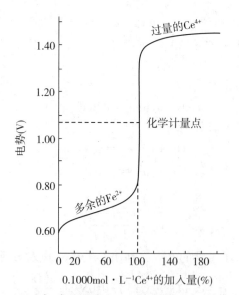

图 7-5　以 0.1000mol·L^{-1}Ce^{4+}溶液滴定 0.1000mol·L^{-1}亚铁离子溶液的滴定曲线

从化学计量点前 Fe^{2+} 剩余 0.1%（加入 19.98mLCe^{4+}）到化学计量点后 Ce^{4+} 过量 0.1%（加入 20.02mLCe^{4+}），溶液的电极电势值由 0.86V 增加至 1.26V，改变了 0.4V，这个变化电势范围就是 Ce^{4+} 滴定 Fe^{2+} 的电势突跃范围。突跃范围是选择氧化还原指示剂的依据。

要注意的是，当两电对的电子转移数相等即 $n_1 = n_2$ 时，φ_{sp} 位于滴定的电势突跃中心；若 $n_1 \neq n_2$，则 φ_{sp} 偏向于电子转移数较多的一方。

7.9.2 影响氧化还原滴定突跃的因素

氧化还原滴定的突跃范围位为 $\varphi_2^{\theta'} + \dfrac{3 \times 0.0592}{n_2} \sim \varphi_1^{\theta'} - \dfrac{3 \times 0.0592}{n_1}$，可见电势突跃的大小与被滴定物及滴定剂两电对的条件电极电势的差值有关。条件电极电势相差大，突跃大；反之较小。突跃范围越大，滴定时准确度越高，借助指示剂目测化学计量点时，突跃范围通常要求在 0.2V 以上。

条件电极电势值因介质不同而改变，从而使滴定突跃发生改变。所以在实际滴定中，可以通过改变介质，增大突跃范围，提高测定的准确度。

7.9.3 氧化还原指示剂

氧化还原滴定可以用电势分析法确定终点，但经常用的还是利用指示剂在化学计量点附近时颜色的改变来指示终点。氧化还原指示剂有以下三类：

1. 自身指示剂

所谓自身指示剂就是利用滴定剂或被滴定物质本身的颜色变化来指示滴定终点。有些滴定剂或被滴定物质本身具有很深的颜色，而滴定产物无色或颜色很浅，滴定时无需另加指示剂，根据该物质颜色的改变，可以确定滴定终点。例如，$KMnO_4$ 显紫红色，其还原产物 Mn^{2+} 则几乎无色，用 $KMnO_4$ 来滴定无色或浅色物质（如 $H_2C_2O_4$）时，计量点后，稍过量的 $KMnO_4$（约 2×10^{-6} mol·L^{-1}）使溶液呈微红色，指示终点的到达。

2. 专属指示剂

有些物质本身并不具有氧化还原性，但它能与滴定剂或被测物产生特殊的颜色，因而可指示滴定终点。例如，可溶性淀粉与 I_2 生成深蓝色吸附配合物，反应特效而灵敏，蓝色的出现与消失可指示终点。

3. 氧化还原指示剂

这类指示剂通常是具有氧化还原性质的有机化合物，它的氧化态和还原态物种具有不同的颜色。在滴定过程中，指示剂被氧化或还原，发生颜色的变化，从而指示滴定终点。例如，常用的氧化还原指示剂二苯胺磺酸钠，它的氧化态呈红紫色，还原态是无色的。当用 $K_2Cr_2O_7$ 溶液滴定 Fe^{2+} 到化学计量点时，稍过量的 $K_2Cr_2O_7$ 即将二苯胺磺酸钠由无色的还原态氧化为红紫色的氧化态，指示终点的到达。

用 In(Ox) 和 In(Red) 分别表示指示剂的氧化态和还原态；氧化还原指示剂的半反应

可用下式表示

$$\text{In(Ox)} + ne^- \Longrightarrow \text{In(Red)}$$

$$\varphi = \varphi_{\text{In}}^{\theta'} + \frac{0.0592}{n} \lg \frac{c\{\text{In(Ox)}\}}{c\{\text{In(Red)}\}}$$

在滴定过程中，随着溶液电极电势的改变，$c[\text{In(Ox)}]/c[\text{In(Red)}]$ 也会发生改变。

当 $c[\text{In(Ox)}]/c[\text{In(Red)}] \geqslant 10$ 时，溶液呈现氧化态物种的颜色，此时

$$\varphi \geqslant \varphi_{\text{In}}^{\theta'} + \frac{0.0592}{n} \lg 10 = \varphi_{\text{In}}^{\theta} + \frac{0.0592}{n}$$

当 $c[\text{In(Ox)}]/c[\text{In(Red)}] \leqslant 1/10$ 时，溶液呈还原态物种的颜色，此时，

$$\varphi \leqslant \varphi_{\text{In}}^{\theta'} + \frac{0.0592}{n} \lg \frac{1}{10} = \varphi_{\text{In}}^{\theta'} - \frac{0.059\text{V}}{n}$$

故指示剂 $c[\text{In(Ox)}]/c[\text{In(Red)}]$ 由 1∶10 变换到 10∶1 时，溶液由一种颜色变化为另外一种颜色，指示滴定终点的达到。

把指示剂的这个浓度变化范围所对应的电极电势的变化范围称指示剂的变色电势范围：

$$\varphi_{\text{In}}^{\theta'} \pm \frac{0.0592}{n} \text{V} \tag{7-13}$$

$c[\text{In(Ox)}]/c[\text{In(Red)}] = 1$ 时，电极电势为

$$\varphi = \varphi_{\text{In}}^{\theta'} \tag{7-14}$$

此时，指示剂呈现氧化态和还原态的混合色，称为氧化还原指示剂的变色点。

当 $n = 1$ 时，指示剂变色的电势范围为 $\varphi_{\text{In}}^{\theta'} \pm 0.059\text{V}$；$n = 2$ 时，为 $\varphi_{\text{In}}^{\theta'} \pm 0.030\text{V}$。由于此范围甚小，选择指示剂时，一般采用指示剂变色点的电势（即条件电极电势 $\varphi_{\text{In}}^{\theta'}$）落在滴定的电势突跃范围内的氧化还原指示剂。指示剂的条件电极电势与滴定的化学计量点的电极电势越接近，滴定准确度越高。

表 7-4 列出了一些重要的氧化还原指示剂的条件电极电势及颜色变化。

表 7-4　　　　一些氧化还原指示剂的条件电极电势及颜色变化

指示剂	颜色变化		$\varphi_{\text{In}}^{\theta'}/\text{V}$ $c(\text{H}^+) = 1\text{mol} \cdot \text{L}^{-1}$	配制方法
	Red	Ox		
次甲基蓝	无色	蓝色	0.52	质量分数 0.05% 水溶液
二苯胺	无色	紫色	0.76	1.0g 二苯胺溶于 100mL2% H_2SO_4 中
二苯胺磺酸钠	无色	紫红色	0.85	0.8g 二苯胺磺酸钠 2g Na_2CO_3，溶于 100mL 中
邻苯氨基苯甲酸	无色	紫红色	0.89	0.107g 溶于 20mL5% Na_2CO_3 中，用水稀释至 100mL
邻二氮菲–亚铁	红	浅蓝色	1.06	1.49g 邻二氮菲加 0.7g$\text{FeSO}_4 \cdot 7\text{H}_2\text{O}$，溶于 100mL 水中

例如在 $1mol \cdot L^{-1} H_2SO_4$ 溶液中用 $0.1000mol \cdot L^{-1} Ce(SO_4)_2$ 溶液滴定 20.00mL $0.1000mol \cdot L^{-1} Fe^{2+}$ 溶液，突跃范围位 $0.86 \sim 1.06V$，可以选用邻二氮菲-亚铁及邻苯氨基苯甲酸作指示剂。在 $HCl-H_3PO_4$ 介质中，用 $K_2Cr_2O_7$ 滴定 Fe^{2+} 时，常用二苯胺磺酸钠作指示剂。

7.9.4 氧化还原预处理

氧化还原滴定时，有时待测物质的价态不适于滴定，需要在滴定前将其转化为适于滴定的形式，这个过程称氧化还原预处理。例如用重铬酸钾法测定试样中全铁含量，试样中的铁部分以 Fe^{3+} 形式存在，故滴定前必须选择合适的还原剂先把 Fe^{3+} 还原为 Fe^{2+}，方能用 $K_2Cr_2O_7$ 溶液进行滴定。预处理所用的氧化剂或还原剂称预处理剂。预处理剂必须满足以下条件：

（1）能将待测组分定量的氧化或还原为指定价态。

（2）预处理反应要迅速、完全。

（3）预处理剂有好的选择性，避免其他组分的干扰。例如钛铁矿中铁的测定。选择的还原剂要求只将 Fe^{3+} 还原为 Fe^{2+}，而不能将 Ti^{4+} 还原为 Ti^{3+}，否则后续用 $K_2Cr_2O_7$ 溶液进行滴定时，会将 Ti^{3+} 同时滴定。由下面几个电对的标准电极电势可知，还原剂选用 $SnCl_2$，而不能选用 Zn。

几个电对的标准电极电势如下：

$$Fe^{3+} + e^- \Longrightarrow Fe^{2+} \qquad \varphi^\theta(Fe^{3+}/Fe^{2+}) = 0.771V$$

$$Ti^{4+} + e^- \Longrightarrow Ti^{3+} \qquad \varphi^\theta(Ti^{4+}/Ti^{3+}) = -0.040V$$

$$Sn^{4+} + 2e^- \Longrightarrow Sn^{2+} \qquad \varphi^\theta(Sn^{4+}/Sn^{2+}) = 0.151V$$

$$Zn^{2+} + 2e^- \Longrightarrow Zn \qquad \varphi^\theta(Zn^{2+}/Zn) = -0.7618V$$

$$Cr_2O_7^{2-} + 14H^+ + 6e^- \Longrightarrow 2Cr^{3+} + 7H_2O \qquad \varphi^\theta(Cr_2O_7^{2-}/Cr^{3+}) = 1.33V$$

（4）剩余的预处理剂应易于除去。为使反应进行完全，加入的预处理剂是过量的，预处理完成后，过量的预处理剂必须除去，否则会干扰后续的滴定反应。除去过量预处理剂的方法有以下几种：

①加热分解。例如 H_2O_2、$(NH_4)_2S_2O_8$ 等，可借加热煮沸，分解除去。

$$2S_2O_8^{2-} + 2H_2O \Longrightarrow 4HSO_4^- + O_2$$

$$2H_2O_2 \Longrightarrow 2H_2O + O_2$$

②过滤除去。例如，预处理剂 $NaBiO_3$ 在水中微溶，预处理结束后，剩余量过滤即可除去。

③利用化学反应除去。例如过量的预处理剂 $SnCl_2$ 用 $HgCl_2$ 除去。

$$SnCl_2 + 2HgCl_2 \Longrightarrow SnCl_2 + Hg_2Cl_2 \downarrow$$

生成的 Hg_2Cl_2 沉淀，一般不被滴定剂氧化，不必过滤除去。

常用的预处理剂列于表 7-5 和表 7-6。

表 7-5   预氧化时常用的预氧化剂

氧化剂	反应条件	主要应用	除去方法
$NaBiO_3$ $\varphi^{\theta} = 1.80V$	室温，HNO_3 介质 H_2SO_4 介质	$Mn^{2+} \longrightarrow MnO_4^-$ $Ce^{3+} \longrightarrow Ce^{4+}$	过滤
$(NH_4)_2S_2O_8$ $\varphi^{\theta} = 2.01V$	酸性 Ag^+ 作催化剂	$Ce^{3+} \longrightarrow Ce^{4+}$ $Mn^{2+} \longrightarrow MnO_4^-$ $Cr^{3+} \longrightarrow Cr_2O_7^{2-}$ $VO^{2+} \longrightarrow VO_3^-$	煮沸分解
H_2O_2 $\varphi^{\theta} = 0.88V$	$NaOH$ 介质 碱性介质	$Cr^{3+} \longrightarrow CrO_4^{2-}$ $Co^{2+} \longrightarrow Co^{3+}$	煮沸分解，加少量 Ni^{2+} 或 I^- 作催化剂，加速 H_2O_2 分解
高锰酸盐	焦磷酸盐和氟化物 Cr^{3+} 存在时	$Ce^{3+} \longrightarrow Ce^{4+}$ $V^{4+} \longrightarrow V^{5+}$	NaN_3 或 $NaNO_2$
Cl_2、Br_2 液	碱性或中性	$I^- \longrightarrow IO_3^-$	煮沸或通空气

表 7-6   预还原时常用的还原剂

还原剂	反应条件	主要作用	除去方法
$SnCl_2$ $Sn^{4+} + 2e = Sn^{2+}$ $\varphi^{\theta} = 0.151V$	酸性，加热	$Fe^{3+} \longrightarrow Fe^{2+}$ $As(V) \longrightarrow As(III)$	加入 $HgCl_2$ $Sn^{2+} + 2HgCl_2 =$ $Sn^{4+} + Hg_2Cl_2 \downarrow + 2Cl^-$
锌-汞齐还原器	酸性	$Cr^{3+} \longrightarrow Cr^{2+}$ $Fe^{3+} \longrightarrow Fe^{2+}$ $Ti^{4+} \longrightarrow Ti^{3+}$ $Sn^{4+} \longrightarrow Sn^{2+}$	

7.10　常用的氧化还原滴定方法

氧化还原滴定法根据所用滴定剂来分类，有高锰酸钾法、重铬酸钾法、碘量法、铈量法、溴酸钾法等，各种方法都有其特点和应用范围，应根据实际情况选用。下面介绍三种常用的氧化还原滴定方法。

7.10.1　高锰酸钾法

1. 概述

高锰酸钾的氧化能力及还原产物与介质有关。在强酸性溶液中，高锰酸钾是强氧化剂，还原产物是 Mn^{2+}：

$$MnO_4^- + 8H^+ + 5e^- \Longrightarrow Mn^{2+} + 4H_2O \qquad \varphi^\theta = 1.51V$$

在中性或弱酸(碱)性溶液中，还原产物为 MnO_2：

$$MnO_4^- + 2H_2O + 3e^- \Longrightarrow MnO_2 \downarrow + 4OH^- \qquad \varphi^\theta = 1.23V$$

反应后生成棕褐色 MnO_2 沉淀，妨碍滴定终点的观察，这个反应在定量分析中很少应用。

在强碱性溶液中，高锰酸钾氧化能力比酸性、中性时弱，还原产物为 MnO_4^{2-}：

$$MnO_4^- + e^- \Longrightarrow MnO_4^{2-} \qquad \varphi^\theta = 0.558V$$

$KMnO_4$ 氧化有机物在强碱性条件下反应速率比在酸性条件下更快，所以用 $KMnO_4$ 法测定甘油、甲醇、甲酸、葡萄糖、酒石酸等有机物一般适宜在碱性条件下进行。

在强酸性条件下高锰酸钾氧化能力强，应用非常广泛，除可直接滴定许多还原性物质，如 $Fe(II)$、H_2O_2、草酸盐等，还可以采用间接、返滴定等滴定方式测定一些氧化性物质(如 MnO_2、PbO_2、Pb_3O_4 等)以及没有氧化还原性的物质(如 Ca^{2+}、Ba^{2+}、Ni^{2+}、Cd^{2+} 等)

高锰酸钾滴定无色或浅色溶液无需另加指示剂，利用 $KMnO_4$ 本身的微红色来指示终点。

$KMnO_4$ 氧化能力强，可以和很多还原性物质发生作用，滴定的选择性差。

2. $KMnO_4$ 标准溶液的配制和标定

市售的 $KMnO_4$ 试剂常含少量 MnO_2 等杂质，$KMnO_4$ 还能自行分解，

$$4KMnO_4 + 2H_2O \Longrightarrow 4MnO_2 + 4KOH + 3O_2$$

MnO_2 和 Mn^{2+} 及光照会促进分解。因此 $KMnO_4$ 标准溶液采用间接法配制。配制方法为：称取略多于理论计算量的固体 $KMnO_4$，溶于一定体积的去离子水中，加热煮沸，保持微沸约 1 小时，或置于暗处 7~10 天。使存在的还原态物质完全氧化。冷却后，用微孔玻璃漏斗过滤除去 $MnO(OH)$ 沉淀，溶液贮存于棕色玻璃瓶，置于暗处，避光保存。

标定 $KMnO_4$ 溶液的基准物有 $H_2C_2O_4 \cdot 2H_2O$、$Na_2C_2O_4$、As_2O_3、纯铁丝、$FeSO_4(NH_4)_2SO_4 \cdot 6H_2O$ 等。其中草酸钠不含结晶水，容易提纯，是最常用的基准物质。

在 H_2SO_4 溶液中，$Na_2C_2O_4$ 标定 $KMnO_4^-$ 的反应为：

$$2MnO_4^- + 5C_2O_4^{2-} + 16H^+ \Longrightarrow 2Mn^{2+} + 10CO_2 + 8H_2O$$

为了使此反应能定量、迅速进行，应注意以下滴定条件：

(1)温度。在室温下此反应的速率缓慢，须将溶液加热至 75~85℃；但温度不宜过高(高于90℃)，否则在酸性溶液中 $H_2C_2O_4$ 会发生分解

$$H_2C_2O_4 \Longrightarrow CO_2 + CO + H_2O$$

(2)酸度。一般滴定开始时的最适宜酸度约为 $c(H^+) = 1mol \cdot L^{-1}$。若酸度过低 MnO_4^- 会部分被还原为 MnO_2 沉淀；酸度过高，又会促使 $H_2C_2O_4$ 分解。

(3)滴定速度。MnO_4^- 与 $C_2O_4^{2-}$ 的滴定反应速率慢，加入的第一滴 $KMnO_4$ 溶液红色褪去后，再加入第二滴。否则部分加入的 $KMnO_4$ 溶液来不及与 $C_2O_4^{2-}$ 反应，在热的酸性溶

液中会发生分解，导致标定产生误差。

$$4MnO_4^- + 12H^+ = 4Mn^{2+} + 6O_2 + 6H_2O$$

MnO_4^- 与 $C_2O_4^{2-}$ 的反应是自催化反应，当溶液中产生 Mn^{2+} 后，滴定速度可适当加快。接近终点由于 $C_2O_4^{2-}$ 浓度小，反应速率减慢，滴定速度也要慢，当溶液呈现微红色指示终点的到达。该终点不太稳定，这是由于空气中的还原性气体及尘埃等落入溶液中能使 $KMnO_4$ 缓慢分解，而使微红色消失，所以经过 30 秒不褪色，即可认为终点已到。

$KMnO_4$ 标准溶液不够稳定。已标定的 $KMnO_4$ 溶液放置一段时间后，应重新标定。

3. 应用示例

(1) H_2O_2 的测定

在酸性溶液中，H_2O_2 定量地被 MnO_4^- 氧化，其反应为：

$$2MnO_4^- + 5H_2O_2 + 6H^+ = 2Mn^{2+} + 5O_2 + 8H_2O$$

测定结果用质量浓度 $\rho(g/L)$ 表示。

$$\rho(H_2O_2) = \frac{5c(KMnO_4)V(KMnO_4)M(H_2O_2)}{2V(H_2O_2)}$$

反应在室温下进行。反应开始速度较慢，由于生成的 Mn^{2+} 对反应起催化作用，随着反应进行，反应速度加快。

H_2O_2 不稳定，工业用 H_2O_2 中常加入某些有机化合物(如乙酰苯胺等)作为稳定剂，这些有机化合物大多能与 MnO_4^- 反应而干扰测定，此时最好采用碘量法测定 H_2O_2。生物化学中，过氧化氢酶能使 H_2O_2 分解。故可用过量的、已知量的 H_2O_2 与过氧化氢酶作用，剩余的 H_2O_2 在酸性条件下用 $KMnO_4$ 标准溶液回滴，间接测定过氢化氢酶的含量。

(2) Ca^{2+} 的测定

Ca^{2+}、Pb^{2+}、Ba^{2+} 等金属离子能与 $C_2O_4^{2-}$ 生成难溶草酸盐沉淀，将生成的草酸盐沉淀溶于酸中，用 $KMnO_4$ 标准溶液滴定 $H_2C_2O_4$，可以间接测定这些金属离子。如测定 Ca^{2+}

$$Ca^{2+} + C_2O_4^{2-} = CaC_2O_4$$

$$CaC_2O_4 + 2H^+ = Ca^{2+} + H_2C_2O_4$$

$$2MnO_4^- + 5H_2C_2O_4 + 6H^+ = 2Mn^{2+} + 10CO_2 + 8H_2O$$

样品中钙的质量分数：

$$w(Ca) = \frac{5c(KMnO_4)V(KMnO_4)M(Ca)}{2m_s}$$

在沉淀 Ca^{2+} 时，要生成易于过滤的粗颗粒结晶的 CaC_2O_4 沉淀，必须控制沉淀条件。正确的做法是：

将 Ca^{2+} 试液用盐酸酸化，然后加入过量 $(NH_4)_2C_2O_4$。溶液加热至 $70\sim80℃$，滴入稀氨水，使 pH 值逐渐升高，控制溶液的 pH 值在 3.5 至 4.5 之间，使 CaC_2O_4 沉淀缓慢生成，保温约 30 分钟使沉淀陈化，即避免生成 $Ca(OH)$ 等不溶性钙盐。而且所得粗 CaC_2O_4 沉淀便于过滤和洗涤。

放置冷却后，过滤，洗涤，将 CaC_2O_4 溶于稀硫酸中，即可用 $KMnO_4$ 标准溶液滴定。

例 7-25 用 $KMnO_4$ 法测定硅酸盐样品中 Ca^{2+} 的含量，称取试样 0.5863g，在一定条件下，将钙沉淀为 CaC_2O_4，过滤、洗淀沉淀，将洗净的 CaC_2O_4 溶解于稀 H_2SO_4 中，用 $0.05052mol \cdot L^{-1}$ 的 $KMnO_4$ 标准溶液滴定，消耗 25.64mL，计算硅酸盐中 Ca 的质量分数。

解：
$$CaC_2O_4 + H_2SO_4(稀) = H_2C_2O_4 + CaSO_4$$
$$2MnO_4^- + 5H_2C_2O_4 + 6H^+ = 2Mn^{2+} + 10CO_2\uparrow + 8H_2O$$

$$w(Ca) = \frac{5c(KMnO_4)V(KMnO_4)M(Ca)}{2m_s} \times 100\%$$

$$= \frac{5 \times 0.05052 \times 25.64 \times 10^{-3} \times 40.08}{2 \times 0.5863} \times 100\% = 22.14\%$$

(3)测定某些有机化合物

在强碱性溶液中，MnO_4^- 与有机化合物反应，生成绿色的 MnO_4^{2-}，利用这一反应可以用高锰酸钾法测定某些有机化合物。

例如甘油的测定，在甘油试液中加入一定量过量的 $KMnO_4$ 标准溶液，并加入氢氧化钠至溶液呈碱性，发生下列反应

$$C_3H_8O_3 + 14MnO_4^- + 20OH^- = 3CO_3^{2-} + 14MnO_4^{2-} + 14H_2O$$

待反应完成后，将溶液酸化，MnO_4^{2-} 歧化为 MnO_4^- 与 MnO_2，用 Fe^{2+} 标准溶液滴定溶液中 MnO_4^-，使之还原为 Mn^{2+}，计算出消耗的 Fe^{2+} 标准溶液的物质的量。用同样的方法，测出在碱性溶液中反应前一定量的 $KMnO_4$ 标准溶液相当于 Fe^{2+} 标准溶液的用量。根据两者之差，计算出该有机物物质的含量。此法可用于测定甲酸、甲醇、柠檬酸、酒石酸等。

7.10.2 重铬酸钾法

1. 概述

$K_2Cr_2O_7$ 是常用的氧化剂。在酸性条件下其半反应：
$$Cr_2O_7^{2-} + 14H^+ + 6e^- = 2Cr^{3+} + 7H_2O \qquad \varphi^\theta = 1.33V$$
重铬酸钾法有以下特点：

(1)$K_2Cr_2O_7$ 易于提纯，在 $140\sim150℃$ 干燥后，可以直接准确称取一定量配制成标准溶液；

(2)$K_2Cr_2O_7$ 溶液相当稳定，只要保存在密闭容器中，浓度可长期保持不变；

(3)$K_2Cr_2O_7$ 不与 Cl^- 反应，可在盐酸溶液中进行滴定；

(4)$K_2Cr_2O_7$ 滴定时，用氧化还原指示剂，例如二苯胺磺酸钠或邻苯氨基苯甲酸等。

使用 $K_2Cr_2O_7$ 时应注意废液处理，以免污染环境。

2. 应用示例

(1)铁的测定。重铬酸钾法测定铁的反应：
$$6Fe^{2+} + Cr_2O_7^{2-} + 14H^+ = 6Fe^{3+} + 2Cr^{3+} + 7H_2O$$

$$w(Fe) = \frac{6c(K_2Cr_2O_7)V(K_2Cr_2O_7)M(Fe)}{m_s}$$

试样(铁矿石等)用 HCl 溶液加热分解后,用还原剂 $SnCl_2$ 将大部分 Fe^{3+} 还原为 Fe^{2+},在 Na_2WO_3 存在下,用 $TiCl_3$ 还原剩余的 Fe^{3+} 为 Fe^{2+},过量的 $TiCl_3$ 将 Na_2WO_3 还原为钨蓝,溶液呈蓝色,指示 Fe^{3+} 被还原完毕。然后,以 Cu^{2+} 作催化剂,利用空气氧化或滴加稀 $K_2Cr_2O_7$ 溶液使钨蓝恰好褪色。于 $H_2SO_4 - H_3PO_4$ 介质中,以二苯胺磺酸钠作指示剂用 $K_2Cr_2O_7$ 滴定 Fe^{2+},终点时溶液由绿色(Cr^{3+} 颜色)突变为紫色或紫蓝色。

在 H_2SO_4 介质中,二苯胺磺酸钠的 $\varphi^{\theta'} = 0.84V$,$\varphi^{\theta'}(Fe^{3+}/Fe^{2+}) = 0.68V$,99.9% Fe^{2+} 被滴定时的电极电势为:

$$\varphi(Fe^{3+}/Fe^{2+}) = \varphi^{\theta'}(Fe^{3+}/Fe^{2+}) + 0.0592 \lg \frac{c(Fe^{3+})}{c(Fe^{2+})}$$

$$= 0.68V + 0.059V \lg \frac{99.9}{0.1} = 0.86V$$

可见,此时电极电势已超过指示剂变色的电势($>0.85V$),滴定终点将提前到达。为了减小终点误差,在试液中加入 H_3PO_4,H_3PO_4 的作用一是与 Fe^{3+} 生成 $[Fe(HPO_4)_2]^-$ 配离子,降低 Fe^{3+}/Fe^{2+} 电对的电极电势,增大突跃范围,使指示剂二苯胺磺酸钠的变色点落入突跃范围;二是生成的 $[Fe(HPO_4)_2]^-$ 配离子无色,消除了 Fe^{3+} 黄色,有利于终点观察。

(2)土壤中腐殖质含量的测定。腐殖质是复杂的有机物质,他的含量反映土壤的肥力。其含量可以用 $K_2Cr_2O_7$ 法以返滴定方式测定。将土壤在浓硫酸存在下与已知过量的 $K_2Cr_2O_7$ 溶液供热,其中的碳被氧化为 CO_2,以邻二氮菲亚铁作指示剂,用 Fe^{2+} 标准溶液滴定反应剩余的 $K_2Cr_2O_7$。将计算所得有机碳的含量换算成腐殖质的含量。

$$2Cr_2O_7^{2-}(过量) + 3C + 16H^+ = 4Cr^{3+} + 3CO_2 + 8H_2O$$
$$Cr_2O_7^{2-}(剩余) + 6Fe^{2+} + 14H^+ = 6Fe^{3+} + 2Cr^{3+} + 7H_2O$$

7.10.3 碘量法

1. 概述

碘量法是基于 I_2 的氧化性和 I^- 的还原性通过滴定测定物质含量的分析方法。由于固体 I_2 在水中的溶解度小($0.00133 mol \cdot L^{-1}$),实际应用时通常将 I_2 溶解在 KI 溶液中,此时 I_2 在溶液中以 I_3^- 形式存在:

$$I_2 + I^- = I_3^-$$

半反应为:

$$I_3^- + 2e^- = 3I^- \qquad \varphi^{\theta}(I_2/I^-) = 0.536V$$

从电对标准电极电势值可知,I_2 是一较弱的氧化剂,I^- 是中等强度的还原剂。

碘量法分为直接碘量法和间接碘量法。利用 I_2 的氧化性直接测定 As(Ⅲ)、Sn^{2+}、H_2S、维生素 C 等强还原性物质含量的分析方法称为直接碘量法(iodimetry),也称碘滴定法。利用 I^- 的还原性,与氧化性物质反应,定量析出 I_2,用 $Na_2S_2O_3$ 标准溶液滴定析出的 I_2,从而间接测定氧化性物质含量的分析方法称为间接碘量法(indirect iodometry),也称滴定碘法。其相关的反应:

$$2I^- + Ox \xrightarrow{\quad} I_2 + Red$$
$$I_2 + 2S_2O_3^{2-} \xrightarrow{\quad} 2I^- + S_4O_6^{2-}$$

碘量法的误差来源主要有两方面:

(1)I_2 易挥发,造成挥发损失。I_2 溶液保存于棕色密闭的试剂瓶中。为防止碘的挥发,加入过量的 KI(比理论量多 2~3 倍)使生成 I_3^-;在间接碘法中,氧化析出的 I_2 的反应在碘量瓶中进行,并置于暗处,滴定时不要剧烈摇荡。

(2)酸性溶液中 I^- 易被空气中氧氧化。

$$4I^- + 4H^+ + O_2 \xrightarrow{\quad} 2I_2 + 2H_2O$$

此反应在中性溶液中进行极慢,但随着溶液中 H^+ 浓度增加而加快,若受阳光照射,反应速率更快。所以碘量法一般在中性或弱酸性溶液中进行。

碘量法用淀粉作指示剂,灵敏度高。I_2 与淀粉反应形成蓝色加合物,根据蓝色的出现(直接碘量法)或消失(间接碘量法)来指示终点。

I_2-淀粉的颜色和淀粉的结构有关。以直链淀粉成分为主的淀粉与 I_3^- 作用,形成蓝色加合物,灵敏度高。无分支链淀粉产生纯蓝色。以支链成分为主的淀粉遇 I_2 为紫红色。分支链多的淀粉遇 I_2 成红色。灵敏度低。淀粉指示剂在弱酸性溶液中最为灵敏,若溶液的 pH<2.0,则淀粉易水解形成糊精,遇 I_2 显红色;若溶液 pH>9.0,I_2 歧化不显蓝色。

2. 碘量法标准溶液的配制与标定

碘量法中用到的标准溶液有两种,直接碘量法中的碘标准溶液,间接碘量法中的硫代硫酸钠标准溶液。

(1)I_2 标准溶液的配制与标定。升华的纯碘可以直接配制成标准溶液,但由于 I_2 易挥发,难于准确称量,且对天平腐蚀,因此通常用间接法配制碘标准溶液。称取一定量市售碘,溶于少量 KI 溶液,待溶解后稀释到一定体积。溶液保持于棕色试剂瓶中。用基准物质 As_2O_3 或 $Na_2S_2O_3$ 标准溶液标定碘溶液。

用 As_2O_3 标定:称取一定量的 As_2O_3 置于碘量瓶,由于 As_2O_3 难溶于水,故需加入 $1mol \cdot L^{-1}NaOH$ 溶液,溶解后加一定量水,用 H_2SO_4 中和,加入 $NaHCO_3$ 及淀粉指示剂,用 I_2 溶液滴定至出现蓝色为终点。计算 I_2 溶液的浓度。

$$As_2O_3 + 6OH^- \xrightarrow{\quad} 2AsO_3^{3-} + 3H_2O$$
$$AsO_3^{3-} + I_2 + H_2O \xrightarrow{\quad} AsO_4^{3-} + 2I^- + 2H^+$$

$$c(I_2) = \frac{2m(As_2O_3)}{V(I_2)M(As_2O_3)}$$

用 $Na_2S_2O_3$ 标准溶液标定,滴定反应:

$$I_2 + 2S_2O_3^{2-} \xrightarrow{\quad} 2I^- + S_4O_6^{2-}$$

$$c(I_2) = \frac{c(Na_2S_2O_3)V(Na_2S_2O_3)}{2V(I_2)}$$

碘溶液应避免与橡皮等有机物接触,也要防止见光、受热,否则浓度会发生变化。

(2)$Na_2S_2O_3$ 标准溶液的配制与标定。$Na_2S_2O_3 \cdot 5H_2O$ 纯度不够高,含有 S、Na_2SO_3、

Na_2SO_4 等杂质，易分化、潮解，因此 $Na_2S_2O_3$ 标准溶液采用间接法配制。$Na_2S_2O_3$ 溶液不稳定，下列情况下都能使其分解。

① 遇酸分解。水中含有 CO_2 时，水呈弱酸性，使 $Na_2S_2O_3$ 分解

$$S_2O_3^{2-}+CO_2+H_2O \Longrightarrow HCO_3^-+HSO_3^-+S$$

② 空气中的氧使其分解。

$$S_2O_3^{2-}+1/2O_2 \Longrightarrow SO_4^{2-}+S$$

③ 水中微生物作用使其分解。

$$S_2O_3^{2-} \longrightarrow SO_3^{2-}+S$$

④ 见光分解。若蒸馏水中含有 Cu^{2+}、Fe^{3+} 等会催化溶液的氧化分解。

配制 $Na_2S_2O_3$ 标准溶液时，要用新煮沸(除氧、杀菌)并冷却的蒸馏水。加入少量 Na_2CO_3 使溶液呈弱碱性，抑制微生物的生成。配制好的溶液保持在棕色瓶中，置于暗处放置 8~12 天，待其稳定后标定。

标定 $Na_2S_2O_3$ 溶液的基准物质有：纯碘、KIO_3、$KBrO_3$、$K_2Cr_2O_7$ 等。这些物质除纯碘外，都能与 KI 反应析出 I_2：

$$IO_3^-+5I^-+6H^+ \Longrightarrow 3I_2+3H_2O$$

$$BrO_3^-+6I^-+6H^+ \Longrightarrow Br^-+3I_2+3H_2O$$

$$Cr_2O_7^{2-}+6I^-+14H^+ \Longrightarrow 2Cr^{3+}+3I_2+7H_2O$$

析出的 I_2 用 $Na_2S_2O_3$ 标准溶液滴定。

I_2 和 $Na_2S_2O_3$ 的反应是碘量法中最重要的反应，如果酸度和滴定速度控制不当会由于发生副反应而产成误差。I_2 和 $Na_2S_2O_3$ 的反应须在中性或弱酸性溶液中进行。因为在碱性溶液中，会同时发生如下反应：

$$Na_2S_2O_3+4I_2+10NaOH \Longrightarrow 2Na_2SO_4+8NaI+5H_2O$$

因此在用 $Na_2S_2O_3$ 溶液滴定 I_2 之前，溶液应先中和成中性或弱酸性。

标定时称取一定量的基准物，在酸性溶液中，与过量 KI 作用，析出的 I_2，以淀粉为指示剂，用 $Na_2S_2O_3$ 溶液滴定。常用的基准物是 $K_2Cr_2O_7$。其相关反应与计算式：

$$Cr_2O_7^{2-}+6I^-+14H^+ \Longrightarrow 2Cr^{3+}+3I_2+7H_2O$$

$$I_2+2S_2O_3^{2-} \Longrightarrow 2I^-+S_4O_6^{2-}$$

$$c(Na_2S_2O_3) = \frac{6m(K_2Cr_2O_7)}{V(Na_2S_2O_3)M(K_2Cr_2O_7)}$$

标定需注意以下几点：

① 基准物 $K_2Cr_2O_7$ 与 KI 反应时，溶液的酸度愈大，反应速率愈快，但酸度太大时，I^- 容易被空气中的 O_2 所氧化，所以在开始滴定时，酸度一般以 0.8~1.0mol·L^{-1} 为宜。

② $K_2Cr_2O_7$ 与 KI 的反应速率较慢，应将溶液在暗处放置一定时间(5 分钟)，待反应完全后再以 $Na_2S_2O_3$ 溶液滴定(KIO_3 与 KI 的反应快，不需要放置)。

③ $K_2Cr_2O_7$ 与 KI 反应完全后，加蒸馏水稀释以降低酸度。

④ 在以淀粉作指示剂时，应先以 $Na_2S_2O_3$ 溶液滴定至溶液呈浅黄色(大部分 I_2 已作用)，然后加入淀粉溶液，用 $Na_2S_2O_3$ 溶液继续滴定至蓝色恰好消失，即为终点。淀粉指

示剂若加入太早，则大量的 I_2 与淀粉结合生成蓝色包结物，这一部分碘被淀粉分子包裹，不容易与 $Na_2S_2O_3$ 反应，给滴定带来误差。

3. 应用示例

（1）直接碘量法。

① H_2S 的测定：

$$S+2e^-+2H^+ \rule[0.5ex]{1em}{0.4pt} H_2S \qquad \varphi^\theta(S/H_2S)=0.142V$$

$$I_3^-+2e^- \rule[0.5ex]{1em}{0.4pt} 3I^- \qquad \varphi^\theta(I_2/I^-)=0.536V$$

在酸性溶液中，I_2 氧化 H_2S

$$I_2+H_2S \rule[0.5ex]{1em}{0.4pt} 2I^-+S\downarrow+2H^+$$

用淀粉为指示剂，可以用碘标液直接滴定 H_2S。

滴定在弱酸（或弱碱）性、中性条件下进行。酸性条件下，I^- 易被空气中氧气氧化，终点拖后。而且指示剂淀粉水解为糊精，导致终点不敏锐。在强碱性条件下，部分 S^{2-} 被氧化为 SO_4^{2-}，而且 I_2 易发生歧化。

② 维生素 C 含量的测定

维生素 C（Vc）又称抗坏血酸，分子式为 $C_6H_8O_6$。Vc 具有还原性，可以被碘定量氧化。

$$C_6H_6O_6+2H^++2e^-=C_6H_8O_6 \quad \varphi^\theta(C_6H_6O_6/C_6H_8O_6)=0.18V$$

$$C_6H_8O_6+I_2 \rule[0.5ex]{1em}{0.4pt} C_6H_6O_6 \ +2HI$$

Vc 易被空气中的氧氧化，在碱性介质中氧化作用更强。因此，滴定宜在酸性介质中进行，以减少副反应的发生。而 I^- 在强酸性溶液中也容易被氧化，故一般在 pH3~4 的弱酸溶液中（一般采用 HAc）进行滴定。

维生素 C 制剂及果蔬中的抗坏血酸含量都可以采用直接碘量法测定。

（2）间接碘量法。

由于 I^- 是中等强度的还原剂，间接碘量法可以测定许多无机物和有机物，应用比直接碘量法广泛。

铜的测定在弱酸性溶液中 Cu^{2+} 与过量 KI 反应，生成 CuI 沉淀，析出定量 I_2，$\varphi^\theta(Cu^{2+}/CuI)=0.88V$

$$2Cu^{2+}+4I^- \rule[0.5ex]{1em}{0.4pt} 2CuI\downarrow+I_2$$

$$I_2+2S_2O_3^{2-} \rule[0.5ex]{1em}{0.4pt} 2I^-+S_4O_6^{2-}$$

析出的碘再用 $Na_2S_2O_3$ 标准溶液滴定，就可计算出铜的含量。

$$w(Cu)=\frac{c(Na_2S_2O_3)V(Na_2S_2O_3)M(Cu)}{m_s}$$

为了促使反应趋于完全，加入过量的 KI。KI 既是还原剂、配位剂还是沉淀剂，正是由于生成了 CuI 沉淀，使 $\varphi(Cu^{2+}/Cu^+)$ 增大，并大于 $\varphi(I_2/I^-)$，反应才得以进行。生成的 CuI 沉淀强烈地吸附 I_2，使测定结果偏低。为了减小 CuI 沉淀表面吸附 I_2，在大部分 I_2 被

$Na_2S_2O_3$ 滴定后，加入 KSCN，使 CuI 转化为溶解度更小的 CuSCN 沉淀。

$$CuI+KSCN =\!=\!= CuSCN \downarrow +KI$$

KSCN 沉淀吸附 I_2 的倾向小，提高了测定结果的准确度。若 KSCN 加入过早，溶液中 I_2 浓度较大，KSCN 会还原 I_2，使结果偏低。

为了防止 Cu^{2+} 水解，一般用 $HAc-NH_4Ac$ 或 NH_4HF_2 控制 pH 值在 3~4 之间。

测定矿石（铜矿等）、合金、炉渣或电镀液中的铜可用碘量法。用适当的溶剂将矿石等固体试样溶解后，再用上述方法测定。但应注意防止其他共存离子的干扰，例如试样常含有 Fe^{3+} 能氧化 I^-：

$$2Fe^{3+}+2I^- =\!=\!= 2Fe^{2+}+I_2$$

干扰铜的测定，使结果偏高。可加入 NH_4HF_2，使 Fe^{3+} 生成稳定的 FeF_6^{3-} 配离子，降低 Fe^{3+}/Fe^{2+} 电对的电势，从而防止了氧化 I^- 的反应。

漂白粉有效氯的测定。漂白粉是常用的消毒、杀菌剂，其主要成分是 $Ca(OCl)Cl$，还可能含有 $CaCl_2$、$Ca(ClO_3)_2$ 和 CaO 等。漂白粉与酸作用放出氯，称为有效氯，漂白粉的质量和纯度以释放出的有效氯来衡量。

$$Ca(OCl)Cl+2H^+ =\!=\!= Ca^{2+}+Cl_2+H_2O$$

常采用间接碘量法测定有效氯。反应为：

$$OCl^-+2I^-+2H^+ =\!=\!= I_2+Cl^-+H_2O$$

$$I_2+2S_2O_3^{2-} =\!=\!= 2I^-+S_4O_6^{2-}$$

测定结果按下式计算：

$$w(Cl_2)=\frac{c(Na_2S_2O_3)V(Na_2S_2O_3)M(Cl_2)}{2m_s}$$

例 7-26　用碘量法测定铜时，若硫代硫酸钠的浓度为 $0.1000mol \cdot L^{-1}$。预使滴定所消耗的 $Na_2S_2O_3$ 标准溶液的体积（mL）与铜的质量分数（%）的数值相同，应称取铜多少克？

解：

有关反应

$$2Cu^{2+}+4I^- =\!=\!= 2CuI \downarrow +I_2$$

$$I_2+2S_2O_3^{2-} =\!=\!= 2I^-+S_4O_6^{2-}$$

设应称取铜样 xg，所消耗 $Na_2S_2O_3$ 标准溶液的体积 V（mL）。根据题意有

$$V\% =\frac{c(Na_2S_2O_3)V(Na_2S_2O_3)M(Cu)}{m_s}$$

$$=\frac{0.1000V \times 63.55}{x \times 1000}$$

解得

$$x=\frac{0.1000 \times 63.55 \times 100}{1000}=0.6355(g)$$

阅读材料

燃料电池

随着世界范围内工业的高速发展，全世界对能源的需求日益增加。能源的使用以化石燃料为主，排放了大量 CO_2、NO_2 及硫化物等污染物，造成了环境污染。因此，采用清洁、高效的能源利用方式，积极开发新能源，有利于国家和社会经济的可持续发展。燃料电池(Fuel Cell)是一种电化学的发电装置，直接将化学能转化为电能，而不必经过热机过程，因而能量转化效率高，且无污染。

1839 年，W. Grove 爵士通过对水的电解过程逆转的研究，发现了燃料电池的原理。他能够从氢气和氧气中获取电能。在随后几年中，人们一直试图用煤气作为燃料，但均未获得成功。直到 20 世纪 60 年代，宇宙飞行技术的发展，才使燃料电池技术又提到议事日程上来。保护环境的能源供应的需求激发了人们对燃料电池技术的兴趣。

燃料电池是一种能量转化装置，是一个电化学系统。即按原电池工作原理，把贮存在燃料和氧化剂中的化学能直接转化为电能，因而实际过程是氧化还原反应。燃料电池主要由四部分组成，即阳极、阴极、电解质和外部电路。燃料气和氧化气分别由燃料电池的阳极和阴极通入。燃料气在阳极上放出电子，电子经外电路传导到阴极并与氧化气结合生成离子。离子在电场作用下，通过电解质迁移到阳极上，与燃料气反应，构成回路，产生电流。

碱性燃料电池(AFC)是最早开发的燃料电池技术，在 20 世纪 60 年代就成功的应用于航天飞行领域。磷酸型燃料电池(PAFC)也是第一代燃料电池技术，是目前最为成熟的应用技术，已经进入了商业化应用和批量生产。由于其成本太高，目前只能作为区域性电站来现场供电、供热。熔融碳酸型燃料电池(MCFC)是第二代燃料电池技术，主要应用于设备发电。固体氧化物燃料电池(SOFC)以其全固态结构、更高的能量效率，及对煤气、天然气、混合气体等多种燃料气体广泛适应性等突出特点，发展最快，应用广泛，成为第三代燃料电池。目前正在开发的商用燃料电池还有质子交换膜燃料电池(PEMFC)。它具有较高的能量效率和能量密度，体积重量小，冷启动时间短，运行安全可靠。另外，由于使用的电解质膜为固态，可避免电解质腐蚀。

燃料电池技术的研究与开发已取得了重大进展，技术逐渐成熟，并在一定程度上实现了商业化。作为 21 世纪的高科技产品，燃料电池已应用于汽车工业、能源发电、船舶工业、航空航天、家用电源等行业。

习　题

7-1　选择题
(1)原电池正极发生(　　)。

A. 氧化反应　　　　　　　　　　B. 还原反应

C. 氧化还原反应　　　　　　　　D. 非氧化还原反应

（2）对 Cu-Zn 原电池的下列叙述不正确的是：（　　　）。

A. 盐桥中的电解质可保持两半电池中的电荷平衡

B. 盐桥用于维持氧化还原反应的进行

C. 盐桥中的电解质不能参加电池反应

D. 电子通过盐桥流动

（3）在反应 $2Fe^{3+}+2I^-\rightleftharpoons 2Fe^{2+}+I_2$ 中，下面的说法正确的是（　　　）。

A. Fe^{3+} 是还原剂　　　　　　　B. I^- 是氧化剂

C. Fe^{3+} 被还原　　　　　　　　D. Fe^{2+} 是氧化产物

（4）下列物理量中，与化学反应方程式的写法无关的是（　　　）。

A. 反应的标准摩尔焓变　　　　　B. 标准平衡常数

C. 电极电势　　　　　　　　　　D. 反应的标准摩尔热力学能变

（5）下列含氮物质中 N 元素的氧化值为 +1 的是（　　　）。

A. NH_3　　　　B. NO　　　　C. N_2O　　　　D. N_2H_4

（6）使下列电极反应中有关离子浓度减小一半，而 φ 值增加的是：（　　　）。

A. $Cu^{2+}+2e=Cu$　　　　　　　B. $I_2+2e=2I^-$

C. $2H^++2e=H_2$　　　　　　　　D. $Fe^{3+}+e=Fe^{2+}$

（7）下列电对的电极电势与 pH 无关的是：（　　　）。

A. MnO_4^-/Mn^{2+}　　　　　　　B. H_2O_2/H_2O

C. O_2/H_2O_2　　　　　　　　　D. $S_2O_8^{2-}/SO_4^{2-}$

（8）已知 H_2O_2 的电势图：

酸性介质中　　　　$O_2 \xrightarrow{\quad 0.67V \quad} H_2O_2 \xrightarrow{\quad 1.77V \quad} H_2O$

碱性介质中　　　　$O_2 \xrightarrow{\quad -0.68V \quad} H_2O_2 \xrightarrow{\quad 0.87V \quad} 2OH^-$

说明 H_2O_2 的歧化反应：（　　　）

A. 只在酸性介质中发生　　　　　B. 只在碱性介质中发生

C. 无论在酸碱性介质中都发生　　D. 无论在酸碱性介质中都不发生

（9）用 $K_2Cr_2O_7$ 测 Fe 时，加入 H_3PO_4 的目的是（　　　）。

A. 有利于形成 Hg_2Cl_2 白色丝状沉淀

B. 提高酸度，使反应更完全

C. 提高计量点前 Fe^{3+}/Fe^{2+} 电对的电势，使二苯胺磺酸钠不致提前变色

D. 降低 Fe^{3+}/Fe^{2+} 电对的电势，使滴定突跃范围增大，同时消除 Fe^{3+} 的黄色干扰

（10）下列说法正确的是：（　　　）

A. 在氧化还原反应中，若两个电对电极电势值相差越大，则反应进行得越快

B. 由于 $\varphi^{\theta}(Fe^{3+}/Fe^{2+})=0.77V$，$\varphi^{\theta}(Fe^{2+}/Fe)=-0.477V$，故 Fe^{3+} 与 Fe^{2+} 能发生氧化还原反应

C. 某物质的电极电势代数值越小，说明它的还原性越强

D. 电极电势值越大则电对中氧化态物质的氧化能力越强

7-2　填空题

（1）称取 $K_2Cr_2O_7$ 基准物质时，有少量 $K_2Cr_2O_7$ 撒在天平盘上而未发现，则配得的标准溶液真实浓度将偏 _____；用此溶液测定试样中 Fe 的含量时，将引起 _____误差(填正或负)。

（2）氧化还原滴定中，采用的指示剂有 _____、_____ 和 _____。

（3）氧化还原滴定的电位突跃范围与滴定剂与被测物两电对的_____有关。它们相差越_____，电位突跃越_____。

（4）已知在 $1mol \cdot L^{-1}$ HCl 介质中 $\varphi^{\theta}(Sn^{4+}/Sn^{2+}) = 0.151V$，$\varphi^{\theta}(Fe^{3+}/Fe^{2+}) = 0.771V$，则下列滴定反应：$2Fe^{3+} + Sn^{2+} = 2Fe^{2+} + Sn^{4+}$ 平衡常数为_____；化学计量点电势为_____；

（5）直接碘量法是利用_____作标准滴定溶液来直接滴定一些_____物质的方法，反应只能在_____性或_____性溶液中进行。

7-3　用离子电子法配平下列反应方程式。

（1）$Cr_2O_7^{2-} + Fe^{2+} \longrightarrow Cr^{3+} + Fe^{3+}$

（2）$MnO_4^- + H_2C_2O_4 \longrightarrow Mn^{2+} + CO_2$

（3）$NaOH + Cl_2 \longrightarrow NaCl + NaClO_3$

（4）$As_2S_3 + HNO_3 \longrightarrow H_3AsO_4 + H_2SO_4 + NO$

7-4　有电对 Fe^{3+}/Fe^{2+}、H^+/H_2、Zn^{2+}/Zn、I_2/I^-，（1）请分别写出各电对作为正极和负极在原电池符号中的表示方法。（2）任意选用两电对，组成合理的原电池，分别用电池符号表示。利用标准电极电势表的数据，计算原电池的标准电动势。

7-5　在含 Cl^-、Br^-、I^- 三种离子的混合溶液中，欲使 Br^- 氧化为 Br_2，I^- 氧化为 I_2，而不使 Cl^- 氧化，在常用的氧化剂 $KClO_3$ 和 H_2O_2 中，选择哪一种能符合上述要求？

7-6　计算 298.15K 时，下列电对的电极电势。

（1）Fe^{3+}/Fe^{2+}，$c(Fe^{3+}) = 1mol \cdot L^{-1}$，$c(Fe^{2+}) = 0.0001mol \cdot L^{-1}$

（2）Cl_2/Cl^-，$P(Cl_2) = 2 \times 10^5 mol \cdot L^{-1}$，$c(Cl^-) = 0.1mol \cdot L^{-1}$

（3）$Cr_2O_7^{2-}/Cr^{3+}$，$c(Cr_2O_7^{2-}) = 1mol \cdot L^{-1}$，$c(Cr^{3+}) = 0.1mol \cdot L^{-1}$，$c(H^+) = 2mol \cdot L^{-1}$

7-7　计算 298.15K 时下列电池的电动势及电池反应的平衡常数，写出反应方程式，判断反应能否进行？

（1）$(-)Zn(s) | Zn^{2+}(1mol \cdot L^{-1}) \| Cu^{2+}(0.5mol \cdot L^{-1}) | Cu(s)(+)$

（2）$(-)Sn(s) | Sn^{2+}(0.05mol \cdot L^{-1}) \| H^+(1.0mol \cdot L^{-1}) | H_2(10^5Pa) | Pt(s)(+)$

（3）$(-)Pt | H_2(10^5Pa) | H^+(0.01mol \cdot L^{-1}) \| H^+(1.0mol \cdot L^{-1}) | H_2(10^5Pa) | Pt(+)$

7-8　已知 $\varphi^{\theta}(Ag^+/Ag) = 0.799V$ 计算下列原电池的电动势。

$Pt | H_2(100kPa) | H^+(2.00mol \cdot L^{-1} \| Cl^-(1.00mol \cdot L^{-1}) | AgCl | Ag$

7-9　碘离子与砷酸的反应为：

$$H_3AsO_4 + 2I^- + 2H^+ \rightleftharpoons HAsO_2 + I_2 + 2H_2O$$

已知：

$$H_3AsO_4 + 2H^+ + 2e^- = HAsO_2 + 2H_2O \quad \varphi^\theta(H_3AsO_4/HAsO_2) = +0.56V$$

$$I_2 + 2e^- = 2I^- \quad \varphi^\theta(I_2/I^-) = +0.536V$$

请问(1)标准状态时该反应能否正向进行？(2)若其他物质的浓度均为 1 mol·L^{-1}，仅改变 pH 值反应方向能否改变？如何改变？

7-10　为了测定 AgCl 的 K_{sp}^θ，有人设计了如下原电池：

$$(-)Ag，AgCl \mid Cl^-(0.010mol·L^{-1}) \parallel Ag^+(0.010mol·L^{-1}) \mid Ag(+)$$

测得电动势为 0.34V。试计算 AgCl 的 K_{sp}^θ。

7-11　已知下列电池 $Zn \mid Zn^{2+}(x mol·L^{-1}) \parallel Ag^+(0.1mol·L^{-1}) \mid Ag$ 的电动势 $E = 1.51V$

求 Zn^{2+} 离子的浓度。

7-12　298K 时，用 MnO_2 和盐酸反应制取 Cl_2。计算说明。当 Mn^{2+} 浓度为 1mol·L^{-1}，Cl_2 的分压为 100kPa 时，HCl 的浓度至少达到多大浓度时，方可制取 Cl_2？

7-13　在 0.10mol·L^{-1} $CuSO_4$ 溶液中投入 Zn 粒，求反应达平衡后溶液中的 Cu^{2+} 浓度。

7-14　计算 298.15K 时，反应 $Cd(s)+Pb^{2+}(aq)=Cd^{2+}(aq)+Pb(s)$ 的 $\Delta_r G_m^\theta$

7-15　已知溴元素电势图

$$BrO_3^- \xrightarrow{\ 0.564\ } HBrO \xrightarrow{\ 0.454\ } Br_2 \xrightarrow{\ 1.08\ } Br^-$$

$$\underset{0.72}{\underbrace{}}$$

推断能发生歧化反应的物质有哪些？计算 $\varphi^\theta(BrO_3^-/Br^-)$。

7-16　条件电极电势和标准电极电势有什么不同？影响电极电势的外界因素有哪些？

7-17　是否平衡常数大的氧化还原反应就能应用于氧化还原滴定中？为什么？

7-18　氧化还原指示剂的变色原理和选择与酸碱指示剂有何异同？

7-19　碘量法的主要误差来源有哪些？为什么碘量法不适宜在高酸度或高碱度介质中进行？

7-20　用 30.00mL $KMnO_4$ 溶液恰能氧化一定质量的 $KHC_2O_4·H_2O$，同样质量的 $KHC_2O_4·H_2O$ 又恰能被 25.20mL 0.2000mol·L^{1}KOH 溶液中和。计算 $KMnO_4$ 溶液的浓度。

7-21　将 0.1963g 分析纯 $K_2Cr_2O_7$ 试剂溶于水，酸化后加入过量 KI，析出的 I_2 需用 33.61ml$Na_2S_2O_3$ 溶液滴定。计算 $Na_2S_2O_3$ 溶液的浓度。

7-22　准确称取酒精样品 5.00g，置于 1L 容量瓶中，用水稀释至刻度。取 25.00mL 加入稀硫酸酸化，再加入 0.0200mol·L^{-1} $K_2Cr_2O_7$ 标准溶液 50.00mL，发生下列化学反应：

$$3C_2H_5OH + 2Cr_2O_7^{2-} + 16H^+ \Longrightarrow 4Cr^{3+} + 3CH_3COOH + 11H_2O$$

待反应完全后，加入 0.1253mol·L^{-1} Fe^{2+} 溶液 20.00mL，再用 0.0200mol·L^{-1} $K_2Cr_2O_7$ 标准液回滴剩余的 Fe^{2+}，消耗 $K_2Cr_2O_7$7.46mL。计算样品中 C_2H_5OH 的质量分数。

7-23　有一 $KMnO_4$ 标准溶液的浓度为 0.0238mol·L^{-1}，求其对 Cu 和 CuO 的滴定度。称取含铜矿样 0.3548g，溶解后将溶液中 Cu^{2+} 还原为 Cu^+，然后用上述 $KMnO_4$ 标准溶液滴定，用去 30.70mL。求试样中含铜量，以 $w(Cu)$ 和 $w(CuO)$ 表示。

7-24　抗坏血酸(摩尔质量为 176.1g·mol^{-1})是一种还原剂，它的半反应为：

$$C_6H_6O_6+2H^++2e^-=C_6H_8O_6$$

它能被 I_2 氧化。如果 10.00mL 柠檬汁样品用 HAc 酸化，并加入 20.00mL 0.02500mol·L$^{-1}I_2$ 溶液，待反应完全后，过量的 I_2 用 10.00mL 0.0100mol·L^{-1}Na$_2$S$_2$O$_3$ 滴定，计算每毫升柠檬汁中抗坏血酸的质量。

7-25　将含有 BaCl$_2$ 的试样溶解后加入 K$_2$CrO$_4$ 使之生成 BaCrO$_4$ 沉淀，过滤洗涤后将沉淀溶于 HCl 再加入过量的 KI 并用 Na$_2$S$_2$O$_3$ 溶液滴定析出的 I_2，若试样为 0.4392g，滴定时耗去 0.1007mol·L^{-1}Na$_2$S$_2$O$_3$29.61mL 标准溶液，计算试样中 BaCl$_2$ 的质量分数。

7-26　用碘量法测定铜时，称取铜试样 0.5000g，若预使滴定所消耗的 Na$_2$S$_2$O$_3$ 标准溶液的体积(mL)与铜的质量分数(%)的数值相同，计算硫代硫酸钠的浓度。

第8章 原子结构和元素周期律

化学反应是原子之间的化合和分解，要从根本上掌握其规律性，就必须从研究原子结构入手。

从1803年道尔顿提出原子论以来，科学家们经过两个多世纪的探索，现在已能用扫描隧道显微镜看到氢原子的模糊形象。原子很小，其直径约为10^{-10}m，卢瑟福的实验证实，原子由原子核和核外电子组成，原子核更小，其直径为$10^{-15} \sim 10^{-14}$m，是原子直径的万分之一，其体积更是原子体积的几千亿分之一，但它几乎集中了原子的全部质量。

我们知道，在化学反应中，原子核的组成并不发生变化，即不会由一种原子变成另一种原子，但核外电子运动状态是可以改变的，这是化学反应的实质。为了更好地掌握化学变化，我们要研究原子核外电子的运动状态。

前面已提到，原子核的体积只占原子体积的几千亿分之一，所以原子内部十分空旷，想象一下，如果把整个原子放大到教室一样大，原子核也只是像一粒芝麻大小在教室的中央，在周围很大的空域中，电子在核周围作高速的运动。这就是1911年卢瑟福提出的原子结构"行星式模型"。这种"行星式模型"有两个问题困扰着我们，按经典理论：

(1)核外电子作高速绕核运动具有加速度，会不间断地辐射电磁波，得到连续光谱。

(2)由于电磁波的辐射，消耗了能量，将使电子离核距离螺旋式下降，最终会落到原子核里，使原子毁灭。

但这与原子的稳定存在和具有不连续光谱的现象不符。1913年，年轻的丹麦物理学家波尔为解释原子光谱，并试图解决卢瑟福模型所遇到的困难，综合了普朗克的量子论、爱因斯坦的光子说和卢瑟福的原子模型，提出了波尔原子模型。

8.1 波尔理论与微观粒子特性

8.1.1 氢原子光谱

借助于棱镜的色散作用，把复色光分解为单色光排列成带，叫作光谱。由炽热的固体或液体所发出的光，通过棱镜而得到一条包括各种波长的光的彩色光带，叫作连续光谱。太阳的表面，灼热的灯丝和沸腾钢水所发出的光都能产生连续光谱，在可见光区内，各种颜色光的排列顺序是红、橙、黄、绿、青、蓝、紫。由激发态单原子气体所发出的光，通过棱镜而得到的由黑暗背景间隔开的若干条彩色亮线，叫作线状光谱。由于线状光是从激发态原子内部发射出来的，故又叫作原子光谱。

把一束日光通过棱镜色散，可看到不同颜色(即不同波长)的连续光从红色一直到紫色的连续变化图(用仪器还能测到红外和紫外)。当用火焰、电弧或其他方法灼热气体或蒸气时，气体就会发射出不同频率(不同波长)的光线，利用棱镜折射，可把它们分成一系列按波长长短次序排列的线条，称为谱线。原子一系列谱线的总和叫该原子的光谱图，氢原子的光谱图(如图 8-1 所示)由一系列分立的谱线组成，这种光谱叫线状光谱。

可以看到氢原子光谱在可见光区有四条明显的谱线：一条红线，一条蓝线和两条紫线，分别标以 H_α、H_β、H_γ、和 H_δ。

这些谱线间的距离愈来愈小，表现出明显的规律性，1885 年，瑞士学者巴尔麦总结出这些谱线的波数 σ 符合下列规律：

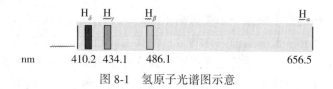

图 8-1 氢原子光谱图示意

$$\sigma = \frac{1}{\lambda} = R_\infty \left(\frac{1}{2^2} - \frac{1}{n^2} \right)$$

式中 $n = 3$，4，5，…，$R_\infty = 1.09677581 \times 10 \mathrm{m}^{-1}$，称为里德堡常数，后来在氢光谱的紫外区，红外区也发现一系列谱线系，都有类似的关系。1890 年，瑞典学者里德堡归纳成统一的公式：

$$\sigma = \frac{1}{\lambda} = R_\infty \left(\frac{1}{n_1^2} - \frac{1}{n_2^2} \right)$$

式中 n_1、n_2 均为正整数，且 $n_2 > n_1$。

这些问题促使人们寻找原子光谱与原子内部结构的关系。

8.1.2 波尔理论

针对这些情况，波尔提出了三条进一步假定。

(1)定态规则：电子绕核作圆形轨道运动，在一定轨道上运动的电子具有一定的能量，称为定态。在定态下运动的电子既不放出能量，也不吸收能量，原子中存在一系列定态，其中能量最低的叫做基态，其余为激发态。

(2)频率规则：当电子由一个定态跃迁到另一个定态时，就会以光子形式吸收或放出能量，其频率 v 由两定态间的能量差决定：

$$hv = |En_2 - En_1| = \Delta E$$

③量子化条件：对原子可能存在的定态有一定的限制，即电子的轨道运动的角动量 L 必须等于 $\frac{h}{2\pi}$ 的整数倍：

$$L = n\frac{h}{2\pi} \qquad n = 1，2，3，\cdots$$

n 称为主量子数，h 为普朗克常数，其值为 $6.626 \times 10^{-34} \mathrm{J \cdot s}$。根据量子化条件，轨道能量

只能取某些分立的数值，"量子"就是不连续的意思。

可见，玻尔原子模型是电子在以原子核为圆心的一系列同心圆轨道上运动。根据以上假定，玻尔从经典力学计算了氢原子的各个定态轨道的能量和半径：

$$E_n = - R \frac{1}{n^2} \qquad R = 2.1799 \times 10^{-18} J = 13.606 eV$$

$$r_n = 52.9 n^2 pm$$

氢原子处于基态时，$n=1$，$E_1 = 13.6 eV$，$r_1 = 52.9 pm$，称为波尔半径，用符号 a_0 表示。

8.1.3　波尔理论的成功和缺陷

波尔理论成功地解释了氢原子和类氢离子(核外只有一个电子的离子，如 He^+、Li^{2+})的光谱，其计算结果和实验事实惊人地吻合；他提出用轨道描述核外电子的运动，揭示了核外电子运动量子化的特征，使原子光谱成为探索原子内部结构的一个窗口，在科学发展中起了重大作用。波尔计算得到的氢原子半径数据与后来量子力学处理氢原子得到的数据惊人一致。

但是，当把波尔模型应用到其他多电子原子光谱时，则与实验结果相差甚远；它也不能解释原子光谱的精细结构，对化学键的形成更无能为力，这说明该模型有缺陷。从理论上看，玻尔理论本身就存在着矛盾。它一方面把电子运动看作服从经典力学的微粒，另一方面又人为地加入量子化条件，这与经典力学相矛盾。因为作圆周运动的电荷一定会辐射能量，原子就不能稳定存在。所以这一理论有很大的局限性。究其原因，是由于原子或分子中的电子具有波粒二象性，它的运动规律不遵循经典力学规律，而服从量子力学规律。

20世纪20年代建立起原子结构的量子论模型，或称电子云模型，使人类对原子结构的认识进入一个崭新阶段。

8.1.4　微观粒子的特性

1. 微观粒子的波粒二象性

原子、分子、电子、光子等微观粒子最突出的特征是既具有微粒性又具有波动性，称为波粒二象性。量子力学就是在认识这一特征的基础上建立起来的。

20世纪初，人们认识了光的波粒二象性，其相互关系可表现为：

$$E = h\nu$$
$$P = h/\lambda$$

等式左边是表示光的微粒性的能量 E 和动量 P，等式右边则是描述光的波动性的频率 ν 和波长，二者通过普朗克常数 h 定量地联系起来，从而揭示了光的二象性。

在光的波粒二象性启发下，1923年德布罗依大胆地推想：光波具有粒子性，对于静止质量不为零的实物微粒(电子、原子等)在某些情况下也会呈现波动性，即电子等实物粒子也具有波粒二象性，他假设联系"波粒"二象性的两式也适用于电子等微粒，给出了著名的德布罗依关系式：

$$\lambda = \frac{h}{mv} = \frac{h}{P}$$

上式表明，具有质量为 m、运动速度为 v 的粒子，其相应的波长为 λ，称为德布罗依波，也叫做物质波。表征波性的波长与表征粒性的动量仍然是通过普朗克常数 h 定量地联系在一起。这就是实物粒的波粒二象性。

对一个速度为 $10^6 m \cdot s^{-1}$ 的电子，其德布罗依波长应为

$$\lambda = \frac{h}{mv} = \frac{6.63 \times 10^{-34}}{9.11 \times 10^{-31} \times 10^6} = 0.7 \times 10^{-9} (m) = 700(m)$$

可见，电子的波长与晶体中原子间距的数量级相近，可以设想用晶体衍射光栅，应观察到电子衍射现象。1927 年，美国科学家戴维逊·革末及英国科学家 G. P. 汤姆逊的电子衍射实验证实了德布罗依的假设，并从实验所得电子波长与从德布罗依关系式计算值完全一致。后来用中子、原子、分子等粒子流也同样观察到了衍射现象，充分证实了波粒二象性是微观粒子的特性。

2. 德布罗依波的统计解释

从经典力学看，粒子是以分立分布为特征的，具有不可入性；而波动是以连续分布于空间为特征的，具有可入性，这两种对立的性质是无法统一在同一客观物体上的。现在实物粒子具有波粒二象性，是如何使二者的矛盾统一起来的呢？实物粒子的德布罗依波究竟有什么物理意义呢？

人们发现，用较强的电子流(即大量电子)可以在较短时间内得到电子衍射花纹；但用很弱的电子流(电子一个一个地先后到达底片)，只要足够长的时间(两个电子相继到达底片上的时间超过电子通过仪器的时间约三万倍)也得到同样的衍射花纹。这说明电子衍射不是电子间相互影响的结果，而是电子本身运动所固有的规律性。

我们让具有相同速度的电子一个跟一个地通过晶体落到底片上。因为电子具有粒性，开始时电子只能到达底片的一个个点点上，我们无法知道它究竟落在什么地方。但是，经过足够长时间，通过了大量的电子，在底片上便得到衍射图样，显现出波性。可见，电子的波性乃是和电子行为的统计性规律联系在一起。就大量电子的行为而言，衍射强度(即波的强度)大的地方，电子出现的数目便多；衍射强度小的地方，电子出现的数目便少。就一个电子的行为而言，每次到达底片上的位置是不能预测的，但设想将这个电子重复进行多次相同的实验，一定是在衍射强度大的地方出现的机会多，在衍射强度小的地方出现的机会少。因此，电子的衍射波在空间任一点的强度和电子出现的概率成正比。德布罗依波是"概率波"，波的强度反映粒子出现概率的大小。这就是玻尔的统计解释。

3. 测不准原理(Indeterminancy principle)

电子衍射实验表明，电子的运动并不服从经典力学规律，因为符合经典力学的质点运动时具有确定的轨道，即在某一瞬间质点同时有确定的坐标和坐标方向上的动量。例如，一颗人造卫星在离地面的一定高空绕地球运动，具有确定的轨道，即我们若知道了某一时刻卫星的位置和速度(初值)，可以预报它在任一时刻出现在地面某上空的位置，但是，

具有波动的粒子，其特点是不能同时具有确定的坐标和动量，而遵循德国科学家海森堡于 1927 年提出的不确定性关系式：

式中，Δx 为粒子位置的不准确量，ΔP_x 为粒子动量的不准确量，h 为普朗克常数。这一关系式表明，具有波性的微粒不能同时有确定的坐标和动量，它的某个坐标被确定地愈准确，则相应的动量就愈不准确，反之亦然，二者乘积约等于普朗克常数的数量级。由于 h 是非常小的数值，对于宏观物体运动而言，位置不确定量 Δx 比物体本身尺寸小得太多，h 实际上可忽略，即

$$\Delta x \cdot \Delta P_x \rightarrow 0$$

二者可以同时准确测定，因而可用经典力学来处理，表明波动性不明显。对于原子、分子中的电子运动而言，微观物体本身尺寸很小，h 是一个不可忽视的量，由于

$$\Delta x \cdot \Delta P_x \geqslant h$$

二者不能同时准确测定，因而不能用经典力学来处理，表明波动性显著。所以，应用测不准原理可以检验经典力学适用的限度。能用经典力学处理的场合，都是不确定性关系实际不起作用的场合。而不确定性关系起作用的场合，常称为量子场合，必须用量子力学才能处理。需要指出的是，测不准原理不是说微观粒子的运动是虚无缥缈的，不可认识的，也不是限制了人们认识的深度，而是限制了经典力学的适用范围，说明具有波粒二象性的微观体系有更深刻的规律在起作用。

8.2　核外电子运动状态描述

8.2.1　薛定谔方程（Schrodinger equation）

在经典力学中，波的运动状态一般是通过波动方程来描述，驻波是被束缚在一定空间、不向外传播能量的特殊稳定状态；驻波又是波动中唯一具有量子化能量的波。从电子的波粒二象性出发，薛定谔把电子的运动和光的波动理论联系起来，提出了描述核外电子运动的数学表达式，建立了实物微粒的波动方程，叫做薛定谔方程。薛定谔方程是一个偏微分方程，对单电子体系可写成下列形式。

$$\frac{\partial^2 \Psi}{\partial x^2} + \frac{\partial^2 \Psi}{\partial y^2} + \frac{\partial^2 \Psi}{\partial z^2} + \frac{8\pi^2 m}{h^2}(E - V) = 0$$

式中，m 是电子的质量；E 是电子的总能量；V 电子的势能，E-V 是电子的动能；h 是普朗克常数；x、y、z 为空间坐标；Ψ 代表方程式的解，叫做波函数。

薛定谔方程是把物质波代入到电磁波的波动方程中，并不是按理论推导出来，但由它得出结论却能反映微观粒子的运动规律，在一定条件下经受了实践的考验。从高等数学可

知，微分程的解并非某一个简单的数值，而是一个普通方程。对氢原子来说，薛定谔方程的每一个解，都是一个三维空间函数，可在三维空间用图描述出来，每一个解或相应的空间图形，都代表氢原子核外电子的某一种运动状态，与这个解相应的 E，就是该电子在这个状态下的总能量。

为了方便起见，解薛定谔方程时先将直角坐标(x, y, z)变换为球坐标(r, θ, ϕ)，再把波函数分离为只与 r 有关的函数 $R(r)$ 和只与变量 θ, ϕ 有关的函数 $Y(\theta, \phi)$，即

$$x = r\sin\theta\cos\phi$$
$$y = r\sin\theta\sin\phi$$
$$z = r\cos\theta$$
$$r^2 = x^2 + y^2 + z^2$$
$$\Psi(r, \theta, \phi) = R(r)Y(\theta, \phi)$$

或把角度分布再变量分离

$$\Psi(r, \theta, \phi) = R(r)\phi(\theta)\phi(\phi)$$

式中，$R(r)$ 称为波函数的径向分布；$Y(\theta, \phi)$ 称为波函数的角度分布。r 为电子与坐标原点的距离，θ 是电子与原点连线与原 z 轴间夹角，ϕ 是电子与原点连线在原 xOy 平面投影与 x 轴间夹角，见图 8-2。

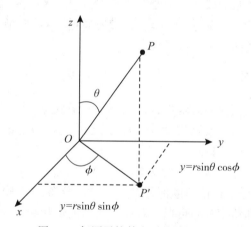

图 8-2　氢原子核外电子的球极坐标

8.2.2　波函数、原子轨道和电子云(Wave functions, atomic orbitals and electron clouds)

用薛定谔方程解出的答案波函数 y 就是描述核外高速运动电子运动状态的函数，就是原子轨道，可在坐标上根据具体的波函数 y 描述出来。

因电子波为驻波即具有量子化的波，三个分离出的变量的量子数只能取某些定值。根据量子力学的计算，这三个量子数的可取值如下：

对 $R(r)$ 方程(离核距离)，所取量子数为主量子数 n

$$n = 1, 2, 3, 4, \cdots, \infty$$

对 $\phi(\theta)$ 方程，所取量子数称为副量子数或角量子数 l

$$l=0,\ 1,\ 2,\ 3,\ \cdots$$

在光学上分别用 s、p、d、f 表示。

对方程，所取量子数称为磁量子数 m

$$m=0,\ \pm1,\ \pm2,\ \pm3,\ \cdots,\ \pm l$$

各角度方向有时分别用 x、y、z、xy、x^2-y^2、z^2 等表示。

可见 l 的数值受 n 数值的限制，m 数值又受 l 的数值限制，因此，三个量子数的组合有一定规律。例如当 $n=1$ 时，l 只可取 0，m 也只可取 0，n、l、m 三个量子数的组合方式只有一种，即 $(1,0,0)$，常用 Ψ_{1s} 表示，此时的波函数也只有一个 $\Psi(1,0,0)$。当 $n=2$ 时，三个量子数的组合方式有四种，即 $(2,0,0)$、$(2,1,0)$、$(2,1,1)$、$(2,1,-1)$，分别用 Ψ_{2s}、Ψ_{2px}、Ψ_{2py}、Ψ_{2pz} 表示。

1. 每一种波函数代表一种原子轨道

从薛定谔方程可以解得各种波函数，如 Ψ_{1s}、Ψ_{2s}、Ψ_{2px}、Ψ_{3dxy}……，每一种波函数都描述电子一定的空间运动状态，在量子力学中，把波函 Ψ 叫做原子轨道。这里所说的"轨道"是指 Ψ 分布的空间范围，也就是电子运动的空间范围，绝不能把"轨道"理解为宏观物体的运动轨迹。例如，氢原子核外电子处于基态时，用波函数 Ψ_{1s} 描述，称为 $1s$ 轨道。同理，波函数 Ψ_{2s}、Ψ_{2px}、Ψ_{3dxy} 分别称为 $2s$ 轨道、$2p_x$ 轨道、$3d_{xy}$ 轨道。可见波函数和原子轨道是同义词，两者的性状都由三个量子数决定。

2. 原子轨道的图形

每一个原子轨道都有相应的波函数，把每一个波函数在三维空间或球坐标中描绘出来的图形就是原子轨道的图形。波函数 $\Psi(r,\theta,\phi)$ 是含有 r，θ，ϕ 三个变量的函数，很难绘出其空间图像。但是我们可以从

$$\Psi(r,\theta,\phi)=R(r)Y(\theta,\phi)$$

出发，固定径向 $R(r)$ 部分来讨论角度部分 $Y(\theta,\phi)$ 的分布，或固定 $Y(\theta,\phi)$ 去讨论 $R(r)$ 的分布。通过径向分布和角度分布可以了解原子轨道的形状和方向。

例如，基态氢原子轨道（$1s$ 轨道）

$$R_{1s}=2\sqrt{\frac{1}{a_0^3}}\,e^{-r/a_0}$$

$$Y_{1s}=\sqrt{\frac{1}{4\pi}}$$

由于 s 轨道波函数的角度部分是一个与角度（θ，ϕ）无关的常数，它的角度分布图是一个半径为 $\sqrt{\dfrac{1}{4\pi}}$ 的球面，Y_{1s} 值在各个方向上都相同，因此氢原子的 s 轨道是球形对称的。

表 8-1 列出了氢原子的波函数及其径向部分和角度部分（$n=3$ 以上的波函数从略）。

表 8-1   **氢原子的波函数极其 R 和 Y 值**

轨道	$\Psi(r,\theta,\phi)$	$R(r)$	$Y(\theta,\phi)$
$1s$	$\sqrt{\dfrac{1}{\pi a_0^3}}\,e^{-r/a_0}$	$2\sqrt{\dfrac{1}{a_0^3}}\,e^{-r/a_0}$	$\sqrt{\dfrac{1}{4\pi}}$
$2s$	$\dfrac{1}{4}\sqrt{\dfrac{1}{\pi a_0^3}}\left(2-\dfrac{r}{a_0}\right)e^{-r/2a_0}$	$\sqrt{\dfrac{1}{8a_0^3}}\left(2-\dfrac{r}{a_0}\right)e^{-r/2a_0}$	$\sqrt{\dfrac{1}{4\pi}}$
$2p_z$	$\dfrac{1}{4}\sqrt{\dfrac{1}{\pi a_0^3}}\left(\dfrac{r}{a_0}\right)e^{-r/2a_0}\cdot\cos\theta$	$\sqrt{\dfrac{1}{24a_0^3}}\left(\dfrac{r}{a_0}\right)e^{-r/2a_0}$	$\sqrt{\dfrac{3}{4\pi}}\cos\theta$
$2p_x$	$\dfrac{1}{4}\sqrt{\dfrac{1}{\pi a_0^3}}\left(\dfrac{r}{a_0}\right)e^{-r/2a_0}\cdot\sin\theta\cdot\cos\phi$		$\sqrt{\dfrac{3}{4\pi}}\sin\theta\cos\phi$
$2p_y$	$\dfrac{1}{4}\sqrt{\dfrac{1}{\pi a_0^3}}\left(\dfrac{r}{a_0}\right)e^{-r/2a_0}\cdot\sin\theta\cdot\cos\phi$		$\sqrt{\dfrac{3}{4\pi}}\sin\theta\cos\phi$

若根据波函数的角度部分 $Y(\theta,\phi)$ 随角度的变化作图便可得到原子轨道角度分布图 8-3。

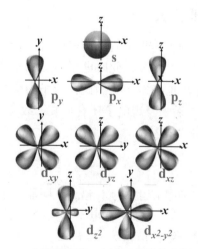

图 8-3 s, p, d 原子轨道、电子云角度分布图(平面图)

从图 8-3 中可见，s 轨道是球形对称的，p 轨道是无柄哑铃形，d 轨道是花瓣形。另外波函数 Ψ 有正值或负值，切不要误认为它带正电荷或带负电荷。波函数的正，负对于原子轨道重叠形成共价键有重要意义。

3. 概率密度和电子云

在经典力学中，用波函数 $u(x,y,z)$ 来表示电磁波 u 在空间 (x,y,z) 点的电场或磁场，$|u|^2$ 代表 t 时刻在空间 (x,y,z) 点电场或磁场波的强度。物质波也是如此，量子力

学的一个基本假设就是原子核外的电子(能量有一定值的稳定态体系)的运动状态可以用一个波函数 $\Psi(r, \theta, \phi)$ 来表示，附近的概率与波函数模数的平方 $|\Psi|^2$ 成正比。$|\Psi|^2$ 代表电子在 (r, θ, ϕ) 附近单位体积中出现的概率，即概率密度。所以概率和概率密度的关系是电子在核外空间某区域出现的概率等于概率密度与该区域总体积的乘积。

空间各点 $|\Psi|^2$ 数值的大小，反映电子在各点附近同样大小的体积中出现概率的大小。通常用小黑点的疏密程度来表示 $|\Psi|^2$ 在空间的分布，形象地称为电子云。小黑点较密的地方，表示概率密度较大，亦即电子云较密集，小黑点较疏的地方，表示概率密度较小，亦即电子云较稀疏。

例如，由表 8-1 氢原子基态 Ψ_{1s} 可知

$$|\Psi_{1s}|^2 = A_1^2 \mathrm{e}^{-2Br} \frac{1}{4\pi}$$

$|\Psi|^2$ 只是 r 的函数，空间分布呈球形对称，即电子云分布是球对称的，图 8-5(b) 中密集的小黑点是对核外一个电子(基态)运动情况多次重复实验所得的统计结果。离核愈近、小黑点愈密，即电子云较密集，电子在该处单位体积内出现的机会较多；反之亦然，总之，哪里的小黑点密集，哪里的电子的概率密度就大，只不过电子云是从统计的概念出发对核外电子的概率密度做形象化的图示，而概率密度 $|\Psi|^2$ 可从理论上计算而得。所以说电子云是概率密度 $|\Psi|^2$ 的具体图像。

8.2.3　四个量子数的物理意义

由解薛定谔方程知道，对于薛定谔方程的合理解(因电子的各种运动都是量子化的)，必须有一套与之相应的量子数 n、l、m，此时电子运动的轨道[原子轨道 $\Psi_{(n,l,m)}$]就确定了，电子云概率分布 $|\Psi_{(n,l,m)}|^2$ 也确定了。因此，量子力学中可以简化用三个量子数 n、l、m 来描述电子的运动状态，后来发现电子还有自旋，故又引进了第四个量子数 m_s，那么，这四个量子数又具体指什么呢？

1. 主量子数(n)

氢原子和一切元素的原子都能产生线状光谱，证明原子中电子是分层排布的，习惯上叫做电子层，一个原子中有许多个电子层，电子究竟处于哪个电子层，由主量子数 n 决定，n 是电子层的编号，主量子数的取值为 $n=1$，2，3，4，5，6，…等正整数，在光谱学上常用 K、L、M、N、O、P……符号依次表示各电子层，主量子数不同(处于不同电子层)的电子有些什么差别呢？

(1)主量子数是决定电子与原子核平均距离的参数，壳层概率最大的区域和原子核的平均距离 r 与主量子数 n 的关系为(氢原子)：

$$r_{ns} = 0.53 \cdot \frac{n^2}{Z}(10^{-10}m)$$

对给定原子来说，Z 值一定，n 值越大，电子在核外空间所占的有效体积也越大。例如，氢原子的 $Z=1$，$n=1$(处于第一电子层)的电子离核最近($r_{1s}=53\mathrm{pm}$)；$n=2$(处于第二电子层)的电子离核稍远($r_{2s}=212\mathrm{pm}$)，n 值越大电子离核越远。

（2）主量子数是决定电子能量的主要因素。电子能量与主量子数的关系为（氢原子）：

$$E_n = -13.6 \frac{Z^2}{n^2} (\text{eV})$$

可见 n 值越大，E_n 负值越小，能量越高。这说明电子的能量随主量子数的增大而升高。

2. 角量子数或副量子数（1）

在分辨率较高的分光镜下观察一些元素的原子光谱时，发现每一条谱线是由一条或几条波长相差甚微的谱线组成的。这说明在同一电子层内电子的运动状态和所具有能量并不完全相同，由此推断：在同一电子层中，还包含若干个亚层（层中再分层或能级）。为了反映核外电子在运动状态和能量上的微小差异，除主量子数外，还需要另一种量子数——角量子数。角量子数决定原子轨道或电子云的形状。因为电子在核外运动时产生角动量 P_ϕ，角动量的绝对值与角量子数 l 的关系是

$$|P_\phi| = \sqrt{l(l+1)} \frac{h}{2\pi}$$

由此式可见，电子运动的角动量随角量子数的增大而增大。角动量越大，电子出现概率最大的区域向外扩展的趋势越大，因而原子轨道或电子云发生变形的程度越大。简言之，角量子数不同，角动量不同，电子沿角度分布的概率不同，因而原子轨道或电子云的形状也不同。

角量子数也是决定多电子原子能量大小的因素之一。我们已经知道，对于单电子体系（氢原子或类氢离子）来说，各种电子的能量只决定于 n 值，与 l 值无关。但对多电子原子来说，由于电子间的相互作用（屏蔽效应和钻穿效应，见图8-3），使同一电子层中各亚层的电子能量也有所不同：

$$E_n = -13.6 \frac{(Z-\sigma)^2}{n^2} (\text{eV})$$

$Z\text{-}\sigma$ 为有效核电荷；a 为屏蔽常数。σ 值随 l 值的增大变大，因此当 n 值相同时，l 值越大，$Z\text{-}\sigma$ 越小，E 的负值越小，电子的能量越高。例如，$n=4$，则

$$l = 0 \quad 1 \quad 2 \quad 3$$
$$E_{4s} < E_{4p} < E_{4d} < E_{4f}$$

由此可见，在多电子原子中各态电子的能量主要决定于主量子数，但角量子数对其能量也有一定的影响。

角量子数（l）的取值范围受主量子数（n）的制约。当主量子数的数值为 n 时，角量子数的数值限于从 0 到（$n-1$）的正整数：$l=0$，1，2，3，…，$n-1$，最大不得超过 $n-1$。这些数值在光谱学上依次用 s、p、d、f……表示，它们分别代表一定的轨道形状和能量状态。如果两个电子的 n 值和 l 值均相同，说明这两个电子不仅在同一电子层，而且在同一亚层（或能级）中。反之，若两个电子的 n 值相同而 l 值不同，则说明这两个电子虽属同一电子层，但处于不同的亚层或能级中，两者的轨道形状和能量状态均不同。现将 n、l 等项归纳于表8-2中。

表 8-2 各电子层中亚层的数目

n	l	亚层符号	亚层数目
1	0	$1s$	1
2	0	$2s$	2
	1	$2p$	
3	0	$3s$	3
	1	$3p$	
	2	$3d$	
4	0	$4s$	4
	1	$4p$	
	2	$4d$	
	3	$4f$	

从表 8-2 中可见，每一 l 值代表一个电子亚层(或能级)，在给定的电子层中，亚层的数目与 n 值相等，也就是说，属于第几电子层，该电子层就包含几个亚层。例如，当 $n=l$ 时，l 值只能为 0，表明第一电子层只有一个亚层：$1s$ 亚层。当 $n=2$ 时，可能有 0 和 1 个值，表明第二电子层有两个亚层：$2s$ 亚层和 $2p$ 亚层。其余以此类推。

3. 磁量子数(m)

在外加磁场作用下，原子光谱中某几条靠得很近的谱线，又分裂出若干条新的谱线，当外加磁场消除时，这几条新谱线又合并成原来的谱线。这种现象一方面说明原子中某些原子轨道在核外空间有不同的伸展方向(同一方向磁场对它们影响不同)，另一方面说明这些原子轨道核外空间的取向是量子化的。表征原子轨道上述性质的量子数叫做磁量子数(m)。

磁量子数的取值范围受角量子数的限制。当角量子数为 l 值时，则磁量子数的数值可以是从 $-l$ 经 0 到 $+l$ 的所有整数，即 $m=0$，± 1，± 2，…，$\pm l$，由此可见，m 的取值个数与 l 的关系是 $2l+1$。在量子力学中，电子绕核运动的角动量在空间给定方向 z 轴上的量大小由磁量子数 m 决定。由量子力学可得原子轨道在空间的取向也是量子化的。

磁量子数 m 的每一个数值代表原子轨道的一种伸展方向或一个原子轨道，因此一个亚层中 m 有几个数值，该亚层中就有几个伸展方向不同的原子轨道。例如，当 l 为 1(代表 p 亚层)时，m 可有三个取值($m=-1$、0、$+1$)，表明 p 亚层有三个伸展方向不同的原子轨道，即 p_x、p_y、P_z。这三个轨道彼此相互垂直，它们的轴互成 $90°$。前面已经指出，核外电子的能量仅决定于主量子数 n 和角量子数 l，而与磁量子数 m 无关，也就是说，原子轨道在空间的伸展方向虽然不同，但这并不影响电子的能量。例如，3 个 p 轨道($2p_x$、$2p_y$、$2p_z$)的能量是完全相同的。像这种 n 和 l 相同，而 m 不同的各能量相同的轨道，叫做简并轨道或等价轨道。

4. 自旋量子数(m_s)

1921 年，史特恩和盖拉赫(C. Stern-W. Gerlach)的实验发现：银原子射线在磁场作下分裂成两条，而且它们的偏转方向是左右对称的。他们为了解释这种现象，提出电子自旋的假说。他们认为电子除绕核高速运动外，还绕自身的轴旋转，叫做电子的自旋。用 m_s 表示自旋量子数。其可能取值只有两个：$m_s = +1/2$ 或 $m_s = -1/2$。这说明电子自旋的方向只有顺时针和逆时针两种，分别用"↑"和"↓"表示。

在原子中处于同一电子层，同一亚层和同一轨道上的电子，其状态还因自旋方向不同而异。在同一轨道中，如果两个电子的 m_s 值分别为+1/2 和−1/2，表明它们处于自旋相反状态，但能量相等，称这两个电子为"成对电子"，可用"↑↓"或"↓↑"表示。由于自旋量子数只有两个取值，因此每个原子轨道最多只能容纳 2 个电子。自旋量子数决定了电子自旋角动量在磁场方向上的分量，描述了电子自旋运动的方向，限定了原子轨道的最大容量。

我们已经讨论了四个量子数的意义和它们之间的关系。有了这四个量子数就能够比较全面地描述一个核外电子的运动状态。其中前三个量子数 n、l、m 能够确定原子轨道的类型(原子轨道的大小，能量的高低，轨道的形状和伸展方向)和电子在核外空间的运动状态(电子处于哪个电子层、哪个亚层、哪个轨道)；第四个量子数 m_s，能够确定电子的自旋状态。此外，根据四个量子数还可以推算出各电子层有几个亚层(或能级)，各层中有几个轨道，每个轨道能容纳几个电子和各电子层中电子的最大容量。

8.3　核外电子排布

8.3.1　多电子原子的能级

氢原子(或类氢离子)核外只有一个电子，它的原子轨道能级只取决于主量子数 n，但是对于多电子原子来说，由于电子间的互相排斥作用，因此原子轨道能级关系较为复杂。

1. 屏蔽效应

多电子原子中，每个电子除受核对它的吸引外，又受到其他电子对它的排斥作用。根据中心势场模型，假设每个电子都处在核和其他电子所构成的平均势场中运动，即将某个电子 i 受到其他电子的排斥作用，看成相当于有 σ 个电子来自原子中心起着抵消核电荷对电子 i 的作用，好像使核电荷数减少到 $Z-\sigma$。这种把某一电子受到其他核外电子的排斥作用归结为抵消一部分核电荷的作用，称屏蔽效应。内层电子对外层电子的屏蔽作用大；n 相同时，l 愈小的电子屏蔽作用愈强，如 $3s>3p>3d$。

故(1)l 值相同时，n 值越大的轨道能级越高。如 $E_{1s}<E_{2s}<E_{3s}<E_{4s}\cdots\cdots$

(2)n 值相同时，l 值越大的轨道能级越高。如 $E_{ns}<E_{np}<E_{nd}<E_{nf}\cdots\cdots$

2. 钻穿效应

在核附近出现概率较大的电子，可较多地回避其他电子的屏蔽作用，直接感受较大的有效核电荷的吸引，因而能量较低。对于给定的主量子数，从电子云径向分布图可见，角量子数愈小，峰数愈多，钻穿能力强，轨道能量愈低。由于径向分布的原因，角量子数 l 小的电子钻穿到核附近，回避其他电子屏蔽的能力较强，从而使自身的能量降低。这种作用称为钻穿效应(或穿透效应)。有时外层电子的能量低于内层电子甚至倒数第三层电子的能量，引起能级交错。

如
$$E_{4s} < E_{3d}$$
$$E_{6s} < E_{4f} < E_{5d}$$

3. 原子轨道近似能级图和能级组

由上述讨论可见，单电子原子的轨道能量只与主量子数有关；而多电子原子的轨道能量还与电子的屏蔽和钻穿效应有关，即与核电荷 Z、主量子数 n 和角量子数 l 有关。从光谱实验结果理论计算可得到多种原子轨道近似能级图。图 8-4 给出最常用到的鲍林近似能级图，是著名的美国化学家鲍林从光谱实验结果得到的。图 8-4 中每个小圆圈代表一个原子轨道，把能量相近的轨道划为一个能级组。

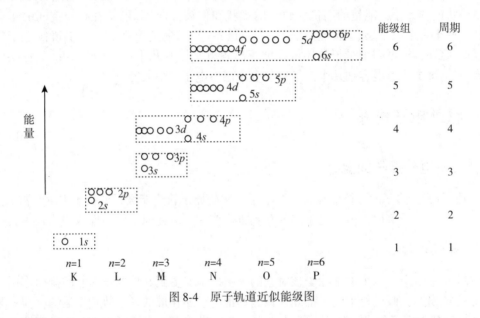

图 8-4　原子轨道近似能级图

我国化学家徐光宪从光谱数据总结归纳出 $(n+0.7l)$ 的规则，根据主量子数和角量子数近似确定能级的相对高低，并以第一位数字相同的划为一个能级组。每种轨道的 $(n+0.7l)$ 值只表示轨道间能量相对高低，并非与该值大小成一定比例；$(n+0.7l)$ 值整数位相同的轨道能量接近，整数位不同时，即使 $(n+0.71)$ 值相差很小，实际能量差也是很大的。

8.3.2　核外电子排布原则与基态原子的电子构型

原子处于基态时，核外电子排布遵循下面三个原则。

(1)泡利不相容原理。在一个原子中不可能有两个电子具有完全相同的四个量子数，也就是说在一个原子轨道中最多容纳两个自旋相反的电子。泡利原理表明，自旋相同的两个电子在同一轨道出现的概率为零，它们将相互尽可能远离，可使体系能量降低。因此，自旋相同的电子之间就显示一种斥力，称为"泡利斥力"，它和静电斥力本质不同，是一种量子力学效应。试想，若不存在这一原理，即同一轨道中可容纳多于两个的电子，则原子中的电子都集中在低能量的内层轨道上，无法形成分子，整个宇宙将全部改观。

（2）能量最低原理。在不违背泡利原理的前提下，各个电子将优先占据能量较低的原子轨道，使体系的能量最低，原子处于基态。

能量最低原理是自然界的一个普遍规律，原子分子中的电子亦如此。这里需要强调一点，电子在轨道中的填充顺序，并不一定是轨道能级高低的顺序，电子在原子中所处的状态是使整个体系的能量为最低，并不一定是某个轨道的能量最低。

根据上述两原理，我们可以试着对一些元素的原子写电子排布式。

如 $_{26}$Fe $1s^2 2s^2 2p^6 3s^2 3p^6 3d^6 4s^2$

     $_{35}$Br $1s^2 2s^2 2p^6 3s^2 3p^6 3d^{10} 4s^2 4p^5$

在写核外电子排布式时，我们发现，其实内层电子排布是不变的，若每次从内层到最外层都完全写出来，既麻烦又不必要，可用元素前一周期的稀有气体的元素符号表示原子内层电子全部排满，称为"原子实"。这样，上述两电子排布可简写为：

     $_{26}$Fe，［Ar］$3d^6 4s^2$ $_{35}$Br，［Ar］$4p^5$

简便方法为：原子序数减去其前一周期的稀有气体原子序数作为原子实，剩下的电子，在 $(n-2)f(n-1)$dnsnp 轨道按能量高低按 ns、$(n-2)f$、$(n-1)d$、mp 顺序排布，如 113 号元素，先减去上一周期稀有气体电子数 86 作为原子实，剩下的 113−86＝27 个电子在 $5f6d7s7p$ 轨道中排布，［Rn］$5f^{14} 6d^{10} 7s^2 7p^1$。在 $n \geqslant 4$ 时才有 d 轨道，在 $n \geqslant 6$ 时才有 f 轨道。

在核外电子中，能参与成键的电子称为价电子，而价电子所在的亚层通称价层。由于化学反应只涉及价层电子的改变，因此一般不必写出完整的电子排布式，而只需写出价层电子排布即可。对于主族元素，价层电子就是最外层电子，对于副族元素，最外层 s 电子、次外层 d 电子和倒数第三层 f 电子都可作为价电子。例如溴原子的价电子层构型是 $4s^2 4p^5$，铁原子的价电子层构型是 $3d^6 4s^2$。

但按上述规律排 $_{24}$Cr 和 $_{29}$Cu 等元素原子时与实验观察到的现象不符。$_{24}$Cr 不是按轨道能量最低的［Ar］$3d^4 4s^2$ 排布，而是［Ar］$3d^5 4s^1$ 排布，$_{29}$Cu 不是按轨道能量最低的［Ar］$3d^9 4s^2$ 排布，而是［Ar］$3d^{10} 4s^1$ 排布。那么到底哪种电子排布能量更低呢？

（3）洪特规则及其特例。①在能量相同的轨道上电子的排布，将尽可能以自旋相同的状态分占不同的轨道，此即洪特规则。因电子之间有静电斥力，当某一轨道中已有一个电子，要使另一个电子与其配对，必须对电子提供能量（这种能量叫做电子成对能），以克服电子间的斥力。可见一个电子对的能量，要比两个成单电子的能量高。所以，在简并轨道中总是倾向于拥有最多的自旋平行的成单电子，使体系处于能量最低的稳定状态。

②在能量相同的轨道上电子排布为全充满、半充满或全空时较稳定，此谓恩晓定理。

二者都是讨论简并轨道上电子排布问题，所以我们把它们合并在一起称为洪特规则及其特例。洪特规则可以看作泡利原理的结果，这种状态排布的电子，使体系的能量较低。

而全充满(p^6，d^{10}，f^{14})，半充满(p^3，d^5，f^7)及全空(p^0，d^0，f^0)状态的电子云分布近于球对称，为高对称性结构，体系能量亦较低。

　　根据上述三原则，电子按近似能级图逐一填入原子中各个能级的轨道。图 8-5 给出一个便于记忆的方阵图，图箭头指向电子填充顺序。表 8-3 列出 1~104 号元素的基态原子的电子构型。从表 8-3 中可见，有一些元素原子的最外层电子排布出现不规则现象，有些目前很难确切说明其原因。这是因为核外电子排布三原则是一般规律。随着原子序数的增大，核外电子数增多，电子间相互作用愈复杂，电子排布常出现例外情况。因此，一元素原子的电子排布情况，应尊重事实，不能用理论去死搬硬套，对一些例外有待深入研究。

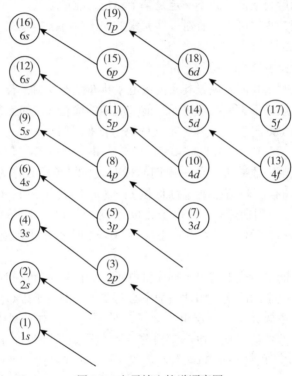

图 8-5　电子填入轨道顺序图

　　(4)最外层和次外层电子数的限制。在中学化学中，我们知道最外层电子数不能超过 8 个，次外层电子数不能超过 18 个。这是原子轨道能级交错的必然结果。当原最外层已排满 8 个电子时，按基态能量最低原理，这 8 个电子排布的轨道肯定是 ns^2np^6，若还有电子要进入原子轨道，由于 nd 的能量大于 $(n+1)s$ 的能量，电子排在新开辟的 $(n+1)s$ 轨道，在 $(n+1)s$ 轨道排满 2 个电子后，电子再依次进入 nd 轨道，这时 n 层是次外层，所以最外层电子不会超过 8 个电子。当次外层 d 轨道的 10 个电子排满后，也是由于能级交错的原因，新增的电子进入到能量较低的 $(n+2)s$ 轨道，只有 $(n+2)s$ 轨道排满 2 个电子后，电子再依次进入 nf 轨道，这时 n 层是倒数第三层，所以次外层电子不会超过 18 个电子。

表 8-3 原子中电子分布

周期	原子序数	元素名称	元素符号	电子层结构	周期	原子序数	元素名称	元素符号	电子层结构
1	1	氢	H	$1s^1$		31	镓	Ga	$[Ar]3d^{10}4s^24p^1$
	2	氦	He	$1s^2$		32	锗	Ge	$[Ar]3d^{10}4s^24p^2$
2	3	锂	Li	$[He]2s^1$		33	砷	As	$[Ar]3d^{10}4s^24p^3$
	4	铍	Be	$[He]2s^2$		34	硒	Se	$[Ar]3d^{10}4s^24p^4$
	5	硼	B	$[He]2s^22p^1$		35	溴	Br	$[Ar]3d^{10}4s^24p^5$
	6	碳	C	$[He]2s^22p^2$		36	氪	Kr	$[Ar]3d^{10}4s^24p^6$
	7	氮	N	$[He]2s^22p^3$	5	37	铷	Rb	$[Kr]5s^1$
	8	氧	O	$[He]2s^22p^4$		38	锶	Sr	$[Kr]5s^2$
	9	氟	F	$[He]2s^22p^5$		39	钇	Y	$[Kr]4d^15s^2$
	10	氖	Ne	$[He]2s^22p^6$		40	锆	Zr	$[Kr]4d^25s^2$
3	11	钠	Na	$[Ne]3s^1$		41	铌	Nb	$[Kr]4d^45s^1$
	12	镁	Mg	$[Ne]3s^2$		42	钼	Mo	$[Kr]4d^55s^1$
	13	铝	Al	$[Ne]3s^23p^1$		43	锝	Tc	$[Kr]4d^55s^2$
	14	硅	Si	$[Ne]3s^23p^2$		44	钌	Ru	$[Kr]4d^75s^1$
	15	磷	P	$[Ne]3s^23p^3$		45	铑	Rh	$[Kr]4d^85s^1$
	16	硫	S	$[Ne]3s^23p^4$		46	钯	Pd	$[Kr]4d^{10}$
	17	氯	Cl	$[Ne]3s^23p^5$		47	银	Ag	$[Kr]4d^{10}5s^1$
	18	氩	Ar	$[Ne]3s^23p^6$		48	镉	Cd	$[Kr]4d^{10}5s^2$
4	19	钾	K	$[Ar]4s^1$		49	铟	In	$[Kr]4d^{10}5s^25p^1$
	20	钙	Ca	$[Ar]4s^2$		50	锡	Sn	$[Kr]4d^{10}5s^25p^2$
	21	钪	Sc	$[Ar]3d^14s^2$		51	锑	Sb	$[Kr]4d^{10}5s^25p^3$
	22	钛	Ti	$[Ar]3d^24s^2$		52	碲	Te	$[Kr]4d^{10}5s^25p^4$
	23	钒	V	$[Ar]3d^34s^2$		53	碘	I	$[Kr]4d^{10}5s^25p^5$
	24	铬	Cr	$[Ar]3d^54s^1$		54	氙	Xe	$[Kr]4d^{10}5s^25p^6$
	25	锰	Mn	$[Ar]3d^54s^2$	6	55	铯	Cs	$[Xe]6s^1$
	26	铁	Fe	$[Ar]3d^64s^2$		56	钡	Ba	$[Xe]6s^2$
	27	钴	Co	$[Ar]3d^74s^2$		57	镧	La	$[Xe]5d^16s^2$
	28	镍	Ni	$[Ar]3d^84s^2$		58	铈	Ce	$[Xe]4f^15d^16s^2$
	29	铜	Cu	$[Ar]3d^{10}4s^1$		59	镨	Pr	$[Xe]4f^36s^2$
	30	锌	Zn	$[Ar]3d^{10}4s^2$		60	钕	Nd	$[Xe]4f^46s^2$

续表

周期	原子序数	元素名称	元素符号	电子层结构	周期	原子序数	元素名称	元素符号	电子层结构
	61	钷	Pm	$[Xe]4f^56s^2$		86	氡	Rn	$[Xe]4f^{14}5d^{10}6s^26p^6$
	62	钐	Sm	$[Xe]4f^66s^2$	7	87	钫	Fr	$[Rn]7s^1$
	63	铕	Eu	$[Xe]4f^76s^2$		88	镭	Ra	$[Rn]7s^2$
	64	钆	Gd	$[Xe]4f^75d^16s^2$		89	锕	Ac	$[Rn]6d^17s^2$
	65	铽	Tb	$[Xe]4f^96s^2$		90	钍	Th	$[Rn]6d^27s^2$
	66	镝	Dy	$[Xe]4f^{10}6s^2$		91	镤	Pa	$[Rn]5f^26d^17s^2$
	67	钬	Ho	$[Xe]4f^{11}6s^2$		92	铀	U	$[Rn]5f^36d^17s^2$
	68	铒	Er	$[Xe]4f^{12}6s^2$		93	镎	Np	$[Rn]5f^46d^17s^2$
	69	铥	Tm	$[Xe]4f^{13}6s^2$		94	钚	Pu	$[Rn]5f^67s^2$
	70	镱	Yb	$[Xe]4f^{14}6s^2$		95	镅	Am	$[Rn]5f^77s^2$
	71	镥	Lu	$[Xe]4f^{14}5d^16s^2$		96	锔	Cm	$[Rn]5f^76d^17s^2$
	72	铪	Hf	$[Xe]4f^{14}5d^26s^2$		97	锫	Bk	$[Rn]5f^97s^2$
	73	钽	Ta	$[Xe]4f^{14}5d^36s^2$		98	锎	Cf	$[Rn]5f^{10}7s^2$
	74	钨	W	$[Xe]4f^{14}5d^46s^2$		99	锿	Es	$[Rn]5f^{11}7s^2$
	75	铼	Re	$[Xe]4f^{14}5d^56s^2$		100	镄	Fm	$[Rn]5f^{12}7s^2$
	76	锇	Os	$[Xe]4f^{14}5d^66s^2$		101	钔	Md	$[Rn]5f^{13}7s^2$
	77	铱	Ir	$[Xe]4f^{14}5d^76s^2$		102	锘	No	$[Rn]5f^{14}7s^2$
	78	铂	Pt	$[Xe]4f^{14}5d^96s^1$		103	铹	Lr	$[Rn]5f^{14}6d^17s^2$
	79	金	Au	$[Xe]4f^{14}5d^{10}6s^1$		104		Rf	$[Rn]5f^{14}6d^27s^2$
	80	汞	Hg	$[Xe]4f^{14}5d^{10}6s^2$		105		Db	$[Rn]5f^{14}6d^37s^2$
	81	铊	Tl	$[Xe]4f^{14}5d^{10}6s^26p^1$		106		Sg	$[Rn]5f^{14}6d^47s^2$
	82	铅	Pb	$[Xe]4f^{14}5d^{10}6s^26p^2$		107		Bh	$[Rn]5f^{14}6d^57s^2$
	83	铋	Bi	$[Xe]4f^{14}5d^{10}6s^26p^3$		108		Hs	$[Rn]5f^{14}6d^67s^2$
	84	钋	Po	$[Xe]4f^{14}5d^{10}6s^26p^4$		109		Mt	$[Rn]5f^{14}6d^77s^2$
	85	砹	At	$[Xe]4f^{14}5d^{10}6s^26p^5$					

8.3.3 原子结构和元素周期的关系

1869 年,俄国化学家门捷列夫将已发现的 63 种元素按照其相对原子质量及化学、物理性质的周期性和相似性排列成表,称为元素周期表。在元素周期中,具有相似性质的化学元素按一定的规律周期性地出现,体现出元素排列的周期性特征。

(1)原子序数。等于核电荷数(核中质子数),也等于核外电子数。

(2)周期数。等于电子层数,即等于主量子数,也等于基态原子填充电子的最高能级组数。每一周期元素的数目与该能级组中最多容纳的电子数相等。

第一周期只有 1s 轨道,只能容纳两种元素 H 与 He,称为特短周期。其他周期都从碱金属元素开始至稀有气体为止。第二、三周期有 nsnp 轨道,能容纳 8 个电子,故各有 8 种元素,称为短周期。第四,五周期的能级组有了 $(n-1)d$ 轨道,又增加了 10 个电子的容量,故各有 18 种元素,称为长周期。第六周期又有 f 轨道 14 个电子容量加入,故有 32 种元素,称为特长周期。第七周期目前尚未完成,称未完成周期,预计也应为含有 32 种元素的特长周期。第八周期发现,预言为含有 50 种元素的超长周期。

除第一周期外,每一个周期都是从一个非常活泼的金属元素开始,从左到右元素的金属性逐渐减弱,最后递变成非金属元素,即以碱金属元素开始,以稀有气体元素结束,元素的性质呈现这种周期性变化的原因是在周期表上(除第一周期外),从左到右每一周期元素原子的最外层电子数都是由 1 递增到 8,相应的主要决定元素性质的最外层电子排布重复着 ns^1 到 ns^2np^6 的变化规律,所以元素周期律是原子内部结构周期性变化的反映。

(3)原子的电子层结构与族的关系。元素周期表中,把最外层电子排布(或外围电子构型)相同的元素排成纵列,称为族。元素周期表共有 18 个纵行,共分为 16 个族,其中有 7 个主族(A 族),7 个副族(B 族),1 个零族和 1 个第Ⅷ族,同一族中,虽然不同元素的核外原子电子层数不同,但它们的最外层电子构型是相同的,因此它们的化学性质相似。

主族元素和ⅠB、ⅡB 的族数等于原子的最外层电子数($ns+np$);副族元素ⅢB~ⅦB,族数等于原子的外围构型电子数$[(n-1)d+ns]$;第Ⅷ族按横行分成三组:铁系、轻铂系和重铂系,族序数等于每组第一个元素中外围构型电子数。

副族元素(除ⅠB、ⅡB 族)最外层电子为 1~2 个,次外层上的电子数目多于 8 个而少于 18 个,随原子序数增加而增加的电子排在次外层,都是金属元素,但元素性质变化较小,被称为"过渡元素"。

(4)周期表中元素的分区。根据基态原子中最后一个电子的填充轨道,可把元素分为 s、p、d、ds、f 五个区,见图 8-6,s 区为ⅠA、ⅡA 族金属元素;p 区为ⅢA~ⅦA 和零族元素;d 区为ⅢB~ⅦB 金属元素;ds 区为ⅠB、ⅡB 族金属元素;f 区为元素周期表下方的镧系和锕系元素。

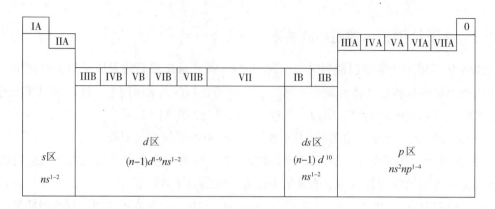

图 8-6 周期表中元素的分区

8.4 原子结构和元素某些性质的周期性变化

元素的性质是其内部结构的反映。随着原子序数的递增，电子排布呈周期性变化，与之有关的元素基本性质如有效核电荷、原子半径、电离能、电子亲和能，电负性及金属性等亦呈现明显的周期性。

8.4.1 有效核电荷(Effective Nuclear Charge)

元素的有效核电荷 Z^* 是核对最外层电子的净吸引作用。即扣除了其他电子屏蔽作用后剩下的核对最外层电子的作用力，$Z^* = Z - \sigma$，由于内层电子对外层电子屏蔽作用较强，同层电子之间彼此间屏蔽作用较弱，使得 Z^* 随原子序数递增呈现周期性变化，尽管原子的核电荷 Z 随原子序数增大而直线上升，但 Z^* 的变化要复杂些。

同一周期的主族元素从左向右，因增加的电子填充在同一最外层上，其屏蔽作用较弱，Z^* 增加较显著(每次增加 0.2~0.3)，同一周期的副族元素从左至右，因电子增加在次外层 d 轨道上，对外层电子屏蔽作用较强，Z^* 增加不大(每次增加约 0.07)。同族元素由上到下，因相邻周期的同族元素间相隔 8 或 18 种元素，Z^* 在主族增加较显著，在副族增加较小。

一般来说，Z^* 愈小，核对外层电子引力愈小，电子愈易失去，因此，有效核电荷的变化势必影响原子得失电子的能力；不过，原子得失电子的难易还与原子的大小有关。

8.4.2 原子半径(Atomic Radius)

由前述电子云的讨论可知，孤立原子并无明确的边界，确切知道原子的大小是困难的。一般所谓的原子半径是实验测得类单质分子(或晶体)中相邻原子核间距离的一半，有共价半径、金属半径及范德华半径(图 8-7)，列于表 8-4。

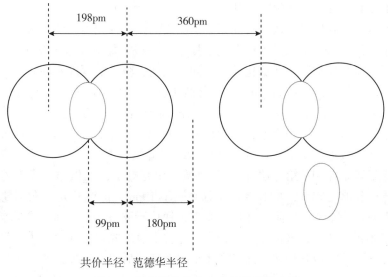

198pm 360pm

99pm 180pm

共价半径 范德华半径

图 8-7 氯原子的共价半径与范德华半径

共价半径是单质分子中原子以共价单键结合时核间距离的一半；金属半径是金属晶体中相邻原子核间距离的一半，它与晶体结构有关；而范德华半径是单质分子间只靠分子间作用力相互接近时两个原子核间距的一半。一般原子的金属半径比它的共价半径大 10% ~ 15%；而范德华半径比上述二者大得多。各元素原子半径数据见表 8-4。

表 8-4 　　　　　　　　　　　原子半径数据(pm)

H 37																	He 93
Li 123	Be 89											B 82	C 77	N 74	O 74	F 72	Ne 131
Na 154	Mg 136											Al 118	Si 117	P 110	S 104	Cl 99	Ar 174
K 203	Ca 174	Sc 144	Ti 132	V 122	Cr 118	Mn 117	Fe 117	Co 116	Ni 115	Cu 117	Zn 125	Ga 126	Ge 124	As 121	Se 117	Br 114	Kr 189
Rb 216	Sr 191	Y 162	Zr 145	Nb 134	Mo 130	Tc 127	Ru 125	Rh 125	Pd 128	Ag 134	Cd 138	In 142	Sn 142	Sb 139	Te 137	I 133	Xe 209
Cs 235	Ba 198		Hf 144	Ta 134	W 130	Re 128	Os 126	Ir 127	Pt 130	Au 134	Hg 139	Tl 144	Pb 150	Bi 151	Po	At	Rn 220

La 169	Ce 165	Pr 164	Nd 164	Pm 163	Sm 162	Eu 185	Gd 162	Tb 161	Dy 160	Ho 158	Er 158	Tm 158	Yb 170	Lu 156

由表8-4可见，原子半径有如下规律：

同一周期内，随着原子序数的增加原子半径逐渐减小，到本周期的最后一个元素原子的半径应最小，但最后一个原子为稀有气体原子，一般只能测其范德华半径，故数据大，实际上该数据不能和其他半径数据比较。不同的周期，减小的幅度不同。两相邻主族元素原子半径减小的平均幅度，约为10pm，显著减小；对于副族元素约为5pm，不太显著；f区元素小于1pm，几乎不变。这与原子有效核电荷的变化规律有关。同一主族元素由上向下，因电子层数增多原子半径递增，而副族元素的原子半径变化不明显，第五、第六周期的两元素半径非常接近，这主要是由于"镧系收缩"造成。

由于镧系元素是在倒数第三层$(n-2)f$轨道上填充电子，虽相邻两元素的有效核电荷略有增加，原子径略有减小，从 La 到 Lu 总共减小 13pm，但镧系元素在周期表中总的半径收缩比一般只占一格的其他副族元素大得多，使位于镧系元素后面的原子半径比上一周期的同族元素半径不增加，这种原子半径在总趋势上有所收缩的现象称为镧系收缩。它不仅导致镧系元素的性质极其相似，而且产生了两个特殊后果。首先，使得ⅢB族的钇和重稀土元素性质相似；其次，使得第二系列与相应第三系列过渡元素的原子半径非常接近，其性质也极为相似。

8.4.3　电离能(Ionization Energy)

一个气态的基态原子失去一个电子成为气态的一价离子所需的最少能量，称为该原子的第一电离能(I_1)，单位为 $kJ \cdot mol^{-1}$：

$$A(g) \rightarrow A^+(g) + e^- \quad 第一电离能(I_1)$$

气态的基态正一价离子再失去一个电子成为气态正二价离子所需最少能量，称第二电离能(I_2)：

$$A^+(g) \rightarrow A^{2+}(g) + e^- \quad 第二电离能(I_2)$$

其余类推。表 8-5 给出周期系中各元素的电离能。

元素的第一电离能愈小，原子就愈易失去电子，该元素的金属性就愈强。反之亦然。因此，元素的第一电离能可作为衡量该元素金属活泼性的尺度。表列出了元素原子的第一电离能数据。

电离能变化的规律如下：

(1)对同一元素，$I_1 < I_2 < I_3 < I_4 < \cdots\cdots$，这是由于原子每失去一个电子后，其余电子受核的引力增大，与核结合得更牢固的缘故，另外，电离能增加的幅度也不同，失去内层电子时，电离能增加的幅度突然增加，因此，由实验测定电离能数据，可以研究核外电子分层排布的情况。

(2)对同一周期元素：同一周期主族元素，第一电离能从左向右总趋势是增大。从左至右元素的核电荷数增多，原子半径减小，核对外层电子的引力增强，失去电子的能力减弱，因此 I_1 明增大，但 I_1 不是直线增大，而出现一些曲折变化，如第二周期、第三周期ⅡA族和Ⅴ族(Be、N、Mg、P)外层电子排布分别为 ns 全充满和 np 半充满，属于较稳定状态，要夺取其电子需较多的能量，故这几个元素原子 I_1 的数据反常，比其右边的原子的 I_1 要高。

表 8-5 　　　　　　　元素的第一电离能 $I_1(kJ \cdot mol^{-1})$

1	2	3	4	5	6	7	8	9	10	11	12	13	14	15	16	17	18
H 1312.0																	He 2372.3
Li 520.3	Be 899.5											B 800.6	C 1086.4	N 1402.3	O 1314.0	F 1681.0	Ne 2080.7
Na 495.8	Mg 737.7											Al 577.6	Si 786.5	P 1011.8	S 999.6	Cl 1251.1	Ar 1520.5
K 413.9	Ca 589.8	Sc 631	Ti 658	V 650	Cr 652.8	Mn 717.4	Fe 759.4	Co 758	Ni 736.7	Cu 745.5	Zn 906.4	Ga 578.8	Ge 762.2	As 944	Se 940.9	Br 1140	Kr 1350.7
Rb 403.0	Sr 549.5	Y 616	Zr 660	Nb 664	Mo 685.0	Tc 702	Ru 711	Rh 720	Pd 805	Ag 731.0	Cd 867.7	In 558.3	Sn 708.6	Sb 831.6	Te 869.3	I 1008.4	Xe 1170.4
Cs 375.7	Ba 502.9		Hf 654	Ta 761	W 770	Re 760	Os 840	Ir 880	Pt 870	Au 890.1	Hg 1007.0	Tl 589.3	Pb 715.5	Bi 703.3	Po 812	At	Rn 1037.6

对副族元素，从左向右由于原子半径减小的幅度很小，有效核电荷数增加不大，核对外层电子引力略微增强，又有镧系收缩，因而 I_1 总体看来略有增大，而且个别处变化还不十分规律，造成副族元素金属性变化不明显。

(3)对同一族元素：同族中自上而下，有互相矛盾的两种因素影响电离能变化。

①核电荷数 Z 增大，核对电子吸引力增大。将使电离能 I_1 增大；

②电子层增加，原子半径增大，电子离核远，核对电子吸引力减小，将使电离能 I_1 减小。在①和②这对矛盾中，以②为主导，所以同族中自上而下，元素的电离能减小。主族元素的电离能严格遵守上述规律。对副族元素，从上向下原子半径只略有增加，而且由于镧系收缩造成第五，六周期元素的原子半径非常接近，核电荷数增加较多，因而第四周期与第六周期同族元素相比较，I_1 总趋势是增大的，但其间的变化没有较好的规律。

8.4.4 电子亲和能(Electronic Affinity)

一个气态的基态原子得到一个电子变为负一价离子所放出的能量，称为该原子的第一电子亲和能(Y_1)，单位亦为 $kJ \cdot mol^{-1}$：

$$A(g) + e^- \rightarrow A^-(g) \quad 第一电子亲和能(Y_1)$$

同样，类似于各级电离能，亦可以定义第二电子亲和能(Y_2)：

$$A^-(g) + e^- \rightarrow A^{2-}(g) \quad 第二电子亲和能(Y_2)$$

例如：

$$O(g) + e^- \rightarrow O^-(g) \quad Y_1 = -141.2 kJ \cdot mol^{-1}$$

$$O^-(g) + e^- \rightarrow O^{2-}(g) \quad Y_2 = 779.6 kJ \cdot mol^{-1}$$

上列数据表明，氧原子接受第一个电子时要放出能量($Y_1 < 0$)，若它再吸收一个电子，就会吸收能量($Y_2 > 0$)，这种情况适用于大多数原子，因为它们的外层未达到稀有气体的稳定电子构型，可以接受电子，使体系能量降低而放出能量（即 $Y_1<0$）；若再接受电子，则由于阴离子与电子间的排斥作用，使体系能量升高，需吸收能量（即 $Y_2>0$、$Y_3\cdots>0$）。因此，在气相中氧（Ⅱ）离子是不稳定的，它仅能存在于晶体或熔盐中。

　　元素的第一电子亲和能愈小（负值愈大），原子就愈易得电子，该元素的非金属性就愈强。反之亦然。但是，目前电子亲和能的测定比较困难，所以实验数据也较少，且准确性也较差，因此难于作为定量衡量元素非金属性强弱的依据。表 8-6 提供一些元素原子的电子亲和能数据。

表 8-6　　主族元素的第一电子亲和能 $Y_1(\mathrm{kJ\cdot mol^{-1}})$

H −72.7							He +48.2
Li −59.6	Be +48.2	B −26.7	C −121.9	N +6.75	O −141.0	F −328.0	Ne +115.8
Na −52.9	Mg +38.6	Al −42.5	Si −133.6	P −72.1	S −200.4	Cl −349.0	Ar +96.5
K −48.4	Ca +28.9	Ga −28.9	Ge −115.8	As −78.2	Se −195.0	Br −324.7	Kr +96.5
Rb −46.9	Sr +28.9	In −28.9	Sn −115.8	Sb −103.2	Te −190.2	I −295.1	Xe +77.2

　　由表中数据可见，电子亲和能（$-Y_1$）一般随原子半径的减小而增大，因为半径减小时，核电荷对外层电子的吸引力增强。因此，电子亲和能（$-Y_1$）在周期表中从左到右总的趋势是增大的，表明元素的非金属性增强；主族元素从上向下总的变化趋势是减小的，表明元素的非金属性减弱。但是，ⅥA 和ⅦA 族的元素 O 与 F 的$-Y_1$ 值并非最大，而是相应的第二种元素 S 和 Cl 的$-Y_1$ 最大。这是由于第二周期的 O 与 F 原子半径很小，电子密度大，电子间斥力较强，而第三周期的 S 和 Cl 原子半径较大，又有空的 3d 轨道可以容纳电子，电子密度较小，电子间的相互排斥作用减小之故。

8.4.5　电负性（Electronegativity）

　　严格来说，I_1 与$-Y_1$ 只是分别从不同侧面来衡量一个孤立气态原子失去和获得电子的能力。某原子易失电子，不一定易得电子，反之，某原子易得电子，也不一定易失电子，有些原子既不易失去电子也不易得到电子。因此，I_1 只能用来衡量元素金属性的相对强弱，$-Y_1$ 只能定性地比较元素非金属性的相对强弱。而一般的原子同时具有失去和获得电子的能力，且它们通常处于键合状态。

为了较全面地描述不同元素原子在分子中吸引电子的能力，鲍林首先提出元素电负性的概念。他把原子在分子中吸引电子的能力定义为元素的电负性。1932 年，鲍林根据的热化学数据和分子的键能，指定最活泼的非金属元素氟的电负性值 $X_F = 4.0$，计算求得其他元素的相对电负性值。后经许多人做了更精确的计算，成为现在最流行的一种电负性值。

由表 8-7 中数据可见，随着原子序数递增，元素的电负性呈现明显的周期性：

(1)同一周期元素从左向右，电负性一般递增；同一主族元素从上到下，电负性通常递减。因此电负性大的元素集中在周期表的右上角，F 的电负性最大，而电负性小的元素集中在周期表的左下角，Cs 的电负性最小。

表 8-7 元素的电负性(X)

H 2.20							He —
Li 0.98	Be 1.57	B 2.04	C 2.55	N 3.04	O 3.44	F 3.98	Ne —
Na 0.93	Mg 1.31	Al 1.61	Si 1.90	P 2.19	S 2.58	Cl 3.16	Ar —
K 0.82	Ca 1.00	Ga 1.81	Ge 2.01	As 2.18	Se 2.55	Br 2.96	Kr —
Rb 0.82	Sr 0.95	In 1.78	Sn 1.96	Sb 2.05	Te 2.10	I 2.66	Xe —

(2)金属元素的电负性较小，非金属元素的较大，$X = 2.0$ 近似地标志着金属和非金属的分界点。但是，元素的金属性和非金属性之间并无严格界限。

电负性数据在判断化学键型方面是一个重要参数，一般来说，负性相差大的元素之间化合易成离子键；电负性相同或相近的金属元素之间以共价键结合，而金属元素则以金属键结合。但应了解，电负性是个相对概念；同一元素处于不同氧化态时，其电负性随氧化态升高而增加。

8.4.6 金属性和非金属性(Metallicity and Nonmetallicity)

从化学角度讲，元素的非金属性与金属性是指原子在化学反应中得失电子的能力。一般来说，原子易失电子，该元素的金属性强；原子易得电子，该元素的非金属性活泼。标志着元素得失子能力的电子亲和能，电离能和电负性都有周期性变化，因此元素的金属性与非金属性也呈周期性变化，并与原子结构的周期性直接有关，其规律如下：

(1)同一周期元素从左至右，I_1 增大，X 增大，金属性减弱，非金属性增强，由活泼金属过渡到活泼非金属。这是由于同周期元素电子层数相同，外层电子数增多，有效核电荷增大，原子半径减小，核对外层电子引力增强之故。

(2)同一主族元素从上向下，I_1 减小，X 减小，金属性增强，非金属性减弱。这是由于同族元素外层电子构型相同，电子层数增加，有效核电荷增大，而原子半径显著增大，核对外层电子吸引力减弱之故。

(3)金属与非金属之间没有严格界限，周期系存在一斜对角线区域，位于这一区域的元素性质间于金属和非金属之间，它们为两性金属或准金属。

阅读材料

微观物质的深层次剖示

1. 关于基本粒子概念的演化

在公元前 300 多年古希腊哲学家德谟克利特(Democritus)认为万物都是由被称为原子的不可分割的粒子组成的；1897 年英国人汤姆逊(J. J. Thomson)通过阴极射线实验发现了从原子中释放出来的电子；1911 年英国物理学家卢瑟福(E. Rutherford)用 α 射线"轰开"了原子的大门，科学家们先后从原子核中发现了质子(1919 年)和中子(1932 年)。质子和中子被称为核子，当时与电子、光子一起被认为是构成物质的基本粒子。但是，后来随着天体物理学的研究和高能加速器的应用，科学家们陆续发现了一大批(至今多达 300 多种)比原子核更小，像质子、中子那样的下一个物质层次称为亚原子的粒子。这些粒子绝大多数在自然界中不存在，是在高能实验室内"制造"出来的。

根据作用力不同，这些亚原子粒子被分为强子、轻子和传播子三大类，见表 8-8。

表 8-8   亚原子粒子的分类

类别	作用力	粒子名称(发现年代)
强子	参与强力(或核力)作用	现有的绝大部分亚原子粒子，如质子(1919 年)、中子(1932 年)、π 介子(1947 年)
轻子	参与弱力、电磁力、引力作用	电子(1897 年)、电子中微子(1956 年)
传播子	传递强作用和弱作用	u 子(1936 年)、u 子中微子(1988 年) τ 子(1975 年)、τ 子中微子(1998 年) 强作用：8 种胶子(1979 年) 弱作用：W^+、W^-、Z^0 中间波色子(1983 年)

进一步研究发现，强子类的亚原子粒子是由更小的夸克和胶子组成的。现已发现6 种夸克：上夸克、下夸克、奇异夸克(1964 年提出)、粲(音灿)夸克(1974 年)、底

(或"美")夸克(1977年)和顶夸克(1994年)。例如，质子是由两个上夸克和1个下夸克组成的。

夸克、胶子在自然界中不能以自由的、孤立的形式存在，事实上宇宙中超过99.9%的可见物质是以原子核的形式凝聚的。综上所述，由粒子物理学理论建立起来的标准模型，就目前的认识水平，只把夸克、轻子看作基本粒子。然而，夸克、轻子是否还能再"分"下去，这有待于粒子物理学的进一步研究。

2. 关于反粒子

1928年英国物理学家保罗·狄拉克(Paul Dirac)应用波动方程描述电子时，导致涉及产生反物质的概念，即每个粒子都有它的反粒子，反粒子与它的(正)粒子有相同的质量，但其他所有量(如电荷，自旋)的符号却相反。

1932年美国物理学家卡尔·安德森(C. Anderson)在宇宙线实验中发现了与电子质量相同但带单位正电荷的粒子—反电子(e^+)；1956年美国物理学家张伯伦(O. Chamberlain)等在加速器实验中发现了质量与正质子(p^+)相同但带单位负电荷的粒子—反质子(p^-)。以后又陆续发现了许多类似的情况，证实一切粒子都有与之相对应的反粒子。例如，中子不带电荷但有一定的磁性，反中子则呈相反的磁性；又如1974年丁肇中和美国物理学家伯顿·里克特(Burton Richter)分别独立发现的J(或ψ)粒子，是由粲夸克和反粲夸克组成的。

据报道，欧洲核子研究中心的德国和意大利科学家从1995年9月开始的实验，已经成功地获得了反氢原子(由一个反质子p^-和一个反电子e^+结合而成)，亦即获得了反物质，尽管这种反氢原子只能存在极短瞬间，但这项实验不仅为系统的探索反物质世界打开了大门，而且为自然辩证法提供了极为有力的佐证，具有重大的理论和实际意义。从哲学的角度而言，往小看物质是无限可分的，往大看宇宙是无限延伸的。微观粒子之小与宇宙之大是物质世界的两个极端。

习　　题

8-1　思考题

(1)氢原子为什么是线状光谱？谱线波长与能层间的能量差有什么关系？

(2)原子中电子的运动有什么特点？

(3)量子力学的轨道概念与波尔原子模型的轨道有什么区别和联系？

(4)比较原子轨道角度分布图与电子云角度分布图的异同。

(5)氢原子的电子在核外出现的概率最大的地方在离核52.9pm的球壳上(正好等于波尔半径)，所以电子云的界面图的半径也是52.9pm。这句话对吗？

(6)说明四个量子数的物理意义和取值范围。哪些量子数决定了原子中电子的能量？

(7)原子核外电子的排布遵循哪些原则？举例说明。

(8)为什么任何原子的最外层均不超过8个电子？次外层均不超过18个电子？为什么周期表中各周期所包含的元素数不一定等于相应电子层中电子的最大容量$2n^2$？

(9) 什么叫有效核电荷？其递变规律如何？有效核电荷的变化对原子半径、第一电离能有什么影响？

(10) 第二、第三周期中元素原子第一电离能的变化规律有哪些例外？原因是什么？

(11) 说明屏蔽效应、钻穿效应与原子中电子排布的关系。

(12) 为什么 He^+ 中 $3s$ 和 $3p$ 轨道能量相等，而在 Ar^+ 中 $3s$ 和 $3p$ 轨道的能量不相等？

(13) A，B，C 为周期表中相邻的三种元素，其中元素 A 和元素 B 同周期，元素 A 和元素 C 同主族，三种元素的价电子数之和为 19，质子总数为 41，则元素 A 为＿＿＿＿＿，元素 B 为＿＿＿＿＿，元素 C 为＿＿＿＿＿。

(14) 什么叫镧系收缩？它对元素的化学性质有什么影响？

8-2　根据波尔理论，计算氢原子第五个波尔轨道半径(nm)及电子在此轨道上的能量。

8-3　氢原子核外电子在第四层轨道运动时的能量比它在第一层轨道运动时的能量高 2.034×10^{-21} kJ，这个核外电子由第四层轨道跃入第一层轨道时，所发出电磁波的频率和波长是多少？(已知光速为 2.998×10^8 m/s)。

8-4　下列各组量子数中哪一组是正确的？将正确的各组量子数用原子轨道表示之，并指出其他几组量子数的错误之处。

(1) $n=3$，$l=2$，$m=0$；

(2) $n=4$，$l=1$，$m=0$；

(3) $n=4$，$l=1$，$m=-2$；

(4) $n=3$，$l=4$，$m=-3$。

8-5　氧原子中的一个 p 轨道电子可用下面任何一套量子数描述：

(1) 2，1，0，+1/2；

(2) 2，1，0，-1/2；

(3) 2，1，1，+1/2；

(4) 2，1，1，-1/2；

(5) 2，1，-1，+1/2；

(6) 2，1，-1，-1/2。若同时描述氧原子的 4 个 p 轨道电子，可以采用哪四套量子数？

8-6　一个原子中，量子数 $n=3$，$l=2$ 时可允许的电子数是多少？

8-7　某原子的 $2p$ 轨道角动量与 z 轴分量的夹角为 45°，则描述该轨道上电子的运动状态可采用的量子数是多少？

8-8　19 号元素 K 和 29 号元素 Cu 的最外层中都只有一个 $4s$ 电子，但二者的化学活泼性相差很大，试从有效核电荷和电离能说明之。

8-9　写出下列元素原子的电子排布式，并给出原子序数和元素名称。

(1) 第三个稀有气体；

(2) 第四周期的第六个过渡元素；

(3) 电负性最大的元素；

(4) 4p 半充满的元素；

(5)4f 填 4 个电子的元素。

8-10　有 A，B，C，D 四种元素。其中 A 为第四周期元素，与 D 可形成 1∶1 和 1∶2 原子比的化合物。B 为第四周期 d 区元素，最高氧化数为 7。C 和 B 是同周期元素，具有相同的最高氧化数，D 为所有元素中电负性第二大元素。给出四种元素的元素符号，并按电负性由大到小排列之。

8-11　有 A，B，C，D，E，F 元素，试按下列条件推断各元素在周期表中的位置、元素符号，给出各元素的价电子构型。

(1)A，B，C 为同一周期活泼金属元素，原子半径满足 A>B>C，已知 C 有 3 个电子层。

(2)D，E 为非金属元素，与氢结合生成 HD 和 HE。室温下 D 的单质为液体，E 的单质为固体。

(3)F 为金属元素，它有 4 个电子层并且有 6 个单电子。

8-12　由下列元素在周期表中的位置，给出元素名称、元素符号及其价层电子构型。

(1)第四周期第ⅦB 族；

(2)第五周期第ⅠB 族；

(3)第五周期第ⅣA 族；

(4)第六周期第ⅡA 族；

(5)第四周期第ⅦA 族。

8-13　A，B，C 三种元素的原子最后一个电子填充在相同的能级组轨道上，B 的核电荷比 A 大 9 个单位，C 的质子数比 B 多 7 个；1mol 的 A 单质同酸反应置换出 $1gH_2$，同时转化为具有氩原子的电子层结构的离子。判断 A，B，C 各为何元素，A，B 同 C 反应时生成的化合物的分子式。

8-14　对于 116 号元素，请给出：

(1)价电子构型；

(2)在元素周期表中的位置；

(3)钠盐的化学式；

(4)简单氢化物的化学式；

(5)最高价态的氧化物的化学式；

(6)该元素是金属还是非金属。

8-15　比较大小并简要说明原因。

(1)第一电离能 O 与 N，Cd 与 In，Cr 与 W；

(2)第一电子亲和能 C 与 N，S 与 P。

第9章 配位平衡和配位滴定法

配位化合物(coordination compound)具有复杂的结构,是现代无机化学的重要研究对象,由于它具有许多独特的性能,在科学研究、生产实践和社会生活中应用极为广泛,已发展并成为一门独立的分支学科——配位化学。建立在配位反应基础上的滴定分析方法称为配位滴定法。

9.1 配位化合物的基本概念

9.1.1 配合物定义

配位化合物简称配合物,由含孤对电子或 π 电子的离子或分子(称为配位体)和具有空的价轨道的原子或离子(称为形成体)按一定的组成和空间构型所形成的结构单元,含有配位单元的化合物统称为配合物。例如:$[Co(NH_3)_6]Cl_3$、$K_3[Fe(CN)_6]$、$[Ni(CO)_4]$ 等。配合物的核心是中心配离子——由中心离子或原子与配体直接以配位键结合构成,称为配合物的内界(inner),这是配合物的特征部分,写化学式的时候用方括号括起来。距中心离子较远的其它离子称为外界离子,构成配合物的外界(outer),通常写在方括号外面。带正电荷的配离子称为配阳离子,如:$[Cu(NH_3)_4]^{2+}$、$[Ag(NH_3)_2]^+$ 等;带负电荷的配离子称为配阴离子,如:$[Fe(CN)_6]^{3-}$、$[Ni(CN)_4]^{2-}$ 等。如果配离子带有电荷,则外界存在相反电荷的离子。内界和外界间靠离子键结合。在水溶液中,内界和外界完全电离分开。配合物 $[Co(NH_3)_6]Cl_3$ 组成如图 9-1 所示。

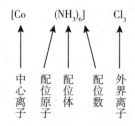

图 9-1 $[Co(NH_3)_6]Cl_3$ 各部分名称

9.1.2 配合物的组成

1. 形成体

形成体可用中心离子(central ion)或中心原子表示，形成体位于配离子或中性分子配合物的中心。大多数过渡金属离子和具有较高氧化数的非金属元素，以及中性金属原子可作为配合物的形成体，例如：Fe(III)、Co(II)、Cu(II)、Ag(I)、B(III)、Si(IV)、P(V)、Ni(0)、Mn(0)等。

2. 配位体和配位原子

在内界中与形成体结合的、含有孤电子对的中性分子或阴离子叫做配位体(ligand)，简称配体。配体围绕着形成体按一定空间构型与形成体以配位键结合。配体分子中直接与形成体成键的原子称为配位原子。只能提供一个配位原子的配体称为单基(单齿)配体(unidentate ligand)，如 NH_3、H_2O、CN^-、X^-(卤素阴离子)等。有两个或两个以上的配位原子同时跟一个形成体配位的配体称多基(多齿)配体(multidentate ligand)，如乙二胺($NH_2-CH_2-CH_2-NH_2$，简写 en)、草酸根($C_2O_4^{2-}$，简写为 ox)等。多基配体根据配位时能同时提供含有两个或两个以上配位原子的配体，又分为双基、三基等。

某些配体含有两个或多个配位原子，在一定条件下，仅有一种配位原子与形成体配位，这类配体称为两可配体或者异性双位配体。例如：硫氰根(SCN⁻以 S 配位)和异硫氰根(NSC⁻以 N 配位)，硝基($-NO_2^-$以 N 配位)和亚硝酸根($-O-N=O^-$以 O 配位)。

常见配体列于表 9-1。

表 9-1   **常见配体举例**

类型	配位原子	化 学 式
单基配体	C	CO、C_2H_4、CNR(R=烃基)、CN^-
	N	NH_3、NO、NR_3、RNH_2、C_5H_5N(吡啶)、NCS^-、NH_2^-、NO_2^-
	O	ROH、R_2O、H_2O、R_2SO、OH^-、$RCOO^-$、ONO^-、SO_4^{2-}、CO_3^{2-}
	P	PH_3、PR_3、PX_3(X=卤素)、PR_2^-
	S	R_2S、RSH、$S_2O_3^{2-}$、SCN^-
	X	F^-、Cl^-、Br^-、I^-
双基	N	乙二胺(en)$H_2N-CH_2-CH_2-NH_2$，联吡啶(bipy)
	O	草酸根 $C_2O_4^{2-}$，乙酰丙酮离子(acac⁻)
三基	N	二乙基三胺(dien) $H_2N-CH_2-CH_2-HN-CH_2-CH_2-NH_2$
四基	N, O	氨基三乙酸根
五基	N, O	乙二胺三乙酸根离子
六基	N, O	乙二胺四乙酸根离子(EDTA)

3. 配位数

配合物中直接与形成体结合成键的配位原子的数目，称为该形成体的配位数（coordination number）。配位数即形成体形成配位键的数目。如果是单基配体，那么中心离子的配位数就是配体的数目，如 $[Ag(NH_3)_2]^{2+}$ 中，Ag^+ 的配位数就是 2，即配体 NH_3 分子的数目；$[Ni(CO)_4]$ 中，Ni 的配位数为 4。若配体是多基的，配位数则是配体的数目与配位原子数的乘积，如乙二胺是双基配体，在 $[Pt(en)_2]^{2+}$ 中，Pt^{2+} 的配位数为 $2×2=4$。应注意配位数与配位体数的区别。

配合物中形成体的配位数可以从 1 到 12，最常见的是 4 和 6。配位数的多少取决于中心离子和配位体的电荷、半径、电子层结构，以及配合物生成时的外界条件，如温度、浓度等。

（1）电荷：一般说来，中心离子的电荷高，对配体的吸引力较强，有利于形成配位数较高的配合物。比较常见的配位数与中心离子的电荷数有如下的关系，见表 9-2：

表 9-2　　　　　　　　　　　　　不同价态金属离子的配位数

中心离子的电荷	+1	+2	+3	+4
常见的配位数	2	4(或6)	6(或4)	6(或8)
举例	$[Ag(NH_3)_2]^{2+}$ $[AuCl_2]^-$	$[HgCl_4]^{2-}$ $K_4[Fe(CN)_6]$	$[Co(NH_3)_6]Cl_3$ $K_3[Fe(CN)_6]$	$[SiF_6]^{2-}$ $[Zr(ox)_4]$

（2）半径：形成体的半径越大，其周围可容纳的配体就越多，配位数越大。如 $r_{Al^{3+}} > r_{B^{3+}}$，则有 $[AlF_6]^{3-}$ 和 $[BF_4]^-$。若形成体的半径过大，反而会使数降低，如 $[CdCl_6]^{4-}$ 和 $[HgCl_4]^{2-}$。配体的半径越大，在形成体周围可容纳的配体数目就越少。如 $r_{F^-} < r_{Cl^-} < r_{Br^-}$，则有 $[AlF_6]^{3-}$、$[AlCl_4]^-$ 和 $[AlBr_4]^-$。

（3）浓度：一般而言，增大配体的浓度有利于形成高配位数的配合物，如 $[Fe(SCN)_n]^{3-n}$，随 SCN^- 的浓度增大，配离子 n 值从 1 到 6 递增。

（4）温度：温度升高时，配位数减小，或者说降温有利于形成高配位数的配合物。

总之，影响配位数的因素非常复杂，但在一定范围的外界条件下，某一形成体往往具有一定特征配位数。

4. 配离子电荷数

配离子的电荷等于形成体和配体总电荷的代数和，例如：$[Cu(NH_3)_4]^{2+}$ 配离子电荷数 $=(+2)+0×4=+2$。由于配合物必须是中性的，因此也可以从外界离子的电荷来确定配离子的电荷数，并且由配离子的电荷也可以计算出形成体的氧化数。如 $K_2[PtCl_4]$ 中，外界有 2 个 K^+，所以配离子的电荷一定是 -2，从而可推知形成体 Pt 的氧化数是 +2。

9.2 配位化合物的类型和命名

9.2.1 配合物的类型

根据配合物分子或离子的组成,可将其分为以下几种类型。

1. 简单配合物

这是一类由单基配体与形成体直接配位形成的配合物,即简单配合物中只有一个中心离子,每个配体只有一个配位原子与中心离子成键。简单配合物是一类最常见的配合物,例如: $[Cu(NH_3)_4]SO_4$ 、 $[Co(NH_3)_6]Cl_3$ 、 BF_4^- 等。

2. 螯合物

这是指中心离子与多基配体的两个或两个以上的配位原子键合而成,并具有环状结构的配合物称为螯合物(chelate compound)。例如: $[Cu(en)_2]^{2+}$ 等。

螯合物的结构特点与基本性质见9.6

3. 多核配合物

含有两个或两个以上的中心离子的配合物称为多核配合物,两个中心离子之间常以配体连接起来。可形成多核配合物的配体一般为—OH,—NH$_2$,—O—,—O$_2$—,Cl$^-$ 等。例如:

4. 羰基配合物

以一氧化碳(CO)为配体的配合物称为羰基配合物(简称羰合物),例如: $Ni(CO)_4$, $Fe(CO)_5$ 等。

5. 原子簇合物

两个或两个以上的金属原子以金属–金属(M—M 键)直接结合形成的配合物叫原子簇化合物(简称簇合物)。

6. 夹心化合物

过渡金属原子和具有离域 π 键的分子(如环戊二烯和苯等)形成的配合物称为夹心配合物。例如：环戊二烯和二茂铁。

7. 大环配合物

环状骨架上含有 O，N，S，P 或 As 等多个配位原子的多配体所形成的配合物称为大环配合物。

9.2.2　配合物的命名简介

配合物的命名服从一般无机化合物的命名原则，若外界是简单负离子，如 Cl^-，OH^-，则称为"某化某"；若外界是复杂负离子，如 SO_4^{2-}、NO_3^- 等，则称为"某酸某"；若外界是正离子，配离子是负离子，则将配阴离子看成复杂酸根离子，称为"某酸某"。

1. 配位单元的命名

顺序：配体数目→配体→合→形成体(用罗马数字表示氧化数)，配体数目用汉字二、三、四等数字表示，如果有几种阴离子或中性分子，一般都按先简单后复杂的顺序命名，不同配体名称之间用圆点"·"分开。或用带圆括号的阿拉伯数字，如：(1-)或(1+)表示配离子的电荷数。如：$[Ag(NH_3)_2]^+$，二氨合银(I)配离子，或者二氨合银(1+)配离子。

2. 配体的命名顺序

(1)在配体中如既有无机配体又有有机配体，则无机配体排列在前，有机配体排列在后。

例如：$[Cr(en)_2Cl_2]Cl$，氯化二氯·二(乙二胺)合铬(III)。注意，数字后的较复杂的配体常用括号括起来，以免混淆。

(2)在无机配体和有机配体中，先列出阴离子，后列出中性分子。

例如：$K[PtCl_3NH_3]$，三氯·氨合铂(II)酸钾。

(3)同类配体的名称，按配位原子元素符号的英文字母顺序排列。

例如：$[Co(NH_3)_5H_2O]^{3+}$，五氨·水合钴(III)配离子。

(4)同类配体中若配位原子相同，则将含较少原子数的配体排在前面，较多原子数的配体列后。

例如：$[PtNO_2NH_3NH_2OH(Py)]Cl$，氯化硝基·氨·羟胺·吡啶合铂(II)。

(5)带倍数词头的无机含氧酸阴离子配体基、复杂的有机配体命名时，要用括号括起来。

例如：三(磷酸根)，有的无机含氧酸阴离子，即使不含倍数词头，但含有一个以上直接相连的成酸原子，也要用括号。如：$[Ag(S_2O_3)_2]^{3-}$，应称为二(硫代硫酸根)合银(I)离子；$[Fe(NCS)_6]^{3-}$，应称为六(异硫氰酸根)合铁(III)离子。

一些配合物的化学式、命名实例见表9-3。

表 9-3　　　　　　　　　　　　　一些配合物化学式和命名

类别	化学式	命名
配位酸	$H_2[SiF_6]$	六氟合硅(IV)酸
	$H_2[PtCl_6]$	六氯合铂(IV)酸
配位碱	$[Ag(NH_3)_2](OH)$	氢氧化二氨合银(I)
配位盐	$[Cu(NH_3)_4]SO_4$	硫酸四氨合铜(II)
	$[CrCl_2(H_2O)_4]Cl$	氯化二氯·四水合铬(III)
	$[Co(NH_3)_5(H_2O)]Cl_3$	三氯化五氨·水合钴(III)
	$[Co(NH_3)_2(en)_2](NO_3)_3$	硝酸二氨·二(乙二胺)合钴(III)
	$K_4[Fe(CN)_6]$	六氰合铁(II)酸钾
	$Na_3[Ag(S_2O_3)_2]$	二(硫代硫酸根)合银(I)酸钠
	$K[PtCl_5(NH_3)]$	五氯·氨合铂(IV)酸钾
	$NH_4[Cr(NCS)_4(NH_3)_2]$	四(异硫氰酸根)·二氨合铬酸铵
中性分子	$[Fe(CO)_5]$	五羰基合铁
	$[PtCl_4(NH_3)_2]$	四氯·二氨合铂(IV)
	$[Co(NO_2)_3(NH_3)_3]$	三硝基·三氨合钴(III)
配离子	$[Cu(NH_3)_4]^{2+}$	四氨合铜(II)配离子
	$[Cr(en)_3]^{3+}$	三(乙二胺)合铬(III)配离子

除系统命名法外，有些配合物至今还沿用习惯命名。如 $K_4[Fe(CN)_6]$ 称为黄血盐或亚铁氰化钾，$K_3[Fe(CN)_6]$ 称为赤血盐或铁氰化钾，$[Ag(NH_3)_2]^+$ 称为银氨配离子。

9.3　配位化合物的异构现象

配合物中的异构现象是指配合物的化学组成(分子式或化学式)相同，而原子间的联结方式或空间排列方式不同而引起性质不同的现象。通常可分为构造异构和立体异构。异构现象是配合物的重要性质之一。

9.3.1 构造异构

由配合物实验式相同而成键原子间联结方式不同引起的异构现象，称为构造异构或结构异构，其表现形式很多，主要有解离异构、键合异构和配位异构等类型。

1. 解离异构(又称电离异构)

配合物具有相同的化学组成，若在溶液解离时生成不同的离子，则称其为解离异构体。解离异构是由配合物中不同的酸根离子在内、外界之间进行交换导致的。例如：紫红色的$[Co(SO_4)(NH_3)_5]Br$和暗紫色的$[CoBr(NH_3)_5]SO_4$互为解离异构体。

2. 溶剂合异构

溶剂合异构是溶剂分子取代配位基团而进入配离子的内界所产生的溶剂合异构现象。与电离异构极为相似。配合物的化学组成相同，但由于水分子处于配合物的内外界不同所引起的异构现象称为水合异构。水合异构体仅限于在晶体中讨论，其典型例子是氯化铬的三种水合物：$[Cr(H_2O)_6]Cl_3$，$[Cr(H_2O)_5Cl]Cl_2 \cdot H_2O$，$[Cr(H_2O)_4Cl_2]Cl \cdot 2H_2O$。

3. 键合异构

两可配体通过不同的配位原子与形成体配位得的配合物互为键合异构体。例如：NO_2^-以N原子与形成体成键形成硝基配离子，或者ONO^-形式以O原子与形成体成键形成亚硝酸根配离子。

$$M \leftarrow : N \overset{O}{\underset{O}{\lessgtr}} \qquad M \leftarrow O - N \overset{O}{\underset{O}{\lessgtr}}$$

硝基为配体　　　　亚硝酸根为配体

1804年制得的黄色$[Co(NH_3)_5(NO_2)]Cl_2$和砖红色$[Co(NH_3)_5(ONO)]Cl_2$是互为键合异构体的典型实例。

4. 配位异构

当配合物由配阳离子和配阴离子组成时，由于配体在配阳离子和配阴离子中分布不同而形成的异构现象称为配位异构现象。例如：实验式是$PtCu(NH_3)_4Cl_4$配合物存在两种配位异构体，即紫色的$[Cu(NH_3)_4][PtCl_4]$和绿色的$[Pt(NH_3)_4][CuCl_4]$，事实上这两种配位异构体可以被看作$Cu(II)$和$Pt(II)$在配阳离子或配阴离子之间互换的结果。

5. 聚合异构

聚合异构是配位异构的一个特例。这里指的是既聚合又异构。与通常说的把单体结合为重复单元的较大结构的聚合的意义有一些差别。如$[Co(NH_3)_6][Co(NO_2)_6]$与$[Co(NO_2)(NH_3)_5][Co(NO_2)_4(NH_3)_2]_2$和$[Co(NO_2)_2(NH_3)_4]_3[Co(NO_2)_6]$是$[Co(NH_3)_3$

（NO$_2$）$_3$]的二聚、三聚和四聚异构体，其式量分别为后者的 2、3 和 4 倍。

6. 配体异构

若两种配体互为异构体，导致配合单元互为异构，则它们的配合物互为异构体，这种异构现象称为配位体异构（或配体异构）。如 1，2-二氨基丙烷（H$_2$N-CH$_2$-CH（NH$_2$）-CH$_3$，L）与 1，3-二氨基丙烷（H$_2$N-CH$_2$-CH$_2$-CH$_2$-NH$_2$，L'）互为异构的配体，它们形成的化合物［CoL$_2$Cl$_2$］$^+$与［CoL'$_2$Cl$_2$］$^+$互为配体异构体。

H$_2$C—CH—CH$_3$　（L）　和　H$_2$C—CH$_2$—CH$_2$　（L'）
NH$_2$　NH$_2$　　　　　　　NH$_2$　　　NH$_2$

9.3.2 立体异构

配合物中由配离子在空间排布不同而产生的异构称为立体异构，通常可分为几何异构和旋光异构。

1. 几何异构

化学组成相同的形成体和配体在空间的位置不同而产生的异构现象称为几何异构。在二配位、三配位及四配位的四面体（T$_d$）构型中不存在顺反异构，因为在这些构型中，所有的键（配位位置）都相邻。几何异构现象主要发生在配位数是 4 的平面正方形和配位数是 6 的八面体构型的配合物中。

（1）平面正方形配合物

［MA$_2$B$_2$］类型的配合物可有顺式（cis-）和反式（trans-）两种异构体。例如：MA$_2$B$_2$ 型平面四边形配合物有顺式和反式两种异构体。

顺式　　　反式

顺式结构是指同种配体位于相邻的位置，反式结构则是同种配体位于对角（或相对）的位置，由于配体所处顺、反位置不同而造成的异构现象称为顺-反异构。最典型的是 Pt（NH$_3$）$_2$Cl$_2$。

顺式 cis-［PtCl$_2$（NH$_3$）$_2$］　　反式 trans-［PtCl$_2$（NH$_3$）$_2$］

（2）八面体配合物

在八面体配合物中，MA$_6$ 和 MA$_5$B 显然没有异构体。MA$_4$B$_2$ 型八面体配合物也有顺式（cis-）和反式（trans-）的两种异构体；例如：

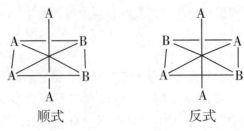

顺式　　　　　　　　　　　　反式

$[CoCl_2(NH_3)_4]^+$的顺反异构体，如下：

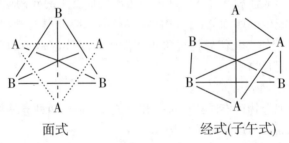

cis-$[CoCl_2(NH_3)_4]^+$　　　　　　trans-$[CoCl_2(NH_3)_4]^+$

MA_3B_3 型配合物也有两种异构体、一种是三个 A 占据八面体的一个三角面的三个顶点，称为面式（facial，fac）；另一种是三个 A 位于正方平面的三个顶点，称为经式（meridional，mer）或子午式（八面体的六个顶点都是位于球面上，经式是处于同一经线，子午式意味处于同一子午线之上）。例如：

面式　　　　　　　　　　　　经式(子午式)

几何异构体的数目与配位数、配体种类、空间构型以及多基配体中配位原子的种类等因素有关。一般配体的种类越多，存在异构体的数目也越多。几何异构可以用偶极矩、X-衍射、红外（IR）或拉曼（Raman）光谱测定。

2. 光学异构（旋光异构）

光学异构又称旋光异构。旋光异构是由于分子中没有对称因素（面和对称中心）而引起的旋光性相反的两种不同的空间排布。当分子中存在有一个不对称的碳原子时，就可能出现两种旋光异构体。旋光异构体能使偏振光左旋或右旋，而它们的空间结构是实物和镜象不能重合，尤如左手和右手的关系，彼此互为对映体。具有旋光性的分子称作手性分子。$[M(AA)_3]$（如$[Co(en)_3]$）和$[M(AA)_2X_2]$型的六配位螯合物有很多能满足上述条件，其不对称中心是金属本身。例如：

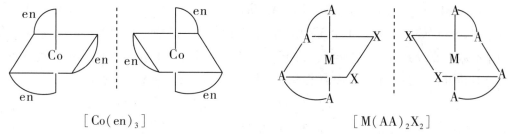

$$[Co(en)_3] \qquad\qquad [M(AA)_2X_2]$$

旋光异构通常与几何异构有密切的关系。一般地反式异构体没有旋光活性,顺式则可分离出旋光异构体来。例如:

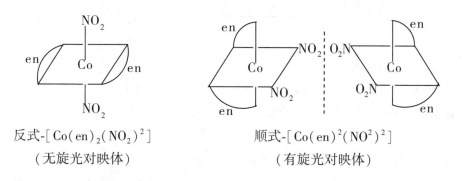

反式-$[Co(en)_2(NO_2)^2]$ 顺式-$[Co(en)^2(NO^2)^2]$

(无旋光对映体)   (有旋光对映体)

9.4 配合物的价键理论

价键理论(valence bond theory)是美国化学家 L. Pauling(鲍林)把杂化轨道理论应用到配合物,用以说明配合物化学键本质而形成和发展的。

9.4.1 价键理论

1. 价键理论的主要内容

(1)配合物的中心离子 M 同配体 L 之间以配位键结合。配体提供孤对电子,是电子的给予体。中心离子提供空轨道,接受配体提供的孤对电子,是电子对的接受体。两者之间形成配位键,一般表示为 M←L。

(2)为了增强成键能力,中心离子用能量相近的轨道(如第一过渡金属元素 3d、4s、4p、4d)杂化,以杂化的空轨道来接受配体提供的孤对电子形成配位键。配离子的空间结构、配位数、稳定性等,主要决定于杂化轨道的数目和类型。

(3)配合物的空间构型是指配体在中心离子(或原子)周围的空间排布方式。配合物的中心离子(或原子)杂化轨道有一定方向,中心离子采取不同的杂化轨道与配体配位,可以形成空间构型各异的配合物。

2. 配合物的空间构型

(1)配位数为 2 的配离子空间构型

以$[Ag(NH_3)_2]^+$配离子的形成为例。Ag^+价电子结构：$4d^{10}$，当Ag^+形成$[Ag(NH_3)_2]^+$配离子时，外层的1个$5s$和1个$5p$轨道杂化，得到2个等价的sp杂化轨道，2个NH_3分子只能分别沿直线方向与Ag^+接近，每个N原子上的孤对电子进入空的sp杂化轨道而形成2个配位键。$[Ag(NH_3)_2]^+$配离子构型为直线型，即$[H_3N{\rightarrow}Ag{\leftarrow}NH_3]^+$。

（2）配位数为4的配离子空间构型

配位数为4的配离子空间构型有两种：四面体和平面正方形构型。以下分别讨论$[Ni(NH_3)_4]^{2+}$、$[Ni(CN)_4]^{2-}$配离子的形成。Ni^{2+}价电子结构：$3d^8$，当Ni^{2+}形成$[Ni(NH_3)_4]^{2+}$配离子时，外层的1个$4s$和3个$4p$轨道杂化，得到4个等价的sp^3杂化轨道，4个NH_3分子中每个N原子上的孤对电子进入空的sp^3杂化轨道而形成4个配位键。等性的杂化轨道空间构型是正四面体，所以$[Ni(NH_3)_4]^{2+}$是正四面体构型，Ni^{2+}处于正四面体的中心，4个配位N原子位于正四面体的4个顶角。

当Ni^{2+}形成$[Ni(CN)_4]^{2-}$配离子时，Ni^{2+}在配体CN^-影响下，$3d$电子重排，原有的自旋平行的电子数减少，空出1个$3d$轨道，与外层的1个$4s$和2个$4p$轨道杂化，得到4个dsp^2杂化轨道，4个CN^-中每个C原子上的孤对电子进入空的dsp^2杂化轨道而形成4个配位键。dsp^2杂化轨道的空间构型为平面正方形，所以$[Ni(CN)_4]^{2-}$是平面正方形构型。

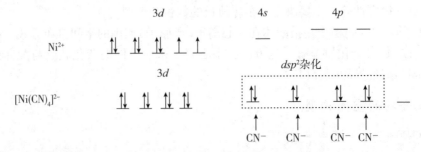

（3）配位数为 6 的配离子空间构型

配位数为 6 的配离子绝大多数是八面体构型，可能采取 d^2sp^3 或 sp^3d^2 杂化轨道成键，以下分别讨论 $[Fe(CN)_6]^{3-}$、$[FeF_6]^{3-}$ 配离子的形成。Fe^{3+} 价电子结构：$3d^5$。

$$3d \qquad\qquad 4s \qquad\qquad 4p$$
$$Fe^{3+} \quad \uparrow\ \uparrow\ \uparrow\ \uparrow\ \uparrow \qquad — \qquad —\ —\ —$$

Fe^{3+} 与 CN^- 相遇生成 $[Fe(CN)_6]^{3-}$ 时，由于 CN^- 是一种强的配位剂，给出电子的能力强，当 CN^- 接近 Fe^{3+} 时，迫使 $3d$ 轨道中的 5 个电子排成两对，重排后空出两个 $3d$ 轨道，连同外层的 $4s$，$4p$ 空轨道形成 d^2sp^3 杂化轨道而与 6 个 CN^- 成键，$[Fe(CN)_6]^{3-}$ 呈八面体构型。

$$3d \qquad\qquad 4s \qquad 4p$$
$$d^2sp^3 杂化$$
$$[Fe(CN)_6]^{3-} \quad \uparrow\downarrow\ \uparrow\downarrow\ \uparrow \quad \boxed{\uparrow\downarrow\ \uparrow\downarrow\ \uparrow\downarrow\ \uparrow\downarrow\ \uparrow\downarrow\ \uparrow\downarrow}$$
$$\uparrow\quad\uparrow\quad\uparrow\ \uparrow\ \uparrow\ \uparrow$$
$$CN^-\ CN^-\ CN^-\,CN^-\,CN^-\,CN^-$$

Fe^{3+} 与 F^- 相遇形成 $[FeF_6]^{3-}$ 时，由于 F^- 不是强给电子体，所以 Fe^{3+} 的电子排布没有发生变化，只是其最外层能级相近的 $4s$，$4p$ 和 $4d$ 空轨道形成了 6 个等同的 sp^3d^2 杂化轨道。当 F^- 沿着一定的方向接近 Fe^{3+} 时，F^- 的孤对电子所在的轨道与杂化轨道很好的形成配位键，$[FeF_6]^{3-}$ 呈八面体构型。

$$3d \qquad\qquad 4s \quad 4p \qquad\qquad 4d$$
$$sp^3d^2 杂化$$
$$[FeF_6]^{3-} \quad \uparrow\ \uparrow\ \uparrow\ \uparrow\ \uparrow \quad \boxed{\uparrow\downarrow\ \uparrow\downarrow\ \uparrow\downarrow\ \uparrow\downarrow\ \uparrow\downarrow\ \uparrow\downarrow}\ —\ —\ —$$
$$\uparrow\quad\uparrow\quad\uparrow\quad\uparrow\quad\uparrow\quad\uparrow$$
$$F^-\quad F^-\quad F^-\quad F^-\quad F^-\quad F^-$$

9.4.2 配合物的键型和磁性

1. 配合物键型

配合物的形成体是以 $(n-1)d$，ns，np 轨道组成杂化轨道与配位原子形成配位键，由于 $(n-1)d$ 是内层轨道，故称为内轨配键，相应的配合物称为内轨型配合物（inner orbital coordination compound）；配合物的形成体是以 ns，np，nd 轨道组成杂化轨道的，由于 nd 与 ns，np 属于同一外电子层，故称为外轨配键，这类配合物称为外轨型配合物（outer orbital coordination compound）。一般对于相同的形成体，其内轨型配合物比外轨型配合物稳定，水溶液中内轨型比外轨型配合物较难离解。一些配合物的杂化轨道和空间构型见表 9-4。

表 9-4   配合物的杂化轨道和空间构型

配位数	杂化轨道类型	空间构形	配离子类型	实　　例
2	sp	直线形	外轨型	$Ag(CN)_2^-$，$Cu(NH_3)_2^+$
3	sp^2	平面三角形	外轨型	HgI_3^-，$CuCl_3^-$
4	sp^3	正四面体	外轨型	$Zn(NH_3)_4^{2+}$，$Co(SCN)_4^{2-}$
	dsp^2	平面正方形	内轨型	$PtCl_4^{2-}$，$Cu(NH_3)_4^{2+}$
6	sp^3d^2	正八面体	外轨型	$Fe(H_2O)_6^{2-}$，FeF_6^{3-}
	d^2sp^3	正八面体	内轨型	$Fe(CN)_6^{4-}$，$Cr(NH_3)_6^{3+}$

2. 内轨型或外轨型配合物的形成影响因素

中心离子的价电子层结构是影响内轨型或外轨型配合物形成的主要因素。

(1)中心离子内层 d 轨道已全充满(如：Zn^{2+}，$3d^{10}$；Ag^+，$4d^{10}$)，没有可利用的内层空轨道，只能形成外轨型配合物。

(2)中心离子本身具有空的 d 轨道(如：Cr^{3+}，$3d^3$)，一般易于形成内轨型配合物。

(3)若中心离子的内层 d 轨道未全充满($d^4 \sim d^9$)，则既可形成外轨型配合物，也可形成内轨型配合物，此时配体是决定配合物类型的主要因素。配位原子 F、O 等电负性较大，吸引电子的能力较强，不易给出孤电子对，而倾向于生成外轨型配合物；配位原子 C 等电负性较小，较易给出孤电子对，而易生成内轨型配合物；NH_3、Cl^- 等配体，因其配位原子的电负性居中，有时生成内轨型配合物，有时生成外轨型配合物。

3. 配合物的磁性

配合物磁性是配合物的重要性质之一，并对配合物的结构提供了实验依据。由于原子或离子的磁矩(μ)与其未成对电子数 n 有关，两者之间具有下列近似关系式：

$$\mu = \sqrt{n(n+2)}$$

μ 的单位为玻尔磁子(B. M.)。在形成外轨型配合物时，中心离子的电子层结构在生成配合物前后未发生电子的重新配对，未成对单电子数较多，磁矩较大(成单电子多，顺磁性大)，称为高自旋体或高自旋配合物；而形成内轨型配合物时，中心离子的电子层结构大多发生变化，使未成对单电子数减少，相应的磁矩也变小，表现为弱的顺磁性，称为低自旋体或低自旋配合物。如果中心离子的价电子完全配对或重排后完全配对，则磁矩为零，呈现抗磁性。将测得磁矩的实验值与理论值(见表 9-5)比较，就可知道过渡金属离子形成的配离子的成对电子数，从而作出判断。

表 9-5   磁矩的理论值与未成对电子数的关系

未成对电子数 n	0	1	2	3	4	5
磁矩 μ(B. M.)	0	1.73	2.83	3.87	4.90	5.92

价键理论解释中心离子和配位体之间的化学键问题是比较明确的，容易接受，尤其是对中心离子和配位体结合力的本质，中心离子的配位数以及配合物的几何构型等问题的阐述都比较成功。但该理论仍存在不少缺点，如不能很好地解释配合物的光学性质和稳定的规律等。这些问题在晶体场理论(crystal field theory，CFT)中得到了较好的解释。

9.5 配位平衡

一般配合物在水溶液中完全离解为配离子和普通离子(外界离子)两部分。例如 $[Cu(NH_3)_4]SO_4$ 固体溶于水中时，$[Cu(NH_3)_4]SO_4$ 离解 $[Cu(NH_3)_4]^{2+}$ 配离子和 SO_4^{2-} 离子。配离子 $[Cu(NH_3)_4]^{2+}$ 的离解反应为：

$$[Cu(NH_3)_4]^{2+} \Longrightarrow Cu^{2+} + 4NH_3$$

当离解反应和配位反应的速度相等时，达到了平衡状态，称为配位离解平衡(coordination equilibrium)。配离子越难离解，这种配离子就越稳定，在本小节中，我们将讨论配合物的稳定性以及影响配位平衡的因素。

9.5.1 配合物的稳定常数

1. 稳定常数和不稳定常数

根据化学平衡的原理，Cu^{2+} 离子与 NH_3 分子形成配离子 $[Cu(NH_3)_4]^{2+}$ 的平衡常数为：

$$K_f^\theta = \frac{c[Cu(NH_3)_4^{2+}]}{c(Cu^{2+}) \cdot c^4(NH_3)} \tag{9-1}$$

式中 K_f^θ(stability constant)称为 $[Cu(NH_3)_4]^{2+}$ 配合物的稳定常数。K_f^θ 又称形成常数(formation constant)，K_f^θ 值越大，说明生成配离子的倾向越大，而离解的倾向越小，配离子越稳定。不同配离子的 K_f^θ 值不同，K_f^θ 是配离子的一种特征常数，一些常见配离子的稳定常数 K_f^θ 见附录VII。

同类型的配离子，即配体数目相同的配离子，不存在其它副反应时，可直接根据 K_f^θ 值比较配离子稳定性的大小。如 $[Ag(CN)_2]^-$($K_f^\theta = 1.3×10^{21}$)比 $[Ag(NH_3)_2]^+$($K_f^\theta = 1.1×10^7$)稳定得多。对于不同类型的配离子不能简单地利用 K_f^θ 值来比较它们的稳定性，要通过计算比较。

K_f^θ 的倒数即为不稳定常数或离解常数 K_d^θ(instability constant)，即 $K_d^\theta = \frac{1}{K_f^\theta}$。如配离子 $[Cu(NH_3)_4]^{2+}$ 在水中的离解平衡常数表达式为：

$$K_d^\theta = \frac{c(Cu^{2+}) \cdot c^4(NH_3)}{c[Cu(NH_3)_4^{2+}]} \tag{9-2}$$

K_d^θ 值越大表示配离子越容易离解，即越不稳定。

2. 逐级稳定常数

在溶液中，配离子的生成一般是分步进行的，例如：金属离子 M 能与配体 L 形成

ML_n 型配合物，配合物 ML_n 是逐步形成的。因此，每一步都有相应的配位平衡和稳定常数，这类稳定常数称为逐级稳定常数(stepwise stability constant)，用 K_n^θ 表示:

$$M+L \Longrightarrow ML \quad \text{第一级逐级稳定常数为} \quad K_1^\theta = \frac{c(ML)}{c(M) \cdot c(L)}$$

$$ML+L \Longrightarrow ML_2 \quad \text{第二级逐级稳定常数为} \quad K_2^\theta = \frac{c(ML_2)}{c(ML) \cdot c(L)}$$

$$\cdots\cdots$$

$$ML_{n-1}+L = ML_n \quad \text{第 } n \text{ 级逐级稳定常数为} \quad K_n^\theta = \frac{c(ML_n)}{c(ML_{n-1}) \cdot c(L)}$$

以 $[Ag(NH_3)_2]^+$ 的形成为例，

$$Ag^+ + NH_3 \Longrightarrow [Ag(NH_3)]^+ \qquad K_1^\theta = \frac{c([Ag(NH_3)^+])}{c(Ag^+) \cdot c(NH_3)}$$

$$[Ag(NH_3)]^+ + NH_3 \Longrightarrow [Ag(NH_3)_2]^+ \qquad K_2^\theta = \frac{c([Ag(NH_3)_2]^+)}{c([Ag(NH_3)]^+) \cdot c(NH_3)}$$

配离子的稳定常数 K_f^θ 是逐级稳定常数的乘积，即: $K_f^\theta = K_1^\theta \cdot K_2^\theta \cdot K_3^\theta \cdots \cdot K_n^\theta$ 配离子的逐级稳定常数之间一般逐级减小(见表 9-6)，这就使得计算配离子溶液中各种成分的浓度比较复杂。在实际工作中，一般总会加入过量的配位剂，使得配位平衡向生成配合物的方向移动，则溶液中绝大部分是最高配位数的离子，其他低配位数的离子可以忽略不计。因此在配离子的平衡浓度计算中，除特殊情况外，一般都用总稳定常数 K_f^θ 来进行计算。

表 9-6　　　　　　　　　　　一些配离子的逐级稳定常数的对数值

配离子	$\lg K_1^\theta$	$\lg K_2^\theta$	$\lg K_3^\theta$	$\lg K_4^\theta$	$\lg K_5^\theta$	$\lg K_6^\theta$
$[Zn(NH_3)_4]^{2+}$	2.37	2.44	2.5	2.15		
$[Hg(NH_3)_4]^{2+}$	8.8	8.7	1.0	0.78		
$[Zn(en)_3]^{2+}$	5.77	5.05	3.28			
$[Ag(NH_3)_2]^{2+}$	3.24	3.81				
$[Cu(NH_3)_4]^{2+}$	4.31	3.67	3.04	2.30		
$[Cu(en)_2]^{2+}$	10.67	9.33				
$[Ni(NH_3)_6]^{2+}$	2.80	2.24	1.73	1.19	0.75	0.03
$[AlF_6]^{3-}$	6.10	5.05	3.85	2.75	1.62	0.47

3. 累积稳定常数

将逐级稳定常数依次相乘，可得到各级累积稳定常数 β_n^θ(cumulative stability constant)，如下:

$$M+L \longrightarrow ML \qquad \beta_1^\theta = K_1^\theta = \frac{c(ML)}{c(M) \cdot c(L)}$$

$$ML+L \longrightarrow ML_2 \qquad \beta_2^\theta = K_1^\theta K_2^\theta = \frac{c(ML_2)}{c(M) \cdot c^2(L)}$$

$$\cdots\cdots$$

$$ML_{n-1}+L \longrightarrow ML_n \qquad \beta_n^\theta = K_1^\theta K_2^\theta \cdots K_n^\theta = \frac{c(ML_n)}{c(M) \cdot c^n(L)} \tag{9-3}$$

最后一级累积稳定常数就是配合物的总的稳定常数，即 $\beta_n^\theta = K_f^\theta$。

9.5.2 配位平衡的计算

例 9-1 分别计算 (1) $0.10\text{mol} \cdot \text{L}^{-1} [Ag(NH_3)_2]^+$ 溶液和 (2) 含有 $0.20\text{mol} \cdot \text{L}^{-1} NH_3$ 的 $0.10\text{mol} \cdot \text{L}^{-1} [Ag(NH_3)_2]^+$ 溶液中 Ag^+ 的浓度。

解： (1) 设 $0.10\text{mol} \cdot \text{L}^{-1} [Ag(NH_3)_2]^+$ 溶液中 Ag^+ 的浓度为 $x\text{mol} \cdot \text{L}^{-1}$。根据配位平衡，有如下关系，

$$Ag^+ \quad + \quad 2NH_3 \quad \longrightarrow \quad [Ag(NH_3)_2]^{2+}$$

起始浓度/mol·L⁻¹   0   0   0.10

平衡浓度/mol·L⁻¹ x $2x$ $0.10-x \approx 0.10$

$$K_f^\theta = \frac{c([Ag(NH_3)_2^+])}{c(Ag^+) \cdot c^2(NH_3)} = \frac{0.10}{x \cdot (2x)^2} = 1.1 \times 10^7$$

$$c(Ag^+) = x = 1.3 \times 10^{-3}\text{mol} \cdot \text{L}^{-1}$$

同理，(2) 设含有 $0.20\text{mol} \cdot \text{L}^{-1} NH_3$ 的 $0.10\text{mol} \cdot \text{L}^{-1} [Ag(NH_3)_2]^+$ 溶液中 Ag^+ 的浓度 $y\text{mol} \cdot \text{L}^{-1}$。根据配位平衡，有如下关系，

$$Ag^+ \quad + \quad 2NH_3 \quad \longrightarrow \quad [Ag(NH_3)_2]^{2+}$$

起始浓度 (mol·L⁻¹)   0   0.20   0.10

平衡浓度 (mol·L⁻¹) y $0.20+2y \approx 0.20$ $0.10-y \approx 0.10$

$$K_f^\theta = \frac{c([Ag(NH_3)_2^+])}{c(Ag^+) \cdot c^2(NH_3)} = \frac{0.10}{y \cdot (0.20)^2} = 1.1 \times 10^7$$

$$c(Ag^+) = y = 2.3 \times 10^{-7}\text{mol} \cdot \text{L}^{-1}$$

由此可知，即在 $0.20\text{mol} \cdot \text{L}^{-1} NH_3$ 存在下，Ag^+ 的浓度比较小，说明在配位剂过量时，配离子 $[Ag(NH_3)_2]^+$ 比较稳定。

9.5.3 配位平衡的移动

配位平衡与其他化学平衡一样，如果平衡体系的条件发生改变，平衡就会发生移动，若向 $M+nL \longrightarrow ML_n$ 溶液中加入某种试剂，例如：酸、碱、沉淀剂、氧化剂、还原剂或其他配位剂，使金属离子 M、配体 L 的浓度及配离子 ML_n 稳定性将发生反应，配位平衡发生移动。

1. 配位平衡与酸碱平衡

从酸碱质子理论的观点来看，一些常见的配体可以认为是碱，例如：NH_3、CN^- 和 F^- 等，可与 H^+ 结合而生成相应的共轭酸，反应的程度决定于配体碱性的强弱，碱越强就越易与 H^+ 结合。当配离子溶液中 H^+ 浓度增加时，配体的浓度降低了，使配位平衡向离解的方向移动，导致配离子的稳定性降低。

例如：(1) $[FeF_6]^{3-} \Longrightarrow Fe^{3+} + 6F^-$　　　$K_1^\theta = \dfrac{1}{K_f^\theta}$

(2) $6F^- + 6H^+ \Longrightarrow 6HF$　　　$K_2^\theta = \dfrac{1}{(K_a^\theta)^6}$

(3) $[FeF_6]^{3-} + 6H^+ = Fe^{3+} + 6HF$　　　$K_J^\theta = \dfrac{c(Fe^{3+})c^6(HF)}{c([FeF_6]^{3-})c^6(H^+)}$

多重平衡 $(3) = (1) + (2)$，$K_J^\theta = K_1^\theta K_2^\theta = \dfrac{1}{K_f^\theta (K_a^\theta)^6}$

F^- 能与 Fe^{3+} 生成 $[FeF_6]^{3-}$ 配离子，但当体系的酸度过大时，由于 H^+ 与 F^- 结合生成了 HF 分子，降低了溶液中 F^- 浓度，使 $[FeF_6]^{3-}$ 大部分离解成 Fe^{3+}，因而 $[FeF_6]^{3-}$ 被破坏。上式表明，由于配体 L 与 H^+ 结合成质子酸，而使配离子稳定性降低的现象称为配体的酸效应。显然，K_f^θ 越小，K_a^θ 越小，则 K_J^θ 越大，即生成的配合物稳定性越小，越容易被破坏。

若在 $[FeF_6]^{3-}$ 的配位平衡中，加入碱 OH^- 时，由于 Fe^{3+} 的水解反应，使溶液中游离的 Fe^{3+} 浓度降低，使配位平衡朝着离解的方向移动，导致 $[FeF_6]^{3-}$ 的稳定性降低。

(1) $[FeF_6]^{3-} \Longrightarrow Fe^{3+} + 6F^-$　　　$K_1^\theta = \dfrac{1}{K_f^\theta}$

(2) $Fe^{3+} + 3OH^- \Longrightarrow Fe(OH)_3$　　　$K_2^\theta = \dfrac{1}{K_{sp}^\theta}$

(3) $[FeF_6]^{3-} + 3OH^- \Longrightarrow Fe(OH)_3 + 6F^-$　　　$K_J^\theta = \dfrac{c^6(F^-)}{c([FeF_6]^{3-})c^3(OH^-)}$

多重平衡 $(3) = (1) + (2)$，$K_J^\theta = K_1^\theta K_2^\theta = \dfrac{1}{K_f^\theta K_{sp}^\theta}$

若配离子的 K_f^θ 越小，生成沉淀 K_{sp}^θ 越小，则 K_J^θ 越大，即中心离子越易与 OH^- 结合，配合物越易被破坏。这种金属离子与 OH^- 结合，使配离子稳定性降低的现象称为金属离子的碱效应。故配离子只能在一定的酸度范围内稳定存在。

2. 配位平衡与沉淀平衡

沉淀反应与配位平衡的关系，可看成是沉淀剂和配位剂共同争夺中心离子的过程。在配合物溶液中加入某种沉淀剂，它可与中心离子生成难溶化合物，该沉淀剂导致配离子的破坏。例如，在 $[Cu(NH_3)_4]^{2+}$ 溶液中加入 NaS 溶液，则 NH_3 和 S^{2-} 竞争 Cu^{2+}，其过程可表示为：

$$[Cu(NH_3)_4]^{2+} \Longrightarrow Cu^{2+} + 4NH_3 \qquad K_d^\theta = \frac{1}{K_f^\theta}$$

$$Cu^{2+} + S^{2-} \Longrightarrow CuS \downarrow \qquad K_{sp}^\theta$$

多重平衡为：$[Cu(NH_3)_4]^{2+} + S^{2-} \Longrightarrow CuS \downarrow + 4NH_3 \qquad K_J^\theta$

$$K_J^\theta = \frac{c^4(NH_3)}{c([Cu(NH_3)_4]^{2+}) \cdot c(S^{2-})} = \frac{1}{K_f^\theta K_{sp}^\theta}$$

多重平衡反应进行的程度取决于配离子的稳定常数和沉淀溶度积的大小，若 K_f^θ 越小，K_{sp}^θ 越小，则生成沉淀的趋势越大，反之则生成沉淀的趋势越小。同样，用加入配位剂的方法也可促使沉淀的溶解。

例 9-2 $0.20mol \cdot L^{-1} AgNO_3$ 溶液 $1.0mL$ 中，加入 $0.20mol \cdot L^{-1}$ 的 KCl 溶液 $1.0mL$，产生 AgCl 沉淀。加入足够的氨水可使沉淀溶解，问氨水的最初浓度应该是多少？

解： 假定 AgCl 溶解全部转化为 $[Ag(NH_3)_2]^+$，若忽略 $[Ag(NH_3)_2]^+$ 的离解，则平衡时 $[Ag(NH_3)_2]^+$ 的浓度为 $0.10mol \cdot L^{-1}$，Cl^- 的浓度为 $0.10mol \cdot L^{-1}$，设 NH_3 平衡浓度为 $x \ mol \cdot L^{-1}$。

$$AgCl(s) \ + \ 2NH_3 \ \Longrightarrow \ [Ag(NH_3)_2]^+ \ + \ Cl^-$$

平衡浓度/$(mol \cdot L^{-1})$ x 0.10 0.10

$$K_J^\theta = \frac{c([Ag(NH_3)_2]^+) \cdot c(Cl^-)}{c^2(NH_3)} = K_f^\theta K_{sp}^\theta$$

$$c(NH_3) = x = \sqrt{\frac{c([Ag(NH_3)_2]^+) \cdot c(Cl^-)}{K_f^\theta K_{sp}^\theta}} = \sqrt{\frac{0.10 \times 0.10}{1.1 \times 10^7 \times 1.77 \times 10^{-10}}} = 2.30mol \cdot L^{-1}$$

氨水的最初浓度为 $2.30 + 0.10 \times 2 = 2.50mol \cdot L^{-1}$

例 9-3 在 $0.10mol \cdot L^{-1}$ 的 $[Ag(NH_3)_2]^+$ 溶液中加入 KBr 溶液，使 KBr 浓度达到 $0.01mol \cdot L^{-1}$，有无 AgBr 沉淀生成？

解： 设 $[Ag(NH_3)_2]^+$ 离解所生成的 $c(Ag^+) = x \, mol \cdot L^{-1}$，

$$Ag^+ \ + \ 2NH_3 \ \Longrightarrow \ [Ag(NH_3)_2]^+$$

平衡浓度/$(mol \cdot L^{-1})$ x $2x$ $0.10 - x \approx 0.10$

$$K_f^\theta = \frac{c([Ag(NH_3)_2]^+)}{c(Ag^+) c^2(NH_3)} = \frac{0.10}{x(2x)^2}$$

解得 $x = 1.31 \times 10^{-3} mol \cdot L^{-1}$，即 $c(Ag^+) = 1.31 \times 10^{-3} mol \cdot L^{-1}$

$Q = c(Ag^+) \cdot c(Br^-) = 1.31 \times 10^{-3} \times 0.01 = 1.31 \times 10^{-5}$，$K_{sp}^\theta(AgBr) = 5.35 \times 10^{-13}$，因为 $Q > K_{sp}^\theta(AgBr)$，所以有 AgBr 沉淀产生。

3. 配位平衡与氧化还原平衡

若在配位平衡体系中加入能与中心离子起作用的氧化剂或还原剂，降低了金属离子的浓度，从而降低了配离子的稳定性。例如，在 $[Fe(SCN)_6]^{3-}$ 的血红色溶液中加入 $SnCl_2$ 后，溶液的血红色消失，这是由于 Sn^{2+} 将 Fe^{3+} 还原为 Fe^{2+}，Fe^{3+} 浓度减小，导致

$[Fe(SCN)_6]^{3-}$ 的离解，即

$$[Fe(SCN)_6]^{3-} =\!=\!= 6SCN^- + Fe^{3+}$$

$$Fe^{3+} + Sn^{2+} =\!=\!= Fe^{2+} + Sn^{4+}$$

总反应为

$$2[Fe(SCN)_6]^{3-} + Sn^{2+} =\!=\!= 2Fe^{2+} + 12SCN^- + Sn^{4+}$$

另外，如果金属离子在溶液中形成了配离子，金属离子的氧化还原性往往会发生变化。Fe^{3+} 可以把 I^- 氧化为 I_2，其反应为：$2Fe^{3+} + 2I^- = 2Fe^{2+} + I_2$，假设向该反应体系中加入 F^-，Fe^{3+} 立即与 F^- 形成了 $[FeF_6]^{3-}$，降低了 Fe^{3+} 浓度，因而减弱了 Fe^{3+} 的氧化能力，使上述氧化还原平衡向左移动。I_2 又被还原成 I^-。反应为：

$$2Fe^{2+} + I_2 + 12F^- =\!=\!= 2[FeF_6]^{3-} + 2I^-$$

4. 配离子之间的转化

在配位反应中，一种配离子可以转化成更稳定的配离子，即平衡向生成更难离解的方向移动。如血红色的 $Fe(SCN)_3$ 溶液中加入 NaF，F^- 与 SCN^- 竞争 Fe^{3+}，反应式如下：$Fe(SCN)_3 + 6F^- =\!=\!= [FeF_6]^{3-} + 3SCN^-$

例 9-4　计算反应 $Fe(SCN)_3 + 6F^- =\!=\!= [FeF_6]^{3-} + 3SCN^-$ 的标准平衡常数，并判断反应进行的方向。

解：查表得，$K_f^\theta Fe(SCN)_3 = 4.0 \times 10^5$，$K_f^\theta[FeF_6]^{3-} = 1.13 \times 10^{12}$

$$K = \frac{c([FeF_6]^{3-}) \cdot c^3(SCN^-)}{c([Fe(SCN)_3]^+) \cdot c^6(F^-)} = \frac{K_f^\theta([FeF_6]^{3-})}{K_f^\theta[Fe(SCN)_3]} = \frac{1.13 \times 10^{12}}{4.0 \times 10^5} = 2.8 \times 10^6$$

反应朝生成 $[FeF_6]^{3-}$ 的方向进行。

在溶液中，配位离解平衡常与酸碱平衡、沉淀溶解平衡，氧化还原平衡等发生相互竞争关系，使各平衡相互转化，可以实现配合物的生成或破坏。

9.6　螯合物

除了无机化合物的分子或离子可作配体形成配合物外，许多有机化合物的分子或酸根离子也能与金属离子形成配合物。由于它们往往同时存在两个或多个提供孤对电子的原子，所以它们形成的配合物具有环状结构。这种由中心离子与多基配体键合而成，并具有环状结构的配合物称为螯合物。

9.6.1　螯合物的形成

乙二胺 $NH_2-CH_2-CH_2-NH_2$（简写为 en）具有两个可提供孤对电子的 N 原子，是多基配体，当 Cu^{2+} 与 en 进行配位反应时，就形成了具有环状结构的螯合物。

螯合物中，多基配体称为螯合剂。中心离子与螯合剂分子数目之比称为螯合比，上例螯合物[Cu(en)]$^{2+}$的螯合比为1:2。螯合物的环上有几个原子，就称为几元环，上例中螯合物含有两个五元环。但是，并不是所有的多基配位体均可形成螯合物。多基配体中两个或两个以上能给出孤对电子的原子应间隔两个或三个其它原子。因为这样才有可能形成稳定的五元环或六元环。

9.6.2 螯合物的稳定性

同一种金属离子的螯合物通常比具有相同配位原子和配位数的简单配合物稳定，这种现象称为螯合效应。螯合效应可从螯合物生成过程中体系的熵值增大来解释。例如：

(1)[Ni(H$_2$O)$_6$]$^{2+}$+6NH$_3$ ====[Ni(NH$_3$)$_6$]$^{2+}$+6H$_2$O K_f^θ=9.1×10^7

(2)[Ni(H$_2$O)$_6$]$^{2+}$+3en ====[Ni(en)$_3$]$^{2+}$+6H$_2$O K_f^θ=3.9×10^{18}

由此可见，无环的[Ni(NH$_3$)$_6$]$^{2+}$稳定性低；两个乙二胺分子与Ni^{2+}配位形成二个五元环，稳定性显著增加。根据标准自由能变化和平衡常数的关系：

$$\Delta_r G_m^\theta = -RT\ln K_f^\theta$$
$$\Delta_r G_m^\theta = \Delta_r H_m^\theta - T\Delta_r S_m^\theta$$

所以 $\ln K_f^\theta = \frac{-\Delta_r H_m^\theta}{RT} + \frac{\Delta_r S_m^\theta}{R}$，可见在一定的温度下，稳定常数值 K_f^θ 的大小决定于 $\Delta_r S_m^\theta$ 和 $\Delta_r H_m^\theta$。$\Delta_r H_m^\theta$ 取决于反应前后键能的变化，上述两个反应中都是六个 O→Ni 配位键断裂，形成六个 N→Ni 配位键，因此其 $\Delta_r H_m^\theta$ 相差不大。但两个反应熵值变化有很大的差别。因为在反应(1)中，6个NH$_3$分子的取代了6个H$_2$O分子，反应前后可自由运动的独立粒子的总数不变，故体系的熵值变化不大。而发生螯合反应(2)时，3个en分子替换出6个H$_2$O分子，反应前后溶液中可自由运动的粒子总数增加了，混乱度增大，体系的熵值相应增大，其稳定常数值 K_f^θ 就大。螯合物之所以比简单配合物稳定，就是由于螯合反应熵值增加之故，因而螯合效应实际上是熵效应。

螯合物的稳定性与螯环的大小、螯环的数目以及空间位组等多种因素有关，通常螯合配体与中心离子螯合形成五元环或六元环，这样的螯合物更稳定；一个螯合配体的分子或离子提供的配位原子越多，形成的五元环或六元环的数目越多，螯合物的稳定性也强。

9.7 配位滴定法概述

利用形成配合物的反应进行容量分析的方法称为配位滴定法(complexoetry)。配位滴定法常用来测定多种金属离子或间接测定其他离子。用于配位滴定的反应必须符合完全、定量、快速和有适当指示剂来指示终点等要求。因此配位滴定要求在一定的反应条件下，形成的配合物要相当稳定，并且配合物的配位组成必须是简单固定。

无机配位剂虽然能与中心离子形成配合物的反应很多，但能用于配位滴定的并不多。有机配位剂中常含有两个以上的配位原子，能与被测金属离子形成稳定的且组成一定的螯合物，因此有机配位剂在分析化学中应用广泛。目前最常用的氨羧配位剂是乙二胺四乙酸(ethylene diamine tetraacetic acid，简称 EDTA），EDTA 分子中含有氨氮和羧氧两种配位能力很强的配位原子，可以和许多金属离子形成环状的螯合物。因此配位滴定法又称 EDTA 滴定法。

9.7.1　EDTA 性质

EDTA 分子中含有两个氨氮和四个羧氧共六个配位原子，其结构式为：

$$\begin{array}{c} \text{HÖOCH}_2\text{C} \qquad\qquad\qquad\qquad \text{CH}_2\text{COOH} \\ \ddot{\text{N}}\text{—CH}_2\text{—CH}_2\text{—}\ddot{\text{N}} \\ \text{HÖOCH}_2\text{C} \qquad\qquad\qquad\qquad \text{CH}_2\text{COOH} \end{array}$$

从结构式可以看出，EDTA 是一个四元酸，通常用符号 H_4Y 表示。两个羧基上的 H^+ 转移到氨基上，形成双偶极离子。若溶液的酸度较大时，两个羧酸根可再接受两个 H^+，此时 EDTA 分子相当于一个六元酸，用 H_6Y^{2+} 表示。

EDTA 微溶于水，室温下溶解度为 0.02 克/100 克水，难溶于酸和一般有机溶剂，但易溶于氨水和 NaOH 溶液，并生成相应的盐。所以在配位滴定中，一般用含有两分子结晶水的 EDTA 二钠盐 $Na_2H_2Y \cdot 2H_2O$，$Na_2H_2Y \cdot 2H_2O$ 习惯上仍简称 EDTA。室温下 $Na_2H_2Y \cdot 2H_2O$ 在水中的溶解度约为 11 克/100 克水，浓度约为 $0.30 mol \cdot L^{-1}$，可以满足常量分析的要求。

由于分步电离，EDTA 在酸性溶液中存在六级离解平衡，EDTA 以多种形式存在，有 H_6Y^{2+}、H_5Y^+、H_4Y、H_3Y^-、H_2Y^{2-}、HY^{3-} 和 Y^{4-} 七种型体（表 9-7），EDTA 的各型体分布曲线见图 9-2。在确定的 pH 值下，EDTA 的型体可能存在多种，但是总有一种型体是主要的。

表 9-7　　　　　　　　　　　　　　不同 pH 值范围 EDTA 各型体

pH	<0.90	0.90~1.60	1.60~2.00	2.00~2.67	2.67~6.16	6.16~10.26	>10.26
主要型体	H_6Y^{2+}	H_5Y^+	H_4Y	H_3Y^-	H_2Y^{2-}	HY^{3-}	Y^{4-}

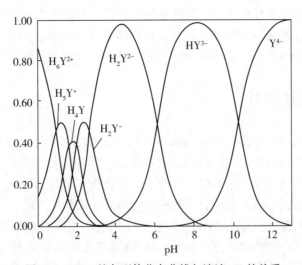

图 9-2　EDTA 的各型体分布曲线与溶液 pH 的关系

EDTA 的各级稳定常数及累积稳定常数见表 9-8。

表 9-8　　　　　　　　　　　**EDTA 各级稳定常数和累积稳定常数**

稳定平衡	各级稳定常数(对数值)	各级累积稳定常数(对数值)
$Y^{4-}+H^+ \Longleftrightarrow HY^{3-}$	$\lg K_1^\theta = 10.26$	$\lg \beta_1^\theta = 10.26$
$HY^{3-}+H^+ \Longleftrightarrow H_2Y^{2-}$	$\lg K_2^\theta = 6.16$	$\lg \beta_2^\theta = 16.42$
$H_2Y^{2}+H^+ \Longleftrightarrow H_3Y^{2-}$	$\lg K_3^\theta = 2.67$	$\lg \beta_3^\theta = 19.09$
$H_3Y^{2-}+H^+ \Longleftrightarrow H_4Y^{2-}$	$\lg K_4^\theta = 2.00$	$\lg \beta_4^\theta = 21.09$
$H_4Y^{2-}+H^+ \Longleftrightarrow H_5Y^{2-}$	$\lg K_5^\theta = 1.60$	$\lg \beta_5^\theta = 22.69$
$H_5Y^{2-}+H^+ \Longleftrightarrow H_6Y^{2-}$	$\lg K_6^\theta = 0.90$	$\lg \beta_6^\theta = 23.59$

显然，加碱可以促进 EDTA 的离解，所以当溶液的 pH 值越高，EDTA 的离解度就越大，当 pH>10.26 时，EDTA 几乎完全离解，以 Y^{4-} 形式存在。Y^{4-} 可以与金属离子直接配位，因此，若仅从 pH 值条件考虑，pH 值增大对配位是有利的。

9.7.2　EDTA 配合物的特点

(1)普遍性。EDTA 几乎能与所有的金属离子发生配位反应，生成稳定的螯合物。

(2)组成一定。在一般情况下，每个 EDTA 分子中的六个配位原子同时与金属离子配位形成螯合物，其配合物的螯合比为 1∶1。例如：

$$M^{2+}+H_2Y^{2-} \Longrightarrow MY^{2-}+2H^+$$
$$M^{3+}+H_2Y^{2-} \Longrightarrow MY^-+2H^+$$
$$M^{+4}+H_2Y^{2-} \Longrightarrow MY+2H^+$$

(3)稳定性高。EDTA 与大多数金属离子所形成的配合物一般都具有多个五元环的结构(图 9-3)，稳定常数大，稳定性高。通常将金属离子和 EDTA 的电荷省略，金属离子和 EDTA 的配位反应简写：

$$M+Y \Longrightarrow MY$$
$$K_f^\theta(MY) = \frac{c(MY)}{c(M)\cdot c(Y)} \tag{9-4}$$

$K_f^\theta(MY)$ 也称 MY 的形成常数，常见的 EDTA 配合物的 $\lg K_f^\theta$ 值见附录 8。

(4)可溶性。EDTA 与金属离子形成的配合物一般都可溶于水，使滴定能在水溶液中进行。

(5)EDTA 与无色金属离子配位生成无色配合物，与有色金属离子则生成颜色更深的配合物。有色金属离子 EDTA 螯合物见表 9-9。

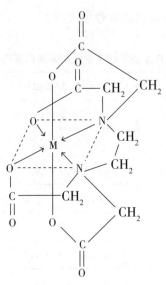

图 9-3　EDTA 与 M 配合物的结构

表 9-9　　　　　　　　　　　　　　有色金属离子的 EDTA 螯合物

离子	离子颜色	螯合物颜色	离子	离子颜色	螯合物颜色
Co^{3+}	粉红	紫红	Fe^{3+}	浅黄	黄
Cr^{3+}	灰绿	深紫	Mn^{2+}	浅粉红	紫红
Ni^{2+}	浅绿	蓝绿	Cu^{2+}	浅蓝	深蓝

　　(6)溶液的酸度或碱度较高时，H^+ 或 OH^- 也参与配位，生成酸式或碱式配合物。例如：Al^{3+} 形成的酸式配合物 AlHY 或碱式配合物 [Al(OH)Y]$^{2-}$。在氨性溶液中，Hg^{2+} 与 EDTA 分子可生成[Hg(NH$_3$)Y]$^{2-}$混合配合物。但是这些配位物都不太稳定，不影响金属离子与 EDTA 的配位比。

9.8　配位滴定的基本原理

9.8.1　主反应和副反应

　　配位滴定中除了金属离子与 EDTA 的主反应外，还涉及三方面的副反应：(1)金属离子的水解效应以及与 EDTA 以外的其它配位剂的配位效应；(2)EDTA 的酸效应以及与被测金属离子以外的其它金属离子的配位效应；(3)MY 生成酸式配合物 MHY 或碱式配合物 MOHY。金属离子 M 和配位剂 Y 的副反应都不利于滴定反应，MY 的副反应程度很小，对滴定反应是有利的，MY 副反应产物不稳定，一般都忽略不计。配位滴定的化学平衡体系比较复杂(见图 9-4)。

主反应   M   +   Y   ====   MY

OH⁻↙ ↘L   H⁺↙ ↘N   H⁺↙ ↘OH⁻

副反应 M(OH) ML   HY NY   MHY MOHY

⋮   ⋮   ⋮

M(OH)ₙ   MLₙ   H₆Y

M 的副反应   Y 的副反应   MY 的副反应

图 9-4 配位滴定的主反应和副反应

由于副反应的存在,配位滴定反应直接用稳定常数衡量就会产生很大的误差,通常用条件稳定常数(conditional stability constant),$K_f^{\theta'}(MY)$ 来描述。

$$K_f^{\theta'}(MY) = \frac{c(MY')}{c(M') \cdot c(Y')} \approx \frac{c(MY)}{c(M') \cdot c(Y')} \tag{9-5}$$

式(9-5)中:$c(MY')$ 为形成的配合物总浓度,$c(M')$ 和 $c(Y')$ 分别为没有参加主反应的金属离子和 EDTA 的总浓度。

$$c(MY') = c(MY) + c(MHY) + c(MOHY)$$

$$c(M') = c(M) + c(ML) + c(ML_2) + \cdots + c[M(OH)] + c[M(OH)_2] + \cdots$$

$$c(Y') = c(Y) + c(HY) + c(H_2Y) + \cdots + c(H_6Y) + c(NY)$$

当忽略 MY 的副反应时,$c(MY') \approx c(MY)$。因此,只有定量地确定副反应对配位滴定的影响程度,才能确定上述各项浓度,计算 $K_f^{\theta'}(MY)$。因此引入副反应系数(side reation coefficient)的概念。

9.8.2 EDTA 酸效应及酸效应系数

在 EDTA 的多种型体中,只有 Y^{4-} 可以与金属离子进行配位。随着酸度的增加,Y^{4-} 的浓度减小,EDTA 的配位能力降低,这种现象称为酸效应(acid effect)。酸效应的大小用酸效应系数 $\alpha[Y(H)]$ 来衡量,$\alpha[Y(H)]$ 是指未参加主反应的 EDTA 各种存在型体的总浓度 $c(Y')$ 与能直接参与主反应的 Y^{4-} 的平衡浓度之比,即

$$\begin{aligned} \alpha[Y(H)] &= \frac{c(Y')}{c(Y)} = \frac{c(Y) + c(HY) + c(H_2Y) + \cdots + c(H_6Y)}{c(Y)} \\ &= 1 + \frac{c(HY)}{c(Y)} + \frac{c(H_2Y)}{c(Y)} + \cdots + \frac{c(H_6Y)}{c(Y)} \\ &= 1 + c(H^+)\beta_1^H + c^2(H^+)\beta_2^H + \cdots + c^6(H^+)\beta_6^H \end{aligned} \tag{9-6}$$

式(9-6)中:β_n^H 为 Y 的累积质子化常数(cumulative protonation constant)。

$$Y + nH^+ \longrightarrow H_nY$$

$$\beta_n^H = \frac{c(H_nY)}{c(Y)c^n(H^+)}$$

由式(9-6)可知,随着溶液的 H^+ 浓度升高,酸效应系数 $\alpha[Y(H)]$ 增大,由酸效应引起的副反应也越大,EDTA 与金属离子的配位能力就越小。表 9-10 列出了 EDTA 在不同 pH 值时的 $\lg\alpha[Y(H)]$。

表 9-10   **EDTA 在不同 pH 值时的 $\lg\alpha[Y(H)]$**

pH	$\lg\alpha[Y(H)]$	pH	$\lg\alpha[Y(H)]$	pH	$\lg\alpha[Y(H)]$
0.0	23.64	3.6	9.27	7.2	3.10
0.2	22.47	3.8	8.85	7.4	2.88
0.4	21.32	4.0	8.44	7.6	2.68
0.6	20.18	4.2	8.04	7.8	2.47
0.8	19.08	4.4	7.64	8.0	2.27
1.0	18.01	4.6	7.24	8.2	2.07
1.2	16.98	4.8	6.84	8.4	1.87
1.4	16.02	5.0	6.45	8.6	1.67
1.6	15.11	5.2	6.07	8.8	1.48
1.8	14.27	5.4	5.69	9.0	1.28
2.0	13.51	5.6	5.33	9.2	1.10
2.2	12.82	5.8	4.98	9.6	0.75
2.4	12.19	6.0	4.65	10.0	0.45
2.6	11.62	6.2	4.34	10.5	0.20
2.8	11.09	6.4	4.06	11.0	0.07
3.0	10.60	6.6	3.79	11.5	0.02
3.2	10.14	6.8	3.55	12.0	0.01
3.4	9.70	7.0	3.32	13.0	0.00

由表 9-10 可以看出溶液的 H^+ 浓度增大，$\lg\alpha[Y(H)]$ 增大，EDTA 的酸效应明显，EDTA 与金属离子的配位能力减弱，在 pH = 12.0 时，$\lg\alpha[Y(H)]$ 近似为零，当的 pH ≥ 12.0 时，可以忽略 EDTA 的酸效应对配位滴定的影响。

9.8.3　金属离子的配位效应及配位效应系数

如果滴定体系中，除了 EDTA 还存在其他的配位剂（L），这些配位剂可能来自指示剂、掩蔽剂或缓冲剂，它们也能和金属离子发生配位反应。由于其它配位剂 L 与金属离子的配位反应而使主反应能力降低的现象称为配位效应（complex effect）。配位效应的大小用配位效应系数 $\alpha[M(L)]$ 表示。

若不考虑金属离子的水解副反应，则 $\alpha[M(L)]$ 指未与滴定剂 Y^{4-} 配位的金属离子 M 的各种存在形体的总浓度 $c(M')$ 与游离金属离子浓度 $c(M)$ 之比，即

$$
\begin{aligned}
\alpha[M] = \alpha[M(L)] &= \frac{c(M')}{c(M)} = \frac{c(M) + c(ML) + c(ML_2) + \cdots + c(ML_n)}{c(M)} \\
&= 1 + \frac{c(ML)}{c(M)} + \frac{c(ML_2)}{c(M)} + \cdots + \frac{c(ML_n)}{c(M)} \\
&= 1 + c(L)\beta_1^{\theta} + c^2(L)\beta_2^{\theta} + \cdots + c^n(L)\beta_n^{\theta}
\end{aligned}
\tag{9-7}
$$

在低酸度的情况下，OH^-的浓度较高，OH^-也可作为一种配位剂与金属离子形成羟基配合物，而引起金属离子的水解副反应，则其羟合效应系数 $\alpha[M(OH)]$ 为：

$$\alpha[M(OH)] = \frac{c(M')}{c(M)} = \frac{c(M) + c[M(OH)] + c[M(OH)_2] + \cdots + c[M(OH)_n]}{c(M)}$$

$$= 1 + c(OH^-)\beta_1 + c^2(OH^-)\beta_2 + \cdots + c^n(OH^-)\beta_n \tag{9-8}$$

一些金属离子在不同 pH 的 $\lg\alpha[M(OH)]$ 值见表 9-11。如果溶液中其它的配位剂 L 和 OH^- 同时与金属离子发生副反应，其配位效应系数可表示为：

$$\alpha(M) = \frac{c(M')}{c(M)}$$

$$= \frac{c(M) + c(ML) + c(ML_2) + \cdots + c(ML_n)}{c(M)} + \frac{c(M) + c[M(OH)] + c[M(OH)_2] + \cdots + c[M(OH)_n]}{c(M)} - \frac{c(M)}{c(M)}$$

$$= \alpha[M(L)] + \alpha[M(OH)]^{-1} \tag{9-9}$$

表 9-11　　　　　　　　　　　一些金属离子的 $\lg\alpha[M(OH)]$

金属离子	离子强度	pH												
		1	2	3	4	5	6	7	8	9	10	11	12	13	14
Al^{3+}	2					0.4	1.3	5.3	9.3	13.3	17.3	21.3	25.3	29.3	33.3
Bi^{3+}	3	0.1	0.5	1.4	2.4	3.4	4.4	5.4							
Ca^{2+}	0.1													0.3	1.0
Cd^{2+}	3									0.1	0.5	2.0	4.5	8.1	12.0
Co^{2+}	0.1								0.1	0.4	1.1	2.2	4.2	7.2	10.2
Cu^{2+}	0.1								0.2	0.8	1.7	2.7	3.7	4.7	5.7
Fe^{2+}	1									0.1	0.6	1.5	2.5	3.5	4.5
Fe^{3+}	3			0.4	1.8	3.7	5.7	7.7	9.7	11.7	13.7	15.7	17.7	19.7	21.7
Hg^{2+}	0.1			0.5	1.9	3.9	5.9	7.9	9.9	11.9	13.9	15.9	17.9	19.9	21.9
La^{3+}	3									0.3	1.0	1.9	2.9	3.9
Mg^{2+}	0.1										0.1	0.5	1.3	2.3
Mn^{2+}	0.1										0.1	0.5	1.4	2.4	3.4
Ni^{2+}	0.1									0.1	0.7	1.6			
Pb^{2+}	0.1						0.1	0.5	1.4	2.7	4.7	7.4	10.4	13.4
Th^{4+}	1				0.2	0.8	1.7	2.7	3.7	4.7	5.7	6.7	7.7	8.7	9.7
Zn^{2+}	0.1									0.2	2.4	5.4	8.5	11.8	15.5

例 9-6　计算 $pH = 11.0$，$c(NH_3) = 0.10 mol \cdot L^{-1}$ 时的 $\alpha(Zn)$ 值。

解：Zn^{2+} 与 NH_3 配位的逐级稳定常数见表 9-6，根据式 9-7，

$$\alpha\left[Zn(NH_3)\right] = 1+c(NH_3)\beta_1^\theta+c^2(NH_3)\beta_2^\theta+c^3(NH_3)\beta_3^\theta+c^4(NH_3)\beta_4^\theta$$
$$= 1+10^{2.37-1.0}+10^{4.81-2.0}+10^{7.31-3.0}+10^{9.46-4.0}$$
$$= 1+10^{1.37}+10^{2.81}+10^{4.31}+10^{5.46}$$
$$= 10^{5.49}$$

根据表 9-11，pH = 11 时，$\alpha\left[Zn(OH)\right] = 10^{5.40}$

所以 $\alpha(Zn) = \alpha\left[Zn(NH_3)\right]+\alpha\left[Zn(OH)\right]$
$$= 10^{5.49}+10^{5.40}$$
$$\approx 10^{5.75}$$

9.8.4　EDTA 配合物条件稳定常数

一定条件下，配位滴定中的 $\alpha(M)$ 和 $\alpha\left[Y(H)\right]$ 为定值，条件稳定常数 $K_f^{\theta'}(MY)$ 为一个常数。由式(9-6)和式(9-7)，可得

$$K_f^{\theta'}(MY) = \frac{c(MY')}{c(M') \cdot c(Y')} \approx \frac{c(MY)}{c(M') \cdot c(Y')} = \frac{c(MY)}{c(M) \cdot \alpha(M) \cdot c(Y) \cdot \alpha\left[Y(H)\right]}$$
$$= K_f^\theta(MY)\frac{1}{\alpha(M) \cdot \alpha\left[Y(H)\right]}$$

$$(9-10)$$

将上式两边取对数，则
$$\lg K_f^{\theta'}(MY) = \lg K_f^\theta(MY)-\lg\alpha(M)-\lg\alpha\left[Y(H)\right] \tag{9-11}$$
显然，副反应系数越大，$K_f^{\theta'}(MY)$ 越小。这说明了酸效应和配位效应越大，配合物的实际稳定性越小。若配位滴定中只考虑酸效应与配位效应，则
$$\lg K_f^{\theta'}(MY) = \lg K_f^\theta(MY)-\lg\alpha\left[M(L)\right]-\lg\alpha\left[Y(H)\right] \tag{9-12}$$
若配位滴定中只考虑酸效应，则
$$\lg K_f^{\theta'}(MY) = \lg K_f^\theta(MY)-\lg\alpha\left[Y(H)\right] \tag{9-13}$$

例 9-7　分别计算在 pH = 2.00 和 pH = 5.00 时，ZnY 的条件稳定常数。

解： 查附录 8 可知，$\lg K_f^\theta(ZnY) = 16.50$；

pH = 2.00 时，$\lg\alpha\left[Y(H)\right] = 13.51$，代入式(9-12)，可得
$$\lg K_f^{\theta'}(ZnY) = \lg K_f^\theta(ZnY)-\lg\alpha\left[Y(H)\right] = 16.50-13.51 = 2.99$$
$$K_f^{\theta'}(ZnY) = 10^{2.99} = 9.77\times10^2$$

同理，pH = 5.00 时，$\lg\alpha\left[Y(H)\right] = 6.45$，代入式(9-12)，得
$$\lg K_f^{\theta'}(ZnY) = \lg K_f^\theta(ZnY)-\lg\alpha\left[Y(H)\right] = 16.50-6.45 = 10.05$$
$$K_f^{\theta'}(ZnY) = 10^{10.05} = 1.12\times10^{10}$$

9.8.5　(单一)金属离子能被准确的条件

1. 配位滴定曲线

在配位滴定过程中，随着 EDTA 的不断加入，由于金属离子的 EDTA 配合物的不断生成，溶液中金属离子 M 的浓度逐渐降低，在化学计量点附近，pM 发生急剧变化。如果以

pM 为纵坐标，以 EDTA 的加入量 $c(Y)$ 为横坐标作图，则可得到配位滴定曲线。

以 EDTA 溶液滴定 Ca^{2+} 溶液为例，讨论滴定过程中 Ca^{2+} 浓度的变化情况，绘制配位滴定曲线。已知：pH = 10.0，$c(Ca^{2+})$ = 0.01000mol·L^{-1}，$c(Y)$ = 0.01000mol·L^{-1}，$V(Ca^{2+})$ = 20.00mL，体系中不存在其它的配位剂，即 $lg\alpha(M)$ = 0。

查附录 8 可知，$lgK_f^{\theta}(CaY)$ = 10.7；pH = 10.0，$lg\alpha[Y(H)]$ = 0.45。

所以，$lgK_f^{\theta'}(CaY) = lgK_f^{\theta}(CaY) - lg\alpha[Y(H)]$ = 10.7 − 0.45 = 10.25，$K_f^{\theta'}(CaY)$ = 1.8×10^{10}

（1）滴定前，

$$c(Ca^{2+}) = 0.01000 \text{mol·L}^{-1}, \quad pCa = 2.0$$

（2）滴定开始至化学计量点前，Ca^{2+} 是过量的，可以忽略 CaY 的离解，近似地以剩余 Ca^{2+} 浓度来计算 pCa。当加入 EDTA 分别为 18.00mL、19.98mL，即 Ca^{2+} 被滴定 90.00% 和 99.90% 时，则

$$c(Ca^{2+}) = 0.01000 \times \frac{20.00-18.00}{20.00+18.00} = 5.3 \times 10^{-4}(\text{mol·L}^{-1}) \quad pCa = 3.3$$

$$c(Ca^{2+}) = 0.01000 \times \frac{20.00-19.98}{20.00+19.98} = 5.0 \times 10^{-6}(\text{mol·L}^{-1}) \quad pCa = 5.3$$

（3）化学计量点时，Ca^{2+} 与加入的 EDTA 几乎全部配位成 CaY，Ca^{2+} 来自 CaY 的离解，因为在化学计量点，

$$c(CaY) = 0.01000 \times \frac{20.00}{20.00+20.00} = 5.0 \times 10^{-3}(\text{mol·L}^{-1}),$$

$$c(Ca^{2+'}) = c(Y'), \quad 根据 K_f^{\theta}(CaY) = \frac{c(CaY)}{c(Ca^{2+'}) \cdot c(Y')} = \frac{c(CaY)}{c^2(Ca^{2+'})},$$

$$c(Ca^{2+'}) = \sqrt{\frac{c(CaY)}{K_f^{\theta'}(CaY)}} = \sqrt{\frac{5.0 \times 10^{-3}}{1.8 \times 10^{10}}} = 5.3 \times 10^{-7}(\text{mol·L}^{-1}) \quad pCa' = 6.3$$

（4）化学计量点后

当加入的 EDTA 为 22.02mL 时，EDTA 过量 0.02mL，则

$$c(Y') = 0.01000 \times \frac{20.02-20.00}{20.02+20.00} = 5.0 \times 10^{-6}(\text{mol·L}^{-1})$$

由于计量点附近 EDTA 过量很少，所以 $c(CaY) \approx 5.0 \times 10^{-3}$mol·$L^{-1}$，将数据代入条件稳定常数的表达式，

$$K_f^{\theta'}(CaY) = \frac{c(CaY)}{c(Ca^{2+'}) \cdot c(Y')}$$

$$c(Ca^{2+'}) = \frac{c(CaY)}{K_f^{\theta'}(CaY)c(Y')} = \frac{0.005000}{1.8 \times 10^{10} \times 5.0 \times 10^{-6}} = 5.6 \times 10^{-8}(\text{mol·L}^{-1})$$

$$pCa' = 7.3$$

如此逐一计算出过量体积 EDTA 时的 pCa 值，列入下表 9-12。

表 9-12　在 pH=10.0 时，用 0.01000mol·L⁻¹EDTA 滴定 20.00mL0.01000mol·L⁻¹Ca²⁺溶液

加入 EDTA 的体积/mL	$c(Ca^{2+})$/mol·L⁻¹	pCa
0.00	0.01	2.0
18.00	5.3×10^{-4}	3.3
19.80	5.0×10^{-5}	4.3
19.98	5.0×10^{-6}	5.3
20.00	5.3×10^{-7}	6.3
20.02	5.6×10^{-8}	7.3
20.20	5.6×10^{-9}	8.3
22.00	5.6×10^{-10}	9.3
40.00	5.6×10^{-11}	10.3

以 pCa 为纵坐标，加入 EDTA 标准溶液的体积百分数为横坐标作图，即得到用 EDTA 标准溶液滴定 Ca²⁺的滴定曲线。同理得到不同 pH 值条件下的滴定曲线，如图 9-5 所示。

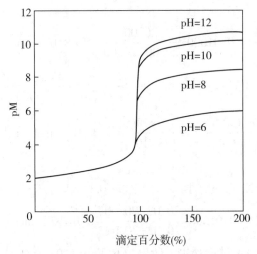

图 9-5　不同 pH 值时用 0.01000mol·L⁻¹EDTA 滴定 0.01000mol·L⁻¹Ca²⁺的滴定曲线

2. 影响配位滴定突跃的因素

由 EDTA 测定 Ca²⁺的滴定曲线绘制过程可知，影响配位滴定突跃的两个因素为：$c(M')$ 和 $K_f^{\theta'}(MY)$。

(1)金属离子浓度 $c(M')$ 的影响。在 $\lg K_f^{\theta'}(MY)$ 一定时，$c(M')$ 影响配位滴定的下限（图 9-6），金属离子起始浓度越大，滴定曲线的起点越低，因而其突跃部分就越长（图 9-6），使滴定突跃变大；反之 $c(M')$ 越小，滴定突跃范围越小。即配位滴定突跃范围的大小

与 $c(M')$ 成正比。

（2）配合物的条件稳定常数 $K_f^{\theta'}(MY)$ 的影响。$c(M')$ 一定时，$K_f^{\theta'}(MY)$ 越大，滴定曲线上的突跃范围也越大（见图 9-7）。决定 $\lg K_f^{\theta'}(MY)$ 大小的因素主要是 $\lg K_f^{\theta}(MY)$ 和 $\lg\alpha[Y(H)]$。从图 9-5 可知，滴定曲线突跃范围随溶液 pH 值大小而变化，这是由于 $\lg K_f^{\theta'}$（CaY）随 pH 值而改变的缘故。pH 值越大，滴定突跃越大，pH 值越小，滴定突跃越小。当 pH = 6 时，$\lg K_f^{\theta'}(CaY) = \lg K_f^{\theta}(CaY) - \lg\alpha[Y(H)] = 10.7 - 4.8 = 5.9$，图中滴定曲线就几乎看不出突跃了。

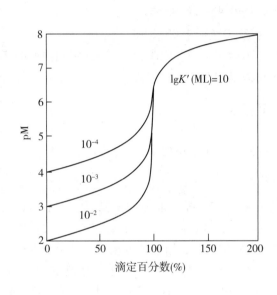
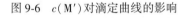

图 9-6　$c(M')$ 对滴定曲线的影响

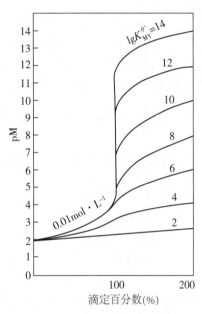

图 9-7　$\lg K_f^{\theta'}$ 对滴定曲线的影响

9.8.6　准确滴定的条件

根据滴定分析允许的终点误差为 ±0.1%，则在滴定至终点时，$c(MY) \geq 0.999c(M)$，$c(M') \leq 0.001c(M)$，$c(Y') \leq 0.001c(M)$，代入式（9-5），得

$$K_f^{\theta'}(MY) = \frac{c(MY)}{c(M')\cdot c(Y')} \geq \frac{0.999c(M)}{[0.001c(M)]^2} = \frac{10^6}{c(M)}$$

则

$$c(M)\cdot \lg K_f^{\theta'}(MY) \geq 10^6 \qquad (9\text{-}14)$$

当 $c(M) = 0.0100\,mol\cdot L^{-1}$ 时，得

$$K_f^{\theta'}(MY) \geq 10^8 \text{ 或 } \lg K_f^{\theta'}(MY) \geq 8 \qquad (9\text{-}15)$$

上述两式（9-14）或式（9-15）即为 EDTA 准确测定单一金属离子的条件。

例 9-8　通过计算解释，实验室里用 $0.01000\,mol\cdot L^{-1}$ EDTA 滴定同浓度的 Ca^{2+} 为什么必须在 pH = 10.0 而不能在 pH = 5.0 的条件下进行，但是测定同浓度的 Zn^{2+} 时，则可以在 pH = 5.0 的条件下进行。

解: 由附录8可得:

$$\lg K_f^\theta(ZnY) = 16.50, \quad \lg K_f^\theta(CaY) = 10.70$$

查表9-10可得

$$pH = 5.0 \quad \lg\alpha[Y(H)] = 6.45; \quad pH = 10.0 \quad \lg\alpha[Y(H)] = 0.45$$

代入式(9-13),得pH=5.0时,

$$\lg K_f^{\theta'}(ZnY) = 16.50 - 6.45 = 10.05 > 8,$$

$$\lg K_f^{\theta'}(CaY) = 10.70 - 6.45 = 4.25 < 8,$$

pH = 10.0时

$$\lg K_f^{\theta'}(ZnY) = 16.50 - 0.45 = 16.05 > 8,$$

$$\lg K_f^{\theta'}(CaY) = 10.70 - 0.45 = 4.05 > 8$$

通过上述计算可知,pH=5.0时,用0.01000mol·L^{-1}EDTA能准确滴定同浓度的Zn^{2+}而不能准确滴定Ca^{2+};pH=10.0时EDTA可以准确滴定Ca^{2+}、Zn^{2+}。

9.8.7 酸效应曲线和配位滴定中酸度控制

1. 配位滴定所允许的最高酸度(最低pH值)和酸效应曲线

酸度对配位滴定的影响非常大,因为与金属离子直接配位的是Y^{4-},而溶液酸度的大小控制着Y^{4-}的浓度,所以溶液的pH值是影响EDTA配位能力的重要因素。不同金属离子与Y^{4-}形成配合物的稳定性是不相同的,配合物稳定性大小又与溶液酸度有关。所以当用EDTA滴定不同的金属离子时,对稳定性高的配合物,溶液酸度稍高一点也能准确地进行滴定,但对稳定性稍差的配合物,酸度若高于某一数值时,就不能准确地滴定。因此,滴定不同的金属离子,有不同的最高酸度(最低pH值),小于这一最低pH值,就不能进行准确滴定。

若金属离子没有发生副反应,$K_f^{\theta'}$仅决定于$\alpha[Y(H)]$,则

$$\lg K_f^{\theta'}(MY) = \lg K_f^\theta(MY) - \lg\alpha[Y(H)] \geqslant 8, \tag{9-16}$$

即

$$\lg\alpha[Y(H)] \leqslant \lg K_f^\theta(MY) - 8 \tag{9-17}$$

由式(9-17)可算出各种金属离子的$\lg\alpha[Y(H)]$值,再查表9-10即可查出其相应的pH,这个pH即为滴定某一金属离子所允许的最低pH。例如,

$\lg K_f^\theta(MgY) = 8.64$,$\lg\alpha[Y(H)] \leqslant 8.64 - 8 = 0.64$,最低pH为9.7

$\lg K_f^\theta(CaY) = 10.70$,$\lg\alpha[Y(H)] \leqslant 10.70 - 8 = 2.70$,最低pH值为7.3

$\lg K_f^\theta(FeY) = 24.23$,$\lg\alpha[Y(H)] \leqslant 24.23 - 8 = 16.23$,最低pH值为1.3。

若以不同金属离子的$\lg K_f^\theta(MY)$值为横坐标,最低pH为纵坐标作图,可得到EDTA的酸效应曲线,又称林邦(Ringbom)曲线,见图9-8。

从酸效应曲线上可以找出,单独滴定某一金属离子所需的最低pH值。例如;滴定Fe^{3+}时,pH值必须大于1.3,滴定Zn^{2+},pH值必须大于4。从曲线上还可以判断,在一定pH值范围内能滴定的离子以及干扰离子。从而可以利用控制酸度,达到分别滴定或连续

滴定的目的。

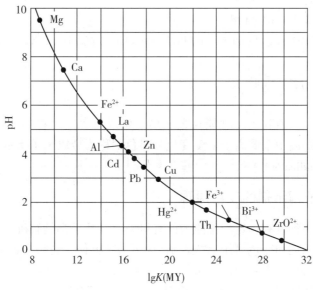

图 9-8 EDTA 的酸效应曲线

在通常情况下，EDTA 可以不同的形式存在于溶液中，因此配位滴定时会不断释放出 H^+，例如，

$$M^{n+} + H_2Y^{2-} = MY^{(4-n)-} + 2H^+$$

这就使溶液酸度不断增高，从而降低 $K_f^\theta(MY)$ 值，影响到配位滴定的完全程度，同时也可能改变指示剂变色的适宜酸度，导致很大的误差。因此，配位滴定中常加入缓冲剂控制溶液的酸度。例如，用 EDTA 滴定 Ca^{2+}，Mg^{2+} 时就要加入 pH 为 10.0 的 NH_3–NH_4^+ 缓冲溶液。

2. 配位滴定中的最低酸度

从滴定曲线(图 9-5)可以看出，pH 值越大，酸效应减弱，$\lg K_f^{\theta'}(MY)$ 增大，配合物越稳定，被测的金属离子与 EDTA 的反应越完全，配位滴定突跃范围越大。但是，随着 pH 值增大，金属离子越易发生水解副反应，降低了 MY 的稳定性，甚至会生成氢氧化物沉淀，对配位滴定不利。所以，EDTA 测定不同金属离子有不同的最高允许的 pH 值或最低酸度。通常，在没有其他辅助配位剂存在时，准确滴定某一金属离子的最低允许酸度可粗略地由一定浓度的金属离子形成氢氧化物沉淀时的 pH 值估算。

例 9-9 试计算用 $0.01000\text{mol} \cdot L^{-1}$ EDTA 滴定同浓度的 Fe^{3+} 溶液时的最高酸度和最低酸度。

解：查附录 8，$\lg K_f^\theta(FeY) = 25.1$

由式(9-17)得，$\lg \alpha[Y(H)] \leqslant 25.1 - 8 = 17.1$

查表 9-10 或酸效应曲线，可知 $pH \geqslant 1.2$，故滴定时的最低 pH 值为 1.2。

$$c(OH^-) = \sqrt[3]{\dfrac{K_{sp}^{\theta}[Fe(OH)_3]}{c(Fe^{3+})}} = \sqrt[3]{\dfrac{2.64 \times 10^{-39}}{0.010}} = 6.41 \times 10^{-13}(mol \cdot L^{-1})$$

$$pOH = 12.2, \quad pH = 1.8$$

用 $0.01000mol \cdot L^{-1}$ EDTA 滴定同浓度的 Fe^{3+} 溶液时的最高 pH = 1.8，最低 pH = 1.2。

9.9　金属离子指示剂

在配位滴定中，一般利用一种能与金属离子生成有色配合物的显色剂来指示滴定终点，这种能够指示溶液中金属离子浓度变化的显色剂称为金属离子指示剂，简称金属指示剂(metallochromic indicator)。

9.9.1　金属离子指示剂的变色原理

金属指示剂是一种具有一定配位能力的有机染料，几乎都是有机多元酸，不同型体有不同颜色，金属指示剂的变色可用下式表示(为了书写方便，省略去电荷)：

$$M \quad + \quad In \quad \Longrightarrow \quad MIn$$

金属离子　　　指示剂(甲色)　　　　配合物颜色(乙色)

滴定前，先将指示剂加到被测金属离子的溶液中，这时少量 M 与 In 形成配合物 MIn，显乙色。而大部分金属离子仍处于游离的状态。滴定开始后，随着 EDTA 的滴入，没有与指示剂配位的 M 首先被配位，当快到化学计量点时，已与指示剂配位的金属离子被 Y^{4-} 夺去，释放出指示剂，引起溶液颜色的变化，由原来 MIn 的乙色变为指示剂 In 的甲色，指示终点的到达。其反应为

$$MIn \quad +Y \Longrightarrow MY+ \quad In$$

乙色　　　　　　　　　　甲色

9.9.2　金属指示剂应具备的条件

(1)金属离子与指示剂形成配合物的颜色与指示剂的颜色应有明显的区别，这样滴定终点变化才明显，便于观察。

(2)金属离子与指示剂生成的配合物应有足够的稳定性这样才能测定低浓度的金属离子。但其稳定性应小于 Y^{4-} 与金属离子所生成配合物 MY 的稳定性。通常要求满足：$lgK_f^{\theta'}$(MY)$-lgK_f^{\theta'}$(MIn)≥ 2，且 $lgK_f^{\theta'}$(MIn)≥ 2。这样在接近化学计量点时，Y^{4-} 才能较迅速的夺取与指示剂结合的金属离子，而使指示剂游离出来，溶液显示出指示剂的颜色。若 MIn 过于稳定，在近计量点时，EDTA 不能夺取 MIn 中的 M，致使终点推迟，甚至得不到终点。

(3)金属指示剂与金属离子的显色反应要灵敏、迅速、有一定的选择性。

(4)配合物 MIn 应易溶于水，如果生成胶体溶液或沉淀，变色将会不明显。

(5)金属指示剂应比较稳定，便于贮藏和使用。

9.9.3 常用金属离子指示剂简介

1. 铬黑 T(eriochrome black T，EBT)

铬黑 T 是弱酸性偶氮染料，实验证明，以铬黑 T 作指示剂，用 EDTA 直接进行滴定时最合适 pH 范围为 9~10.5。在此 pH 范围内，EBT 自身为蓝色，可作 Mg^{2+}、Ca^{2+}、Zn^{2+}、Cd^{2+}、Mg^{2+}、Hg^{2+} 等离子的指示剂，EBT 与金属离子以 1:1 配位。例如，在 pH=10 时，以 EBT 为指示剂用 EDTA 滴定 Mg^{2+}，滴定前溶液显的红色，

$$Mg^{2+} + HIn^{2-} \Longleftrightarrow MgIn^- + H^+$$
$$\text{（蓝色）} \qquad \text{（红色）}$$

滴定开始后，Y^{4-} 先与游离的 Mg^{2+} 配位，

$$Mg^{2+} + HY^{3-} \Longleftrightarrow MgY^{2-} + H^+$$

滴定终点时，Y^{4-} 夺取 $MgIn^-$ 中的 Mg^{2+}，由 $MgIn^-$ 的红色转变为 HIn^{2-} 的蓝色，

$$MgIn^- + HY^{3-} \Longleftrightarrow MgY^{2-} + HIn^{2-}$$
$$\text{（红色）} \qquad\qquad\qquad \text{（蓝色）}$$

在整个滴定过程中，颜色变化为红色→紫色→蓝色。

因 EBT 水溶液不稳定，易聚合，一般 EBT 与干燥固体 NaCl 以 1:100 比例相混，配成固体混合物使用。也可与乳化剂 OP(聚乙二醇辛基苯基醚)配成水溶液使用。

2. 钙指示剂(钙红，NN)

钙指示剂适宜的酸度为 pH=8~13，NN 水溶液在 pH<8 时为酒红色，在 pH 值为 8.0~13.7 时为蓝色，而在 pH 为 12~13 之间与 Ca^{2+} 形成酒红色的配合物。Ca^{2+}、Mg^{2+} 共存，在 pH>12 时，Mg^{2+} 生成 $Mg(OH)_2$ 沉淀，再加入钙指示剂，NN 作为测 Ca^{2+} 的指示剂，与 Ca^{2+} 形成红色配合物。Fe^{3+}、Al^{3+} 等对 NN 有封闭作用。NN 纯品固体很稳定，但水溶液和乙醇液中不稳定，一般取 NN 固体与干燥 NaCl 以 1:100 相混后使用。

3. 二甲酚橙(XO)

二甲酚橙适用的酸度为 pH<6，XO 自身显亮黄色，在 pH=5~6 时，与 Zn^{2+}、Pb^{2+}、Cd^{2+}、Hg^{2+}、Ti^{3+} 等形成红色配合物，Fe^{3+}、Al^{3+} 等对 XO 有封闭作用。

4. PAN

PAN 适用的酸度范围为 pH=2~12，自身显黄色，在适宜的酸度下与 Zn^{2+}、Cu^{2+}、Ni^{2+}、Pb^{2+}、Cd^{2+}、Mn^{2+}、Fe^{2+}、Th^{4+} 形成紫红色配合物。

5. 磺基水杨酸(ssal)

ssal 适用的酸度范围为 pH=1.5~2.5，自身无色，在此酸度范围内与 Fe^{3+} 形成紫红色配合物。

9.9.4　金属指示剂使用中存在的问题

1. 指示剂的封闭现象

如果某些金属离子与指示剂形成的配合物(MIn)比 M 与 EDTA 的配合物 MY 更稳定，显然此指示剂不能用作滴定该金属离子的指示剂。配位滴定体系中存在干扰离子，并能与金属指示剂形成稳定的配合物，即使 EDTA 加入过量，仍没有颜色变化，这种现象称为金属指示剂的封闭。可通过加入适当的掩蔽剂消除指示剂的封闭现象。例如在 pH = 10 时，以铬黑 T 为指示剂滴定 Ca^{2+}，Mg^{2+} 总量时，Al^{3+}、Fe^{3+}、Cu^{2+}、Co^{2+}、Ni^{2+} 会封闭铬黑 T，使得终点无法确定。这时就必须将它们分离或加入少量三乙醇胺(掩蔽 Al^{3+}、Fe^{3+})和 KCN (掩蔽 Ca^{2+}、Co^{2+}、Ni^{2+})以消除干扰。

2. 指示剂的僵化现象

有些指示剂本身或金属离子与指示剂形成的配合物 MIn 在水中的溶解度太小，使 EDTA 与 MIn 交换缓慢，终点拖长，这种现象称为指示剂的僵化。加入适当的有机溶剂或加热以增大其溶解度，从而加快反应速度，使终点变色明显。

3. 指示剂的氧化变质现象

金属指示剂大多为含有双键的有色化合物，易被日光，氧化剂，空气所分解，在水溶液中多不稳定，日久会变质。如铬黑 T 在 Mn^{IV}、Ce^{IV} 存在下，会很快被分解褪色。因此，滴定时金属指示剂常被配成固体混合物。

9.10　混合离子的滴定

在实际配位滴定中，通常有多种金属离子共存，而配位剂 EDTA 又能与很多金属离子配位，因此，在滴定某一金属离子时常到共存离子的干扰。如何在混合离子中提高配位滴定选择性是非常重要的问题。

9.10.1　控制酸度

假设溶液中存在两种金属离子 M、N，均可与 EDTA 形成配合物，并且 $K_f^{\theta'}(MY) > K_f^{\theta'}(NY)$，当用 EDTA 滴定时，若 $c(M) = c(N)$，M 首先被滴定。$K_f^{\theta'}(MY) \gg K_f^{\theta'}(NY)$，那么 M 被定量滴定后，EDTA 才与 N 配位，N 的存在并不干扰 M 的准确滴定。因此，$K_f^{\theta'}(MY)$ 和 $K_f^{\theta'}(NY)$ 相差越大，$c(M)$ 越大，$c(N)$ 越小，则在 N 存在下准确测定 M 的可能性就越大。对于有干扰离子存在的配位滴定，一般允许有不超过 0.5% 的相对误差，并且，肉眼判断终点颜色变化，配位滴定突跃至少应有 0.2 个 pM 单位，因此，M、N 共存时通过控制酸度准确滴定 M，必须同时满足：

$$\frac{c(M)K_f^{\theta'}(MY)}{c(N)K_f^{\theta'}(NY)} \geqslant 10^5 \tag{9-18}$$

和 $K_f^{\theta'}(MY) > 10^8$ 两个条件。

例 9-10 若有一个溶液中含 0.01000mol·L^{-1}的 Al^{3+}、Fe^{3+}，能否控制酸度，用 EDTA 选择滴定 Fe^{3+}？如何控制溶液酸度？

解： 查附录 8 可得：

$$\lg K_f^{\theta'}(FeY) = 25.1, \quad \lg K_f^{\theta'}(AlY) = 16.3$$

由于是在一个溶液中，EDTA 的酸效应是一定，在无其他副反应时，代入式(9-18)

$$\frac{c(Fe^{3+})K_f^{\theta'}(FeY^-)}{c(Al^{3+})K_f^{\theta'}(AlY^-)} = \frac{K_f^{\theta'}(FeY^-)}{K_f^{\theta'}(AlY^-)} = \frac{10^{25.1}}{10^{16.3}} = 10^{8.8} > 10^5$$

$$且 \quad K_f^{\theta'}(FeY) = 10^{25.1} > 10^8$$

因此，可以通过控制溶液酸度来选择滴定 Fe^{3+}，Al^{3+}不干扰。

测定 Fe^{3+}的酸度范围：由式(9-17)得，

$$\lg \alpha[Y(H)] \leqslant 25.1 - 8 = 17.1$$

查表 9-10 或酸效应曲线，可知 pH ≥ 1.2，故滴定时的最低 pH 值为 1.2。

$$c(OH^-) = \sqrt[3]{\frac{K_{sp}^{\theta}[Fe(OH)_3]}{c(Fe^{3+})}} = \sqrt[3]{\frac{2.64 \times 10^{-39}}{0.010}} = 6.41 \times 10^{-13}(mol \cdot L^{-1})$$

$$pOH = 12.2, \quad pH = 1.8$$

所以，在 pH = 1.2~1.8，用 0.01000mol·L^{-1}EDTA 滴定同浓度的 Fe^{3+}，Al^{3+}不被滴定。

如果待测溶液中存在两种以上的金属离子，要判断能否用控制溶液酸度的方法进行分别滴定，主要考虑配合物稳定常数最大的和与之最接近的那两种离子，依次两两考虑。在考虑滴定的适宜酸度范围还应兼顾所选指示剂的适宜酸度范围，如例题(9-10)中，利用控制酸度法测定 Fe^{3+}，磺基水杨酸(ssal)作指示剂，在 pH = 1.5~1.8，ssal 与 Fe^{3+}生成红色配合物，EDTA 在此酸度范围滴定 Fe^{3+}，终点颜色变化明显，Al^{3+}不干扰。测定 Fe^{3+}后，调节溶液 pH = 3，加入过量的 EDTA 并煮沸，保证 Al^{3+}与 EDTA 配位完全，再调节 pH 至 5~6，用 PAN 指示剂，Cu^{2+}标准溶液滴定过量的 EDTA，测出 Al^{3+}的含量。

9.10.2 掩蔽和解蔽

若被测金属离子与干扰离子的配合物稳定性相差不大，即不能满足式(8-8)，则不能利用控制酸度法进行选择测定。可以加入某种试剂，使干扰离子生成更为稳定的配合物，或发生氧化还原反应以改变干扰离子的价态，或生成微溶沉淀以消除干扰，这些方法称为掩蔽法(masking method)。加入的试剂称为掩蔽剂，按照所用反应类型不同，可分为：配位掩蔽法、沉淀掩蔽法和氧化还原掩蔽法，其中配位掩蔽法最常用。

1. 配位掩蔽法

采用配位剂(掩蔽剂，masking agent)与干扰离子生成稳定配合物，以消除干扰的方法叫做配位掩蔽法。配位掩蔽法是使用最广泛的掩蔽法。例如，用 EDTA 测定水中的 Ca^{2+}、Mg^{2+}时，Fe^{3+}、Al^{3+}等离子的存在对测定有干扰，可加入三乙醇胺(TEA)作为掩蔽剂，使 Fe^{3+}、Al^3 与 TEA 生成稳定配合物。可消除它们对 Ca^{2+}、Mg^{2+}测定的干扰。常用的无机掩蔽剂有 NaF，NaCN 等；有机掩蔽剂有柠檬酸、酒石酸、草酸、三乙醇胺、二巯基丙醇等。应用配位掩蔽法时，掩蔽剂必须具备的条件：①干扰离子与掩蔽剂形成配合物远比它与 EDTA 形成的配合物稳定性大，且其配合物应为无色或浅色，不影响终点判断；②掩蔽剂不与被测离子发生反应，即使反应生成的配合物，其稳定性应远低于被测离子与 EDTA 配合物，这样在滴定过程中 EDTA 可以置换掩蔽剂。③掩蔽剂与滴定允许的酸度范围一致。常用的掩蔽剂见附录 IX。

2. 沉淀掩蔽法

利用某一沉淀剂与干扰离子生成难溶性沉淀，以降低干扰离子浓度，在不分离沉淀的条件下直接滴定被测离子，这种消除干扰的方法称为沉淀掩蔽法。例如，在 Ca^{2+}、Mg^{2+} 共存的溶液中，加入 NaOH 溶液，使得溶液 pH>12。此时 Mg^{2+} 形成 $Mg(OH)_2$ 沉淀，而不干扰 Ca^{2+} 的滴定。沉淀掩蔽法并非一种理想的掩蔽方法，有以下局限性：①由于一些沉淀反应不够完全，特别是过饱和现象使沉淀效率不高，沉淀会吸附被测离子而影响测定的准确度；②若生成一些沉淀颜色深、体积大会妨碍终点观察。

3. 氧化还原掩蔽法

利用氧化还原反应，来改变干扰离子的价态，以消除干扰的方法叫做氧化还原掩蔽法。例如，$\lg K_f^{\theta'}(FeY^-) = 25.1$，$\lg K_f^{\theta'}(FeY^{2-}) = 14.33$，后者比前者稳定性差得多。在 pH=1 时滴定 Bi^{3+}，如有 Fe^{3+} 存在，就会干扰滴定。此时可用抗坏血酸或盐酸羟胺将 Fe^{3+} 还原为 Fe^{2+}，可消除 Fe^{3+} 的干扰。

4. 解蔽法

将干扰离子掩蔽以滴定被测离子后，再加入其它试剂，使被掩蔽的干扰离子从其掩蔽形式中释放出来，恢复其参与某一反应的能力。这种作用称为解蔽。所使用的试剂称为解蔽剂。例如 Zn^{2+}、Mg^{2+} 共存时，可在 pH=10 的缓冲溶液中加入 KCN，使 Zn^{2+} 形成 $[Zn(CN)_4]^{2-}$ 而被掩蔽。先用 EDTA 单独滴定 Mg^{2+}。然后在滴定过 Mg^{2+} 的溶液中加入甲醛溶液，以破坏 $[Zn(CN)_4]^{2-}$，使 Zn^{2+} 释放出来而解蔽。其反应为：

$$[Zn(CN)_4]^{2-}+4HCHO+4H_2O = Zn^{2+}+4HOCH_2CN+4OH^-$$

反应中释放出来的 Zn^{2+}，可用 EDTA 继续滴定。KCN 是 Zn^{2+} 的掩蔽剂，HCHO 是一种解蔽剂。

9.10.3　其他方法

如果用控制溶液酸度和使用掩蔽剂等方法都不能消除共存干扰离子的干扰，只能采取预先分离或加入其他配位剂。

1. 预先分离

根据干扰离子和被测离子的性质，选择合适的方法，预先将干扰离子分离出来。例如：磷矿石中一般含有 Fe^{3+}、Al^{3+}、Ca^{2+}、Mg^{2+}、PO_4^{3-}、F^-等，若用 EDTA 滴定金属离子，F^-有很大的干扰，F^-能与 Fe^{3+}、Al^{3+}形成稳定的配合物，酸度适宜条件下，F^-与 Ca^{2+}生成 CaF_2 沉淀。所以，测定前必须先加酸并加热，使 F^-形成 HF 而挥发除去。

2. 其它配位剂

配位滴定体系中，除了 EDTA 为最常用的配位剂外，还有许多其它配位剂也能与金属离子形成配合物，所以，选用不同的配位剂进行测定，可能会提高某些金属离子的选择性。如乙二胺四丙酸(EDTP)可以与大多数金属离子生成配合物，其稳定性与 EDTA 配合物相比差很多，但是，[Cu(EDTP)]$^{2-}$与[Cu(EDTA)]$^{2-}$稳定性相差不大，因此可用 EDTP 直接滴定 Cu^{2+}，Zn^{2+}、Cd^{2+}、Mg^{2+}、Mn^{2+}等都不干扰。

9.11 配位滴定的方式和应用

配位滴定方式主要有：直接滴定、返滴定、置换摘定、间接滴定等。应用不同的滴定方式，可以扩大配位滴定的应用范围，并提高滴定选择性。

9.11.1 配位滴定方式

1. 直接滴定

当金属离子与 EDTA 的反应满足滴定要求时就可以直接进行滴定，直接滴定法有方便、快速的优点，可能引入的误差也较少。这种方法是将分析溶液调节至所需酸度，加入其它必要的辅助试剂及指示剂，直接用 EDTA 进行滴定，然后根据消耗标准溶液的体积，计算试样中被测组分的含量。这是配位滴定中最基本的方法。

2. 返滴定法

当被测离子与 EDTA 反应缓慢，或者被测离子在滴定的 pH 值下会发生水解；或者被测离子对指示剂有封闭作用，又找不到合适的指示剂时，无法直接滴定，而应改用返滴定法。例如，用 EDTA 滴定 Al^{3+}时，由于 Al^{3+}与 Y^{4-}配位缓慢；在酸度较低时，Al^{3+}发生水解，使之与 EDTA 配位更慢，Al^{3+}又封闭指示剂，因此不能用直接法滴定。返滴定法测定 Al^{3+}时，先将过量的 EDTA 标准溶液加到酸性 Al^{3+}溶液中，调节 pH=3.5，并煮沸溶液使 Al^{3+}与 Y^{4-}的配位反应完全。然后冷却溶液，并调节 pH 值为 5~6，再加入二甲酚橙指示剂。过量的 EDTA 用 Zn^{2+}或 Cu^{2+}标准溶液进行返滴定至终点。

3. 置换摘定法

利用置换反应，用一种配位剂将被测离子与 EDTA 配合物中的 EDTA 置换出来，再用另一种金属离子的标准溶液滴定；或者利用被测离子将另一种金属离子配合物中的金属离子置换出来，再用 EDTA 标准溶液滴定。如：以金属离子 N 的配合物与被测试离子 M 发生置换反应。置换出的金属离子 N 用 EDTA 滴定。如下式所示：

$$M(不可测定)+NL \Longrightarrow ML+N(可测定)$$

例如，Ag^+ 与 Y^{4-} 的配合物稳定性较小，不能用 EDTA 直接滴定 Ag^+。若加过量的 $[Ni(CN)_4]^{2-}$ 于含 Ag^+ 的试液中，则：

$$2Ag^+ + [Ni(CN)_4]^2 \Longrightarrow 2[Ag(CN)_2]^- + Ni^{2+}$$

此置换反应进行得很完全，置换出的 Ni^{2+} 可用 EDTA 准确滴定。

4. 间接滴定法

不能与 EDTA 形成稳定配合物的物质，可以利用间接滴定法测定。若被测离子能定量地生成有固定组成的沉淀，而沉淀中另一种金属离子能用 EDTA 滴定，这样可通过滴定后者来间接求得检测离子的含量。例如：K^+ 不能与 EDTA 生成稳定的配合物，可将 K^+ 沉淀为 $K_2Na[Co(NO_2)_6] \cdot 6H_2O$，沉淀经过滤、洗涤、溶解后，用 EDTA 滴定 Co^{2+}，通过计算可求得 K^+ 的含量。又如 PO_4^{3-} 可沉淀为 $MgNH_4PO_4 \cdot 6H_2O$，沉淀经洗涤后溶解于 HCl，加过量的 EDTA 标准溶液，并调至碱性，用 Mg^{2+} 标准溶液返滴过量的 EDTA，间接求得 PO_4^{3-} 的含量。

9.11.2 配位滴定法应用实例

1. EDTA 标准溶液的配制和标定

常用的 EDTA 标准溶液浓度为 $0.01 \sim 0.05 mol \cdot L^{-1}$。经精制的乙二胺四乙酸二钠盐，可用直接法配制标准溶液。配好的标准溶液应当贮存在聚乙烯塑料瓶或硬质玻璃瓶中。若存储于软质玻璃瓶中，会不断溶解玻璃中的 Ca^{2+} 形成 CaY^{2-}，致使浓度不断降低。

由于精制过程较繁琐，而水和其他试剂中又常含有金属离子，降低滴定剂的浓度，故 EDTA 标准溶液常采用间接法配制。先配成近似所需的浓度，再用基准物质金属锌、ZnO、$CaCO_3$ 或 $MgSO_4 \cdot 7H_2O$ 等来标定它的浓度。最好用被测定金属或金属盐的基准物质来进行标定，这样使标定的条件与测定的条件尽可能接近，误差可以抵消，提高测定的准确度。

2. 水中钙镁的测定

(1) 水的硬度。含有钙，镁盐类的水称为硬水（hard water）。水的硬度通常分为总硬度和钙、镁硬度。总硬度（total hardness）指钙镁的总量，钙、镁硬度则分别是指钙、镁各自的含量。水的总硬度是将水中的钙、镁均折合为 CaO 或 $CaCO_3$ 计算的。水的硬度有两种表示方法，一种是将水样中的 Ca^{2+}、Mg^{2+} 含量均折合成 $CaCO_3$，每升水含 $CaCO_3$ 的质量（单位：mg）表示，即以质量浓度 ρ 表示。另一种则是将水样中的 Ca^{2+}、Mg^{2+} 含量均折合成 CaO，每升水含 10mg CaO 或十万份水中含一份 CaO，称为一个德国度（°d）。

EDTA 测定水样中钙、镁含量时，常用的方法是先测定钙、镁总量，再测定钙含量，由钙、镁总量和钙的含量，间接计算出镁的含量。

(2) 钙、镁总量的测定。取一定体积水样，调节 pH=10，加铬黑 T 指示剂（若溶液中共存使铬黑 T 封闭的其他金属离子，应预先加掩蔽剂消除其干扰），然后用 EDTA 滴定。铬黑 T 和 Y^{4-} 分别都能和 Ca^{2+}、Mg^{2+} 生成配合物。它们的稳定性顺序为

$$CaY^{2-} > MgY^{2-} > MgIn^- > CaIn^-$$

因此，铬黑 T 首先与被测试液中 Mg^{2+} 结合生成酒红色的 $MgIn^-$ 配合物。滴入 EDTA 时，先与被测试液中游离 Ca^{2+} 配位，其次与游离 Mg^{2+} 配位。最后 EDTA 夺取 $MgIn^-$ 中的 Mg^{2+} 而游离出 EBT，溶液由红经紫到蓝色，指示终点到达。假设消耗的 EDTA 的体积为 V_1。则水样的总硬度为：

$$水的总硬度(°d) = \frac{c(EDTA) \cdot V_1 \cdot M(CaO)}{V(水样) \times 10}$$

（3）钙含量的测定。取同样体积的水样，用 NaOH 溶液调节到 pH = 12，此时 Mg^{2+} 以 $Mg(OH)_2$ 沉淀析出，不干扰 Ca^{2+} 的测定。再加入钙指示剂，此时被测试液中 Ca^{2+} 与钙指示剂生成红色配合物，溶液呈红色。再滴入 EDTA，它先与游离 Ca^{2+} 配位，在化学计量点时夺取与钙指示剂配位的 Ca^{2+}，游离出钙指示剂，溶液转变为蓝色，指示终点到达。从消耗标准溶液的体积和浓度计算 Ca^{2+} 的含量，假设滴定中消耗 EDTA 的体积为 V_2。则水样中 Ca^{2+}、Mg^{2+} 含量分别为：

$$\rho(Ca) = \frac{c(EDTA) \cdot V_2 \cdot M(Ca)}{V(水样)}$$

$$\rho(Mg) = \frac{c(EDTA) \cdot (V_1 - V_2) \cdot M(Mg)}{V(水样)}$$

3. 硫酸盐的测定

SO_4^{2-} 为非金属离子，不能与 EDTA 直接配位，不可以配位测定。但是可以利用过量的 $BaCl_2$ 标准溶液使 SO_4^{2-} 生成 $BaSO_4$，再用 EDTA 滴定剩余的 Ba^{2+}，以返滴定方式间接测定 SO_4^{2-} 含量。

$$w(SO_4^{2-}) = \frac{[c(BaCl_2)V(BaCl_2) - c(EDTA)V(EDTA)]M(SO_4^{2-})}{m(样品)}$$

阅读材料

绿 色 化 学

绿色化学是用化学的技术、原理和方法去消除对人体健康、安全和生态环境有毒有害的化学品，因此也称环境友好化学、环境无害化学、清洁或洁净化学。绿色化学涉及化学、物理、生物、材料等学科的最新理论和技术，是具有明确的社会需求和科学目标的交叉学科。绿色化学的最大特点是在始端就采用预防污染的科学手段，因而过程和终端均为零排放或零污染。世界上很多国家已把"化学的绿色化"作为 21 世纪化学进展的主要方向之一。

绿色化学的核心内容之一是"原子经济性"，即充分利用反应物中的各个原子，

因而既能充分利用资源，又能防止污染。1991 年美国著名有机化学家 Trost 提出的原子经济性的概念：原料分子中究竟有百分之几的原子转化成了产物。理想的原子经济反应是原料分子中的原子百分之百地转变成产物，不产生副产物或废物。即用原子利用率衡量反应的原子经济性。绿色有机合成选择原子经济性的反应非常重要，高效的有机合成应最大限度地利用原料分子的每一个原子，使之结合到目标分子中，达到废物的零排放。原子利用率越高，反应产生的废弃物越少，对环境造成的污染也越少。

绿色化学的核心内容之二，包括：(1)减量(Reduction)，即减少"三废"排放；(2)重复使用(Reuse)，例如化学工业过程中的催化剂、载体等，这是降低成本和减废的需要；(3)回收(Recycling)，可以有效实现"省资源、少污染、减成本"的要求；(4)再生(Regeneration)，即变废为宝，节省资源、能源、减少污染的有效途径；(5)拒用(Rejection)，指对一些无法替代，又无法回收、再生和重复使用的，有毒副作用及污染作用明显的原料，拒绝在化学过程中使用，这是杜绝污染的最根本方法。

绿色化学不但有重大的社会、环境和经济效益，而且证明化学的负面作用是可以避免的，显现了人的能动性。绿色化学体现了化学科学、技术与社会的相互联系和相互作用，是化学科学高度发展以及社会对化学科学发展的作用的产物，对化学本身而言是一个新阶段的到来。

早在 2005 年 8 月时任浙江省委书记习近平同志于在浙江湖州安吉考察时，就提出的科学论断："绿水青山就是金山银山"。2017 年 10 月 18 日，习近平同志在十九大报告中指出，坚持人与自然和谐共生。必须树立和践行绿水青山就是金山银山的理念，坚持节约资源和保护环境的基本国策，像对待生命一样对待生态环境，统筹山水林田湖草系统治理，实行最严格的生态环境保护制度，形成绿色发展方式和生活方式，坚定走生产发展、生活富裕、生态良好的文明发展道路，建设美丽中国，为人民创造良好生产生活环境，为全球生态安全作出贡献。习近平同志的"两山"重要论述，充分体现了马克思主义的辩证观点，系统剖析了经济与生态在演进过程中的相互关系，深刻揭示了经济社会发展的基本规律。

作为 21 世纪的一代，不仅要了解、接受绿色化学，有能力去发展新的、对环境更友好的化学，以防止化学污染；更要致力为绿色化学发展作出应有的贡献。

习　题

9-1　配合物的组成有何特征？举例说明。

9-2　举例说明下列术语的含义：(1)配体与配位原子；(2)单基配体与多基配体；(3)配位数与配位比。

9-3　选择题：

(1)某配合物的实验式为：$NiCl_2 \cdot 5H_2O$，向其水溶液中加入过量 $AgNO_3$ 时，1mol 该配合物能生成 1mol 的 AgCl，此配合物的内界是(　　)。

A. $[Ni(H_2O)_4Cl_2]$　　　　　　B. $[Ni(H_2O)_2Cl_2]$

C. $[Ni(H_2O)_5Cl]^+$　　　　　　D. $[Ni(H_2O)_4]^{2+}$

(2)下列物质中可以作为配体的是(　　)。

　　A. CH_4　　　　　B. NH_3　　　　　C. H_3O^+　　　　　D. NH_4^+

(3)Fe^{3+}形成配位数为 6 的外轨型配合物，Fe^{3+}接受孤对电子的空轨道是(　　)。

　　A. sd^5　　　　　B. p^3d^3　　　　　C. d^2sp^3　　　　　D. sp^3d^2

(4)实验测得$[Co(NH_3)_6]^{3+}$ 的μ =0B. M，Co^{3+}的杂化类型为(　　)。

　　A. sp^3　　　　　B. d^2sp^3　　　　　C. dsp^2　　　　　D. sp^3d^2

(5)下列物质中，能作螯合配体的是(　　)。

　　A. $H_2N-CH_2-CH_2-NH_2$　　　　　　B. $(CH_3)_2N-NH_2$

　　C. H_2N-NH_2　　　　　　　　　　　D. $HO-OH$

(6)向含有$[Ag(NH_3)_2]^+$配离子的溶液中分别加入以下哪种物质时，平衡不向$[Ag(NH_3)_2]^+$离解的方向移动(　　)。

　　A. KI　　　　　B. Na_2S　　　　　C. $NH_3 \cdot H_2O$　　　　　D. 稀 HNO_3

9-4　命名下列配位化合物，并指出形成体、配体、配位原子、配位数、配离子的电荷。

(1) $Na_3[AlF_6]$　(2) $[Pt(NH_3)_2Cl_2]$　(3) $[Ni(en)_3]Cl_2$　(4) $K_2[Co(NCS)_4]$

(5) $[CoCl_2(NH_3)_3(H_2O)]Cl$　(6) $[HgI_4]^{2-}$　(7) $K_2[Zn(OH)_4]$　(8) $[Cr(CO)_6]$

9-5　指出下列每组配合物属于哪种异构现象。

(1) $[Co(SO_4)(NH_3)_5]Br$ 和$[CoBr(NH_3)_5]SO_4$

(2) $[Cu(NH_3)_4][PtCl_4]$和$[Pt(NH_3)_4][CuCl_4]$

(3) $[Cr(SCN)(H_2O)_5]^{2+}$ 和$[Cr(NSC)(H_2O)_5]^{2+}$

(4) $[CoCl(H_2O)(NH_3)_4]Cl_2$ 和$[CoCl_2(NH_3)_4]Cl \cdot H_2O$

(5)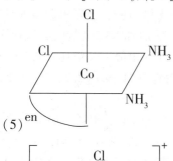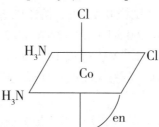

(6)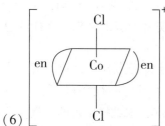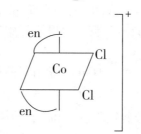

9-6　根据价键理论说明下列配离子的成键轨道类型和空间结构。

(1) $[Ag(NH_3)_2]^+$($\mu=0$B. M.)　(2) $[Ni(CN)_4]^{2-}$($\mu=0$B. M.)

(3) $[Ni(H_2O)_6]^{2+}$($\mu=2.8$B. M.)　(4) $[Fe(CN)_6]^{3-}$($\mu=1.73$B. M.)

9-7　EDTA 与金属离子配位的特点有哪些?

9-8　解释下列名词:(1)螯合物与螯合剂;(2)螯合效应;(3)酸效应

9-9　将 $0.10mol \cdot L^{-1} ZnCl_2$ 溶液与 $1.0mol \cdot L^{-1} NH_3$ 溶液等体积混合,求此溶液中 $[Zn(NH_3)_4]^{2+}$、Zn^{2+} 和 NH_3 的浓度?

9-10　分别计算(1)在 $0.10mol \cdot L^{-1} [Ag(NH_3)_2]^+$ 溶液中,含有浓度为 $1.0mol \cdot L^{-1}$ 的过量氨水,Ag^+ 离子的浓度等于多少?(2)在 $0.10mol \cdot L^{-1} [Ag(CN)_2]^-$ 溶液中,含有 $1.0mol \cdot L^{-1}$ 的过量 KCN,Ag^+ 离子的浓度又等于多少?从计算结果可得出什么结论?

9-11　某混合溶液中含有 $0.10mol \cdot L^{-1} NH_3$、$0.01mol \cdot L^{-1} NH_4Cl$ 和 $0.15mol \cdot L^{-1} [Cu(NH_3)_4]^{2+}$,溶液中是否有 $Cu(OH)_2$ 生成?

9-12　解释说明配位滴定为什么要控制在一定的 pH 条件下进行?

9-13　用 EDTA 滴定 $0.010mol \cdot L^{-1}$ 金属离子时,配合物的条件稳定常数应满足＿＿＿＿才可以准确滴定。

9-14　pH=5.0 的溶液中 Mg^{2+} 的浓度为 $0.010mol \cdot L^{-1}$ 时,能否用同浓度的 EDTA 滴定 Mg^{2+}?在 pH=10 时,情况如何?

9-15　某试液中含 $0.01000mol \cdot L^{-1} Co^{2+}$,若用同浓度的 EDTA 标准溶液进行滴定。计算滴定 Co^{2+} 适宜的酸度范围?

9-16　用配位滴定法测定某试液中的 Fe^{3+} 和 Al^{3+}。取 $50.00mL$ 试液,调节 pH=2.0,以磺基水杨酸作指示剂,加热后用 $0.04852mol \cdot L^{-1}$ 的 EDTA 标准溶液滴定到紫红色恰好消失,用去 $20.45mL$。在滴定完 Fe^{3+} 的溶液中加入上述的 EDTA 标准溶液 $50.00mL$,煮沸片刻,使 Al^{3+} 和 EDTA 充分反应后,冷却,调节 pH 值为 5.0,以二甲酚橙作指示剂,用 $0.05069mol \cdot L^{-1}$ 的 Zn^{2+} 标准溶液返滴定过量的 EDTA,用去 $14.96mL$,问:试样中 Fe^{3+} 和 Al^{3+} 的含量分别是多少 $g \cdot L^{-1}$?

9-17　称取某含铅锌镁试样 $0.4080g$,溶于酸后,加入酒石酸,用氨水调至碱性,加入 KCN,滴定时耗去 $0.02060mol \cdot L^{-1}$ EDTA $42.20mL$。然后加入二巯基丙醇置换 PbY,再滴定时耗去 $0.00765mol \cdot L^{-1} Mg^{2+}$ 标液 $19.30mL$。最后加入甲醛,又消耗 $0.02060mol \cdot L^{-1}$ EDTA $28.60mL$。计算试样中铅、镁、锌的质量分数。($M_{Pb}=207.2$,$M_{Mg}=24.31$,$M_{Zn}=65.38$)

9-18　取 $100.0mL$ 某水样,用铬黑 T 作指示剂,在 pH=10 时,消耗 $0.01000mol \cdot L^{-1}$ EDTA $18.90mL$,同一水样 $100.0mL$,调节 pH=12 时,以钙指示剂,滴定消耗 $0.01000mol \cdot L^{-1}$ EDTA $12.62mL$,问:每升水样中含钙、镁离子多少毫克?水样的总硬度是几个德国度?

9-19　称取某一含硫试样 $0.4110g$,溶解后使所有的硫转变为 SO_4^{2-},在此溶液中加入 $0.05000mol \cdot L^{-1} BaCl_2$ 溶液 $25.00mL$,沉淀完全后,在适当的酸度条件下,用浓度为 $0.02000mol \cdot L^{-1}$ EDTA 溶液滴定剩余的 Ba^{2+},消耗 $28.30mL$,求试样中硫的含量。

第10章　吸光光度法

吸光光度法(spectrophotometry)是基于物质对光的选择性吸收而建立起来的仪器分析方法。根据物质对不同波长范围的光吸收，可分为可见光吸光光度法、紫外吸光光度法及红外光谱法等。

10.1　概述

10.1.1　光的基本性质

光是一种电磁波，具有波粒二象性，及波动性和粒子性。波动性表现为光的折射、反射、衍射、干涉等现象；粒子性表现为光电效应、光的吸收和发射等现象。

描述波动性的重要参数是光的波长 λ(m)，频率(ν)，它们与光速 c 的关系为

$$\lambda = \frac{c}{\nu} \tag{10-1}$$

式中：c 为光速，$c=2.9979\times10^8\text{m}\cdot\text{s}^{-1}$。

光的粒子性即把光看成带有能量的粒子流，这种粒子称为光子。光子的能量决定于光的频率。

$$E = h\nu = h\frac{c}{\lambda} \tag{10-2}$$

式中 E 为光子的能量(J)，h 为普朗克常量，$h=6.626\times10^{-34}\text{J}\cdot\text{s}$。

从式(10-2)可知，光子的能量与波长成反比，波长短的光能量大，波长较长的光能量小。按照不同波长或频率进行排列，可得表10-1所示的电磁波谱。

表 10-1　　　　　　　　　　　　　　　　电磁波谱

区域	频率/Hz	波长	跃迁类型	光谱类型
X 射线	$10^{20}\sim10^{16}$	$10^{-3}\sim10\text{nm}$	内层电子跃迁	X 射线吸收、发射、衍射，荧光光谱、光电子能谱
远紫外	$10^{16}\sim10^{15}$	$10\sim200\text{nm}$	价电子和非键电子跃迁	远紫外吸收光谱，光电子能谱
紫外	$10^{15}\sim7.5\times10^{14}$	$200\sim400\text{nm}$	价电子和非键电子跃迁	紫外-可见吸收和发射光谱
可见	$7.5\times10^{14}\sim4.0\times10^{14}$	$400\sim760\text{nm}$	价电子和非键电子跃迁	紫外-可见吸收和发射光谱

续表

区域	频率/Hz	波长	跃迁类型	光谱类型
近红外	4.0×10^{14}~1.2×10^{14}	0.76~$2.5\mu m$	分子振动	近红外吸收光谱
红外	1.2×10^{14}~10^{11}	2.5~$1000\mu m$	分子振动	红外吸收光谱
微波	10^{11}~10^{8}	0.1~$100cm$	分子转动、电子自旋	微波光谱，电子顺磁共振

10.1.2　物质对光的选择性吸收

　　人眼所能感觉到的光称为可见光，其波长范围为 400~760nm。白光（日光、白炽灯光）是由红、橙、黄、绿、青、蓝、紫七种不同颜色（即不同波长）的光按一定强度比例混合而成，称为复合光。与复合光相对而言，将具有同一波长的光称为单色光。不仅七种单色光可以混合成白光，将两种颜色的光按适当的强度比混合可成白光，则这两种光称为互补色光。如图 10-1 所示，图中处于对角线的两种单色光为互补色光。例如红色光和青色光互补，橙色光和青蓝色光互补等。

　　一种物质呈现何种颜色与入射光的组成和物质本身的结构有关，而溶液呈现不同的颜色是由于溶液中的吸光质点（离子或分子）选择性吸收某种颜色的光引起的。例如，白光通过 NaCl 溶液时，全部透过，则 NaCl 溶液无色透明，而当一束白光通过 $CuSO_4$ 溶液时，该溶液选择性的吸收了黄光，而将其它的色光两两互补成白光而通过，只剩下蓝色光未被互补，所以 $CuSO_4$ 溶液呈蓝色，同样，$KMnO_4$ 溶液吸收绿色光而呈现紫红色。

图 10-1　互补色光与波长(nm)范围示意图

10.1.3　吸收曲线

　　任何一种溶液对不同波长的光的吸收程度是不相等的。若将不同波长的单色光依次通过某固定浓度的溶液，测量该溶液对不同波长单色光的吸收程度，即吸光度 A。以波长 λ 为横坐标，相应吸光度 A 为纵坐标作图，得到一条曲线，称为 A-λ 吸收曲线（absorption curve）。图 10-2 是四种不同浓度 $KMnO_4$ 水溶液的吸收曲线。

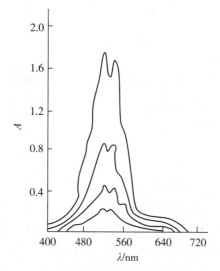

图 10-2 不同浓度的 $KMnO_4$ 溶液的吸收曲线

从图 10-2 可以看出：

（1）$KMnO_4$ 溶液对不同波长的光吸收程度不同。对波长 525nm 的绿光吸收最多，有一吸收高峰，对红光和紫光吸收较弱。吸光度最大的波长称为最大吸收波长，用 λ_{max} 表示。

（2）不同浓度的 $KMnO_4$ 溶液，吸收曲线形状相似，λ_{max} 不变，说明物质的吸收曲线是一种特征曲线，据此可作为物质定性分析的依据。

（3）在同一波长处的吸光度随浓度的增加而增大，这个特性可作为物质定量分析的依据。

（4）在最大波长附近，吸光度测量的灵敏度最高，因此，吸收曲线是吸光光度法中选择测量波长的主要依据。

10.1.4 吸光光度法的特点

1. 灵敏度高

吸光光度法适用于微量组分的测定，一般测定下限可达 $10^{-5} \sim 10^{-6} mol \cdot L^{-1}$，具有较高的灵敏度。

2. 准确度较高

吸光光度法的相对误差为 2%～5%，若采用精密的分光光度计测量，相对误差为 1%～2%。虽然相对误差比重量分析法和滴定分析法大，但对微量组分的测定可完全满足要求。

3. 简便、快速

吸光光度法所用的仪器——分光光度计，操作简便，快速，价格低廉。近年来，新的灵敏度高，选择性好的显色剂和掩蔽剂不断出现，常可不经分离而直接进行单组分或多组分的测定。

4. 应用领域广泛

几乎所有的金属元素以及一些非金属元素和有机物都可直接或间接的用吸光光度法进行测定。此外，该方法还是进行配合物化学平衡、动力学研究的工具。

10.2　光吸收定律

10.2.1　透光度与吸光度

当一束平行单色光垂直照射均匀的有色溶液时，光的一部分被吸收，一部分透过溶液，一部分被器皿表面反射。如图 10-3 所示，设入射光强为 I_0，吸收光强度为 I_a，透射光强度为 I，反射光强度为 I_r，则它们的关系为：

$$I_0 = I + I_a + I_r \tag{10-3}$$

在用分光光度法实际测定中，通常将空白溶液和试液分别置于同样质料及厚度的洗手池中，故反射光强度一致，可以相互抵消。式(10-3)可简化为

$$I_0 = I + I_a \tag{10-4}$$

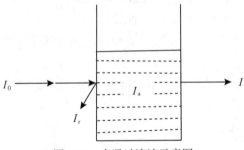

图 10-3　光通过溶液示意图

当 I_0 一定时，I_a 越大，I 就越小，即对光的吸收越大，透光度越小。透光度用 T 表示，也称为透射比(transmissivity)。

$$T = \frac{I}{I_0} \tag{10-5}$$

溶液对光的吸收还可用吸光度(absorbance) A 表示：

$$A = -\lg T = \lg \frac{I_0}{I} \tag{10-6}$$

10.2.2　光吸收定律——朗伯-比尔定律

吸光光度法定量分析的理论依据为朗伯-比尔定律(Lambert-Beer)，是有由朗伯(Lambert)和比尔(Beer)分别于 1760 年和 1852 年提出的，用来说明物质的吸光度与溶液

的浓度及液层厚度间的定量关系。

1. 朗伯-比尔定律

当一束强度为 I_0 的平行单色光垂直照射液层厚度为 b，浓度为 c 的均匀有色溶液时，透射光强度为 I。假设将液层厚度 b 分无限小的相等薄层，每一薄层厚度为 $\mathrm{d}x$。设照射在薄层上的光强度为 I_b，通过薄层后光强度减弱为 $-\mathrm{d}I_b$。根据光学理论，$-\mathrm{d}I_b$ 与入射光强度 I_b、溶液浓度 c 及薄层厚度 $\mathrm{d}x$ 成正比，即

$$-\mathrm{d}I_b = kI_b c\mathrm{d}x \tag{10-7}$$

式中 k 为比例常数，重排上式并积分得

$$-\frac{\mathrm{d}I_b}{I_b} = kc\mathrm{d}x \tag{10-8}$$

$$-\int_{I_0}^{I} \frac{\mathrm{d}I_b}{I_b} = \int_0^b kc\mathrm{d}x \tag{10-9}$$

$$-\ln\frac{I}{I_0} = kbc \tag{10-10}$$

将自然对数转化为常用对数，比例系数转换为 K，则上式变为

$$-\lg\frac{I}{I_0} = Kbc \tag{10-11}$$

由式(11-6)，即

$$A = Kbc \tag{10-12}$$

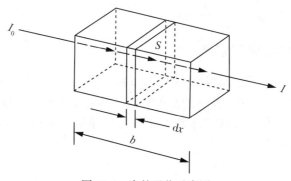

图 10-4　光的吸收示意图

式(10-12)为朗伯-比尔定律的数学表达式，它表明：当一束平行单色光通过某有色溶液时，溶液的吸光度 A 与液层厚度 b 和溶液浓度 c 的乘积成正比。

2. 吸光系数和摩尔吸光系数

式(10-12)中 K 为比例常数，与入射光波长、溶液中吸光物质的本性及溶液的温度有关，并随浓度 c 所用单位不同而不同。

当浓度 c 以 $\mathrm{g}\cdot\mathrm{L}^{-1}$、液层厚度 b 用 cm 为单位时，常数 K 用 a 表示，称为吸光系数

（absorption coefficient），单位为 $L \cdot g^{-1} \cdot cm^{-1}$。此时朗伯-比尔定律表示为

$$A = abc \qquad (10\text{-}13)$$

当浓度 c 以 $mol \cdot L^{-1}$、液层厚度 b 用 cm 为单位时，常数 K 用 ε 表示，称为摩尔吸光系数（molar absorptivity），单位为 $L \cdot mol^{-1} \cdot cm^{-1}$。此时朗伯-比尔定律表示为

$$A = \varepsilon bc \qquad (10\text{-}14)$$

a 与 ε 的关系可用下式计算：

$$\varepsilon = aM \qquad (10\text{-}15)$$

式中：M 为所测物质的摩尔质量。

吸光系数 a 和摩尔吸光系数 ε 都是吸光物质在特定条件下的特征常数，ε 比 a 应用更为普遍。ε 值越大，表示吸光物质对此波长光的吸收程度越大，显色反应越灵敏。通常所说的某物质的摩尔吸光系数是指该物质最大吸收波长处的摩尔吸光系数。值为 $10^4 \sim 10^5 L \cdot mol^{-1} \cdot cm^{-1}$ 时的显色反应，通常认为是高灵敏的显色反应。

例 10-1　一含 Fe^{2+} 溶液，浓度为 $10\mu g \cdot ml^{-1}$，用邻二氮菲显色后，用厚度为 2cm 的吸收池，在波长 508nm 处测得吸光度 A 为 0.380，计算（1）吸光系数 a，（2）摩尔吸光系数 ε。

解：（1）
$$A = abc$$

$$a = \frac{A}{bc} = \frac{0.380}{2 \times 1.0 \times 10^{-3}} = 19 L \cdot g^{-1} \cdot cm^{-1}$$

（2）
$$c = \frac{1.0 \times 10^{-3}}{55.85} = 1.79 \times 10^{-5} mol \cdot L^{-1}$$

$$A = \varepsilon bc$$

$$\varepsilon = \frac{A}{bc} = \frac{0.380}{2 \times 1.79 \times 10^{-5}} = 1.06 \times 10^4 L \cdot mol^{-1} \cdot cm^{-1}$$

10.2.3　朗伯-比尔定律的偏离

根据朗伯-比尔定律，比色皿厚度不变时，$A = \varepsilon bc = K'c$，以吸光度 A 为纵坐标，浓度 c 为横坐标作图时，应得到一条过坐标原点的直线，称为标准曲线。但在实际工作中，特别是浓度较高时，吸光度与浓度的关系常发生偏离，即偏离朗伯-比尔定律，如图 10-5 所示。偏离的主要原因如下：

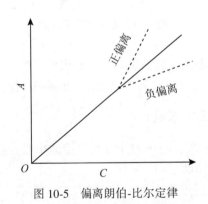

图 10-5　偏离朗伯-比尔定律

1. 非单色光引起的偏离

朗伯-比尔定律只适应于单色光，实际上仪器提供的入射光是具有一定波长范围的复合光，由于吸光物质对不同波长的光吸收程度不同，就会引起发生朗伯-比尔定律得偏离。

2. 介质不均匀引起的偏离

朗伯-比尔定律只适用于均匀溶液。若被测溶液不均匀，如为胶体溶液、乳浊液或悬浮液，入射光除了部分被吸收外，还有一部分因散射损失，使透光度减小，实测吸光度增加，导致偏离朗伯-比尔定律。

3. 化学因素引起的偏离

溶液中的吸光物质常因解离、缔合、互变异构等反应，改变吸光物质的浓度，导致偏离朗伯-比尔定律。

例如在 350nm 波长处测量一定浓度 $K_2Cr_2O_7$ 溶液的吸光度时，溶液中存在如下平衡关系：

$$\underset{\text{橙色}}{Cr_2O_7^{2-}} + H_2O \Longleftrightarrow 2HCrO_4^- \Longleftrightarrow 2H^+ + \underset{\text{黄色}}{2CrO_4^{2-}}$$

溶液中 $Cr_2O_7^{2-}$ 及 CrO_4^{2-}(或 $HCrO_4^-$)的相对浓度与溶液的稀释程度及酸度有关，一旦条件改变，上述平衡发生移动，偏离朗伯-比尔定律。

10.3 显色反应和显色条件的选择

利用吸光光度法进行定量分析时，要求被测物质能够吸收某种波长的单色光，即有色物质才能直接测定。对于没有颜色或颜色很浅的待测组分，需要首先将其转变为有色物质，然后再进行测定。将待测组分转变为有色化合物的反应称为显色反应。与待测组分形成有色化合物的试剂称为显色剂。在分析工作中，选择合适的显色反应，严格控制显色反应条件，是提高分析灵敏度、准确度和重现性的前提。

10.3.1 显色反应的要求

显色反应一般有两大类，即配位反应和氧化还原反应，其中配位反应是主要的显色反应。同一被测组分可与许多显色剂反应生成不同的有色物质，但不一定都能用于吸光光度测定。应用于光度分析的显色反应必须符合下列要求：

(1)灵敏度高。灵敏度高的显色反应有利于微量组分的测定。显色反应灵敏度的高低可从摩尔吸光系数 ε 值的大小判断。一般要求 ε 值为 $10^4 \sim 10^5$。但灵敏度高的显色反应选择性不一定好，选择显色反应时应综合考虑。

(2)选择性好。选择性好是指显色剂只与一组分或少数几个组分发生显色反应。仅与某一组分发生显色反应的显色剂称为特效(或专属)显色剂。这种显色剂实际上不存在，因此根据实际情况，选用干扰较少或干扰易消除的显色剂。

　　(3)有色化合物组成恒定，稳定性好。至少保证测量过程中吸光度基本不变，否则影响吸光度测定的准确性及重现性。

　　(4)形成的有色物质与显色剂之间的颜色差别要足够大。一般要求有色物质(MR)的最大吸收波长与显色剂(R)的最大吸收波长之差在 60nm 以上，即

$$\Delta\lambda = \left| \lambda_{\max}^{MR} - \lambda_{\max}^{R} \right| > 60\text{nm}$$

式中：$\Delta\lambda$ 称为对比度。

10.3.2　显色反应的选择

　　用吸光光度法测定物质的含量，要求严格控制显色反应条件，才能得到可靠的数据和准确的分析结果。主要的显色反应条件如下：

1. 显色剂的用量

显色反应一般可表示如下：

$$M \qquad + \qquad R \qquad \Longrightarrow \qquad MR$$
　　被测组分　　　　显色剂　　　　　　有色化合物

　　通常为了确保显色反应进行完全，需加入过量显色剂，但显色剂用量不是越多越好。对于有些显色反应，加入太多显色剂，反而会引起副反应，对测定不利。显色剂的适宜用量一般是通过实验来确定的。其方法是固定待测组分的浓度及其它条件，加入不同量的显色剂分别测定其吸光度，绘制 A–$c(R)$ 关系曲线。曲线一般有三种情况，如图 10-6 所示。

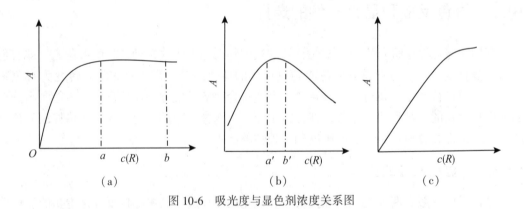

图 10-6　吸光度与显色剂浓度关系图

　　曲线(a)最常见，开始随着显色剂浓度才 $c(R)$ 增加，吸光度不断增大。当 $c(R)$ 达到某一数值时，吸光度趋于稳定，出现 ab 平坦部分，说明 $c(R)$ 已足够，可在 ab 之间选择合适的显色剂用量。

　　曲线(b)与(a)不同的是曲线的平坦区域较窄，只有在 a' 和 b' 这一段较窄范围内，吸光度 A 才较稳定。当 $c(R)$ 继续增大时，吸光度反而下降。例如，硫氰酸盐与钼(V)反应

$$\left[Mo(SCN)_3 \right]^{2+} \Longrightarrow Mo(SCN)_5 \Longrightarrow \left[Mo(SCN)_6 \right]^{-}$$
　　　　浅红　　　　　　　　　　橙红　　　　　　　　　浅红

显色反应测得的是 $Mo(SCN)_5$ 的吸光度，如果 SCN^- 浓度过高，生成浅红色的 $[Mo(SCN)_6]^-$，吸光度反而降低。

曲线(c)与(a)、(b)完全不同，当 $c(R)$ 增加时，吸光度也不断增加。例如，SCN^- 测定 Fe^{3+}，随着 SCN^- 浓度的增大，生成配位数逐渐增大的配合物 $[Fe(CNS)n]^{3-n}$（$n=1$，2，……，6），其颜色由橙色变为逐渐加深的血红色。这种情况应严格控制显色剂用量，才能得到准确的结果。

2. 酸度

酸度对显色反应的影响是多方面的。由于大多数显色剂都是有机弱酸或弱碱，因此，溶液酸度的改变直接影响显色剂的离解平衡，从而影响显色反应的完全程度。另外，有些显色剂本身在不同的酸度条件下，呈现不同的颜色。例如，二甲酚橙(XO)在 pH>6.3 时呈红色，pH<6.3 时呈黄色，而它与金属离子形成的配合物呈红色，因此它只适用于 pH<6 的酸性溶液。

多数金属离子在酸度降低时会发生水解，形成各种型体的羟基配合物，甚至析出沉淀，不利于显色反应的进行，故溶液酸度不能太低。

溶液的酸度改变有时还会影响显色反应产物的组成和颜色。例如，Fe^{3+} 与磺基水杨酸（H_2SSal）的显色反应

pH=1.8~2.5	$[Fe(SSal)]^+$	紫红色
pH=4~7	$[Fe(SSal)_2]^-$	橙黄色
pH=8~10	$[Fe(SSal)_3]^{3-}$	黄色
pH>12	$Fe(OH)_3$	沉淀

酸度对显色反应影响很大，显色反应最适宜的酸度范围应通过实验来确定。

3. 温度

显色反应一般在室温下进行，但有些反应需要加热到一定温度才能完成，还有些有色物质高温时易分解，因此可绘制吸光度与温度的关系曲线来选择适宜的温度。

4. 显色时间

显色反应有的可瞬间迅速完成，有的则要放置一段时间才能反应完全。有些有色物质放置一段时间，会因空气的氧化、光照、试剂的分解或挥发等因素，颜色逐渐褪去。因此显色时间也要通过实验得到吸光度与时间的关系曲线进行选择。

10.3.3　显色剂

显色剂可分为无机显色剂和有机显色剂两类。无机显色剂因与待测金属离子形成的有色配合物不够稳定，且选择性和灵敏度也不高，因此在分光光度分析中应用不多。在分光光度分析中应用最多的是有机显色剂，大多数有机显色剂能与金属离子形成稳定的有特征颜色的螯合物，灵敏度较高，选择性较好。

有机显色剂大都是含有生色团和助色团的化合物。有机化合物分子中的不饱和基团，

能吸收波长 > 200nm 的光，这种基团称为生色团。如偶氮基（—N＝N—）、羰基

（ $\diagdown\!\!\diagup C{=}O$ ）、硝基（ —N $\diagup^{O}_{\diagdown O}$ ）、亚硝基（O—N＝O）、对醌基（ $O{=}\langle\bigcirc\rangle{=}O$ ）等。含

有生色基团的有机化合物往往有颜色。某些含有孤对电子的基团，能与生色团上的不饱和
键相互作用，影响这些有机化合物对光的吸收，使其颜色加深，这些基团称为助色团。如
氨基（—NH_2，RNH—或 R_2N—）、羟基（—OH）及卤代基（—F，—Cl，—Br）等。

10.4　分光光度计

分光光度计的种类和型号很多，但它们的基本结构都是由五个部分组成，即光源、单
色器、吸收池、检测器和信号处理及显示系统等，其组成框图如图 10-7 所示。

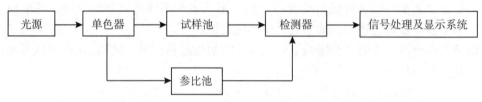

图 10-7　可见分光光度计的基本结构框图

由光源发出的连续光，经单色器分光后获得一定波长的单色光，照射到试样溶液上，部分
被吸收，透射的光则照在检测器上并被转换为电信号，并经信号指示系统调制放大后，显
示出吸光度 A 或透射比 T，从而完成测定。

（1）光源。要求能发出在使用波长范围内具有足够强度的连续辐射光，并在一定时间
内保持稳定。可见分光光度计使用钨灯（或卤钨灯）作光源。

（2）单色器。作用是把光源发出的连续光分解为按波长顺序排列的单色光，并能通过
出射狭缝分离出所需波长的单色光。单色器主要由狭缝、色散元件和透镜组成，其关键部
件是色散元件，即能使复合光变成各单色光的器件，常用的色散元件有棱镜和光栅。

（3）吸收池。吸收池也叫比色皿，用于盛放试液和参比溶液。吸收池的透光两面必须
严格平行并保持光滑洁净，切勿直接用手触摸。大多数仪器都配有厚度为 0.5cm，1cm，
2cm，3cm 等一套长方体的比色皿，同样厚度的比色皿之间透射比相差应小于 0.5%。

（4）检测器。测量吸光度时，并非直接测量透过吸收池的光强度，而是将光强度转化
成电流进行测量，这种光电转换器件称为检测器。在可见分光光度计中多用光电管或光电
倍增管作为检测器。

（5）信号处理及显示系统。该系统的作用是放大信号并以适当的方式显示或记录下
来。常用的信号指示装置有微安表、数字显示及自动记录装置。

目前普遍使用的国产 721 和 722 等型号的分光光度计。随着科学技术的进步，越来越
先进的分光光度计不断问世，具有更强的功能、更高的灵敏度，并且操作更简单、更方

便。有的分光光度计用光栅作单色器；有的分光光度计用数字显示直接给出测定结果；有的分光光度计附有紫外光源，波长范围可达 100~280nm；有的分光光度计光路为双光束，可以消除光源强度变化产生的影响；还有双波长分光光度计，误差小，灵敏度高，可测多组分混合试样、浑浊试样，还可以得到导数光谱；流动注射技术、计算机技术等与分光光度计联用，可以自动进行批量测定。

10.5 吸光度测量条件的选择

在光度分析中，为了提高方法的灵敏度和准确度，除了要选择适宜的显色剂和显色反应条件外，还必须选择适当的测量条件。

10.5.1 入射光波长的选择

由于有色物质对光的吸收具有选择性，为了使测定结果有较高的灵敏度和准确度，应选择波长与被测物质最大吸收波长 λ_{max} 相同的光作为入射光。因为在此波长处，摩尔吸光系数 ε 最大，测定的灵敏度高，而且在此波长处吸光有一较小的平坦区，能够减小或消除由于单色光的不纯而引起的对朗伯-比尔定律的偏离，提高测定的准确度。如果显色剂或干扰组分在 λ_{max} 处有明显吸收，则根据干扰最小、吸光度尽可能大的原则选择测量波长。

列如，由 $KMnO_4$-$K_2Cr_2O_7$ 的吸收曲线(图 10-8)可知，$KMnO_4$ 的最大吸收波长 $\lambda_{max}=525nm$，而此时 $K_2Cr_2O_7$ 对此波长也有吸收，如要在 $K_2Cr_2O_7$ 存在下测定 $KMnO_4$，就应选 $\lambda_{max}=545nm$ 的光作为入射光，尽管这样灵敏度有所降低，但消除了 $K_2Cr_2O_7$ 的干扰，提高了测定的选择性和准确度。

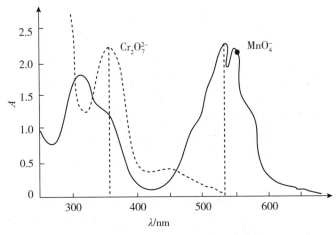

图 10-8 $KMnO_4$-$K_2Cr_2O_7$ 的吸收曲线

10.5.2 参比溶液的选择

在吸光度测量中，需用参比(也称空白)溶液调节透光度为100%，以消除吸收池壁及溶剂对入射光的反射和吸收带来的误差，较真实的反映了待测物质对光的吸收。也就较真实的反映了待测物质的浓度。选择参比溶液的原则是：

（1）纯溶剂空白。当试液、试剂、显色剂均无色，可直接用纯溶剂（或去离子水）作参比溶液。

（2）试剂空白。试液无色，而试剂或显色剂有色时，应选试剂空白。即在同一显色条件下，加入相同量的显色剂和试剂（不加试样溶液），并稀释至同一体积，以此溶液作参比溶液。

（3）试液空白，若试液中其他组分有色，而试剂盒显色剂均无色，应采用不加显色剂的试液作参比溶液。

选择参比溶液的总原则是：使试液的吸光度能真正反映待测物的浓度。

10.5.3　吸光读数范围的选择

在吸光度测量中，除了各种化学因素引起的误差外，仪器测量的不准确也会引入误差。任何型号的分光光度计都有一定的测量误差，这是由于光源不稳定、读数不准确等因素造成的。对 721 型分光光度计，透光度读数误差 ΔT 是一个定值，为 $\pm 0.2\% \sim \pm 2\%$。但在不同的读数范围内所引起的浓度测定相对误差是不同的。

由朗伯-比尔定律

$$A = -\lg T = \varepsilon bc \tag{10-16}$$

将上式微分，得

$$-d\lg T = -0.434 d\ln T = -\frac{0.434}{T} dT = \varepsilon bdc \tag{10-17}$$

由式（10-16）和式（10-17）整理，得

$$\frac{dc}{c} = \frac{0.434}{T \lg T} dT$$

积分，得

$$\frac{\Delta c}{c} = \frac{0.434}{T \lg T} \Delta T \tag{10-18}$$

式中：$\Delta c/c$ 为浓度的相对误差；ΔT 为透光度绝对误差。

若 $\Delta T = 0.5\%$，可计算出在不同透光度（或吸光度）时浓度的相对误差，如表 10-2 所示。

表 10-2　　　　不同 $T\%$（或 A）时的浓度相对误差（假定 $\Delta T = \pm 0.5\%$）

透光度 $(T \times 100)$	吸光度 A	浓度相对误差 $\Delta c/c \times 100$	透光度 $(T \times 100)$	吸光度 A	浓度相对误差 $\Delta c/c \times 100$
95	0.022	±10.2	40	0.399	1.36
90	0.046	5.3	30	0.523	1.55
80	0.097	2.8	20	0.699	1.55

续表

透光度 ($T\times100$)	吸光度 A	浓度相对误差 $\Delta c/c\times100$	透光度 ($T\times100$)	吸光度 A	浓度相对误差 $\Delta c/c\times100$
70	0.155	2.0	10	1.00	2.17
60	0.222	1.63	3	1.52	4.75
50	0.301	1.44	2	1.70	6.38

从表 10-2 和图 10-9 关系曲线可以看出，浓度的相对误差 $\Delta c/c$ 的大小与透光度（或吸光度）的读数范围有关。

$$T=65\%\sim20\%(A=0.19\sim0.70)\qquad \frac{\Delta c}{c}<2\%$$

$$T>65\%\text{或} T<20\%\qquad \frac{\Delta c}{c}>2\%$$

$$T=36.8\%(A=0.434)\qquad \frac{\Delta c}{c}=1.32\%（浓度相对误差最小）$$

为了减小浓度的相对误差，提高测量的准确度，一般应控制溶液吸光度 A 在最适读数范围 0.2~0.7。

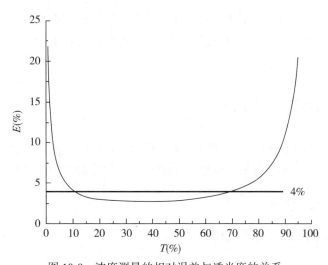

图 10-9　浓度测量的相对误差与透光度的关系

例 10-2　某一有色溶液在 2.0cm 比色皿中，测得透光度 $T=1\%$，若仪器透光度绝对误差 $\Delta T=0.5\%$。计算：

（1）测定浓度的相对误差 $\Delta c/c$。

（2）为使测得吸光度在最适读数范围内，溶液应稀释或浓缩多少倍？

（3）若浓度不变，而改变比色皿厚度（0.5cm、1.0cm、3.0cm），则应选用哪种厚度的比色皿最为合适，此时 $\Delta c/c$ 为多少？

解　（1）$\dfrac{\Delta c}{c} = \dfrac{0.434}{T\lg T}\Delta T = \dfrac{0.434}{0.01\times\lg 0.01}\times 0.5\% = -11\%$

（2）$A = -\lg T = -\lg 1\% = 2$

设有色溶液原始浓度为 c_0，当 b 一定时，$A = \varepsilon bc = K'c$，要使 $A = 0.2 \sim 0.7$，则

$$\dfrac{0.2}{2} \leqslant \dfrac{c}{c_0} \leqslant \dfrac{0.7}{2} \qquad \dfrac{c_0}{10} \leqslant c \leqslant \dfrac{7}{20}c_0$$

即稀释 3~10 倍。

（3）当 c 一定时，则 $A = \varepsilon bc = K'b$

同理要使 $A = 0.2 \sim 0.7$，则

$$\dfrac{0.2}{2} \leqslant \dfrac{b}{b_0} \leqslant \dfrac{0.7}{2}$$

而 $b_0 = 2\mathrm{cm}$，所以

$$0.2 \leqslant b \leqslant 0.7$$

故应选 $b = 0.5\mathrm{cm}$ 的比色皿。

此时 $A = \dfrac{0.5}{2.0}\times 2 = 0.5$，$T = 10^{-0.5} = 0.316$

$$\dfrac{\Delta c}{c} = \dfrac{0.434}{T\lg T}\Delta T = \dfrac{0.434}{0.316\lg 0.316}\times 0.5\% = -1.4\%$$

显然，浓度相对误差由 11% 降至 1.4%，测量准确度提高了 8 倍。

在吸光度测量时，可以适当调节被测试液的浓度或者选择不同厚度的吸收池，以使试液的吸光度落在适宜范围之内。

10.6　吸光光度法的应用

吸光光度法的应用十分广泛，不仅用于微量和痕量组分的测定，也用于某些高含量组分或多组分的测定，还可以用于配合物的组成和稳定常数的测定。

10.6.1　单组分的测定

一般采用标准曲线法和标准比较法。

1. 标准曲线法

将一系列不同浓度的标准溶液、试液在相同条件下显色、定容。在选定的实验条件下用分光光度计分别测出其吸光度，作 A-c 标准曲线，如图 10-10 所示，由试液的吸光度 $A(x)$ 从标准曲线上查出其对应的浓度 $c(x)$，即可求出待测物质的浓度或百分含量。

例 10-3　用磺基水杨酸测定铁的含量，加入标准铁溶液及有关试剂后，在 50mL 容量瓶中稀释至刻度，测得下列数据：

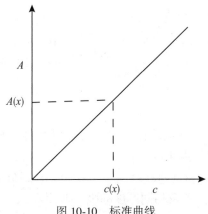

图 10-10 标准曲线

标准铁溶液质量浓度 （μg·ml^{-1}）	2.0	4.0	6.0	8.0	10.0	12.0
吸光度 A	0.097	0.200	0.304	0.408	0.510	0.613

采取矿样 0.3866g，分解后移入 100mL 容量瓶，吸取 5.0mL 试液置于 50mL 容量瓶中，在与工作曲线相同条件下显色，测得溶液的吸光度 $A = 0.250$，求矿样中铁的质量分数。

解：以吸光度 A 为纵坐标，标准铁溶液质量浓度为横坐标作图，得图 10-11 所示的工作曲线。

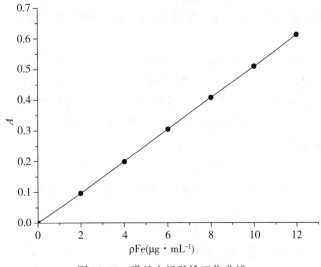

图 10-11 磺基水杨酸铁工作曲线

从工作曲线查得吸光度为 0.250 时对应的铁含量为 5.0g·mL^{-1}

因此 0.386g 矿样中铁的质量分数为

$$\omega_{Fe} = \frac{5.0\mu g \cdot mL^{-1} \times 50mL \times \dfrac{100mL}{5.0mL} \times 10^{-6}}{0.3866g} \times 100\% = 1.29\%$$

2. 标准比较法

将浓度相近的标准溶液 $c(s)$ 和试液 $c(x)$，在形同条件下显色、定容，分别测其吸光度 $A(s)$ 和 $A(x)$，由朗伯-比尔定律得

$$A(s) = \varepsilon(s)b(s)c(s) \qquad A(x) = \varepsilon(x)b(x)c(x)$$

由于同一物质，用同一波长及相同厚度的吸收皿测定有

$$\varepsilon(s) = \varepsilon(x) \qquad b(s) = b(x)$$

所以

$$A(s) : A(x) = c(s) : c(x)$$

$$c(x) = \frac{A(x)}{A(s)} \cdot c(s) \tag{10-19}$$

即求出待测试液的含量。

例 10-4 $2.5 \times 10^{-5} mol \cdot L^{-1} Cd(\text{Ⅱ})$ 标准溶液在 $\lambda = 610nm$ 处测得 $A(s) = 0.53$，某未知 $Cd(\text{Ⅱ})$ 溶液在同样条件下测得 $A(x) = 0.56$。求该未知 $Cd(\text{Ⅱ})$ 溶液的浓度。

解： $c(x) = \dfrac{A(x)}{A(s)} \cdot c(s) = \dfrac{0.56}{0.53} \times 2.5 \times 10^{-5} mol \cdot L^{-1} = 2.6 \times 10^{-5} mol \cdot L^{-1}$

10.6.2 高含量组分的测定——示差法

吸光光度法一般只适用于微量组分的测定，当待测组分含量高时，测得的吸光度值常超出适宜的读数范围和偏离朗伯-比尔定律而引起较大的误差。此时可采用示差吸光光度法。

示差法是用一个比待测试液浓度 $c(x)$ 稍低的标准溶液 $c(s)$ 作参比溶液，即 $c(x) > c(s)$，调节仪器透光度 T 为 100%，然后测定试液吸光度的方法。该吸光度为试液与参比溶液吸光度之差 ΔA，称为相对吸光度 A_r，对应的透光度为相对透光度 T_r。

若用普通光度法，以空白溶液作参比，测得试液和标准溶液的吸光度为 $A(x)$、$A(s)$，由朗伯-比尔定律

$$A(x) = \varepsilon bc(x) \qquad A(s) = \varepsilon bc(s)$$

$$A_r = \Delta A = A(x) - A(s) = \varepsilon b[c(x) - c(s)] = \varepsilon b \Delta c$$

当 b 一定时

$$A_r = \Delta A = K' \Delta c \tag{10-20}$$

由式(10-20)可知，吸光度差值 ΔA 与浓度差 Δc 成正比，这是示差法的基本原理。

若用上述浓度为 $c(s)$ 的标准溶液作参比，测得一系列标准溶液的相对吸光度 A_r，绘制 $A_r - \Delta c$ 工作曲线，再测得试样溶液的相对吸光度 A_r，即可从曲线上查得相应的 $\Delta c(x)$，根据 $c(x) = c(s) + \Delta c$，计算出试样中待测组分的浓度。

10.6.3 多组分的分析

由于吸光度具有加和性,应用吸光光度法常有可能在同一溶液中不经分离而测定两个或两个以上的组分。

假定溶液中同时存在两种组分 X 和 Y,根据吸收峰相互干扰情况,可按下列两种情况进行定量测定。

1. 吸收曲线不重叠

在 X 的最大吸收峰 λ_1 处 Y 没有吸收,而在 Y 的最大吸收峰 Y 没有吸收,见图 10-12,则可分别在 λ_1、λ_2 处用单一物质的定量方法测定组分 X 和 Y,而相互无干扰。

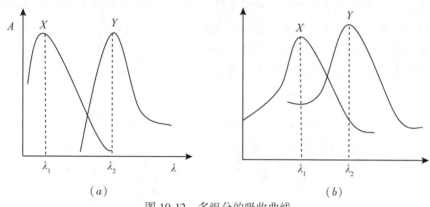

图 10-12 多组分的吸收曲线

2. 吸收曲线相重叠

如图 10-12 所示,溶液中的 X、Y 两组分彼此相互干扰。这时,可在波长 λ_1 和 λ_2 处分别测出 X、Y 两组分的总吸光度 A_1 和 A_2,然后根据吸光度的加和性列联立方程

$$A_1 = \varepsilon_1^X bc(X) + \varepsilon_1^Y bc(Y)$$
$$A_2 = \varepsilon_2^X bc(X) + \varepsilon_2^Y bc(Y)$$

式中:$c(X)$ 和 $c(Y)$ 分别为 X 和 Y 的浓度,ε_1^X 和 ε_1^Y 分别为 X 和 Y 在波长 λ_1 处的摩尔吸光系数,ε_2^X 和 ε_2^Y 分别为 X 和 Y 在波长 λ_2 处的摩尔吸光系数。

ε_1^X、ε_1^Y、ε_2^X、ε_2^Y 可由已知准确浓度的纯组分 X 和纯组分 Y 在 λ_1、λ_2 处测得,代入上式解联立方程,即可求出 A、B 两组分的含量。

在实际应用中,常限于 2~3 个组分体系,对于更多复杂的多组分体系,可用计算机处理测定结果。

阅读材料

从石墨到石墨烯

石墨是碳的一种同素异形体,具有典型的层状结构,碳原子成层排列,每个碳与相邻的碳之间等距相连，每一层中的碳按六方环状排列，上下相邻层的碳六方环通过平行网面方向相互位移后再叠置形成层状结构，位移的方位和距离不同会导致不同的多型结构。随着科学技术的发展，人们就考虑能否将石墨层剥离，获得单层结构物质，英国曼彻斯特大学物理学家安德烈·盖姆和康斯坦丁·诺沃肖洛夫，用微机械剥离法成功从石墨中分离出石墨烯，因此共同获得 2010 年诺贝尔物理学奖。

石墨烯(Graphene)是一种由碳原子以 sp 杂化轨道组成六角型呈蜂巢晶格的二维碳纳米材料。石墨烯具有优异的光学、电学、力学特性，在材料学、微纳加工、能源、生物医学和药物传递等方面具有重要的应用前景，被认为是一种未来革命性的材料。

石墨烯有关的材料广泛应用在电池电极材料、半导体器件、透明显示屏、传感器、电容器、晶体管等方面。鉴于石墨烯材料优异的性能及其潜在的应用价值，在化学、材料、物理、生物、环境、能源等众多学科领域已取得了一系列重要进展。研究者们致力于在不同领域尝试不同方法以求制备高质量、大面积石墨烯材料。并通过对石墨烯制备工艺的不断优化和改进，降低石墨烯制备成本使其优异的材料性能得到更广泛的应用，并逐步走向产业化。

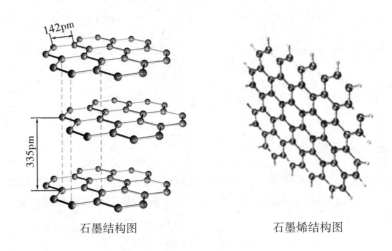

石墨结构图　　　　　　　　　　　石墨烯结构图

习　　题

10-1　朗伯-比尔定律的物理意义是什么？为什么说朗伯-比尔定律只适用于稀溶液、单色光？

10-2　测量吸光度时，应如何选择参比溶液？

10-3　分光光度法中测量条件的选择包括哪几个方面？

10-4　某试液浓度为 c 时，透光度为 T。若溶液厚度不变，当浓度为 $0.5c$，$1.5c$ 和 $3c$ 时，相应的透光度各是多少？

10-5　$5.0 \times 10^{-5} \text{mol} \cdot \text{L}^{-1} \text{KMnO}_4$ 溶液，在 $\lambda_{max} = 525\text{nm}$ 处用 3.0cm 吸收皿测得吸光度

$A = 0.336$。

(1)计算吸光系数 α 和摩尔吸光系数 ε。

(2)若仪器透光度绝对误差 $\Delta T = 0.4\%$，计算浓度的相对误差 $\Delta c / c$。

10-6　现取含铁试样 2.00mL 定容至 100mL，从中吸取 2.00mL 显色定容至 50mL，用 1cm 吸收池测得透射比为 39.8%，已知显色络合物的摩尔吸光系数为 $1.1 \times 10^4 \text{L} \cdot \text{mol}^{-1} \cdot \text{cm}^{-1}$，求某含铁试液中铁的含量(以 $\text{g} \cdot \text{L}^{-1}$ 计)。

10-7　准确称取 $0.4317 \text{NH}_4\text{Fe}(\text{SO}_4)_2 \cdot 12\text{H}_2\text{O}$，溶于水后定容至 500.00mL，再取不同体积溶液在 50mL 容量瓶内用邻二氮菲显色，定容后在 510nm 处测得吸光度如下：

$V(\text{Fe}^{2+})/\text{mL}$	0	1.00	2.00	3.00	4.00	5.00
A	0	0.12	0.25	0.38	0.51	0.63

10-8　某有色溶液在 2.0cm 厚的吸收池中测得透光度为 1.0%，仪器的透光度读数 T 有 ±0.5% 的绝对误差。试问：(1)测定结果的相对误差是多少？(2)欲使测量的相对误差为最小，溶液的浓度应稀释多少倍？(3)若浓度不变，问应用多厚的吸收池较合适？

10-9　已知维生素 B_{12} 的最大吸收波长为 361nm。准确称取样品 30mg，加水溶解稀释至 100mL，在波长 361nm 下测得溶液的吸光度为 0.618，另有一未知浓度的样品在同样条件下测得吸光度为 0.475，计算样品维生素 B_{12} 的浓度。

10-10　用 8-羟基喹啉-氯仿萃取光度法测定 Fe^{2+} 和 Al^{3+} 时，吸收光谱有部分重叠。在相应条件下，用纯铝 1.0μg 显色后，在波长 390nm 和 470nm 处分别测得 A 为 0.025 和 0.000；用纯铁 1.0μg 显色后，在波长 390nm 和 470nm 处分别测得 A 为 0.010 和 0.020。今称取含铁和铝的试样 0.100g，溶解后定容至 100ml，吸取 1ml 试液在相应条件下显色，在波长 390nm 和 470nm 处分别测得 A 为 0.500 和 0.300。已知显色液均为 50ml，吸收池均为 1cm。求试样中铁和铝的质量分数。

第 11 章　电位分析法

11.1　电位分析法概述

电位分析法是电化学分析方法的重要分支，是利用测定原电池电动势而求出被测组分含量的分析方法。电位分析法可分为两类：一类是根据测得的电极电位求出活度（或浓度）的直接电位法；另一类是加入滴定剂，根据电极电位的变化指出滴定终点的电位滴定法。

电位分析可以测定其他方法难以测定的许多种离子，如碱金属和碱土金属离子、无机阴离子和有机离子等。到目前为止，已生产出几十种离子选择性电极。气敏电极和酶电极的相继出现，对微量气体的测定和生物样品的分析起了很大的作用。

11.1.1　电位分析法的基本原理

如将一金属浸入该金属离子的水溶液中，金属和溶液两相之间产生的电极电位与溶液中相应离子的活度之间的关系，遵从 Nernst 方程式：

$$\varphi(M^{n+}/M) = \varphi^{\theta}(M^{n+}/M) + \frac{RT}{nF}\ln a(M^{n+}) \tag{11-1}$$

式中：$\varphi^{\theta}(M^{n+}/M)$ 为电对 M^{n+}/M 的标准电极电位；$a(M^{n+})$ 为 M^{n+} 的活度，当溶液很稀时，可用浓度代替活度。

由于单个电极的电位无法测量，因此在电位分析中，必须设计一个原电池，如图 11-1 所示。把待测溶液作为电池的电解质溶液，在其中浸入两个电极，其中一个电极能指示被测离子的活度变化，称为指示电极（indicating electrode）；另一个电极的电极电位不随测定溶液的活度变化而变化，具有恒定的电位值，称为参比电极（reference electrode）。

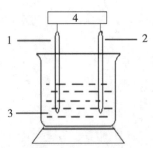

1—指示电极；2—参比电极；3—待测溶液；4—电位差计

图 11-1　电化学电池

设电池为

$$(-)M \mid M^{n+}(试液) \parallel 参比电极(+)$$

$$E = \varphi(参比) - \varphi(M^{n+}/M) = \varphi(参比) - \varphi^{\theta}(M^{n+}/M) - \frac{RT}{nF}\ln a(M^{n+}) \qquad (11-2)$$

式中 $\varphi(参比)$ 和 $\varphi^{\theta}(M^{n+}/M)$ 在温度一定时，都是常数。只要测出电池电动势 E，就可求得 $a(M^{n+})$，这种方法称为直接电位法(direct potentiometric method)。

若 M^{n+} 是被滴定的离子，在滴定过程中，电极电位(electrode potential) $\varphi^{\theta}(M^{n+}/M)$ 将随 $a(M^{n+})$ 而变，E 也随之变化。在化学计量点附近，$a(M^{n+})$ 将发生突变，相应的 E 也有较大的变化。通过测量 E 的变化就可确定滴定终点，这种方法称为电位滴定法(potentiometric titration)。

11.1.2 参比电极

参比电极是用于测量电池电动势和计算电极电位必不可少的基准。对参比电极的要求是电位已知、恒定，重现性好，温度系数小，容易制备。最常用的参比电极为甘汞电极、银-氯化银电极。

1. 甘汞电极

甘汞电极(calomel electrode)是由金属汞和 Hg_2Cl_2 以及 KCl 溶液所组成的电极。其半电池可表示为：Hg，$Hg_2Cl_2(s) \mid KCl(aq)$。电极反应为：$Hg_2Cl_2(s) + 2e^- = 2Hg + 2Cl^-$。在 298K 时的电极电位可表示为

$$\varphi_{Hg_2Cl_2/Hg} = \varphi^{\theta}_{Hg_2Cl_2/Hg} - \frac{0.0592V}{2}\lg a^2_{Cl^-} \qquad (11-3)$$

由上式可看出，当温度一定时，甘汞电极的电极电位主要决定于 $a(Cl^-)$，当 $a(Cl^-)$ 一定时，其电极电位是恒定的。不同浓度的 KCl 溶液组成的甘汞电极，具有不同的电极电位值。如表 11-1 所示。

表 11-1　　　　　　　　　　　在 298K 时甘汞电极的电极电位 φ

KCl 溶液的浓度($mol \cdot L^{-1}$)	电极电位 φ(V)	温度影响(t 的单位℃)
0.1	+0.3365	$\varphi = [0.3365 - 7 \times 10^{-5}(t-25)]V$
1.0	+0.2828	$\varphi = [0.2828 - 2.4 \times 10^{-4}(t-25)]V$
饱和	+0.2438	$\varphi = [0.2438 - 7.6 \times 10^{-4}(t-25)]V$

2. 银-氯化银电极

银-氯化银电极由金属银丝上镀上一薄层 AgCl 后，浸入一定浓度的 KCl 溶液中所组成。其半电池可表示为：Ag，$AgCl(s) \mid KCl(aq)$。电极反应为：$AgCl(s) + e^- = Ag + Cl^-$。在 298K 时的电极电位可表示为：

$$\varphi_{AgCl/Ag} = \varphi^{\theta}_{AgCl/Ag} - 0.0592V lg a_{Cl^-} \tag{11-4}$$

由式(11-4)可以看出，银-氯化银电极电位也主要取决于 $a(Cl^-)$。不同浓度的 KCl 溶液的银-氯化银电极电位值见表 11-2 所示。

表 11-2　　　　　　　　　　在 298K 时银-氯化银电极的电极电位 φ

KCl 溶液的浓度(mol·L^{-1})	电极电位 φ(V)
0.1	+0.2880
1.0	+0.2223
饱和	+0.2000

11.1.3　指示电极

指示电极是电极电位随被测离子活度变化的电极。常见的指示电极有以下几类。

1. 第一类电极

金属-金属离子电极，这类电极由金属浸在含有该种金属离子溶液中所组成。电极反应为 $M^{n+} + ne^- \rightleftharpoons M$。在 298K 时，金属电极的电极电位可表示为：

$$\varphi(M^{n+}/M) = \varphi^{\theta}(M^{n+}/M) + \frac{0.0592V}{n} lg a(M^{n+}) \tag{11-5}$$

由式(11-5)可知，该类电极的电极电位与金属离子的活度有关，可用于测定金属离子的活度。例如：Ag-AgNO$_3$ 电极，Zn-ZnSO$_4$ 电极等。能用作指示电极的金属有银、铜、汞、铅、锌等。而一些坚硬、较脆的金属，如铁、镍、钴、钨和铬等，其电极电位重现性差，并受外形结构和表面氧化层的影响，不能作此类电极。

2. 第二类电极

金属-金属难溶盐电极，这类电极是在一种金属上涂上它的难溶盐，并浸入与难溶盐同类的阴离子溶液中而构成。这类电极对于构成难溶盐的阴离子具有响应，能间接反映这种难溶盐的阴离子浓度。如把 Ag-AgCl 电极浸入含有氯离子的溶液中，可指示溶液中氯离子的浓度。常用的除 Ag-AgCl 外，又如 Ag-Ag$_2$S 电极，Ag-AgI 电极，Hg-Hg$_2$Cl$_2$ 电极等。

3. 第三类电极

该类电极由金属与含有相同阴离子(或络阴离子)的两种难溶盐(或稳定的金属络合物)所构成。例如，由 Pb、PbC$_2$O$_4$(固)、CaC$_2$O$_4$(固)及 CaCl$_2$ 溶液组成的电极，用于测定溶液中 Ca^{2+} 浓度。该电极可表示为：

$$Pb \mid PbC_2O_4(s), CaC_2O_4(s), Ca^{2+}$$

电极反应为：$Ca^{2+} + PbC_2O_4 + 2e^- = CaC_2O_4 + Pb$，在 298K 时，电极电位为

$$\varphi = \varphi^{\theta} + \frac{0.0592V}{2} \lg a(\,Ca^{2+}) \qquad (11\text{-}6)$$

又例如汞电极插入含有微量 Hg^{2+}-EDTA 络合物和另一金属离子 M^{n+} 的水溶液中，称为 Hg-Hg^{2+}-EDTA-M^{n+} 体系的电极。这种电极的电极电位与溶液中 M^{n+} 的活度有关，常在 EDTA 电位滴定中应用。

4. 惰性金属电极

此类电极又称零类电极，由惰性金属金、铂或碳浸入含有两种不同氧化态的某种元素的溶液中而构成。例如，将铂丝插入含有 Fe^{3+} 和 Fe^{2+} 溶液中，其电极反应为 $Fe^{3+} + e^{-} = Fe^{2+}$。在 298K 时它的电极电位可表示为：

$$\varphi_{Fe^{3+}/Fe^{2+}} = \varphi^{\theta}_{Fe^{3+}/Fe^{2+}} + 0.0592V \lg \frac{a(\,Fe^{3+})}{a(\,Fe^{2+})} \qquad (11\text{-}7)$$

惰性金属或碳本身并不参与电极反应，只是作为氧化还原反应交换电子的场所。

5. 金属氧化物电极

这种电极由金属与其氧化物所组成。例如，锑电极和钨电极等。将锑电极浸在水溶液中，发生如下反应：$Sb_2O_3 + 6H^+ + 6e^- = 2Sb + 3H_2O$，298K 时的电极电位为

$$\varphi = \varphi^{\theta}(\,Sb_2O_3/Sb) + 0.0592V \lg a(\,H^+) \qquad (11\text{-}8)$$

可见，锑电极的电位反映了溶液中 H^+ 活度的变化，是氢离子的指示电极。

6. 薄膜电极

离子选择性电极(ion specific electrode, ISE)又称为薄膜电极，是一种电化学传感器，能对溶液中特定离子产生选择性响应。

11.2 离子选择性电极

自 1966 年 Frant 和 Ross 成功制成氟离子选择性电极之后，各种离子电极相继出现，用它作指示电极进行电位分析，具有简便、快捷、灵敏等特点，特别适用于某些方法难以测定的离子。

11.2.1 离子选择性电极的原理

离子选择性电极的电化学活性元件是活性膜或敏感膜。制膜的材料是对某离子能选择性响应的活性材料，如一定组成的硅酸盐玻璃、单晶或难溶盐压片、液态离子交换剂和中性载体等。各类离子选择性电极的响应机理虽各有其特点，但其膜电位产生的基本原因是相似的。在敏感膜与溶液两相间的界面上，由于离子扩散的结果，破坏了界面附近电荷分布的均匀性而建立双电层结构，产生相间电位。其膜电位是膜内外两界面的两个相间电位的差值。

离子选择性电极的种类很多，常用的有玻璃电极、固体膜电极(如氟电极)、液膜电

极、气敏电极和酶电极等。

11.2.2　离子选择性电极的类型

自 1966 年 Frant 和 Ross 成功制成氟离子选择性电极之后,各种离子电极相继问世。1975 年 IUPAC 根据膜的特征,将离子选择性电极分类如图 11-2 所示。

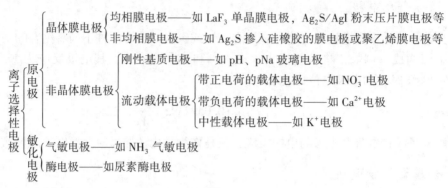

图 11-2

1. pH 玻璃膜电极

pH 玻璃膜电极(pH glass film electrode)是最早的离子选择性电极。是由一种特殊玻璃(22%Na_2O、6%CaO、72%SiO_2)制成的球泡状玻璃作为敏感膜的膜电极。泡内装有 pH 值一定的缓冲溶液作为内参比溶液,并插入一支银-氯化银电极作为内参比电极。其结构如图 11-3 所示。

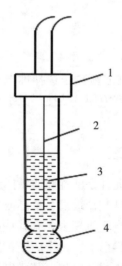

1—绝缘套;2—Ag-AgCl 电极;3—内部缓冲溶液;4—玻璃膜
图 11-3　pH 玻璃电极

玻璃膜的表面必须经水浸泡，才能显示 pH 电极的功能。当玻璃膜浸入水溶液中时，使膜表面吸收了水分，形成很薄一层溶胀了的硅酸盐水化层，水化层为 $10^{-4} \sim 10^{-5}$ mm。其中 Na^+ 与水中 H^+ 发生交换反应：

$$\equiv SiO^-Na^+（表面）+H^+（液）= \quad \equiv SiO^-H^+（表面）+Na^+（液）$$

由于硅氧基结构与 H^+ 所结合的键的强度远大于它与 Na^+ 的键强度，交换达平衡后，膜表面的 Na^+ 点位几乎全为 H^+ 所占据而形成 $\equiv SiO^-H^+$。玻璃膜的内表面与内部缓冲溶液接触时，同样发生上述过程而形成水化层。如果内部溶液与外部溶液的 H^+ 活度不同，则影响 $\equiv SiO^-H^+$ 的解离平衡：

$$\equiv SiO^-H^+（表面）+H_2O（溶液）= \quad \equiv SiO^-（表面）+H_3O^+（溶液）$$

所以，在膜内、外的固-液界面上的电荷分布是不同的，使得膜两侧有一定的电位差，该电位差称为膜电位。

将浸泡后的电极浸入待测溶液时，膜外层的水化层与试液接触，由于它们的 $a(H^+)$ 不同，使 $\equiv SiO^-H^+$ 的解离平衡发生移动，H^+ 可能从溶液中浸入水化层或由水化层转入溶液，建立新的平衡。使膜外层的固-液两相界面的电荷分布发生了改变。于是，在两相界面附近就形成双电层结构，从而产生了相界电位（$\varphi_{外}$ 和 $\varphi_{内}$）。该过程在膜的内侧也同时发生，从而使电极膜两侧的电位差发生改变。玻璃电极的膜电位就等于二者之差，即 $\varphi_{膜}=\varphi_{外}-\varphi_{内}$。由此可知，膜电位不是由于氧化还原反应的电子得失而产生的，而是由于 H^+ 在溶液和水化层界面间进行迁移的结果。

根据热力学原理可以证明，相界电位 $\varphi_{外}$ 和 $\varphi_{内}$ 与 H^+ 活度的关系可表示为：

$$\varphi_{外} = K'_{外} + \frac{RT}{F}\ln\frac{a_{外}}{a'_{外}}$$

$$\varphi_{内} = K'_{内} + \frac{RT}{F}\ln\frac{a_{内}}{a'_{内}}$$

式中，$a_{外}$ 和 $a_{内}$ 分别表示试液和内参比溶液中 H^+ 活度，$a'_{外}$ 和 $a'_{内}$ 分别表示膜外侧水化层和内侧水化层的 H^+ 平均活度，$K'_{外}$ 和 $K'_{内}$ 分别为膜外、膜内表面性质决定的常数。由于膜内、外侧水化层表面的 Na^+ 被 H^+ 所取代，故 $a'_{外}=a'_{内}$。又因膜外、内表面性质基本相同，故 $K'_{外}=K'_{内}$。所以，在 298K 时，$\varphi_{膜}$ 可表示为：

$$\varphi_{膜} = \varphi_{外} - \varphi_{内} = 0.0592V \lg\frac{a_{外}}{a_{内}} \tag{11-9}$$

又因内参比液 H^+ 活度（$a'_{内}$）为定值，故对于一个固定的玻璃膜电极，其膜电位只随试液中 H^+ 活度（$a'_{外}$）而变化，式（11-9）可写为：

$$\varphi_{膜}=K-0.0592V\ pH \tag{11-10}$$

由式（11-10）可见，一定温度下玻璃膜的膜电位与试液 pH 值呈线性关系。式中 K 值由每支玻璃电极本身的性质决定。

从理论上讲，若内参比溶液和外部试液中的 H^+ 浓度完全相同，则玻璃电极的膜电位应该为零，但实际上它并不等于零。这是由于膜内外两侧表面情况不可能完全相同，如 Na^+ 含量的不同、表面张力不同、水化程度不同等，因此玻璃膜两侧存在有一微小的电位差，称为玻璃膜电极的不对称电位。一般的玻璃电极，它的数值并非确定不变，给测量溶液 $a(H^+)$ 带来了一定的困难。在实际使用时，采用标准缓冲溶液经常校验电极的方法可消除它的影响。

2. 氟离子选择性电极

由氟化镧（LaF_3）单晶膜组成，为降低膜的内阻，常在单晶中掺入少量的氟化铕（EuF_2）。将其封在塑料管的一段，管内装有 $0.1mol \cdot L^{-1}NaF$、$0.1mol \cdot L^{-1}NaCl$ 溶液作内参比溶液，以 Ag-AgCl 电极作内参比电极，即构成氟离子电极，结构如图 11-4 所示。

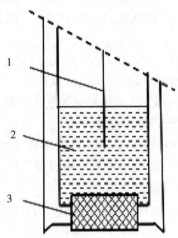

1—Ag-AgCl 内参比电极；2—NaF-NaCl 内参比溶液；3—LaF3 单晶

图 11-4　氟离子选择电极结构示意图

由于 LaF_3 晶格有空穴，氟离子可以移入晶格空穴而导电。当氟离子电极浸入被测试液时，溶液中的氟离子与膜上的氟离子进行离子交换。如果溶液中氟离子浓度较高，则溶液中的氟离子可以进入单晶空穴，反之单晶表面的氟离子也可进入溶液。这样在晶体膜外层与溶液的界面上形成了双电层，产生相间电位，两者之差为膜电位。在 298K 时，由此产生的膜电位与溶液中氟离子活度的关系为：

$$\varphi_{膜} = K - 0.0592V \lg a(F^-) \tag{11-11}$$

氟离子选择性电极测定 F^- 的浓度一般为 $10^{-6} \sim 1mol \cdot L^{-1}$。电极选择性高，如 Cl^-、Br^-、I^-、SO_4^{2-}、NO_3^- 等阴离子存在量为 F^- 的 1000 倍时仍无明显干扰。但受溶液 pH 值的影响，由于当 pH 值过高时，电极表面发生如下反应：

$$LaF_3 + 3OH^- = La(OH)_3 + 3F^-$$

使电极表面形成 $La(OH)_3$ 层，改变膜表面的性质，并释放出 F^- 使试液中 F^- 浓活提高。当 pH 值较低时，由于 H^+ 与部分 F^- 形成 HF 或 HF_2^-，而使 F^- 活度降低。实验证明，氟离子电极适宜测量的溶液 pH 范围为 5.0~7.0。此外，能与 F^- 生成稳定络合物的阳离子，如 Fe^{3+}、Al^{3+}、Ca^{2+} 等使测定产生负误差，可用 EDTA 或柠檬酸盐掩蔽以消除干扰。

氟离子选择性电极是目前应用较广的电极之一。在有机物、矿物、食品、植物和药物中氟的分析，以及与 F⁻ 生成稳定配合物的金属测定均可应用氟离子选择性电极。

3. 液体膜电极-活动载体电极

液体膜电极的薄膜是由待测离子的盐类、螯合物等溶解在不与水混溶的有机溶剂中，再使该有机溶剂渗入多孔性物质（如陶瓷、PVC）而制成。最广发应用的是 Ca^{2+} 电极，结构如图 11-5 所示。

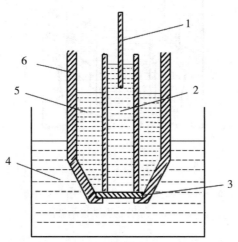

1—内参比电极；2—内参比溶液；3—多孔固体膜；4—试液；5—液体离子交换剂；6—电极壁

图 11-5　液体膜电极结构示意图

Ca^{2+} 电极内装有内参比溶液（$0.1mol \cdot L^{-1} CaCl_2$ 水溶液），其中插入内参比电极 Ag-AgCl 电极，并装有 $0.1mol \cdot L^{-1}$ 溶于二正辛苯基磷酸酯中的磷酸基二癸钙作为离子交换剂。底部用多孔性膜材料与试液隔开，该膜是疏水的，仅支持离子交换剂液体形成的敏感膜。由于 Ca^{2+} 能出入于有机离子交换剂，而水相（内参比溶液及试液）中的 Ca^{2+} 活度与有机相中的 Ca^{2+} 活度存在着差异，因此两相之间产生相界电位。在 298K 时，Ca^{2+} 电极的膜电位为：

$$\varphi_{膜} = K + \frac{0.0592V}{2}V \lg a(Ca^{2+}) \tag{11-12}$$

液体膜电极的选择性在很大程度上取决于液体离子交换剂对阳离子或阴离子的离子交换选择性。特点是电阻小，响应快，但一般不如晶体膜电极的选择性高。

4. 气敏电极

气敏电极（gas sensing electrode）实际上是一个完整的电化学电池，是基于一些气体溶于水溶液中生成了能用离子选择性电极检测出的离子，结构如图 11-6 所示。它是由离子选择性电极（指示电极）、参比电极、中介液和气透膜组成。气透膜具有疏水性，其两侧溶液不致相互渗透，只让溶解在外溶液中的被测气体分子通过。例如 NH_3 电极，中介液

为 $0.1mol \cdot L^{-1}NH_4Cl$ 溶液，当溶解的氨经气透膜进入中介液时，氨与中介液薄层中 H^+ 结合：$NH_3+H^+=NH_4^+$，使中介液的 pH 值发生变化，它可通过玻璃电极测量。由式(11-10)可知，298K 时，$\varphi_{膜}=K+0.0592V\ lga(H^+)$。而中介液中氢离子活度为：

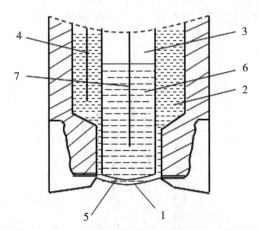

1—气透膜；2—中介液；3—离子电极；4—Ag/AgCl 参比电极；
5—敏感膜；6—内充液；7—内参比电极

图 11-6　气敏电极结构示意图

$$a(H^+)=K_a^\theta \times \frac{a(NH_4^+)}{a(NH_3)} \tag{11-13}$$

由于中介液中有大量 NH_4^+，故 $a(NH_4^+)$ 可视为不变，所以

$$\varphi_{膜}=K'-0.0592V\ lga(NH_3) \tag{11-14}$$

式中常数 K' 包括 Ag-AgCl 电极电位、中介液薄层与试液间的液接电位、玻璃电极标准电位以及 K、$a(NH_4^+)$ 等常数项。

由此可见，气敏电极是用离子选择性电极指示中介液中由于发生化学反应而引起的某一离子活度的变化。目前还有 CO_2、SO_2、NO_2、H_2S、HF、HCN 等气敏电极。

5. 酶电极

酶电极(enzyme electrode)是将酶覆盖在通常的离子选择性电极的敏感膜上，试液中被测物向酶膜扩散，并与酶层接触发生反应，引起被测物或产物活度的变化，被离子电极所响应。结构如图 11-7 所示。

例如，脲的测定，在脲酶的作用下，脲发生如下反应：

$$CO(NH_2)_2+H_3O^++H_2O \xrightarrow{\text{脲酶}} 2NH_4^++HCO_3^-$$

反应产物可用相应的离子电极测定。

由于酶催化反应的选择性很强，一种酶催化某一物质的反应实际上是专一的。因此，酶电极在生物化学分析中具有重要的意义。

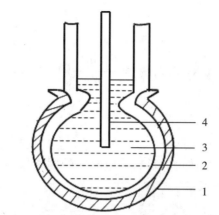

1—酶膜；2—敏感膜；3—内充液；4—内参比电极

图 11-7　酶电极结构示意图

11.2.3　离子选择性电极的特性

1. 能斯特响应

离子选择性电极的电极电位随被测离子活度的变化而变化称为响应。若这种响应服从能斯特方程，则称为能斯特响应。即膜电位 $\varphi_{膜}$ 与 $\lg a$ 呈线性关系，斜率为 $2.303RT/nF$。应该指出，离子选择性电极 $\varphi_{膜}$ 与离子活度都是在一定范围内符合能斯特方程，因此测定离子活度时应在线性范围内进行。线性范围是电极性能的指标之一，一般在 $10^{-1} \sim 10^{-5}$ $mol \cdot L^{-1}$ 或 $10^{-1} \sim 10^{-6} mol \cdot L^{-1}$ 之间。

2. 选择性及选择性系数

离子选择性电极的选择性是相对的，它不仅对待测离子有响应，有时对共存的其他离子也能产生响应，产生膜电位。例如测定 pH 值用的玻璃电极，除对 H^+ 有响应外，对 Na^+ 也有响应，只是程度不同而已。

用符号"i"表示被测离子，用符号"j"表示干扰离子。考虑了干扰离子的膜电位方程为

$$\varphi_{膜} = K \pm \frac{2.303RT}{nF} \lg(a_i + K_{ij} a_j^{n_i/n_j}) \tag{11-15}$$

式中，n_i、n_j 分别为离子 i、j 的电荷数。K_{ij} 称为选择性系数，它表示干扰离子 j 对被测离子 i 的干扰程度。K_{ij} 数值越小，则干扰越小，电极对被测离子选择性越好。例如，$K_{ij} = 10^{-3}$，表示电极对干扰离子的响应仅为被测离子的千分之一。

K_{ij} 是一个实验值，并不是一个严格的常数，它随着溶液中离子活度的测量方法的不同而不同，因此不能利用选择性系数来校正因干扰离子的存在而引起的误差，但利用 K_{ij} 可以判断电极对各种离子的选择性能，并可粗略地估算某种干扰离子 j 共存下测定 i 离子造成的误差。

设 a_i 为被测离子的活度，a_j 为干扰离子的活度，a_i' 为干扰离子存在时测得的被测离

子活度，则

$$a'_i = a_i + K_{ij}a_j^{n_i/n_j}$$

$$相对误差(\%) = \frac{K_{ij} \times a_j^{n_i/n_j}}{a_i} \times 100\% \qquad (11\text{-}16)$$

3. 响应时间

按 IUPAC 定义，响应时间时由离子选择性电极和参比电极与试液接触起至电极电位达到与稳态值相差 1mV 所需的时间。影响响应时间的因素较多，主要有被测离子活度，活度低的响应时间比活度高的长。

4. 膜内阻和不对称电位

电极的内阻主要由膜电阻所决定。离子选择性电极的电阻很高，必须用高输入阻抗毫伏计测量。对电极膜电阻的研究，有助于分析膜的结构和阐明膜的传导机理。

不对称电位是由于与内、外溶液接触的膜两个表面的不对称性引起的。不对称电位是表征电极性能的参数之一，它能用仪器设置的"定位"调节予以校正。

11.3　直接电位法

11.3.1　pH 值的测定

测定溶液 pH 值时，通常用玻璃电极作指示电极，饱和甘汞电极作参比电极，与待测试液组成工作电池，其电池可用下式表示：

$$(-)\,Ag, AgCl\,|\,HCl\,|\,玻璃膜\,|\,试液\,\|\,KCl(饱和)\,|\,Hg_2Cl_2, Hg(+)$$

E_j 表示待测试液与 KCl 溶液之间的液接电势，则 298K 时电池的电动势可表示为：

$$\begin{aligned}E &= \varphi_{Hg_2Cl_2/Hg} - \varphi_{AgCl/Ag} - (K - 0.0592V\ \text{pH}) + E_j\\&= K' + 0.0592V\ \text{pH}\end{aligned} \qquad (11\text{-}17)$$

由式(11-17)可知电池电动势 E 与试液 pH 值成直线关系，这就是测量溶液 pH 值的理论依据。但 K' 值除了包括了内、外参比电极的电极电位等常数外，还包括难于测量与计算的液接电位和不对称电位等，因此在实际测量时，不能通过测定 E 直接求算 pH 值，而是与标准 pH 值缓冲溶液进行比较，分别测定标准缓冲溶液和待测试液所组成的两个工作电池的电动势，才可确定待测试液的 pH 值。若测量溶液 pH 值的工作电池为：

$$(-)\,玻璃电极\,|\,标准缓冲溶液\,s\,或试液\,X\,\|\,参比电极(+)$$

X 代表试液，s 代表 pH 值已经确定的标准缓冲溶液，其 pH 值分别为 pH_X 和 pH_s，则两工作电池的电动势分别为

$$E_X = K'_X + \frac{2.303RT}{F}\text{pH}_X \qquad (11\text{-}18)$$

$$E_s = K'_s + \frac{2.303RT}{F}\text{pH}_s \qquad (11\text{-}19)$$

若测量条件相同，则 $K'_X = K'_s$，将以上两式相减可得

$$pH_X = pH_s + \frac{E_X - E_s}{2.303RT/F} \qquad (11\text{-}20)$$

式中 pH_s 为已确定的数值，通过测量 E_X 和 E_s 就可求得 pH_X。也就是说以标准缓冲溶液的 pH_s 为基准，通过比较 E_X 和 E_s 的值就可求出 pH_X。式(11-20)称为 pH 的实用定义，通常也成为 pH 标度。

由式(11-20)可知，$(E_X - E_s)$ 与 $(pH_X - pH_s)$ 成直线关系，直线的斜率为 $\frac{2.303RT}{F}$，是温度的函数。一般地，令 $S = \frac{2.303RT}{nF}$，通常把 S 称为电极系数。

11.3.2　离子活(浓)度的测定

1. 测定离子活(浓)度的基本原理

与用 pH 玻璃电极测定溶液 pH 值类似，用离子选择性电极测定离子活度时，是将离子选择性电极浸入待测溶液，与参比电极组成工作电极，测量其电动势，以求得待测离子的活度或浓度。各离子选择性电极的膜电位与待测离子活度对数成直线关系：

$$\varphi_{膜} = K \pm \frac{2.303RT}{nF} \lg a$$

可推导得出，电池电动势与离子活度之间的关系为：

$$E = K' \pm \frac{2.303RT}{nF} \lg a \qquad (11\text{-}21)$$

式中 K' 的值与温度、膜特性等有关，在一定实验条件下为定值。符号"+"对阳离子，"–"对阴离子。由(11-21)可以看出，电池的电动势与待测离子活度的对数值成直线关系，所以通过测量电池电动势，即可测定待测离子的活度。

2. 标准曲线法

将一系列已知浓度的标准溶液，用指示电极和参比电极构成工作电池测得其电动势，然后以测得的 E 值对相应的 $\lg c$ 值绘制标准曲线，如图 11-8 所示。在同样条件下测出待测溶液的 E 值，即可从标准曲线上查出待测溶液的离子浓度。

利用式(11-21)测量得到的是待测离子活度，而不是浓度。对分析化学来说一般要求测定的是离子浓度。为使离子选择性电极能用于浓度测定，必须在分析测定时向溶液中加入 TISAB(离子强度调节缓冲液)，控制试液与标准溶液的总离子强度相同且恒定为常数。则式(11-21)可写作：

$$E = K' \pm \frac{2.303RT}{nF} \lg \gamma c$$

$$E = K'' \pm \frac{2.303RT}{nF} \lg c \qquad (11\text{-}22)$$

此时电池电动势与溶液浓度成直线关系。

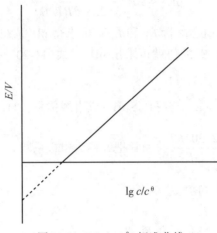

图 11-8   E-lg(c/c^θ) 标准曲线

3. 标准加入法

当待测溶液的成分比较复杂，离子强度比较大时，就难以使它的活度系数同标准溶液一致，采用标准加入法则可在一定程度上减免这一误差。

设某一待测溶液阳离子浓度为 c_x，体积为 V_x，测得电池的电动势为 E，则：

$$E = K' + \frac{2.303RT}{nF}\lg \gamma_x c_x \tag{11-23}$$

在此试液中准确地加入浓度为 c_s（约为 c_x 的 100 倍），体积为 V_s（约为 V_x 的 1/100）的待测离子的标准溶液，混合均匀后，测得工作电池的电动势为 E'，则：

$$E' = K' + \frac{2.303RT}{nF}\lg \gamma'(c_x + \Delta c) \tag{11-24}$$

式中，Δc 是加入标准溶液后试液浓度的增量，$\Delta c = \dfrac{c_s V_s}{V_x + V_s}$。加入标准溶液后试液成分变化很小，可以认为 $\gamma' = \gamma_x$，则两次测量的电动势之差为：

$$E' - E = \frac{2.303RT}{nF}\lg \frac{c_x + \Delta c}{c_x} \tag{11-25}$$

令 $S = \dfrac{2.303RT}{nF}$，得 $\Delta E = E' - E = S\lg \dfrac{c_x + \Delta c}{c_x}$

则
$$1 + \frac{\Delta c}{c_x} = 10^{\frac{\Delta E}{S}}$$

$$c_x = \frac{\Delta c}{10^{\frac{\Delta E}{S}} - 1} \tag{11-26}$$

此法的优点是仅需一种标准溶液，操作简单快速。在测定时，ΔE 大小要合适，一般

ΔE 值宜在 $20 \sim 50mV$。

11.4 电位滴定法

11.4.1 电位滴定法的测定原理

电位滴定法是向试液中滴加能与待测物质进行化学反应的已知浓度的试剂，根据反应达到计量点时待测物质浓度的突变引起电极电位的"突跃"来确定滴定终点的方法。

电位滴定法不仅用于确定终点，还可用于一些热力学常数，如弱酸弱碱的电离常数，配离子的稳定常数等的测定。电位滴定的基本装置如图 11-9 所示。测量电动势的仪器可用电位计，也可以用直流毫伏计。在滴定过程中需对此测量电动势，所以使用能直接读数的毫伏计较为方便。

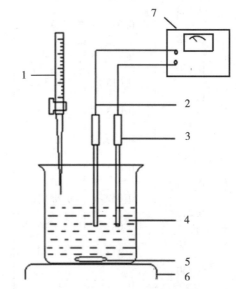

1—滴定管；2—指示电极；3—参比电极；4—滴定容器；

5—搅拌棒；6—电磁搅拌器；7—直流毫伏计

图 11-9 电位滴定基本装置示意图

在滴定过程中，每加一次滴定剂，测量一次电动势。在滴定开始时，可多加一些滴定剂，不必记录电动势。一般只需要测量等量点前后 $1 \sim 2mL$ 内电动势的变化，绘制滴定曲线，即可求得等量点时加入滴定剂的体积。

11.4.2 电位滴定法终点的确定方法

以 $0.1000mol \cdot L^{-1}$ 的 $AgNO_3$ 溶液滴定 $0.1000mol \cdot L^{-1}$ 的 NaCl 溶液为例，用 Ag 电极作为指示电极，饱和甘汞电极作为参比电极。化学计量点附近的电位滴定数据见表 11-3 所示。在电位滴定中，滴定终点的确定方法有以下几种。

1. 绘制 E-V 曲线法

利用表 11-3 数据绘制 E-V 曲线，如图 11-10 所示。纵轴表示电池电动势 E(V 或 mV)，横轴表示加入滴定剂的体积 V(mL)。在 S 形滴定曲线上，作两条与滴定曲线相切的平行线，两平行线的等分线与曲线的交点为曲线的拐点，对应的体积即为滴定至终点时所需滴定剂的体积。

表 11-3　　　　以 0.1000mol · L⁻¹ AgNO₃ 滴定 0.1000mol · L⁻¹ NaCl 在化学计量点附近的电位滴定数据

加入 AgNO₃ 的体积 V(mL)	E(V)	ΔE(V)	ΔV(mL)	$\Delta E/\Delta V$ (V/mL)	$\Delta^2 E/\Delta V^2$
20.00	0.107				
		0.016	2.00	0.008	
22.00	0.123				
		0.015	1.00	0.015	
23.00	0.138				
		0.008	0.50	0.016	
23.50	0.146				
		0.015	0.30	0.050	
23.80	0.161				0.060
		0.013	0.20	0.065	
24.00	0.174				0.167
		0.009	0.10	0.090	
24.10	0.183				0.200
		0.011	0.10	0.110	
24.20	0.194				2.800
		0.039	0.10	0.390	
24.30	0.233				4.400
		0.083	0.10	0.830	
24.40	0.316				−5.900
		0.024	0.10	0.240	
24.50	0.340				−1.300
		0.011	0.10	0.110	
24.60	0.351				−0.400
		0.007	0.10	0.070	
24.70	0.358				−0.100
		0.015	0.30	0.050	
25.00	0.373				
		0.012	0.50	0.024	
25.50	0.385				

2. 绘制 $\Delta E/\Delta V$-V 曲线法

当滴定反应平衡常数较小，滴定突跃不明显且曲线又不对称时，滴定终点就难以确定。此时可绘制一级微商曲线，即 $\Delta E/\Delta V$-V 曲线。$\Delta E/\Delta V$ 表示 E 的增量变化值与对应的加入滴定剂 ΔV 的比值，它是一级微商 dE/dV 的近似值。例如，在 24.30mL 到 24.40mL

之间：

$$\frac{\Delta E}{\Delta V}=\frac{0.316-0.233}{24.40-24.30}=0.830$$

用表 11-3 中 $\Delta E/\Delta V$ 的数据与相应的 V 值绘制 $\Delta E/\Delta V\text{-}V$ 曲线，如图 11-10 所示。与曲线的最高点相对应的便是滴定终点。曲线的最高点一般是通过外延法得到的。

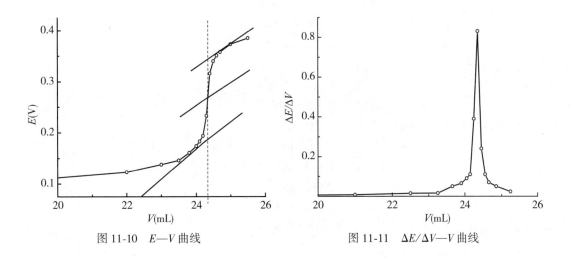

图 11-10　E—V 曲线　　　　　　图 11-11　$\Delta E/\Delta V$—V 曲线

3. 二级微商法

二级微商法即绘制 $\Delta^2E/\Delta V^2\text{-}V$ 曲线法。这种方法基于 $\Delta E/\Delta V\text{-}V$ 曲线的最高点正是二级微商 $\Delta^2E/\Delta V^2$ 等于零处。绘制二级微商曲线，如图 11-12 所示。

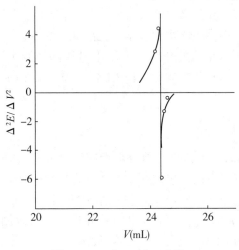

图 11-12　$\Delta^2E/\Delta V^2\text{-}V$ 曲线

应用二级微商曲线法，也可不必作图，用计算法直接确定终点，求出终点时所消耗标准溶液的体积。由于计量点附近微小体积的变化能引起很大 $\Delta^2E/\Delta V^2$ 的变化值，并由正极大变至负极大值，中间必有一点为零，即 $\Delta^2E/\Delta V^2=0$，此处所对应的体积即为终点。例如：

在 24.30mL 处

$$\frac{\Delta^2 E}{\Delta V^2} = \frac{(\Delta E/\Delta V)_2 - (\Delta E/\Delta V)_1}{\Delta V}$$

$$= \frac{0.830-0.390}{24.35-24.25} = 4.400$$

在 24.40mL 处

$$\frac{\Delta^2 E}{\Delta V^2} = \frac{0.240 - 0.830}{24.45 - 24.35} = -5.900$$

用内插法计算对应 $\Delta^2E/\Delta V^2$ 等于零时的体积：

$$\frac{24.40-24.30}{-5.900-4.400} = \frac{V_终-24.30}{0-4.400}$$

$$V_终 = 24.30 + \frac{0-4.400}{-5.900-4.400} \times 0.1 = 24.34(\text{mL})$$

该体积即为滴定终点时所消耗 $AgNO_3$ 溶液的体积。

11.4.3 电位滴定法的应用

1. 酸碱滴定

一般酸碱滴定(acid base titration)都可以使用电位滴定，常常用于有色或浑浊的试样溶液，尤其是弱酸弱碱的滴定，使用电位滴定法更有实际意义。滴定中常用玻璃电极作为指示电极，甘汞电极作为参比电极。尤其是对弱酸、弱碱、多元酸(碱)或混合酸(碱)，使用电位滴定法测定更有实际意义。

太弱的酸、碱或一些不易溶于水而溶于有机溶剂的酸碱，可在非水溶液中滴定，且可用电位法指示终点。例如，在乙醇介质中可以用 HCl 溶液滴定三乙醇胺，在异丙醇和乙二醇的混合介质中可滴定苯胺和生物碱，在丙酮介质中可以滴定高氯酸、盐酸、水杨酸的混合物等。

2. 配位滴定

配位滴定(complexometric titration)中可根据不同的配位反应，采用不同的指示电极，利用所测电动势的数值可以方便地确定滴定终点。常用离子选择性电极作为指示电极直接滴定响应的金属离子。例如，用氟离子选择性电极为指示电极，可以用 La^{3+} 滴定 F^-，也可以用 F^- 滴定 Al^{3+}。用 Ca^{2+} 离子选择性电极作指示电极，可以用 EDTA 滴定 Ca^{2+} 等。利用汞电极为指示电极，可用 EDTA 滴定 Cu^{2+}、Zn^{2+}、Ca^{2+}、Mg^{2+} 等多种金属离子。

3. 氧化还原滴定

在氧化还原滴定(redox titration)中，一般用惰性金属铂或金作为指示电极，甘汞电极作为参比电极。滴定过程中，在化学计量点附近，氧化态和还原态的活度发生急剧变化，使电极电位发生突跃，以此确定滴定终点。例如，用 $KMnO_4$ 滴定 I^-、NO_2^-、Fe^{2+}、VO^{2+}、Sn^{2+}、$C_2O_4^{2-}$。用 K_2CrO_7 滴定 Fe^{2+}、Sn^{2+}、I^-、Sb^{3+} 等。

阅读材料

生物电化学传感器

　　生命科学是目前最为活跃的研究领域之一。在生命科学的研究中，需要对各种各样的生物分子进行分离、鉴定和结构表征，这就要用到各种各样的分析方法，如电泳法、色谱法、免疫法及各种用于分子结构测定的近代仪器分析方法等。由于生物体是一个十分复杂的体系，各种生物组分的分子量相差极大，许多组分的含量极微，不少生物组分没有电化学活性，蛋白质等大分子化合物有吸附作用，给电化学分析带来一定的困难。然而，电化学分析具有灵敏度高、仪器简单、方法灵活多样等特点，因此，将电分析化学技术应用于生物物质的研究，便开拓了电分析化学的新领域——生物电分析化学。生物电化学传感器是模拟生物细胞的识别机能，用特定的分子认识机能物质来识别化学物质，并将这种化学信息转变为电信号的装置。重要的生物电化学传感器有酶传感器、细菌传感器、组织传感器和免疫传感器等。

　　酶传感器将酶与底物相互作用和电化学分析功能相结合，是目前研究最广泛的生物电化学传感器，其典型应用为葡萄糖的检测。电化学酶传感器由 Clark 和 Lyons 于 1962 年首次提出。此后得到了迅速发展，广泛应用于食品安全、环境监测、重金属和农药检测等领域。近年来，新型的纳米技术和材料科学在电化学酶传感器上的成功应用，进一步推动了酶传感器的进步。

　　免疫传感器利用抗原和抗体间高特异性结合所产生的电信号变化对目标检测物进行识别。例如，测定乙型肝炎抗原的免疫传感器。近年来，随着生物学、医学、纳米技术和新型材料学等与电化学技术的交叉融合，生物电化学传感技术将在生物医学研究中发挥着更加积极的作用。如基因诊断、肿瘤标志物测定、药物分析、细菌及病毒感染类疾病诊断等。生物电化学传感器开辟了电化学与分子生物学研究的新领域，为生命科学的研究提供了一种全新方法，在生物医学、环境监测、食品和药物分析等领域得到广泛应用。

习　　题

11-1　什么是指示电极？什么是参比电极？对它们各有哪些要求？

11-2　简述 pH 玻璃电极测定 pH 值的基本原理。

11-3　离子选择性电极的定量分析方法有哪几种？哪些因素影响测定准确度？

11-4　离子选择性电极的选择性系数如何测定？

11-5　试述 F^- 离子选择性电极的结构及其响应原理。

11-6　用 F⁻ 离子选择性电极测定时，为什么溶液 pH 值控制在 5.0~7.0？

11-7　电位滴定法的基本原理是什么？怎样确定滴定终点？

11-8　下列电池(25℃)

$$(-)pH 玻璃电极 | 标准溶液或未知液 \| 饱和甘汞电极(+)$$

当缓冲溶 pH = 4.00 时电池电动势为 0.209V，测得未知液电动势分别为：(1) 0.312V；(2)0.088V。试求相应未知液的 pH 值。

11-9　测得下列电池的电动势为 0.672V(忽略液接电位)

$$Pt | H_2(10^5)Pa, HA(0.01mol \cdot L^{-1}), NaAc(0.01mol \cdot L^{-1}) \| SCE$$

计算弱酸 HA 的 Ka 值。

11-10　某钙电极 $K_{Ca^{2+}, Na^+} = 0.010$，若 $a_{Ca}^{2+} = 0.001mol \cdot L^{-1}$，$a_{Na}^+ = 0.10mol \cdot L^{-1}$，则由此产生的相对误差为多少？

11-11　以饱和甘汞电极作正极，氟离子选择性电极作负极。当氟离子浓度为 0.001mol · L⁻¹ 时，测得 E = -0.159V。试计算当测得 E = -0.212V 时，溶液中氟离子浓度。

11-12　一电池可由以下几种物质组成：银电极，未知 Ag⁺ 溶液，盐桥，饱和 KCl 溶液，Hg_2Cl_2，Hg。

(1)把上列材料组成电池。

(2)哪一电极是参比电极？哪一电极是指示电极？

(3)若银电极的电位比 Hg 的正，在 25℃ 测得该电池的电动势为 0.300V，试求未知溶液中 Ag⁺ 的浓度为多少？($\varphi^\theta_{Ag^+, Ag} = 0.799V$)

11-13　用 pH 玻璃电极测定 pH = 5.00 的溶液，其电极电位为 0.0435V。测定另一未知试液时，电极电位为 0.0145V，电极的响应斜率为 58.0mV/pH。求未知溶液的 pH 值。

11-14　以 0.05mol · L⁻¹ AgNO₃ 溶液为滴定剂，银丝为指示电极，饱和甘汞电极为参比电极，用电位滴定法测得某水样中 Cl⁻ 的浓度。已知 25°C 时银电极的标准电极电位为+0.799V，饱和甘汞电极的电位为+0.242V，氯化银的 K_{sp} 为 1.80×10⁻¹⁰。试计算滴定终点时电位计的读数为多少？

11-15　有一硝酸根离子选择性电极的 $K_{NO_3^-, SO_4^{2-}} = 4.1×10^5$。若在 1mol · L⁻¹ SO_4^{2-} 溶液中测定硝酸根，如果要求 SO_4^{2-} 造成的误差小于 5%，试计算待测的硝酸根离子的活度至少不小于多少？

11-16　在 25℃ 时用标准加入法测定 Cu²⁺ 浓度，于 100mL 铜盐溶液中添加 0.1mol · L⁻¹ Cu(NO₃)₂ 溶液 1.0mL，电动势增加 10mV，求原溶液的 Cu²⁺ 离子浓度。

11-17　某滴定反应，当滴定接近化学计量点时，得下列电动势数据：

滴定剂体积/mL	11.25	11.30	11.35	11.40	11.45
电动势/mV	225	238	265	291	306

问：到终点时，消耗滴定剂体积是多少？

第 12 章　元 素 选 述

元素化学主要研究周期系中各族元素的重要单质及其化合物的存在、制备、结构特点、性质及其在周期系中的变化规律和重要应用。本章仅对各区元素的性质作一概述，并对一些重要元素及其化合物作简单介绍。

12.1　元素概述

迄今为止，人类已经发现并被国际承认的元素有 114 种，其中主族元素 46 种，副族元素 68 种。主族元素中非金属 22 种；副族元素中有 19 种为人造元素。地壳中存在的元素有 94 种。元素在地壳中的含量称为丰度(abundance)，常用质量分数来表示。

地壳中含量居前十位元素见表 12-1。

表 12-1　　　　　　　　　　　　　地壳中主要元素的质量百分数

元素	O	Si	Al	Fe	Ca	Na	K	Mg	H	Ti
质量百分比	48.6	26.3	7.73	4.75	3.45	2.74	2.47	2.00	0.76	0.42

由表可知，这 10 种元素占了地壳总质量的 99.2%。轻元素含量较高，重元素含量较低。大部分为主族元素，氧、硅、铝三种元素总质量占地球质量 82.63%。

根据元素物理和化学性质，大致将元素分为金属(merals)、非金属(nonmerals)和类金属(meltalloids)。在元素周期表中，以 B—Si—As—Te—At 和 Ge—Sb—Po 两条对角线为界，处于对角线左下方元素均为金属，包括 s 区、ds 区、d 区、f 区及部分 p 区元素。金属元素典型的特征是具有光泽、延展性，室温附近能导电，颜色各异，大多数为银白色。在溶液中易形成阳离子，多数金属氧化物是离子化合物，氧化物的水化物一般是碱。工程技术上，金属分为黑色金属与有色金属。黑色金属包括铁、锰、铬及其合金，如钢、生铁、铸铁等。这三种金属是冶炼钢铁的主要原料，黑色金属以外的金属称为有色金属。有色金属和放射性金属，可分为五类。按照其密度和化学稳定性及其在地壳中的分布状况分为轻金属、重金属、贵金属、稀有金属。轻金属即比重小于 5，包括铝、镁、钠、钾、钙、锶、钡。比重大于 5 的即为重金属，包括金、银、铜、铁、铅、锌、锡、镍、钴、锑、汞、镉、铋。重金属在人体中累积达到一定程度，会造成慢性中毒。贵金属主要指金、银、铂、钌、铑、钯、锇、铱。他们大多具有美丽的色泽，一般条件下，不易引起化学反应。稀有金属指自然界中含量较少或分布稀散的金属。他们难于从原料中提取，在工业上制备和应用较晚。稀有金属的名称具有一定的相对性，随着人们对稀有金属的广泛研究，新产源及新提炼方法的发现以及它们应用范围的扩大，稀有金属和其它金属的界限将逐渐消失，如有的稀有金属在地壳中的含量比铜、汞、镉等金属还要多。稀有金属主要用于制造特种钢、超硬质合金和耐高温合金，在电气工业、化学工业、陶瓷工业、原子能工业及火箭技术等方面。放射性金属，是指能够放射出 α、β、γ 三种射线的金属元素，主要指所有人造元素和锕系元素。放射性金属可以放射出人眼看不见的射线，会对人体造成严重危害。

ⅢA	ⅣA	ⅤA	ⅥA	ⅦA	0
					He
B	C	N	O	F	Ne
Al	Si	P	S	Cl	Ar
Ga	Ge	As	Se	Br	Kr
In	Sn	Sb	Te	I	Xe
Tl	Pb	Bi	Po	At	Rn

　　处于对角线右上方元素的单质为非金属，仅为 p 区的部分元素，H 元素是唯一处于 p 区外的非金属。非金属通常是气体(氢、氧)、液体(溴)或没有明显导电性的固体(硫、磷)。非金属其最外层电子数大于等于 4，所以其原子容易得到电子，常以阴离子形态存在于离子化合物中，或形成分子晶体、原子晶体。它们的氧化物和氢氧化物一般呈酸性。

　　处于对角线上的元素称为准金属，包括硼、硅、砷、碲、锑、砹、钋，其性质介于金属和非金属之间。它们的氧化物与水作用生成弱酸性或弱碱性的溶液。它们与非金属作用时常作为电子给予体，而与金属作用时常作为电子接受体。这类元素的导电性能随温度的变化关系大都与金属相反，即其电导率随温度上升而增加。准金属用途广泛，在电气、冶金等方面有广泛的应用，尤其在半导体材料中有着举足轻重的作用。大多数的准金属可作半导体。

12.2　s 区 元 素

12.2.1　s 区元素的通性

　　最后一个电子填充在 s 轨道的元素。s 区元素位于元素周期表中的 IA 族和 IIA 族，分别称为碱金属和碱土金属。IA 族除 H 外，有 Li，Na，K，Rb，Cs，Fr 共 6 个元素；IIA 族有 Be，Mg，Ca，Sr，Ba，Ra 共 6 个元素。其中 Fr 和 Ra 为放射性元素。表 12-2 列出了 s 区元素的一些特性常数。

表 12-2   **s 区元素的特性**

元　素	Li	Na	K	Rb	Cs	Be	Mg	Ca	Sr	Ba
价电子层构型	$2s^1$	$3s^1$	$4s^1$	$5s^1$	$6s^1$	$2s^2$	$3s^2$	$4s^2$	$5s^2$	$6s^2$
共价半径(Å)	1.23	1.57	2.03	2.16	2.35	0.89	1.36	1.74	1.92	1.98
离子半径(Å)	1.52	1.54	2.27	2.48	2.65	1.11	1.60	1.97	2.15	2.17
熔点(℃)	180	97.8	73.2	39.0	28.6	1285	650	851	774	859
沸点(℃)	1336	883	758	2700	670	2970	1117	1487	1366	1537
密度($g \cdot cm^{-3}$)	0.53	0.97	0.86	1.53	1.90	1.85	1.74	1.55	2.63	3.62
Moh 硬度	0.6	0.4	0.5	0.3	0.2	4	2.0	1.5	1.8	/
第一电离能($kJ \cdot mol^{-1}$)	502.3	495.9	418.9	403.0	375.7	899.5	737.8	589.8	549.5	502.9
第二电离能($kJ \cdot mol^{-1}$)	/	/	/	/	/	1757.2	1450.7	1145.4	1064.3	965.3
电负性	1.0	0.9	0.8	0.8	0.7	1.5	1.2	1.0	1.0	0.9
标准电极电势(V)	−3.04	−2.70	−2.931	−2.925	−2.923	−1.85	−2.375	−2.76	−2.89	−2.90

  碱金属和碱土金属元素的化学活泼性强，在自然界均以化合态形式存在。

  钠、钾在地壳中分布广，以氯化物盐的形式广泛存在。锂的主要存在形式为锂辉石（$LiAlSi_2O_6$）矿物。铷、铯在自然界中储量小且分散，被列为稀有金属。金属钠和金属锂常用电解熔融氯化物的方法提取，金属钾则由氯化钾与金属钠反应得到。铷和铯通过金属氯化物与钙或钡反应得到。所有元素都应保存在烃类油中，以防止与空气中的氧反应。

  碱土金属重要矿物较多，Be 为稀有金属。除铍为灰色，其他都具有银白色金属光泽。铍在自然界以矿物绿柱石[$Be_3Al_2(SiO_3)_6$]。镁在地壳和海水中丰度位列第 8 和第 3。工业上从海水和白云石矿（$CaCO_3 \cdot MgCO_3$）中提取镁。钙在地壳和海水中丰度位列第 5 和第 7。钙广泛存在于碳酸盐（如石灰岩、大理石岩）中，钙也是生物矿石（如贝壳、珊瑚）的重要组成部分。钙、锶、钡都是通过电解其熔融氯化物的方法提取。镭可从含铀矿物中提取，镭所有同位素都有放射性。铍在空气中形成表面薄层氧化膜而钝化。钙和镁在空气中产生氧化层失去金属光泽，加热时完全燃烧生成相应的氧化物和氮化物。锶和钡在空气中着火，因而保存在烃类油中。IIA 族元素化合物用于制造烟花。

  s 区元素具有良好的导电性能和传热性质。他们金属键较弱，具有熔点低、硬度小、密度小等特点。

  碱金属和碱土金属其稳定氧化值为+1（IA）和+2（IIA）。它们的化合物（除 Li、Be 外）均为离子型化合物。

  s 区元素（除 H 外）的电负性和电离能均较小，它们是最活泼的金属，在同族中，其金属活泼性从上到下依次增大，还原性依次增强。它们可以与氧、卤素、氢、水和酸等多种物质发生反应，在反应中，它们均是强还原剂。碱金属的还原性比碱土金属的还原性强。

12.2.2　重要元素及其化合物

1. 金属锂

锂(Lithium)是密度最小的金属($0.53g \cdot cm^{-3}$)。锂在氧气中燃烧生成正常氧化物 Li_2O；在氮气中加热生成 Li_3N，与石墨加热生成 Li_2C_2。

锂能形成许多稳定的金属有机化合物(如烷基锂)，有机锂化物在有机合成中非常重要。有机锂化物也用于合成药物，如维生素 A 和 D、止痛药、抗凝血剂等。

锂的硝酸盐能直接分解为氧化物，而其他 IA 族元素的硝酸盐分解是先生成亚硝酸盐。锂的氢化物加热至 900℃ 仍然稳定。

锂的重要用途是用于可充电电池和储氢体系。锂的用途与其低密度有关，锂用于制造质量轻的合金，如锂和铝的合金用于飞机机翼部件以及发射航天飞机的一级火箭容器。锂摩尔质量小，标准电极电位负值很大，故它是理想的电极阳极材料。

2. 金属钠

钠(Sodium)质软可切，呈银白色。在潮湿的空气中，金属钠会马上失去金属光泽。钠比水轻，可以浮在水的表面与水发生剧烈反应，并放出大量的热。它还可与酸、卤素、氧、氢、醇等剧烈反应。

金属钠与水的反应在实验室用于干燥有机溶剂，但不能用于干燥醇。金属钠用于提取稀有金属，如从四氯化钛提取金属钛。电流通过金属钠的蒸气时放电产生特有的黄色辉光，故用于某些类型的街灯。

3. 氢氧化钠(钾)

氢氧化钠(Sodium hydroxide)/(钾)俗称苛性钠(钾)也称烧碱，工业上通常是电解氯化钠(钾)溶液而制得。氢氧化钠是十大工业化学品之一。NaOH(KOH)是白色固体，极易吸水和空气中的 CO_2，吸收 CO_2 后变成 $Na_2CO_3(K_2CO_3)$。所以固体 NaOH 是常用的干燥剂。NaOH(KOH)的水溶液呈强碱性，可以与酸反应，也可与许多金属和非金属的氧化物反应生成钠(钾)盐。NaOH(KOH)既是重要的化学实验试剂，也是重要的化工生产原料。主要用于精炼石油、肥皂、造纸、纺织、洗涤剂等生产。

4. 碳酸盐与碳酸氢盐

碳酸钠(Sodium carbonate)俗称纯碱或苏打，通常是含 10 个结晶水的白色晶体($Na_2CO_3 \cdot 10H_2O$)，在空气中易风化而逐渐碎裂为疏松的粉末，易溶于水，其水溶液有较强的碱性，可在不同反应中作碱使用，这也是人们称其为纯碱的原因。

碳酸钠是一种基本化工原料，大量用于玻璃、搪瓷、肥皂、造纸、纺织、洗涤剂的生产和有色金属的冶炼中。碳酸钠用作水的软化剂，除去锅炉中以碳酸钙形式存在的 Ca^{2+}

碳酸钠是制备其它钠盐或碳酸盐的原料。

工业上常用氨碱法生产碳酸钠：

$$NaCl+NH_3+CO_2+H_2O \Longrightarrow NaHCO_3\downarrow+NH_4Cl$$

$$2NaHCO_3 \Longrightarrow Na_2CO_3+H_2O\uparrow+CO_2\uparrow$$

碳酸氢钠(Sodium Bicarbonate)俗称小苏打，白色粉末，可溶于水，但溶解度小于碳酸钠。碳酸氢钠水溶液呈弱碱性。主要用于医药和食品工业中。发酵粉是碳酸氢钠和磷酸氢钙的混合物。

将 CO_2 通入碳酸盐饱和溶液，可以制得碳酸氢钠。

$$Na_2CO_3+CO_2+H_2O \longrightarrow NaHCO_3(s)$$

碳酸氢盐加热发生上述反应的逆反应：

$$NaHCO_3 \longrightarrow Na_2CO_3(s)+CO_2(g)+H_2O(l)$$

该反应为碳酸氢盐用作灭火剂提供了基础。粉状盐覆盖火焰，受热分解产生二氧化碳和水将火熄灭。

碳酸氢钾用作葡萄酒生产和水处理中的缓冲剂，也用作低 pH 液体洗涤剂中的缓冲剂、软饮料中的添加剂和治疗消化不良的抗酸药。

5. 氯化钠

氯化钠(Sodium chloride)俗称食盐，是日常生活中和工业生产中不可缺少的化合物。氯化钠也是制造其它钠、氯化合物的常用原料。在自然界中，氯化钠资源非常丰富，海水、内陆盐湖、地下卤水及盐矿都蕴藏着丰富的盐资源。

氯化钠溶解度受温度影响较小。它是人和动物所必需的物质，在人体中 NaCl 的含量约占 0.9%。NaCl 可作食品调味剂和防腐剂，其冰盐混合物还可作致冷剂。NaCl 常作为道路消冰剂，但由于担心对环境造成的影响，正在考虑减少此种用途，有些地方已开始使用 NaCl 和糖浆的混合物。氯化钠还是制取金属 Na、NaOH、Na_2CO_3、Cl_2 和 HCl 等多种化工产品的基本原料。

6. 氧化镁与氧化钙

氧化镁(Magnesium oxide)以方镁石形式存在于自然界。氧化镁俗称苦土，是一种白色粉末，具有碱性氧化物的通性，不溶于水或乙醇，微溶于乙二醇。熔点约为 2850℃，可作耐火材料，制备坩埚、耐火砖、高温炉的衬里等；生物制药领域可用医用级氧化镁作为抗酸剂、吸附剂、脱硫剂、脱铅剂、络合助滤剂、pH 调节剂抑制和缓解胃酸过多，治疗胃溃疡和十二指肠溃疡病。中和胃酸作用强且缓慢持久，不产生二氧化碳。含有 MgO 的滑石粉($3MgO \cdot 4SiO_2 \cdot H_2O$)广泛用于造纸、橡胶、颜料、纺织、陶瓷等工业，也作为机器的润滑剂。

氧化钙(calcium oxide)俗称生石灰，是一种白色块状或粉末状固体，溶于酸类、甘油和蔗糖溶液，几乎不溶于乙醇。熔点为 2615℃，可作耐火材料。氧化钙吸湿性强，可作干燥剂。它微溶于水，并与水作用生成 $Ca(OH)_2$，放出大量的热。氧化钙也具有碱性氧化物的通性，高温下能与 SiO_2、P_2O_5 等化合：

$$CaO+SiO_2 \xrightarrow{\text{高温}} CaSiO_3$$

$$3CaO+P_2O_5 \xrightarrow{\text{高温}} Ca_3(PO_4)_2$$

在冶金工业中，利用这两个反应，可将矿石中的 Si、P 等杂质以炉渣形式除去。氧化钙用于炼钢和造纸，也用于制革、废水净化。用作植物油脱色剂，药物载体，土壤改良剂和钙肥。

氧化镁与氧化钙通常都用煅烧相应的碳酸盐矿的方法来制备。

7. 氟化钙

氟化钙（Calciumfluoride，Fluorspar）无色结晶或白色粉末；难溶于水，微溶于无机酸；自然界的氟化钙矿物为萤石或氟石，常呈灰、黄、绿、紫等色，有时无色、透明，有玻璃光泽，性脆，有显著荧光现象。萤石或氟石是大规模制氟的唯一来源。浓硫酸与萤石反应制备无水氟化氢。

$$CaF_2+H_2SO_4 =\!=\!= CaSO_4+2HF$$

氟化钙的用途十分广泛，随着科学技术的进步，应用前景越来越广阔。目前主要用于冶金、化工和建材三大行业，其次用于轻工、光学、雕刻和国防工业。因此，根据用途要求，目前我国萤石矿产品主要有四大系列品种，即萤石块矿、萤（氟）石精矿、萤石粉矿和光学、雕刻萤石。

将碳酸钙或氢氧化钙用氢氟酸溶解，将所得溶液浓缩，或向钙盐水溶液中加入氟离子，得到氟化钙的胶状沉淀，经精制可得。实验室一般用碳酸钙与氢氟酸作用或用浓盐酸和氢氟酸反复处理萤石粉来制备氟化钙。

8. 氯化镁与氯化钙

氯化镁（Magnesium chloride hexahydrate）常以 $MgCl_2 \cdot 6H_2O$ 形式存在，其为无色晶体，味苦，易吸水。$MgCl_2 \cdot 6H_2O$ 受热到 530℃以上，分解为 MgO 和 HCl 气体。

$$MgCl_2 \cdot 6H_2O \xrightarrow{\text{强热}} MgO+2HCl\uparrow+5H_2O$$

因此，欲得到无水 $MgCl_2$，必须在干燥的 HCl 气流中加热 $MgCl_2 \cdot 6H_2O$，使其脱水。氯化镁是工业上和应用中最重要的氯化物。无水 $MgCl_2$ 是制取金属镁的原料。纺织工业中用 $MgCl_2$ 来保持棉纱的湿度而使其柔软。从海水中制得不纯 $MgCl_2 \cdot 6H_2O$ 的盐卤块，工业上常用于制造 $MgCO_3$ 和其它镁的化合物。

氯化钙（Calcium chloride）极易溶于水，也溶于乙醇。将 $MgCl_2 \cdot 6H_2O$ 加热脱水，可得到白色多孔的无水 $CaCl_2$。无水 $CaCl_2$ 易潮解，实验室广泛用作干燥剂。但不能干燥 NH_3 气及酒精，因为它们会形成 $CaCl_2 \cdot 4NH_3$、$CaCl_2 \cdot 4C_2H_5OH$ 等。$CaCl_2$ 水溶液的冰点很低（当质量分数为 32.5% 时，其冰点为 -50℃），它是常用的冷冻液，工业上称其为冷冻盐水。$CaCl_2$ 和 $MgCl_2$ 也用作道路融冰剂，由于其溶解过程为放热过程且其凝固点更低，所以作融冰剂比 NaCl 更有效。$CaCl_2$ 和 $MgCl_2$ 对城市道路附近植被的毒性和对钢铁的腐蚀性较 NaCl 小。

12.3 *p* 区 元 素

12.3.1 *p* 区元素的通性

除氢外，最后一个电子填充在 *p* 轨道的元素。*p* 区元素包括ⅢA 至 0 族元素。是元素周期表中唯一包含金属、准金属和非金属的一个区，因此，该区元素的化学性质具有多样性和明显的变化趋势。

在同周期元素中，由于 *p* 轨道上电子数的不同而呈现出明显不同的性质，如 13 号元素铝是金属，而 16 号元素硫却是典型的非金属。在同一族元素中，原子半径从上到下逐渐增大，而有效核电荷只是略有增加。因此，金属性逐渐增强，非金属性逐渐减弱。

p 区元素包含有金属固体、非金属固体、非金属液体及非金属气体(双原子分子)。它们的物理性质差异很大。一般地，同周期元素中，熔、沸点从左到右逐渐减小，同族元素中，熔、沸点从上到下逐渐增大。

p 区元素大多具有多种氧化值，其最高正氧化值等于其最外层电子数(即族数)。除此之外，还可显示可变氧化值，且正氧化值彼此之间的差值为 2，例如，硫原子的正氧化值分别为+2、+4、+6 等。由于 ns^2 电子的稳定性由上到下依次增大，使 *p* 区元素同一族中元素的低氧化值的稳定性逐渐增加，如 ⅢA 族中，B、Al、Ga 的主要氧化值为+3，而 Tl 则是+1。

p 区非金属元素(除稀有气体外)，在单质状态以非极性共价键结合。当非金属元素的原子半径较小，成单价电子数较小时，可形成独立的少原子分子，如 Cl_2、O_2、N_2 等；而当非金属元素的原子半径较大，成键电子较多时，则形成多原子的巨形分子，如 C、Si、B 等。

12.3.2 重要元素及其化合物

1. 硼

硼(Boron)是非金属元素。其单质有无定形和结晶形两种。前者呈棕黑色到黑色的粉末。后者呈乌黑色到银灰色，并有金属光泽。硬度与金刚石相近。硼在自然界以硼砂 $[Na_2B_4O_5(OH)_4 \cdot 8H_2O]$ 和四水硼砂 $[Na_2B_4O_5(OH)_4 \cdot 2H_2O]$，从中提取硼的粗产品。纯硼是用 H_2 还原 BBr_3 蒸气制得。

$$2BBr_3+3H_2 \xlongequal{\hspace{1cm}} 2B+6HBr$$

通常情况下，粉状硼只能与 F_2 和 HNO_3 起反应。硼与碱金属碳酸盐和氢氧化物混合物共熔时被完全氧化。硼是植物所必须的微量营养元素。微量硼能促进植物体内碳水化合物的合成和运转，促进生殖器官的正常发育，影响根、穗、叶中 RNA 的形成。

碱金属的四氢合硼酸盐($NaBH_4$ 和 $LiBH_4$)是实验室中常用的还原剂，也用作合成大多数硼氢化物的前体。碱金属和碱土金属的四氢合硼酸盐是储氢材料。

氮化硼是好的绝缘材料，热膨胀性低，耐受热冲击，用来制作高温坩埚。粉状氮化硼质软有光泽,应用于化妆品和个人护理行业。

　　硼可形成一系列共价氢化物(称硼烷),其中最简单也是最重要的是乙硼烷 B_2H_6,是典型的缺电子化合物。硼烷燃烧产生特征的绿色火焰,有些与空气接触发生爆炸。硼烷在室温下是无色具有难闻臭味的气体或液体。它们的物理性质与具有相应组成的烷烃相似,化学性质比烷烃活泼。硼烷曾经是常用的火箭燃料,但后来发现太易燃烧,难于安全操作。硼烷作为储氢材料是一个研究方向。

　　最有用的硼化物是硼砂(borax)。硼砂为无色透明晶体,在空气中容易失去部分水而风化,加热至 380~400℃,完全失水成为无水盐 $Na_2B_4O_7$,若加热到 878℃,则熔化为玻璃状物。溶化的硼砂能溶解许多金属氧化物,生成具有特征颜色的偏硼酸的复盐。例如:

$$Na_2B_4O_7+CoO =\!=\!= 2Na_2BO_2 \cdot Co(BO_2)_2(宝蓝色)$$

硼砂的这一性质用在定性分析上鉴定某些金属离子,称为硼砂珠试验。

　　硼砂易溶于水,水解而呈碱性,20℃时,硼砂溶液的 pH 值为 9.24。

　　硼砂日常可用作水的软化剂、清洁剂、杀虫剂。它也是一种用途很广的重要化工原料,用在陶瓷、玻璃工业中。

2. 碳

　　碳(Carbon)元素在地壳中约占 0.03%,是地球上分布最广化合物最多的元素。单质碳有石墨、金刚石和碳原子簇(最重要的是 C_{60})三种同素异形体。金刚石和石墨是两种常见的碳元素晶体。由于它们结构和成键方式不同,使其物理性质迥异。金刚石是电绝缘体,而石墨是良导体;金刚石是自然界已知最硬的物质,石墨质软;金刚石透明,石墨为黑色。碳原子簇有 C_{28}、C_{32}、C_{50}、C_{60}、C_{76}、C_{84}、C_{92}、C_{94}……C_{240}、C_{540} 等。C_{60} 室温下为分子晶体,具有较高的化学活性。可以制成掺 K、Rb、Ti、Ge 的超导体。

　　石墨烯是碳原子按六边形排列的单层石墨,被称为神奇的材料。它是已知强度最好的材料之一,断裂强度约为结构钢的 200 倍。它具有最高的热导率;弹性高于其他晶体。石墨烯显示高电导率,预计将来在计算机硬件上代替硅。

　　碳以二氧化碳(Carbondioxide)的形式存在于大气、天然水体以及钙和镁的不溶性碳酸盐中。CO_2 为无色、无臭的气体。主要来自于生物的呼吸,有机化合物的燃烧,动植物的腐败分解等。同时又通过植物的光合作用、碳酸盐岩石的形成等而消耗。目前,世界各国工业生产的迅速发展使空气中 CO_2 浓度逐渐增加,这已被认为是造成温室效(greenhouse effect)的主要原因之一。为减慢大气层中 CO_2 增加速率,方法之一是二氧化碳封存(carbon dioxide sequestration)技术,即从大气中分离出 CO_2,然后将其长期储存于地下。但技术昂贵,尚未使用。

　　固态 CO_2 是分子晶体,它的熔点很低(-78.5℃),固态 CO_2 会直接升华,故称干冰。干冰常用作致冷剂,其冷冻温度可达-70℃到-80℃;干冰还常被用于易腐食品的保存和运输中。

　　CO_2 不能自燃,又不助燃。密度比空气大,可使物质与空气隔绝,所以常用作灭火剂,也可作为防腐剂和灭虫剂。

　　CO_2 还是一种重要的化工原料。如 CO_2 与盐可制成碱;CO_2 与氨可制成尿素、碳酸氢铵；CO_2 也可用于制甲醇等。

超临界流体 CO_2 在化学合成中代替常规溶剂，成为实施绿色化学战略的重要组成部分。

3. 铝

铝(Aluminum)元素在地壳中的含量仅次于氧和硅，居第三位，是地壳中含量最丰富的金属元素。铝是工业上最重要的元素。铝存在于黏土和铝硅酸盐矿物中。工业上最重要的是铝土矿，铝土矿是水合氢氧化铝和氧化铝的复杂混合物，用以大规模制备铝。

铝与氧气的结合能力很强，铝暴露在空气中，其表面会形成一层致密的氧化膜。铝的粉末与空气混合则极易燃烧；熔融的铝能与水猛烈反应；高温下能将许多金属氧化物还原为相应的金属。铝在冷的浓 H_2SO_4、浓 HNO_3 中呈钝化状态，因此常用铝制品贮运浓 H_2SO_4、浓 HNO_3。但铝可与稀 HCl、稀 H_2SO_4 及碱发生反应放出氢气：

$$2Al+6HCl =\!=\!= 2AlCl_3+3H_2 \uparrow$$
$$2Al+3H_2SO_4 =\!=\!= Al_2(SO_4)_3+3H_2 \uparrow$$
$$2Al+2NaOH+2H_2O =\!=\!= 2NaAlO_2+3H_2 \uparrow$$

铝是使用最广泛的金属，其质轻、有良好的导电和导热性能和耐氧化而被用作导线、结构材料和日用器皿(如罐头、炊具)。铝有高反射性，其越纯，反射能力越好，因此常用来制造高质量的反射镜，如太阳灶反射镜等。铝有致密的氧化物保护膜，不易受到腐蚀，常被用来制造化学反应器、医疗器械、冷冻装置、石油精炼装置、石油和天然气管道。铝热剂常用来熔炼难熔金属和焊接钢轨等。铝还用做炼钢过程中的脱氧剂。铝粉和石墨、二氧化钛(或其它高熔点金属的氧化物)按一定比率均匀混合后，涂在金属上，经高温煅烧而制成耐高温的金属陶瓷，它在火箭及导弹技术上有重要应用。

许多铝化合物用作媒染剂，用于污水处理、造纸、食品添加剂和防水的纺织材料。氯化铝和氯代氢化铝用作止汗剂，氢氧化铝用作抗酸剂。掺杂了 TiF_3 的 $NaAlH_4$ 可用作储氢材料。

铝合金广泛应用于飞机、汽车、火车、船舶等制造工业。此外，宇宙火箭、航天飞机、人造卫星也使用大量的铝及其铝合金。航空、建筑、汽车三大重要工业的发展，要求材料特性具有铝及其合金的独特性质，这就大大有利于金属铝的生产和应用。

生成铝是能源密集型的高耗资产业，铝的回收有数十年历史，尤其是铝制易拉罐的流行和日用铝制品的回收增加了产业的活力。全球易拉罐的回收率为 70%。用在建筑和运输业的铝的回收率接近 90%，回收铝在满足社会对金属的需求上起着重要的作用。

4. 磷(Phosphorus)

白磷是蜡状固体，非常活泼，在空气中自燃生成 P_4O_{10}。在 300℃ 惰性气氛中加热转化为红磷，红磷在空气中不自燃。高压加热磷得到黑磷，它是最稳定的。磷用于生产烟火、烟幕弹、炼钢和制造合金。磷酸钠用作清洗剂、软水剂以防锅炉和管道结垢。磷是植物必需的营养元素。磷也是生物组织的成分，如骨骼、牙齿、细胞膜、核酸、三磷酸腺苷。

5. 硝酸

硝酸(Nitric acid)为平面共价分子,中心氮原子 sp^2 杂化,未参与杂化的一个 p 轨道与两个端氧形成三中心四电子键。硝酸中的羟基氢与非羟化的氧原子形成分子内氢键,这是硝酸酸性不及硫酸、盐酸,熔沸点较低的主要原因。纯硝酸为无色透明液体,浓硝酸为淡黄色液体。

硝酸可以任何比例与水混合,稀硝酸较稳定,浓硝酸见光或加热会按下式分解:

$$4HNO_3(浓) \rightleftharpoons 4NO_2 + O_2 + 2H_2O$$

分解产生的 NO_2 溶于浓硝酸中,使它的颜色呈现黄色到红色。

硝酸是一种强氧化剂,其还原产物与还原剂的本性、硝酸的浓度有关。硝酸与非金属硫、磷、碳、硼等反应时,不论浓、稀硝酸,它被还原的产物主要为 NO。硝酸与大多数金属反应时,浓硝酸一般皆被还原到 NO_2,稀硝酸可被还原到 NO,N_2O 直到 NH_4^+。一般地硝酸愈稀,金属愈活泼,硝酸被还原的程度愈大。如

$$Cu + 4HNO_3(浓) \rightleftharpoons Cu(NO_3)_2 + 2NO_2 + 2H_2O$$
$$Mg + 4HNO_3(浓) \rightleftharpoons Mg(NO_3)_2 + 2NO_2 + 2H_2O$$
$$3Cu + 8HNO_3(稀) \rightleftharpoons 3Cu(NO_3)_2 + 2NO + 4H_2O$$
$$4Mg + 10HNO_3(稀) \rightleftharpoons 4Mg(NO_3)_2 + N_2O + 5H_2O$$
$$4Mg + 10HNO_3(极稀) \rightleftharpoons 4Mg(NO_3)_2 + NH_4NO_3 + 3H_2O$$

硝酸是强酸,在稀溶液中完全电离。硝酸盐水溶液没有氧化性。

硝酸是工业上重要的三酸(盐酸、硫酸、硝酸)之一。它是制造化肥、炸药、染料、人造纤维、药剂、塑料和分离贵金属的重要化工原料。

硝酸主要通过氨空气氧化路线生产:

$$4NH_3 + 5O_2 \rightleftharpoons 4NO + 6H_2O$$
$$2NO + O_2 \rightleftharpoons 2NO_2$$
$$3NO_2 + H_2O \rightleftharpoons 2HNO_3 + NO$$

浓硝酸与浓盐酸(体积比 1:3)的混合物称为王水,可溶解金、铂等惰性贵金属。溶解的主要原因是王水中的 Cl^- 快速与金属离子生成配离子如 $[AuCl_4]^-$。王水的分解产物 $NOCl$ 和 Cl_2,的存在,王水呈黄色,随着它们挥发离去,王水会失效。

6. 氧、硫、硒

氧(Oxygen)是地壳中丰度最高的元素,存在于硅酸盐物质中。氧气由有机体光合作用中水的裂解反应产生。氧也以臭氧的形式存在,不如氧气稳定,常温下分解。臭氧为角形结构,反磁性物质。气态为蓝色,液态为蓝黑色,固态为紫黑色。臭氧能屏蔽紫外线对地球表面的辐射,因此对地球上的生命至关重要。通过空气液化后蒸馏可以从大气中得到氧。利用氮分子大于氧分子的特性,也可以使用特制的分子筛把空气中的氧分离出来。

氧的非金属性和电负性仅次于氟,除了稀有气体所有元素都能与氧起反应。氧大量用于污水处理,纸浆漂白、医疗和潜水。臭氧不但可以分解不易降解的聚氯烃苯、苯酚及萘等烷烃化合物,不饱和化合物,还可以使有色基团如重氮的双键分裂,对重水性染料的脱

色效应也很好，是一种优良的净水剂和脱色剂、杀菌剂。

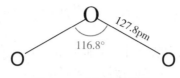

图 12-1　臭氧分子结构

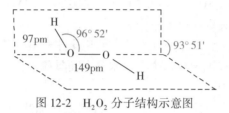

图 12-2　H_2O_2 分子结构示意图

过氧化氢(Hydrogen peroxide)为淡蓝色粘稠液体，沸点 150℃，沸腾时伴有爆炸分解。过氧化氢在液态和固态时，由于氢键的存在而产生分子的缔合。

过氧化氢可以与水以任何比例混溶，在水溶液中表现为一种极弱的二元酸：

$$H_2O_2 \rightleftharpoons H^+ + HO_2^-$$
$$HO_2^- \rightleftharpoons H^+ + O_2^{2-}$$

H_2O_2 既可作氧化剂，也可作还原剂。

$$H_2O_2 + 2I^- + 2H^+ = I_2 + 2H_2O$$
$$PbS + 4H_2O_2 = PbSO_4 + 4H_2O$$
$$2MnO_4^- + 5H_2O_2 + 16H^+ = 2\ Mn^{2+} + 5O_2 \uparrow + 8H_2O$$
$$Cl_2 + H_2O_2 = 2HCl + O_2 \uparrow$$

过氧化氢会歧化分解：

$$2H_2O_2 = 2H_2O + O_2$$

分解速率很慢，但许多无机化合物或杂质接触后会迅速分解而导致爆炸，大多数重金属(如铜、银、铅、汞、锌、钴、镍、铬、锰等)及其氧化物和盐类都是活性催化剂。因此，过氧化氢及其溶液用塑料瓶保存，并加入稳定剂。

过氧化氢是重要的无机化工原料，也是实验室常用试剂。由于其氧化还原产物为 O_2 或 H_2O，使用时不会引入其它杂质，所以过氧化氢是一种理想的氧化还原试剂。过氧化氢能将有色物质氧化为无色，所以可用来作漂白剂，它还具有杀菌作用，3%的溶液在医学上用作消毒剂和食品的防霉剂。90%的 H_2O_2 曾作为火箭燃料的氧化剂。

硫(Sulfur)在自然界中它经常以硫化物或硫酸盐的形式出现。在火山地区纯的硫也在自然界出现。硫有多种同素异形体和多种多晶形式，但最稳定的是环状 S_8 分子。硫是多种氨基酸的组成部分，由此是大多数蛋白质的组成部分。它主要被用在肥料中，也广泛地被用在火药、润滑剂、杀虫剂和抗真菌剂中。

硫在室温和加热条件下能与许多元素之间反应。硫与液体 I_2 不反应，因此，液体 I_2

可以作硫的低温溶剂。

硫能形成多种氧合酸。它们存在于水溶液中或以氧合阴离子形式存在于固态盐中，如 SO_3^{2-}、SO_4^{2-}、$S_2O_3^{2-}$、$S_2O_4^{2-}$、$S_2O_5^{2-}$、$S_2O_6^{2-}$ 氧合酸中的多种化合物在实验室和工业中都有重要用途。

硫酸(Sulfuric acid)是无色油状液体，凝固点和沸点分别为 10.4℃ 和 338℃，化学上常利用其高沸点性质将挥发性酸从其盐溶液中置换出来。例如，浓 H_2SO_4 与硝酸盐作用，可制得易挥发的 HNO_3。

$$H_2SO_4(浓)+NaNO_3 =\!=\!=\!= NaHSO_4+HNO_3$$

硫酸的化学性质主要表现在以下三个方面：

(1)吸水性。浓硫酸能和水结合为一系列的稳定水化物，因此它具有极强的吸水性，常用作干燥剂。它还能从有机化合物中夺取水分子而具脱水性。这一性质常用于炸药、油漆和一些化学药品的制造中。

(2)氧化性。浓硫酸是一种强的氧化剂，特别是在加热时它能氧化很多金属和非金属，而其本身被还原为 SO_2、S 或 S^{2-}。铁和铝易被浓硫酸钝化，可用来运输硫酸。稀硫酸没有氧化性，金属活泼性在氢以上的金属与稀硫酸作用产生氢气。

(3)酸性。硫酸是二元酸，稀硫酸能完全解离为 H^+ 和 HSO_4^-，其二级解离较不完全，$K^{\theta}a_2 = 1.2\times10^{-2}$。

硫酸是化学工业最重要的产品之一，它的用途极广，80%以上的硫酸用来与磷矿反应生成磷肥：

$$Ca_5F(PO_4)_3+5H_2SO_4+10H_2O =\!=\!=\!= 5CaSO_4 \cdot 2H_2O+HF+3H_3PO_4$$

硫酸还用于炸药生产、除去石油中的杂质、铅酸电池的电解质。也用来制造其它各种酸(HCl、HNO_3)、各种矾类及颜料、染料等。

硒(selenium)在地壳中的丰度比硫低上千倍。硒有灰硒、红硒和无定形硒等变体，最稳定的是晶态灰硒。无定形硒呈红色，可用 SO_2 还原 SeO_2 制得：

$$SeO_2+2SO_2+2H_2O =\!=\!=\!= Se+2SO_4^{2-}+4H^+$$

硒在空气中燃烧发出蓝色火焰，生成二氧化硒(SeO_2)。也能直接与各种金属和非金属反应，包括氢和卤素。不能与非氧化性的酸作用，但它溶于浓硫酸、硝酸和强碱中。溶于水的硒化氢能使许多重金属离子沉淀成为微粒的硒化物。硒与氧化态为+1 的金属可生成两种硒化物，即正硒化物(M_2Se)和酸式硒化物($MHSe$)。正的碱金属和碱土金属硒化物的水溶液会使元素硒溶解，生成多硒化合物(M_2Se_x)，与硫能形成多硫化物相似。

硒可以用作光敏材料、电解锰行业催化剂、动物体必需的营养元素和植物有益的营养元素等。硒在自然界的存在方式有两种，无机硒和植物活性硒。无机硒一般指亚硒酸钠和硒酸钠，从金属矿藏的副产品中获得；植物活性硒是硒通过生物转化与氨基酸结合而成，一般以硒蛋氨酸的形式存在。

7. 卤素单质

卤素(halogen)是周期表中ⅦA组元素。包括 F、Cl、Br、I、At。At 是放射性元素，不稳定，在自然界存在量极微。卤素单质熔、沸点按 $F_2\rightarrow Cl_2\rightarrow Br_2\rightarrow I_2$ 的次序依次增高。

除 F_2 外，卤素在水中的溶解度不大。Cl_2、Br_2、I_2 的水溶液分别称为氯水、溴水和碘水，颜色分别为黄绿色、橙色和棕黄色。卤素单质在有机溶剂中的溶解度比在水中的溶解度要大得多。如 Br_2 可溶于乙醚、氯仿、乙醇、四氯化碳、二硫化碳等溶剂中。另外，I_2 由于能与 I^- 形成 I_3^- 而易溶于水：

$$I_2 + I^- \rightleftharpoons I_3^-$$

卤素单质均有刺激性气味，强烈刺激眼、鼻、气管等粘膜，吸入少量时，会引起胸部疼痛和强烈咳嗽；吸入较多蒸气会发生严重中毒，甚至死亡。

卤素单质均为活泼的非金属，它们具有多方面的性质。卤素单质的化学性质比较见表12-3。

表 12-3 卤素单质化学性质的比较

卤素单质		F_2	Cl_2	Br_2	I_2
与 H_2 反应	反应条件及现象	低温、暗处，剧烈，爆炸	强光，爆炸	加热，缓慢	强热，缓慢，同时发生分解
	HX 的稳定性	很稳定	稳定	较不稳定	不稳定
与水反应	反应现象	剧烈、爆炸	歧化反应，较慢	歧化反应，缓慢	歧化反应，很慢
	生成物	HF 和 O_2	HCl 和 HClO(Cl_2)	HBr 和 HBrO(Br_2)	HI 和 HIO(I_2)
与金属反应		能氧化所有金属	能氧化除 Pt、Au 以外的金属	能与多数金属化合，有的需加热	可与多数金属化合，有的需加热或催化剂
X_2 的氧化性			逐渐减弱 →		
X^- 的还原性			逐渐增强 →		

卤素的用途非常广泛。F_2 大量用来制取有机氟化物，如高效灭火刘（CF_2ClBr、CBr_2F_2 等），杀虫剂（CCl_3F）、塑料（聚四氟乙稀）等。氟碳化合物应用广泛，如用作不粘锅涂层和耐卤素腐蚀的实验室器皿。四氟乙烷是提取天然产物的重要溶剂（如提取治疗癌症的化疗药物紫杉醇）。此外，液态 F_2 还是航天燃料的高能氧化剂。

Cl_2(chlorine)是一种重要的化工原料，主要用于盐酸、农药、炸药、有机染料、有机溶剂及化学试剂的制备，用于漂白纸张、布匹等。

Br_2(bromine)是制取有机和无机化合物的工业原料，广泛用于医药、农药、感光材料、含溴染料、香料等方面。它也是制取催泪性毒气和高效低毒灭火剂的主要原料。用 Br_2 制取的二溴乙烷（$C_2H_4Br_2$）是汽油抗震剂中的添加剂。

I_2(Iodine)在医药上有重要用途，如制备消毒剂（碘酒）、防腐剂（碘仿 CHI_3）、镇痛剂等。碘还用于制造偏光玻璃，在偏光显微镜、车灯、车窗上得到应用。碘化银为照相工业的感光材料，还可作人工降雨的"晶种"。当人体缺碘时，会导致甲状腺肿大、生长停滞等病症。

除 At_2 外，卤素单质都已实现大规模工业生产。采用的方法主要是电解卤化物。

12.4 d 区元素

12.4.1 d 区元素的通性

d 区元素包括 IIIB ~ VIIIB 族所有元素，又称过渡系元素，四、五、六周期分别称为第一、第二、第三过渡系。

d 区元素的价电子构型一般为 $(n-1)d^{1~8}ns^{1~2}$，d 区元素均为金属元素，金属键很强。单质一般质硬，色泽光亮，是电和热的良导体，其密度、硬度、熔点、沸点一般较高。在所有元素中，铬的硬度最大(9)，钨的熔点最高(3407℃)，锇的密度最大(22.61g·cm^{-3})，铼的沸点最高(5687℃)。

d 区元素因其特殊的电子构型，不仅 ns 电子可作为价电子，$(n-1)d$ 电子也可部分或全部作为价电子，因此，该区元素常具有多种氧化值，一般从+2 变到和元素所在族数相同的最高氧化值。

由于 d 区元素的原子或离子具有未充满的 $(n-1)d$ 轨道及 ns、np 空轨道，并且有较大的有效核电荷；同时其原子或离子的半径又较主族元素为小，因此它们不仅具有接受电子对的空轨道，同时还具有较强的吸引配位体的能力。因而它们有很强的形成配合物的倾向。例如，它们易形成氨配合物、氰基配合物、草酸基配合物等，除此之外，多数元素的中性原子能形成羰基配合物，如 $Fe(CO)_5$、$Ni(CO)_4$ 等，这是该区元素的一大特性。

d 区元素的许多水合离子、配离子常呈现颜色，这主要是由于电子发生 $d-d$ 跃近所致。具有 d^0、d^{10} 构型的离子，不可能发生 $d-d$ 跃迁，因而是无色的，而具有其它 d 电子构型的离子一般具有一定的颜色。

12.4.2 重要元素及其化合物

1. 钛(Titanium)及其合金

金属钛为银白色。其在地壳中的丰度次于铁。在所有元素中居第十位。钛的矿石主要有钛铁矿及金红石，广布于地壳及岩石圈之中。钛亦同时存在于几乎所有生物、岩石、水体及土壤中。钛熔点(1680℃)高，密度为 4.5g·cm^{-3}。钛的硬度与钢铁差不多，而它的重量只有同体积的钢的一半。钛具有强的抗腐蚀作用，即使王水也被不能腐蚀。

钛的优异性能使之成为理想的结构材料和特殊的功能材料，从而广泛地应用于现代科技与工业的各个领域。钛被誉为宇宙金属，空间金属。广泛用于超音速飞机、导弹、支载火箭和航天器上，目前世界上每年用于宇宙航行的钛，已达 1000 吨以上。钛也大量应用于石油化工、纺织、冶金机电设备等方面。

TiO_2 是最好的白色颜料，掺入油漆广泛用作颜料和防晒。它无毒，还用于食品着色。TiO_2 熔点很高，被用来制造耐火玻璃、釉料、珐琅、陶土、耐高温的实验器皿等。

钛或钛合金的密度与人的骨骼相近，对体内有机物不起化学反应，且亲和力强，易为人体所容纳，对任何消毒方式都能适应，因而常用于接骨、制造人工关节、牙科器械与填充物等。

此外，钛或钛合金还具有特殊的记忆功能、超导功能和储氢功能等。

2. 钒及其化合物

钒（Vanadium）是一种银灰色的金属。熔点 $1919\pm2℃$，属于高熔点稀有金属之列。它的沸点 $3000\sim3400℃$，钒的密度为 $6.11g/cm^3$。钒在自然界的矿物有 60 种以上。钒的用途十分广泛，有金属"维生素"之称。最初的钒大多应用于钢铁，通过细化钢的组织和晶粒，提高晶粒粗化温度，从而起到增加钢的强度、韧性和耐磨性。后来，人们逐渐又发现了钒在钛合金中的优异改良作用，并应用到航空航天领域，从而使得航空航天工业取得了突破性的进展。随着科学技术水平的飞跃发展，人类对新材料的要求日益提高。钒在非钢铁领域的应用越来越广泛，其范围涵盖了航空航天、化学、电池、颜料、玻璃、光学、医药等众多领域。

钒的盐类的颜色五光十色，如二价钒盐常呈紫色、三价钒盐呈绿色、四价钒盐呈浅蓝色、五氧化二钒是红色的。把它们加到玻璃中，制成彩色玻璃，也可以用来制造各种墨水。

钒具有生物功能，管控着生物体中控制钠 Na^+ 浓度的某些酶。钒对骨和牙齿正常发育及钙化有关，能增强牙对龋牙的抵抗力。钒还可以促进糖代谢，刺激钒酸盐依赖性 NADPH 氧化反应，增强脂蛋白脂酶活性，加快腺苷酸环化酶活化和氨基酸转化及促进红细胞生长等作用。

3. 铬、钼、钨

铬（Chromium）银白色金属，质硬，极耐腐蚀。广泛分布与地壳中，密度 $7.20g/cm^3$，熔点高。金属中，铬的硬度最大，可用于制造合金和不锈钢。铬镀层也被用来保护钢，同时增加表面的光亮度。铬盐被用作染料、颜料和防腐剂。铬是人体必需的微量元素，它涉及体内葡萄糖水平的控制。铬的化合物有毒，特别是 Cr（Ⅵ），有致癌作用。

钼（molybdenum）、钨（wolfram）都是高熔点、沸点的重金属，可用于制作特殊钢。钼在常温下不与 HF、HCl、稀 HNO_3、稀 H_2SO_4 及碱溶液反应。钼只溶于浓 HNO_3、王水或热而浓的 H_2SO_4、煮沸的 HCl 中。钼对所有物种都很重要，已知植物和动物体内至少有 20 种酶含钼。钼也是固氮酶的活性中心。钨是所有金属中熔点最高的，故被用作灯丝。钨能溶于硝酸和氢氟酸的溶液中。钨是典型的稀有金属，具有极为重要的用途。一系列电子光学材料、特殊合金、新型功能材料及有机金属化合物等均需使用独特性能的钨。广泛用于当代通讯技术、电子计算机、宇航开发、医药卫生、感光材料、光电材料、能源材料和催化剂材料等。

12.5 *ds* 区元素简介

ds 区元素包括 IB、IIB 族元素，主要指铜族（Cu、Ag、Au）和锌族（Zn、Cd、Hg）六种

元素。

ds 区元素的价电子构型为 $(n-1)d^{10}ns^{1\sim2}$，原子半径较小。

ds 区元素都具有特征的颜色，铜呈紫色，银呈白色，金呈黄色，锌呈微蓝色，镉和汞呈白色。

金属键比较弱，因此，与 d 区元素比较，ds 区元素有相对较低的熔、沸点。这种性质锌族尤为突出，汞(Hg)是常温下唯一的液态金属，气态汞是单原子分子。

ds 区元素大多具有高的延展性、导热性和导电性。金是一切金属中延展性最好的，如 1g 金既能拉成长 3km 的丝，也能压成 $1.0×10^{-4}$mm 厚的金箔；而银在所有金属中具最好的导电性(铜次之)、导热性和最低的接触电阻。

ds 去元素都能与卤素离子，氰根等形成稳定程度不同的配离子，其配位数通常是 4 或 2。

铜族元素的原子半径小，单质的稳定性以 Cu、Ag、Au 的顺序增大。铜族元素具有多种氧化值，铜的+2 氧化态最稳定，银和金在多数化合物中分别为+1 和+3 氧化态。

铜(Copper)在干燥的空气中很稳定，有 CO_2 及潮湿的空气时，则在表面生成绿色碱式碳酸铜(俗称"铜绿")；高温时，铜能与氧、硫、卤素直接化合。铜不溶于非氧化性稀酸，但能与 HNO_3 及热的浓 H_2SO_4 作用。

铜在电气、电子工业中应用最广、用量最大。用于各种电缆和导线，电机和变压器，开关以及印刷线路板的制造中。在机械和运输车辆制造中，用于制造工业阀门和配件、仪表、滑动轴承、模具、热交换器和泵等。在化学工业中广泛应用于制造真空器、蒸馏锅、酿造锅等。在国防工业中用以制造子弹、炮弹、枪炮零件等。在建筑工业中，用做各种管道、管道配件、装饰器件等。铜在生命系统中起着重要作用，人体有 30 多种含有铜的蛋白质和酶。血浆中的铜几乎全部结合在铜蓝蛋白中，铜蓝蛋白具有亚铁氧化酶的功能，在铁的代谢中起着重要的作用。

银(Silver)在空气中稳定，但银与含硫化氢的空气接触时，表面因生成一层 Ag_2S 而发暗，这是银币和银首饰变暗的原因。

银常用来制作灵敏度极高的物理仪器元件，各种自动化装置、火箭、潜水艇、计算机、核装置以及通讯系统，所有这些设备中的大量的接触点都是用银制作的。银离子以及化合物对某些细菌、病毒、藻类以及真菌显现出毒性，但对人体却几乎是完全无害的。银的这种杀菌效应使得它在活体外就能够将生物杀死。在医药上 $AgNO_3$ 常用做消毒剂和防腐剂。

金(Gold)是铜族元素中最稳定的，在常温下它几乎不与任何其它物质反应，只有强氧化性的"王水"才能溶解它。因此，金是最好的金属货币。

在自然界中，铜、银、金可以以单质状态、也可以以化合态存在。

锌族元素的氧化值一般为+2，只有汞有+1 氧化值的化合物，但以双聚离子 Hg_2^{2+} 形式存在，如 Hg_2Cl_2。锌族元素的化学活泼性比碱土金属要低得多，依 Zn、Cd、Hg 顺序依次降低。

锌(zinc)具有两性，既可溶于酸，也可溶于碱中。在潮湿的空气中，锌表面易生成一层致密的碱式碳酸锌而起保护作用。锌还可与氧、硫、卤素等在加热时直接化合。

锌在工业上和生物学上都很重要。可用作催化剂、还原剂，用于有机合成，也用于电镀锌和制备有色金属合金。锌是人体必需的微量元素之一，在人体生长发育、生殖遗传、免疫、内分泌等重要生理过程中起着极其重要的作用，被人们冠以"生命之花""智力之源"的美称。

汞(Mercury)常温下很稳定，加热至300℃时才能与氧作用，生成红色的 HgO。汞与硫在常温下混合研磨可生成无毒的 HgS。汞还可与卤素在加热时直接化合成卤化汞。汞不溶于盐酸或稀硫酸，但能溶于热的浓硫酸和硝酸中。汞还能溶解多种金属，如金、银、锡、钠、钾等形成汞的合金，叫汞齐，如钠汞齐、锡汞齐等。汞可用于温度计、气压计、压力计、血压计、浮阀、水银开关和其他装置，但是汞的毒性导致汞温度计和血压计在医疗上正被逐步淘汰，取而代之的是酒精填充，镓、铟、锡的合金填充，数码的或者基于电热调节器的温度计和血压计。汞仍被用于科学研究和补牙的汞合金材料。汞也被用于发光。荧光灯中的电流通过汞蒸气产生波长很短的紫外线，紫外线使荧光体发出荧光，从而产生可见光。

锌族元素在自然界中主要以硫化物形式存在：锌的最主要矿物是闪锌矿 ZnS、菱锌矿 $ZnCO_3$；汞的最主要矿物是辰砂(又名朱砂)HgS；硫化镉矿常以微量存在于闪锌矿中。

12.6　稀土元素简介

稀土元素(Rare Earth Element)是周期系ⅢB族中原子序数为21、39和57~71的17种化学元素的统称。其中原子序数为57~71的15种化学元素又统称为镧系元素。稀土元素有多种分组方法，目前最常用的分两组：镧(La)、铈(Ce)、镨(Pr)、钕(Nd)、钷(Pm)、钐(Sm)、铕(Eu)称为铈组稀土或轻稀土；钆(Gd)、铽(Tb)、镝(Dy)、钬(Ho)、铒(Er)、铥(Tm)、镱(Yb)、镥(Lu)钪(Sc)、钇(Y)称为钇组稀土或重稀土。稀土元素广泛存在于自然界中，地壳中的总丰度为0.0153%，超过一些常见金属如 Zn、Pb、Sn、W。铈组稀土含量高于钇组稀土。含量高的稀土矿物有数十种，其中磷酸盐矿物居多。独居石是最重要的稀土磷酸盐矿物。

大多数稀土元素呈现顺磁性。钆在0℃时比铁具更强的铁磁性。铽、镝、钬、铒等在低温下也呈现铁磁性。稀土元素都是很活泼的金属，性质极为相似，常见氧化态+3，其水合离子大多有颜色，易形成稳定的配化合物。稀土金属，由于熔点较低，在电解过程可呈熔融状态在阴极上析出，故一般均采用电解法制取。可用氯化物和氟化物两种盐系，前者以稀土氯化物为原料加入电解槽，后者则以氧化物的形式加入。

目前稀土元素的应用蓬勃发展，已扩展到科学技术的各个方面，尤其现代一些新型功能性材料的研制和应用，稀土元素已成为不可缺少的原料。

农业领域：稀土作为植物的生长、生理调节剂，对农作物具有增产、改善品质和抗逆性三大特征；同时稀土属低毒物质，对人畜无害，对环境无污染；合理使用稀土，可使农作物增强抗旱、抗涝和抗倒伏能力。

冶金工业领域：稀土在冶金工业中应用量很大，约占稀土总用量的1/3。稀土元素容易与氧和硫生成高熔点且在高温下塑性很小的氧化物、硫化物以及硫氧化合物等，钢水中加入稀土，可起脱硫脱氧改变夹杂物形态作用，改善钢的常、低温韧性、断裂性、减少某些钢的热脆性并能改善加热工性和焊接件的牢固性。

稀土在铸铁中作为石墨球化剂、形核剂核对有害元素的控制剂，提高铸件质量。在有色合金方面应用，改善合金的物理和机械性能。

石油化工领域：稀土用于石油裂化工业中的稀土分子筛裂化催化剂，特点是活性高、选择性好、汽油的生产率高。

玻璃工业领域：用于玻璃着色的稀土氧化物有钕（粉红色并带有紫色光泽）、镨玻璃为绿色（制造滤光片）等；二氧化铈可将玻璃中呈黄绿色的二价铁氧化为三价而脱色，避免了过去使用砷氧化物的毒性，还可以加入氧化钕进行物理脱色；稀土特种玻璃如铈玻璃（防辐射玻璃）、镧玻璃（光学玻璃）。

陶瓷工业领域：稀土可以加入陶瓷和瓷釉之中，减少釉面破裂并使其具有光泽。稀土氧化物可以制造耐高温透明陶瓷（应用于激光等领域）、耐高温坩埚（冶金）。

电光源工业领域：稀土作为荧光灯的发光材料，是节能性的光源，特点是光效好、光色好、寿命长。

显示器的发光材料：稀土元素中钇、铕是红色荧光粉的主要原料，广泛应用于彩色电视机、计算机及各种显示器。

磁性材料：钕、钐、镨、镝等是制造现代超级永磁材料的主要原料，其磁性高出普通永磁材料 4~10 倍，广泛应用于电视机、电声、医疗设备、磁悬浮列车及军事工业等高新技术领域。

储氢材料：贮氢合金中最具代表性的是 $LaNi_5$，吸氢后生成 $LaNi_5H_6$，其贮氢密度超过了液态氢。稀土最为成功的应用是制造二次电池——金属氢化物电池，即镍氢电池。其等体积充电容量是目前广泛使用的镍镉电池的 2 倍，充放电循环寿命和输出电压与镍镉电池一样，但没有了镉污染。

激光材料：稀土离子是固体激光材料和无机液体激光材料的最主要的激活剂，其中以掺 Nd^{3+} 的激光材料研究得最多，除钇铝石榴石（YAG）、铝酸钇（YAP）玻璃等基质外，高稀土浓度激光材料可能称为特殊应用的材料。

精密陶瓷：氧化钇部分稳定的氧化锆是性能十分优异的结构陶瓷，可制作各种特殊用途的刀剪；可以制作汽车发动机，因其具有高导热、低膨胀系数、热稳定性能好省燃料等优点。

催化剂：稀土除用于制造石油裂化催化剂外，广泛应用于很多化学反应，如稀土氧化物 LaO_3、Nd_2O_3 和 Sm_2O_3 用于环己烷脱氢制苯，用 $LnCoO_3$ 代替铂催化氧化氨制硝酸。并在合成异戊橡胶、顺丁橡胶的生产中作为催化剂。

稀土元素是汽车尾气净化催化剂的主要原料。可推动形成一个汽车尾气净化器产品。

高温超导材料：许多单一稀土氧化物及其某些混合稀土氧化物是高温超导材料的重要原料。

稀土是一种生物微量元素。其在医药方面有广泛的应用。

阅读材料

科学家小传——门捷列夫

俄罗斯科学家德米特里·伊万诺维奇·门捷列夫 1834 年 2 月 7 日出生于西伯利亚托博尔斯克，1848 年入彼得堡专科学校学习，1850 年入彼得堡师范学院学习化学，1855 年取得教师资格，毕业后在敖德萨中学担任教师。1856 年以《硅酸盐化合物的结构》获硕士学位，1857 年任彼得堡大学副教授。1859 年赴德国海德堡大学深造，在本生实验室工作。1861 年回国后，先后任彼得堡工艺学院和技术专科学校化学教授，从事科学著述工作。1865 年获化学博士学位。1866 年任彼得堡大学普通化学教授，1867 年任化学教研室主任。1890 年当选为英国皇家学会外国会员。1893 年被聘为国家度量衡局局长。曾获得戴维奖章、法拉第奖章及科普勒奖章。门捷列夫对化学学科发展的最大贡献是发现了自然科学的一条基本定律——化学元素周期律。在十九世纪后期和二十世纪初，他的名著《化学原理》，被国际化学界公认为标准著作，先后共出了八版，影响了一代又一代的化学家。

攀登科学高峰的道路，充满了曲折和艰辛。门捷列夫不分昼夜地研究，探求元素的化学特性和它们的一般的原子特性过程中，一次又一次地失败。但是他不屈服，不灰心，坚持探索。在批判地继承前人工作的基础上，对大量实验事实进行了订正、分析和概括，总结出这样一条规律：元素(以及由它所形成的单质和化合物)的性质随着原子量(现根据国家标准称为相对原子质量)的递增而呈周期性的变化，既元素周期律。并预言了一些尚未被发现的元素，若干年后，他的预言都得到了证实。门捷列夫工作的成功，引起了科学界的震动。人们为了纪念他的功绩，就把元素周期律和周期表称为门捷列夫元素周期律和门捷列夫元素周期表。门捷列夫除了发现元素周期律外，在石油工业、农业化学、无烟火药、度量衡等领域也做出了许多贡献。门捷列夫相信科学有利于人类幸福，他曾说过："科学的种子，是为了人民的收获而生长的。"

1907 年 2 月 2 日门捷列夫逝世，享年 73 岁。为纪念这位伟大的科学家，1955 年，由美国的乔索(A. Gniorso)、哈维(B. G. Harvey)、肖邦(G. R. Choppin)等人，在加速器中用氦核轰击锿($253Es$)，锿与氦核相结合，发射出一个中子，而获得了新的元素，便以门捷列夫(Mendeleyev)的名字命名为钔(Mendelevium，Md)。

习　题

12-1　s 区元素有什么通性？IA 和 IIA 族元素的金属性递变规律如何？

12-2　d 区元素有什么通性？

12-3　温室效应的产生原因和后果是什么？

12-4　H_2O_2 既可作氧化剂又可作还原剂，试举例写出有关的化学方程式。

12-5　有关元素氟、氯、溴、碘的共性，错误的描述是(　　　)。

　　　A. 都可生成共价化合物　　　　　　B. 都可作为氧化剂

C. 都可生成离子化合物　　　　　D. 都可溶于水放出氧气

12-6　按 F_2、Cl_2、Br_2、I_2 的顺序，下列说法中不正确的是(　　)。

A. 与氢气反应由难到易　　　　B. 非金属活性由强到弱

C. 常温、常压下密度逐渐升高　D. 与水反应由易到难

12-7　实验室不宜用浓 H_2SO_4 与金属卤化物制备的 HX 气体有(　　)。

A. HF 和 HI　　　B. HBr 和 HI　　　C. HF、HBr 和 HI　　　D. HF 和 HBr

12-8　常温下最稳定的晶体硫的分子式为(　　)。

A. S_2　　　　　B. S_4　　　　　C. S_6　　　　　D. S_8

12-9　硼砂的水溶液呈(　　)。

A. 碱性　　　　B. 中性　　　　C. 酸性　　　　D. 弱酸性

12-10　在下列性质中，碱金属比碱土金属高(或大)的是(　　)。

A. 熔点　　　　B. 沸点　　　　C. 硬度　　　　D. 半径

12-11　下列性质中，碱金属和碱土金属都不具有的是(　　)。

A. 与水剧烈反应　　　　　　　B. 与酸反应

C. 与强还原剂反应　　　　　　D. 与碱反应

12-12　在活泼金属 Na、K、Rb、Cs 中，Cs 是最活泼的，因为(　　)。

A. 它的半径最大　　　　　　　B. 它对价电子的吸引力最大

C. 它的价电子数量最多　　　　D. 它的价电子离核最远

12-13　下面哪一条不是稀土元素单质的通性(　　)。

A. 金属性较强

B. 镧系元素单质通常是银白色

C. 镧系元素单质保存时避免与氧接触

D. 镧系金属难于机械加工成型

12-14　写出下列反应的离子方程式：

(1)锌与氢氧化钠的反应；

(2)铜与稀硝酸的反应；

(3)银器在含 H_2S 空气中变黑；

(4)铜器在潮湿的空气中会生成"铜绿"。

12-15　浓 H_2SO_4、NaOH(s)、无水 $CaCl_2$、P_2O_5 都是常用的干燥剂，若要干燥 NH_3，应选用上述哪种干燥剂？为什么？

12-16　卤素单质的氧化性有何递变规律？与原子结构有什么关系？

参 考 文 献

[1]王运，胡先文. 无机及分析化学(4版)[M]. 北京：科学出版社，2016.

[2]大连理工大学无机化学教研室. 无机化学(2版)[M]. 北京：高等教育出版社，2001.

[3]何凤姣. 无机化学[M]. 北京：科学出版社，2001.

[4]杨帆，单永奎，林纪筠. 配位化学基础[M]. 上海：华东师范大学出版社，2002.

[5]宣贵达. 无机及分析化学学习指导(2版)[M]. 北京：高等教育出版社，2009.

[6]宋天佑，程鹏，徐家宁，张丽荣. 无机化学(2版)[M]. 北京：高等教育出版社，2015.

[7]周旭光. 无机化学[M]. 北京：清华大学出版社，2012.

[8]天津大学无机化学教研室. 无机化学(2版)[M]. 北京：高等教育出版社，2010.

[9]贾之慎. 无机及分析化学(2版)[M]. 北京：高等教育出版社，2008.

[10]张绪宏，尹学博. 无机及分析化学(1版)[M]. 北京：高等教育出版社，2011.

[11]邢文卫. 分析化学(1版)[M]. 北京：化学工业出版社，1997.

[12]张绪宏，尹学博. 无机及分析化学[M]. 北京：高等教育出版社，2011.

[13]史启祯. 无机化学与化学分析(2版)[M]. 北京：高等教育出版社，2005.

[14]南京大学《无机及分析化学》编写组. 无机及分析化学(4版)[M]. 北京：高等教育出版社，2006.

[15]武汉大学. 分析化学(5版)[M]. 北京：高等教育出版社，2010.

[16]李珺，雷依波，刘斌，王文渊，曾凡龙等译. 无机化学(6版)[M]. 北京：高等教育出版社，2018.

[17]李启隆，胡劲波. 电分析化学(2版)[M]. 北京：北京师范大学出版社，2007.

[18]呼世斌，翟彤宇. 无机及分析化学(3版)[M]. 北京：高等教育出版社，2010.

[19]于世林，苗凤琴. 分析化学(3版)[M]. 北京：化学工业出版社，2010.

[20]刘立行. 仪器分析(2版)[M]. 北京：中国石化出版社，2008.

[21]杜一平. 现代仪器分析方法(2版)[M]. 上海：华东理工大学出版社，2015.

附 录

附录 Ⅰ 一些物质的 $\Delta_f H_m^{\theta}$、$\Delta_f G_m^{\theta}$ 和 S_m^{θ} 值(298.15K)

物质	$\Delta_f H_m^{\theta}(\text{kJ}\cdot\text{mol}^{-1})$	$\Delta_f G_m^{\theta}(\text{kJ}\cdot\text{mol}^{-1})$	$S_m^{\theta}(\text{J}\cdot\text{mol}^{-1}\cdot\text{K}^{-1})$
Ag(s)	0	0	42.6
Ag^+(aq)	105.4	76.98	72.8
AgCl(s)	−127.1	−110	96.2
AgBr(s)	−100	−97.1	107
AgI(s)	−61.9	−66.1	116
$AgNO_2$(s)	−45.1	19.1	128
$AgNO_3$(s)	−124.4	−33.5	141
Ag_2O(s)	−31.0	−11.2	121
Al(s)	0	0	28.3
Al_2O_3(s, 刚玉)	−1675.7	−1582.3	50.92
Al^{3+}(aq)	−531	−485	−322
AsH_3(g)	66.4	68.9	222.6
AsF_3(l)	−821.3	−774.0	181.2
As_2O_3(s, 单斜)	−1309.6	−1154.0	234.3
Au(s)	0	0	47.3
Au_2O_3(s)	80.8	163	126
B(s)	0	0	5.85
B_2H_6(g)	35.6	86.6	232
B_2O_3(s)	−1272.8	−1193.7	54.0
$B(OH)_4^-$(aq)	−1343.9	−1153.1	102.5
H_3BO_3(s)	−1094.5	−969.0	88.8
Ba(s)	0	0	62.8
Ba^{2+}(aq)	−537.6	−560.7	9.6
BaO(s)	−548.1	−525.1	72.1
$BaCO_3$(s)	−1216.3	−1138	112.1
$BaSO_4$(s)	−1473	−1362	132
Br_2(g)	30.91	3.14	245.35
Br_2(l)	0	0	152.2
Br^-(aq)	−121	−104	82.4
HBr(g)	−36.4	−53.6	198.7

续表

物质	$\Delta_f H_m^\theta(kJ \cdot mol^{-1})$	$\Delta_f G_m^\theta(kJ \cdot mol^{-1})$	$S_m^\theta(J \cdot mol^{-1} \cdot K^{-1})$
$HBrO_3(aq)$	−67.1	−18	161.5
C(s, 金刚石)	1.9	2.9	2.4
C(s, 石墨)	0	0	5.73
$CH_4(g)$	−74.8	50.8	186.2
$C_2H_4(g)$	52.3	68.2	219.4
$C_2H_6(g)$	−84.68	−32.89	229.5
$C_2H_2(g)$	226.75	209.2	200.8
$CH_2O(g)$	−115.9	−110	218.7
$CH_3OH(g)$	−201.2	−161.9	238
$CH_3OH(l)$	−238.7	−166.4	127
$CH_3CHO(g)$	−166.4	−133.7	266
$C_2H_5OH(g)$	−235.3	−168.6	282
$C_2H_5OH(l)$	−277.6	−174.9	161
$CH_3COOH(l)$	−484.5	−390	160
$C_6H_{12}O_6(s)$	−1274.4	−907.9	212
CO(g)	−110	−137.2	197.6
$CO_2(g)$	−393.5	−394.6	213.6
Ca(s)	0	0	41.4
$Ca^{2+}(s)$	−542.7	−553.5	−53.1
CaO(s)	−635.1	−604.2	39.7
$CaCO_3(s, 方解石)$	−1206.9	−1128.8	92.9
$CaC_2O_4(s)$	−1360.6	−	−
$Ca(OH)_2(s)$	−986.1	−896.8	83.39
$CaSO_4(s)$	−1434.1	−1437	130.5
$CaSO_4 \cdot 1/2H_2O(s)$	−1577	−1437	130.5
$CaSO_4 \cdot 2H_2O(s)$	−2023	−1797	194.1
$Ce^{3+}(aq)$	−700.4	676	−205
$CeO_2(s)$	−1083	−1025	62.3
$Cl_2(g)$	0	0	223
$Cl^-(aq)$	−167.2	−131.3	56.6
$ClO^-(aq)$	−107.1	−36.8	41.8
HCl(g)	−92.5	−95.4	186.6
HClO(aq, 非解离)	−121	−79.9	142
$HClO_3(aq)$	104.0	−8.03	162
$HClO_4(aq)$	−9.7	−	−
Co(s)	0	0	30.0
Co2+(aq)	−58.2	−54.3	−113
$CoCl_2(s)$	−312.5	−270	109.2
$CoCl_2 \cdot 6H_2O(s)$	−2115	−1725	343
Cr(s)	0	0	23.77
$CrO_4^{2-}(aq)$	−881.1	−728	50.2

物质	$\Delta_f H_m^\theta (kJ \cdot mol^{-1})$	$\Delta_f G_m^\theta (kJ \cdot mol^{-1})$	$S_m^\theta (J \cdot mol^{-1} \cdot K^{-1})$
$Cr_2O_7^{2-}(aq)$	-1490	-1301	262
$Cr_2O_3(s)$	-1140	-1058	81.2
$CrO_3(s)$	-589.5	-506.3	-
$(NH_4)Cr_2O_7(s)$	-1807	-	-
$Cu(s)$	0	0	33
$Cu^+(aq)$	71.5	50.2	41
$Cu^{2+}(aq)$	64.77	65.52	-99.6
$Cu_2O(s)$	-169	-146	93.3
$CuO(s)$	-157	-130	42.7
$CuSO_4(s)$	-771.5	-661.9	109
$CuSO_4 \cdot H_2O(s)$	-2321	-1880	300
$F(g)$	0	0	202.7
$F^-(aq)$	-333	-279	-14
$HF(g)$	-271	-272	174
$Fe(s)$	0	0	27.3
$Fe^{2+}(aq)$	-89.1	-78.6	-138
$Fe^{3+}(aq)$	-48.5	-4.6	-316
$FeO(s)$	-272	-	-
$Fe_2O_3(s)$	-824	-742.2	87.4
$Fe_3O_4(s)$	-1118	-1015	146
$Fe(OH)_2(s)$	-569	-486.6	88
$Fe(OH)_3(s)$	-823.0	-696.6	107
$H_2(g)$	0	0	130.6
$H^+(aq)$	0	0	0
$H_2O(g)$	-241.8	-228.6	-188.7
$H_2O(l)$	-285.8	-237.2	69.91
$H_2O_2(l)$	-187.8	-120.4	109.6
$OH^-(aq)$	-230.0	-157.3	-10.8
$Hg(l)$	0	0	76.1
$Hg^{2+}(aq)$	171	164	-32
$Hg_2^{2+}(aq)$	172	153	84.5
$HgO(s,红色)$	-90.8	-58.6	70.3
$HgO(s,黄色)$	-90.4	-58.43	71.1
$HgI_2(s,红色)$	-105	-102	180
$HgS(s,红色)$	-58.1	-50.6	82.4
$I_2(s)$	0	0	116
$I_2(g)$	62.4	19.4	261
$I^-(aq)$	-55.2	-51.6	111
$HI(g)$	25.6	1.72	207
$HIO_3(s)$	-230	-	-
$K(s)$	0	0	64.7

续表

物质	$\Delta_f H_m^\theta(\text{kJ}\cdot\text{mol}^{-1})$	$\Delta_f G_m^\theta(\text{kJ}\cdot\text{mol}^{-1})$	$S_m^\theta(\text{J}\cdot\text{mol}^{-1}\cdot\text{K}^{-1})$
$K^+(aq)$	−252.4	−238	102
$KCl(s)$	−436.8	−409.2	82.59
$K_2O(s)$	−361	−	−
$K_2O_2(s)$	−494.1	−425.1	102
$Li^+(aq)$	−278.5	−293.3	13
$Li_2O(s)$	−597.9	−561.1	37.6
$Mg(s)$	0	0	32.7
$Mg^{2+}(aq)$	−466.9	−454.8	−138
$MgCl_2(s)$	−641.3	−591.8	89.6
$MgO(s)$	−601.7	−569.4	26.9
$MgCO_3(s)$	−1096	−1012	65.7
$Mn(s,\ \alpha)$	0	0	32.0
$Mn^{2+}(aq)$	−220.7	−228	−73.6
$MnO_2(s)$	−520.1	−465.3	53.1
$N_2(g)$	0	0	192
$NH_3(g)$	−46.11	−16.5	192.3
$NH_3\cdot H_2O(aq)$	−366.1	−263.8	181
$N_2H_4(l)$	50.6	149.2	121
$NH_4Cl(s)$	−315	−203	94.6
$NH_4NO_3(s)$	−366	−184	151
$(NH_4)SO_4(s)$	−901.9	−	187.5
$NO(g)$	90.4	86.6	210
$NO_2(g)$	33.8	51.5	240.4
$N_2O(g)$	81.55	103.6	220
$N_2O_4(g)$	9.7	97.82	304.3
$HNO_3(l)$	−174	−80.8	156
$Na(s)$	0	0	51.2
$Na^+(aq)$	−240	−262	59.0
$NaCl(s)$	−327.4	−348.2	72.1
$Na_2B_4O_7(s)$	−3291	−3096	189.5
$NaBO_2(s)$	−977.0	−920.7	73.5
$Na_2CO_3(s)$	−1130.7	−1044.5	135
$NaHCO_3(s)$	−950.8	−851.0	102
$NaNO_2(s)$	−358.7	−284.6	104
$NaNO_3(s)$	−467.9	−367.1	116.5
$Na_2O(s)$	−414	−375.5	75.06
$Na_2O_2(s)$	−510.9	−447.7	93.3
$NaOH(s)$	−425.6	−379.5	64.4
$O_2(g)$	0	0	205.1
$O_3(g)$	143	163	238.8
$P(s,\ 白)$	0	0	41.1

物质	$\Delta_f H_m^\theta$(kJ·mol^{-1})	$\Delta_f G_m^\theta$(kJ·mol^{-1})	S_m^θ(J·mol^{-1}·K^{-1})
P(s，红，三斜晶体)	−17.6	−12.1	22.80
PCl$_3$(g)	−287	−268	311.7
PCl$_5$(g)	−398.9	−324.6	353
P$_4$Cl$_{10}$(s，六方)	−2984	−2698	228.9
Pb(s)	0	0	64.9
Pb^{2+}(aq)	−1.7	−24.4	10
PbO(s，黄色)	−215	−188	68.6
PbO(s，红色)	−219	−189	66.5
Pb$_3$O$_4$(s)	−718.4	−601.2	211
PbO$_2$(s)	−277	−217	68.6
PbS(s)	−100	−98.7	91.2
S(s，斜方)	0	0	31.8
S^{2-}(aq)	33.1	85.8	−14.6
H$_2$S(s)	−20.6	−33.6	206
SO$_2$(g)	−296.8	−300.2	248.5
SO$_3$(g)	−395.7	−371.1	256.2
SO$_3^{2-}$(aq)	−635.5	−486.6	−29
SO$_4^{2-}$(aq)	−909.3	−744.6	20
SiO$_2$(s，石英)	−910.9	−856.7	41.8
SiF$_4$(g)	−1614.9	−1572.7	282.4
SiI$_4$(l)	−687.0	−619.9	239.7
Sn(s，白色)	0	0	51.6
Sn(s，灰色)	−2.1	0.13	44.14
Sn^{2+}(aq)	−8.8	−27.2	−16.7
SnO(s)	−286	−257	56.5
SnO$_2$(s)	−580.7	−519.6	52.3
Sr^{2+}(aq)	−545.8	−559.4	−32.6
SrO(s)	−592.0	−561.9	54.4
SrCO$_3$(s)	−1220	−1140	97.1
Ti(s)	0	0	30.6
TiO$_2$(s，金红石)	−944.7	−889.5	50.3
TiCl$_4$(l)	−804.2	−737.2	252.3
V$_2$O$_5$(s)	−1551	−1420	131
WO$_3$(s)	−842.9	−764.1	75.9
Zn(s)	0	0	41.6
Zn^{2+}(aq)	−153.9	−147.0	−112
ZnO(s)	−348.3	−318.3	43.6
ZnS(s，闪锌矿)	−206.0	−210.3	57.7

附录 Ⅱ   弱酸、弱碱的离解平衡常数 K^θ

1. 弱酸

名称	分子式	级数	温度(℃)	K_a^θ	pK_a^θ
砷酸	H_3AsO_4	1	18	5.62×10^{-3}	2.25
		2	18	1.70×10^{-7}	6.77
		3	18	3.95×10^{-12}	11.40
亚砷酸	$HAsO_2$	1	25	6.0×10^{-10}	9.22
硼酸	H_3BO_3	1	20	7.3×10^{-10}	9.14
碳酸	H_2CO_3	1	25	4.30×10^{-7}	6.37
		2	25	5.61×10^{-11}	10.25
氢氰酸	HCN	1	25	4.93×10^{-10}	9.31
铬酸	H_2CrO_4	1	25	1.8×10^{-1}	0.74
		2	25	3.20×10^{-7}	6.49
氢氟酸	HF	1	25	3.53×10^{-4}	3.45
亚硝酸	HNO_2	1	12.5	4.6×10^{-4}	3.34
过氧化氢	H_2O_2	1	25	2.4×10^{-12}	11.62
磷酸	H_3PO_4	1	25	7.52×10^{-3}	2.12
		2	25	6.23×10^{-8}	7.20
		3	25	4.4×10^{-13}	12.36
亚磷酸	H_3PO_3	1	25	5.0×10^{-2}	1.30
		2	25	2.5×10^{-7}	6.60
氢硫酸	H_2S	1	18	9.1×10^{-8}	7.04
		2	18	1.1×10^{-12}	11.96
硫酸	H_2SO_4	2	25	1.2×10^{-2}	1.92
亚硫酸	H_2SO_3	1	18	1.54×10^{-2}	1.81
		2	18	1.02×10^{-7}	6.99
硅酸	H_2SiO_4	1	30	2.51×10^{-10}	9.60
		2	30	1.58×10^{-12}	11.80
甲酸	$HCOOH$	1	25	1.77×10^{-4}	3.75
乙酸	CH_3COOH	1	25	1.76×10^{-5}	4.75
一氯乙酸	$CH_2ClCOOH$	1	25	1.4×10^{-3}	2.85
二氯乙酸	$CHCl_2COOH$	1	25	3.32×10^{-2}	1.48
三氯乙酸	CCl_3COOH	1	25	0.23	0.64
乳酸	$CH_3CHOHCOOH$	1	25	1.4×10^{-4}	3.86

续表

名称	分子式	级数	温度(℃)	K_a^{θ}	pK_a^{θ}
苯甲酸	C_6H_5COOH	1	25	6.28×10^{-5}	4.20
草酸	$H_2C_2O_4$	1	25	5.9×10^{-2}	1.23
		2	25	6.4×10^{-5}	4.19
酒石酸	$[CH(OH)COOH]_2$	1	25	9.20×10^{-4}	3.04
		2	25	4.31×10^{-5}	4.36
邻苯二甲酸	$C_8H_6O_4$	1	25	1.1×10^{-3}	2.96
		2	25	3.91×10^{-6}	5.41
柠檬酸	$C_6H_8O_7$	1	20	7.1×10^{-4}	3.15
		2	20	1.68×10^{-5}	4.77
		3	20	4.1×10^{-7}	6.39
苯酚	C_6H_5OH	1	20	1.0×10^{-10}	10.00
水杨酸	$C_6H_4(OH)COOH$	1	25	1.05×10^{-3}	2.98
		2	25	4.17×10^{-13}	12.38
铵盐	NH_4^+	1	25	5.64×10^{-10}	9.25
EDTA	H_6Y^{2+}	1	25	1.3×10^{-1}	0.90
	H_5Y^+	2	25	2.5×10^{-2}	1.60
	H_4Y	3	25	1.0×10^{-2}	2.00
	H_3Y^-	4	25	2.1×10^{-3}	2.67
	H_2Y^{2-}	5	25	6.9×10^{-7}	6.16
	HY^{3-}	6	25	5.5×10^{-11}	10.26

2. 弱碱

名称	分子式	级数	温度(℃)	K_b^{θ}	pK_b^{θ}
氢氧化铝	$Al(OH)_3$		25	1.38×10^{-9}	8.86
氢氧化铍	$Be(OH)_2$	1	25	1.78×10^{-6}	5.75
		2	25	2.51×10^{-9}	8.60
氨水	NH_3	1	25	1.77×10^{-5}	4.75
羟胺	NH_2OH	1	25	9.1×10^{-9}	8.04
甲胺	CH_3NH_2	1	25	4.17×10^{-4}	3.38
乙胺	$C_2H_5NH_2$	1	25	5.6×10^{-4}	3.25
乙醇胺	$HOCH_2CH_2NH_2$	1	25	3.16×10^{-5}	4.50
六次甲基四胺	$(CH_2)_6N_4$	1	25	1.4×10^{-9}	8.85
乙二胺	$H_2NCH_2CH_2NH_2$	1	25	8.5×10^{-5}	4.07
		2	25	7.1×10^{-8}	7.15
吡啶	C_5H_5N			1.5×10^{-9}	8.82

附录 Ⅲ　常用缓冲溶液的缓冲范围

缓冲体系	pK_a^{θ}	pH 缓冲范围
HCl-NH$_2$CH$_2$COOH(甘氨酸)	2.4	1.4~3.4
HCl-C$_6$H$_4$(COO)$_2$HK(邻苯二甲酸氢钾)	3.1	2.2~4.0
C$_3$H$_5$(COOH)$_3$(柠檬酸)-NaOH	2.9, 4.1, 5.8	2.2~6.5
HCOOH-NaOH	3.8	2.8~4.6
HAc-NaAc	4.75	3.6~5.6
C$_6$H$_4$(COO)$_2$HK(邻苯二甲酸氢钾)-KOH	5.4	4.0~6.2
C$_3$H$_5$(COO)$_3$HNa$_2$(柠檬酸二钠)-NaOH	5.8	5.0~6.3
KH$_2$PO$_4$-NaOH	7.2	5.8~8.0
KH$_2$PO$_4$-硼砂	7.2	5.8~9.2
KH$_2$PO$_4$-K$_2$HPO$_4$	7.2	5.9~8.0
H$_3$BO$_3$-硼砂	9.2	7.2~9.2
H$_3$BO$_3$-NaOH	9.2	8.0~10.0
NH$_2$CH$_2$COOH(甘氨酸)-NaOH	9.7	8.2~10.1
NH$_4$Cl-NH$_3$·H$_2$O	9.3	8.3~10.3
NaHCO$_3$-Na$_2$CO$_3$	10.3	9.2~11.0
Na$_2$HPO$_4$-NaOH	12.3	11.0~12.0

附录 IV　难溶电解质的标准溶度积常数 K_{sp}^{θ}（298.15K）

难溶电解质		溶度积	难溶电解质		溶度积
名称	化学式		名称	化学式	
氟化钙	CaF_2	5.3×10^{-9}	氢氧化锌	$Zn(OH)_2$	1.2×10^{-17}
氟化锶	SrF_2	2.5×10^{-9}	氢氧化镉	$Cd(OH)_2$（新↓）	2.5×10^{-14}
氟化钡	BaF_2	1.0×10^{-6}	氢氧化铬	$Cr(OH)_3$	6.3×10^{-31}
二氯化铅	$PbCl_2$	1.6×10^{-5}	氢氧化亚锰	$Mn(OH)_2$	1.9×10^{-13}
氯化亚铜	$CuCl$	1.2×10^{-6}	氢氧化亚铁	$Fe(OH)_2$	1.8×10^{-16}
氯化银	$AgCl$	1.8×10^{-10}	氢氧化铁	$Fe(OH)_3$	4×10^{-38}
氯化亚汞	Hg_2Cl_2	1.3×10^{-18}	碳酸钡	$BaCO_3$	5.4×10^{-9}
二碘化铅	PbI_2	7.1×10^{-9}	铬酸钙	$CaCrO_4$	7.1×10^{-4}
溴化亚铜	$CuBr$	5.3×10^{-9}	铬酸锶	$SrCrO_4$	2.2×10^{-5}
溴化银	$AgBr$	5.0×10^{-13}	铬酸钡	$BaCrO_4^{2)}$	1.6×10^{-10}
溴化亚汞	Hg_2Br_2	5.6×10^{-23}	铬酸铅	$PbCrO_4$	2.8×10^{-13}
二溴化铅	$PbBr_2$	4.0×10^{-5}	铬酸银	Ag_2CrO_4	1.1×10^{-12}
碘化银	AgI	8.3×10^{-17}	重铬酸银	$Ag_2Cr_2O_7$	2.0×10^{-7}
碘化亚铜	CuI	1.1×10^{-12}	硫化亚锰	$MnS^{2)}$	1.4×10^{-15}
碘化亚汞	Hg_2I_2	4.5×10^{-29}	氢氧化钴	$Co(OH)_3$	1.6×10^{-44}
硫化铅	PbS	8.0×10^{-28}	氢氧化亚钴	$Co(OH)_2$（粉红）	2×10^{-16}
硫化亚锡	SnS	1.0×10^{-25}		$Co(OH)_2$（新↓）	1.6×10^{-15}
三硫化二砷	$As_2S_3^{2)}$	2.1×10^{-22}	氯化氧铋	$BiOCl$	1.8×10^{-31}
三硫化二锑	$Sb_2S_3^{2)}$	1.5×10^{-93}	碱式氯化铅	$PbOHCl$	2.0×10^{-14}
三硫化二铋	$Bi_2S_3^{2)}$	1×10^{-97}	氢氧化镍	$Ni(OH)_2$	2.0×10^{-15}
硫化亚铜	Cu_2S	2.5×10^{-48}	硫酸钙	$CaSO_4$	9.1×10^{-6}
硫化铜	CuS	6.3×10^{-36}	硫酸锶	$SrSO_4$	4.0×10^{-8}
硫化银	Ag_2S	6.3×10^{-50}	硫酸钡	$BaSO_4$	1.1×10^{-10}
硫化锌	$\alpha-ZnS$	1.6×10^{-24}	硫酸铅	$PbSO_4$	1.6×10^{-8}
	$\beta-ZnS$	2.5×10^{-22}	硫酸银	Ag_2SO_4	1.4×10^{-5}
硫化镉	CdS	8.0×10^{-27}	亚硫酸银	Ag_2SO_3	1.5×10^{-14}

续表

难溶电解质		溶度积	难溶电解质		溶度积
名称	化学式		名称	化学式	
硫化汞	HgS(红)	4.0×10^{-53}	硫酸亚汞	Hg_2SO_4	7.4×10^{-7}
	HgS(黑)	1.6×10^{-52}	碳酸镁	$MgCO_3$	3.5×10^{-8}
硫化亚铁	FeS	6.3×10^{-18}	碳酸钙	$CaCO_3$	2.8×10^{-9}
硫化钴	α-CoS	4.0×10^{-21}	碳酸锶	$SrCO_3$	1.1×10^{-10}
	β-CoS	2.0×10^{-25}	草酸镁	$MgC_2O_4^{2)}$	8.6×10^{-5}
硫化镍	α-NiS	3.2×10^{-19}	草酸钙	$CaC_2O_4 \cdot H_2O$	2.6×10^{-9}
	β-NiS	1.0×10^{-24}	草酸钡	BaC_2O_4	1.6×10^{-7}
	γ-NiS	2.0×10^{-25}	草酸锶	$SrC_2O_4 \cdot H_2O^{2)}$	2.2×10^{-5}
氢氧化铝	Al(OH)$_3$(无定形)	1.3×10^{-33}	草酸亚铁	$FeC_2O_4 \cdot 2H_2O$	3.2×10^{-7}
氢氧化镁	Mg(OH)$_2$	1.8×10^{-11}	草酸铅	PbC_2O_4	4.8×10^{-10}
氢氧化钙	Ca(OH)$_2$	5.5×10^{-6}	六氰合铁(II)酸铁铁(III)	$Fe_4[Fe(CN)_6]_3$	3.3×10^{-41}
氢氧化亚铜	CuOH	1.0×10^{-14}	六氰合铁(II)酸铜(II)	$Cu_2[Fe(CN)_6]$	1.3×10^{-16}
氢氧化铜	Cu(OH)$_2$	2.2×10^{-20}	碘酸铜	$Cu(IO_3)_2$	7.4×10^{-8}
氢氧化银	AgOH	2.0×10^{-8}			

1）数据摘自 Dean J. A., Lange's Handbook of Chemistry, 14th ed., 8.2, New York：McGraw Hill，1992。

2)数据摘自《化学便览》基础编(II)，(改订二版)，日本化学会编，丸善株式会社，昭和50年。

附录V 一些元素的标准电极电势(298.15)

一、在酸性溶液中

电极反应	$\varphi^{\theta}(V)$	电极反应	$\varphi^{\theta}(V)$
$Li^{+}+e^{-}=Li$	-3.0401	$Cr^{3+}+e^{-}=Cr^{2+}$	-0.407
$Cs++e^{-}=Cs$	-3.026	$Cd^{2+}+2e^{-}=Cd$	-0.4030
$Rb^{+}+e^{-}=Rb$	-2.98	$Se+2H^{+}+2e-=H_2Se(aq)$	-0.399
$K^{+}+e^{-}=K$	-2.931	$PbI_2+2e^{-}=Pb+2I^{-}$	-0.365
$Ba^{2+}+2e^{-}=Ba$	-2.912	$Eu^{3+}+e^{-}=Eu^{2+}$	-0.36
$Sr^{2+}+2e^{-}=Sr$	-2.89	$PbSO_4+2e^{-}=Pb+SO_4^{2-}$	-0.3588
$Ca^{2+}+2e^{-}=Ca$	-2.868	$In^{3+}+3e^{-}=In$	-0.3382
$Na^{+}+e^{-}=Na$	-2.71	$Tl^{+}+e-=Tl$	-0.336
$La^{3+}+3e^{-}=La$	-2.379	$Co^{2+}+2e^{-}=Co$	-0.28
$Mg^{2+}+2e^{-}=Mg$	-2.372	$H_3PO_4+2H^{+}+2e^{-}=H_3PO_3+H_2O$	-0.276
$Ce^{3+}+3e^{-}=Ce$	-2.336	$PbCl_2+2e^{-}=Pb+2Cl^{-}$	-0.2675
$Y^{3+}+3e^{-}=Y$	-2.372	$Ni^{2+}+2e-=Ni$	-0.257
$AlF_6^{3-}+3e^{-}=Al+6F^{-}$	-2.069	$V^{3+}+e^{-}=V^{2+}$	-0.255
$Th^{4+}+4e-=Th$	-1.899	$H_2GeO_3+4H^{+}+4e^{-}=Ge+3H_2O$	-0.182
$Be^{2+}+2e-=Be$	-1.847	$AgI+e-=Ag+I^{-}$	-0.1522
$U^{3+}+3e^{-}=U$	-1.798	$Sn^{2+}+2e-=Sn$	-0.1375
$HfO^{2+}+2H^{+}+4e-=Hf+H_2O$	-1.724	$Pb^{2+}+2e^{-}=Pb$	-0.1262
$Al^{3+}+3e-=Al$	-1.662	$CO_2(g)+2H^{+}+2e^{-}=CO+H_2O$	-0.12
$Ti^{2+}+2e-=Ti$	-1.630	$P(white)+3H^{+}+3e^{-}=PH_3(g)$	-0.063
$ZrO_2+4H^{+}+4e^{-}=Zr+2H_2O$	-1.553	$Hg_2I_2+2e^{-}=2Hg+2I^{-}$	-0.0405
$[SiF6]^{2-}+4e-=Si+6F^{-}$	-1.24	$Fe^{3+}+3e^{-}=Fe$	-0.037
$Mn^{2+}+2e-=Mn$	-1.185	$2H^{+}+2e^{-}=H_2$	0.0000
$Cr^{2+}+2e^{-}=Cr$	-0.913	$AgBr+e^{-}=Ag+Br^{-}$	0.07133

续表

电极反应	$\varphi^{\theta}(V)$	电极反应	$\varphi^{\theta}(V)$
$Ti^{3+}+e^-=Ti^{2+}$	-0.9	$S_4O_6^{2-}+2e^-=2S_2O_3^{2-}$	0.08
$H_3BO_3+3H^++3e^-=B+3H_2O$	-0.8698	$TiO^{2+}+2H^++e^-=Ti^{3+}+H_2O$	0.1
$TiO_2+4H^++4e^-=Ti+2H_2O$	-0.86	$S+2H^++2e^-=H_2S(aq)$	0.142
$Te+2H^++2e^-=H_2Te$	-0.793	$Sn^{4+}+2e^-=Sn^{2+}$	0.151
$Zn^{2+}+2e^-=Zn$	-0.7618	$Sb_2O_3+6H^++6e^-=2Sb+3H_2O$	0.152
$Ta_2O_5+10H^++10e^-=2Ta+5H_2O$	-0.750	$Cu^{2+}+e^-=Cu^+$	0.153
$Cr^{3+}+3e^-=Cr$	-0.744	$BiOCl+2H^++3e^-=Bi+Cl^-+H_2O$	0.1583
$Nb_2O_5+l0H^++10e^-=2Nb+5H_2O$	-0.644	$SO_4^{2-}+4H^++2e^-=H_2SO_3+H_2O$	0.172
$As+3H^++3e^-=AsH_3$	-0.608	$SbO++2H^++3e^-=Sb+H_2O$	0.212
$U^{4+}+e^-=U^{3+}$	-0.607	$AgCl+e^-=Ag+Cl^-$	0.22233
$Ga^{3+}+3e^-=Ga$	-0.549	$HAsO_2+3H^++3e^-=As+2H_2O$	0.248
$H_3PO_2+H^++e^-=P+2H_2O$	-0.508	$Hg_2Cl_2+2e^-=2Hg+2Cl^-(饱和\ KCl)$	0.2681
$H_3PO_3+2H^++2e^-=H_3PO_2+H_2O$	-0.499	$BiO^++2H^++3e^-=Bi+H_2O$	0.320
$2CO_2+2H^++2e^-=H_2C_2O_4$	-0.49	$2HCNO+2H^++2e^-=(CN)_2+2H_2O$	0.330
$Fe^{2+}+2e^-=Fe$	-0.447	$VO^{2+}+2H^++e^-=V^{3+}+H_2O$	0.337
$Cu^{2+}+2e^-=Cu$	0.3419	$MnO_2+4H^++2e^-=Mn^{2+}+2H_2O$	1.224
$Ag_2CrO_4+2e^-=2Ag+CrO_4^{2-}$	0.4470	$O_2+4H^++4e^-=2H_2O$	1.229
$H_2SO_3+4H^++4e^-=S+3H_2O$	0.449	$Tl^{3+}+2e^-=Tl^+$	1.252
$Cu^++e^-=Cu$	0.521	$ClO_2+H^++e^-=HClO_2$	1.277
$I_2+2e^-=2I^-$	0.5355	$2HNO_2+4H^++4e^-=N_2O+3H_2O$	1.297
$I_3^-+2e^-=3I^-$	0.536	$Cr_2O_7^{2-}+14H^++6e^-=2Cr^{3+}+7H_2O$	1.33
$H_3AsO_4+2H^++2e^-=HAsO_2+2H_2O$	0.560	$HBrO+H^++2e^-=Br^-+H_2O$	1.331
$Sb_2O_5+6H^++4e^-=2SbO++3H_2O$	0.581	$Cl_2(g)+2e^-=2Cl^-$	1.35827
$TeO_2+4H^++4e^-=Te+2H_2O$	0.593	$ClO_4^-+8H^++8e^-=Cl^-+4H_2O$	1.389
$2HgCl_2+2e^-=Hg_2Cl_2+2Cl^-$	0.63	$ClO_4^-+8H^++7e^-=1/2Cl_2+4H_2O$	1.39
$[PtCl_6]^{2-}+2e^-=[PtCl_4]^{2-}+2Cl^-$	0.68	$Au^{3+}+2e^-=Au^+$	1.401
$O_2+2H^++2e^-=H_2O_2$	0.695	$BrO_3^-+6H^++6e^-=Br^-+3H_2O$	1.423

电极反应	$\varphi^{\theta}(V)$	电极反应	$\varphi^{\theta}(V)$
$[PtCl_4]^{2-}+2e^-=Pt+4Cl^-$	0.755	$2HIO+2H^++2e^-=I_2+2H_2O$	1.439
$H_2SeO_3+4H^++4e^-=Se+3H_2O$	0.74	$ClO_3^-+6H^++6e^-=Cl^-+3H_2O$	1.451
$Fe^{3+}+e^-=Fe^{2+}$	0.771	$PbO_2+4H^++2e^-=Pb^{2+}+2H_2O$	1.455
$Hg_2^{2+}+2e^-=2Hg$	0.7973	$ClO_3^-+6H^++5e^-=1/2Cl_2+3H_2O$	1.47
$Ag^++e^-=Ag$	0.7996	$HClO+H^++2e^-=Cl^-+H_2O$	1.482
$2NO_3^-+4H^++2e^-=N_2O_4+2H_2O$	0.803	$BrO_3^-+6H^++5e^-=1/2Br_2+3H_2O$	1.482
$Hg^{2+}+2e^-=Hg$	0.851	$Au^{3+}+3e^-=Au$	1.498
$SiO_2+4H^++4e^-=Si+2H_2O$	0.857	$MnO_4^-+8H^++5e^-=Mn^{2+}+4H_2O$	1.507
$Cu^{2+}+I^-+e^-=CuI$	0.86	$Mn^{3+}+e^-=Mn^{2+}$	1.5415
$NO_3^-+3H^++2e^-=HNO_2+H_2O$	0.934	$HClO_2+3H^++4e^-=Cl^-+2H_2O$	1.570
$Pd^{2+}+2e^-=Pd$	0.951	$HBrO+H^++e^-=1/2Br_2(aq)+H_2O$	1.574
$NO_3^-+4H^++3e^-=NO+2H_2O$	0.957	$2NO+2H^++2e^-=N_2O+H_2O$	1.591
$HNO_2+H^++e^-=NO+H_2O$	0.983	$H_5IO_6+H^++2e^-=IO_3^-+3H_2O$	1.601
$HIO+H^++2e^-=I^-+H_2O$	0.987	$HClO+H^++e^-=1/2Cl_2+H_2O$	1.611
$VO_2^++2H^++e^-=VO^{2+}+H_2O$	0.991	$HClO_2+2H^++2e^-=HClO+H_2O$	1.645
$[AuCl_4]^-+3e^-=Au+4Cl^-$	1.002	$MnO_4^-+4H^++3e^-=MnO_2+2H_2O$	1.679
$N_2O_4+4H^++4e^-=2NO+2H_2O$	1.035	$Au^++e-=Au$	1.692
$N_2O_4+2H^++2e^-=2HNO_2$	1.065	$Ce^{4+}+e-=Ce^{3+}$	1.72
$IO_3^-+6H^++6e^-=I^-+3H_2O$	1.085	$N_2O+2H^++2e^-=N_2+H_2O$	1.766
$Br_2(aq)+2e^-=2Br^-$	1.0873	$H_2O_2+2H^++2e^-=2H_2O$	1.776
$SeO_4^{2-}+4H^++2e^-=H_2SeO_3+H_2O$	1.151	$Co^{3+}+e^-=Co^{2+}(2mol \cdot L^{-1} H_2SO_4)$	1.83
$ClO_3^-+2H^++e^-=ClO_2+H_2O$	1.152	$S_2O_8^{2-}+2e^-=2SO_4^{2-}$	2.010
$Pt^{2+}+2e^-=Pt$	1.18	$O_3+2H^++2e^-=O_2+H_2O$	2.076
$ClO_4^-+2H^++2e^-=ClO_3^-+H_2O$	1.189	$F_2O+2H^++4e^-=H_2O+2F^-$	2.153
$2IO_3^-+12H^++10e^-=I_2+6H_2O$	1.195	$F_2+2e^-=2F^-$	2.866
$ClO_3^-+3H^++2e^-=HClO_2+H_2O$	1.214	$F_2+2H^++2e^-=2HF$	3.053

二、在碱性溶液中

电极反应	$\varphi^\theta(V)$	电极反应	$\varphi^\theta(V)$
$Ca(OH)_2+2e^-=Ca+2OH^-$	-3.02	$Cu(OH)_2+2e^-=Cu+2OH^-$	-0.222
$Ba(OH)_2+2e^-=Ba+2OH^-$	-2.99	$CrO_4^{2-}+4H_2O+3e^-=Cr(OH)_3+5OH^-$	-0.13
$Mg(OH)_2+2e^-=Mg+2OH^-$	-2.690	$[Cu(NH_3)_2]^++e^-=Cu+2NH_3$	-0.12
$Be_2O_3^{2-}+3H_2O+4e^-=2Be+6OH^-$	-2.63	$O_2+H_2O+2e^-=HO_2^-+OH^-$	-0.076
$H_2AlO_3^-+H_2O+3e^-=Al+4OH^-$	-2.33	$AgCN+e^-=Ag+CN^-$	-0.017
$Mn(OH)_2+2e^-=Mn+2OH$	-1.56	$NO_3^-+H_2O+2e^-=NO_2^-+2OH^-$	0.01
$Cr(OH)_3+3e^-=Cr+3OH^-$	-1.48	$Pd(OH)_2+2e^-=Pd+2OH^-$	0.07
$[Zn(CN)_4]^{2-}+2e^-=Zn+4CN^-$	-1.26	$S_4O_6^{2-}+2e^-=2S_2O_3^{2-}$	0.08
$ZnO+H_2O+2e^-=Zn+2OH^-$	-1.249	$HgO+H_2O+2e^-=Hg+2OH^-$	0.0977
$ZnO_2^{2-}+2H_2O+2e^-=Zn+4OH^-$	-1.215	$[Co(NH_3)_6]^{3+}+e^-=[Co(NH_3)_6]^{2+}$	0.108
$CrO_2^-+2H_2O+3e^-=Cr+4OH^-$	-1.2	$Pt(OH)_2+2e^-=Pt+2OH^-$	0.14
$Te+2e^-=Te^{2-}$	-1.143	$Co(OH)_3+e^-=Co(OH)_2+OH^-$	0.17
$PO_4^{3-}+2H_2O+2e^-=HPO_3^{2-}+3OH^-$	-1.05	$PbO_2+H_2O+2e^-=PbO+2OH^-$	0.247
$[Zn(NH_3)_4]^{2+}+2e^-=Zn+4NH_3$	-1.04	$IO_3^-+3H_2O+6e^-=I^-+6OH^-$	0.26
$SO_4^{2-}+H_2O+2e^-=SO_3^{2-}+2OH^-$	-0.93	$ClO_3^-+H_2O+2e^-=ClO_2^-+2OH^-$	0.33
$Se+2e^-=Se^{2-}$	-0.924	$Ag_2O+H_2O+2e^-=2Ag+2OH^-$	0.342
$HSnO_2^-+H_2O+2e^-=Sn+3OH^-$	-0.909	$[Fe(CN)_6]^{3-}+e^-=[Fe(CN)_6]^{4-}$	0.358
$P+3H_2O+3e^-=PH_3(g)+3OH^-$	-0.87	$ClO_4^-+H_2O+2e^-=ClO_3^-+2OH^-$	0.36
$2NO_3^-+2H_2O+2e^-=N_2O_4+4OH^-$	-0.85	$[Ag(NH_3)_2]^++e^-=Ag+2NH_3$	0.373
$2H_2O+2e^-=H_2+2OH^-$	-0.8277	$O_2+2H_2O+4e^-=4OH^-$	0.401
$Cd(OH)_2+2e^-=Cd(Hg)+2OH^-$	-0.809	$IO^-+H_2O+2e^-=I^-+2OH^-$	0.485
$Co(OH)_2+2e^-=Co+2OH^-$	-0.73	$NiO_2+2H_2O+2e^-=Ni(OH)_2+2OH^-$	0.490
$Ni(OH)2+2e^-=Ni+2OH^-$	-0.72	$MnO_4^-+e^-=MnO_4^{2-}$	0.558
$AsO_4^{3-}+2H_2O+2e^-=AsO_2^-+4OH^-$	-0.71	$MnO_4^-+2H_2O+3e^-=MnO_2+4OH^-$	0.595
$Ag_2S+2e^-=2Ag+S^{2-}$	-0.691	$MnO_4^{2-}+2H_2O+2e^-=MnO_2+4OH^-$	0.60

电极反应	$\varphi^{\theta}(V)$	电极反应	$\varphi^{\theta}(V)$
$AsO_{2-}+2H_2O+3e^-=As+4OH^-$	-0.68	$2AgO+H_2O+2e^-=Ag_2O+2OH^-$	0.607
$2SO_3^{2-}+3H_2O+4e^-=S_2O_3^{2-}+6OH^-$	-0.58	$BrO_3^-+3H_2O+6e^-=Br^-+6OH^-$	0.61
$Fe(OH)_3+e^-=Fe(OH)_2+OH^-$	-0.56	$ClO_3^-+3H_2O+6e^-=Cl-+6OH^-$	0.62
$S+2e^-=S^{2-}$	-0.4763	$ClO_2^-+H_2O+2e^-=ClO^-+2OH^-$	0.66
$Bi_2O_3+3H_2O+6e^-=2Bi+6OH^-$	-0.6	$H_3IO_6^{2-}+2e^-=IO_3^-+3OH^-$	0.7
$NO_2^-+H_2O+e^-=NO+2OH^-$	-0.46	$ClO_2^-+2H_2O+4e^-=Cl^-+4OH^-$	0.76
$[Co(NH_3)_6]^{2+}+2e^-=Co+6NH_3$	-0.422	$BrO^-+H_2O+2e^-=Br^-+2OH^-$	0.761
$Cu_2O+H_2O+2e-=2Cu+2OH^-$	-0.360	$ClO_2(g)+e^-=ClO_2^-$	0.95
$[Ag(CN)_2]-+e^-=Ag+2CN^-$	-0.31	$O_3+H_2O+2e^-=O_2+2OH^-$	

附录Ⅵ　一些氧化还原电对的条件电极电势 $\varphi^{\theta'}$(298.15K)

电极反应	$\varphi^{\theta'}$(V)	介质
$Ag+e^-=Ag$	2.00	$4mol \cdot L^{-1}HClO_4$
	1.93	$3mol \cdot L^{-1}HNO_3$
$Ce(Ⅳ)+e^-=Ce(Ⅲ)$	1.74	$1mol \cdot L^{-1}HClO_4$
	1.45	$0.5mol \cdot L^{-1}H_2SO_4$
	1.28	$1mol \cdot L^{-1}HCl$
	1.60	$1mol \cdot L^{-1}HNO_3$
$Co(Ⅲ)+e^-=Co(Ⅱ)$	1.95	$4mol \cdot L^{-1}HClO_4$
	1.86	$1mol \cdot L^{-1}HNO_3$
$Cr_2O_7^{2-}+14H^++6e=2Cr^{3+}+7H_2O$	1.03	$1mol \cdot L^{-1}HClO_4$
	1.15	$4mol \cdot L^{-1}H_2SO_4$
	1.00	$1mol \cdot L^{-1}HCl$
$Fe(Ⅲ)+e^-=Fe(Ⅱ)$	0.75	$1mol \cdot L^{-1}HClO_4$
	0.70	$1mol \cdot L^{-1}HCl$
	0.68	$1mol \cdot L^{-1}H_2SO$
	0.51	$1mol \cdot L^{-1}HCl-0.5mol \cdot L^{-1}H_3PO_4$
$[Fe(CN)_6]^{3-}+e^-=[Fe(CN)_6]^{4-}$	0.56	$0.1mol \cdot L^{-1}HCl$
	0.72	$1mol \cdot L^{-1}HClO_4$
$I_3^-+2e^-=3I^-$	0.545	$0.5mol \cdot L^{-1}H_2SO_4$
$Sn(Ⅳ)+2e^-=Sn(Ⅱ)$	0.14	$1mol \cdot L^{-1}HCl$
$Sb(Ⅴ)+2e^-=SbⅢ)$	0.75	$3.5mol \cdot L^{-1}HCl$
$SbO_3^-+H_2O+2e=SbO_2^-+2OH^-$	−0.43	$3mol \cdot L^{-1}KOH$
$Ti(Ⅳ)+e^-=Ti(Ⅲ)$	−0.01	$0.2mol \cdot L^{-1}H_2SO_4$
	0.15	$5mol \cdot L^{-1}H_2SO_4$
	0.10	$3mol \cdot L^{-1}HCl$
$V(Ⅴ)+e^-=V(Ⅳ)$	0.94	$1mol \cdot L^{-1}H_3PO_4$
$U(Ⅳ)+2e^-=U(Ⅲ)$	0.35	$1mol \cdot L^{-1}HCl$

附录Ⅶ　常见配离子的稳定常数 K_f^θ（298.15K）

配离子	K_f^θ	配离子	K_f^θ	配离子	K_f^θ
$[Ag(CN)_2]^-$	1.3×10^{21}	$[Cu(CN)_2]^-$	1.0×10^{24}	$[Pb(OH)_3]^-$	8.27×10^{13}
$[Ag(NH_3)_2]^+$	1.1×10^7	$[Cu(CN)_4]^{3-}$	2.0×10^{30}	$[Pb(CH_3COO)_4]^{2-}$	3×10^8
$[Ag(SCN)_2]^-$	3.7×10^7	$[Cu(C_2O_4)_2]^{2-}$	2.35×10^9	$[Pb(CN)_4]^{2-}$	1.0×10^{11}
$[Ag(S_2O_3)_2]^{3-}$	2.9×10^{13}	$[Cu(NH_3)_4]^{2+}$	2.1×10^{13}	$[PbI_4]^{2-}$	1.66×10^4
$[Al(C_2O_4)_3]^{3-}$	2.0×10^{16}	$[Cu(CNS)_4]^{3-}$	8.66×10^9	$[Pd(CN)_4]^{2-}$	5.20×10^{41}
$[Al(OH)_4]^-$	3.31×10^{33}	$[Fe(CN)_6]^{4-}$	1.0×10^{35}	$[Pd(CNS)_4]^{2-}$	9.43×10^{23}
$[AlF_6]^{3-}$	6.9×10^{19}	$[Fe(CN)_6]^{3-}$	1.0×10^{42}	$[Pd(NH_3)_4]^{2+}$	3.10×10^{25}
$[Cd(CN)_4]^{2-}$	6.0×10^{18}	$[Fe(C_2O_4)_3]^{3-}$	2.0×10^{20}	$[PdI_4]^{2-}$	4.36×10^{22}
$[Cd(NH_3)_4]^{2+}$	1.3×10^7	$[Fe(NCS)]^{2+}$	2.2×10^3	$[PtCl_4]^{2-}$	9.86×10^{15}
$[Cd(OH)_4]^{2-}$	1.20×10^9	$[FeF_6]^{3-}$	1.13×10^{12}	$[Pt(NH_3)_4]^{2+}$	2.18×10^{35}
$[CdCl_4]^{2-}$	6.3×10^2	$[HgCl_4]^{2-}$	1.2×10^{15}	$[Zn(CN)_4]^{2-}$	5×10^{16}
$[Cd(SCN)_4]^{2-}$	4.0×10^3	$[Hg(CNS)_4]^{2-}$	4.98×10^{21}	$[Zn(C_2O_4)_2]^{2-}$	4.0×10^7
$[Co(NH_3)_6]^{2+}$	1.3×10^5	$[Hg(NH_3)_4]^{2+}$	1.9×10^{19}	$[Zn(CNS)_4]^{2-}$	19.6
$[Co(NH_3)_6]^{3+}$	2×10^{35}	$[Ni(CN)_4]^{2-}$	2.0×10^{31}	$[Zn(NH_3)_4]^{2+}$	2.9×10^9
$[Co(NCS)_4]^{2+}$	1.0×10^3	$[Ni(NH_3)_4]^{2+}$	9.1×10^7	$[Zn(OH)_4]^{2-}$	4.6×10^{17}

附录Ⅷ　一些金属离子 EDTA 配合物的 $\lg K^\theta$(MY)（$I=0.1$，293~298K）

离子	$\lg K^\theta$	离子	$\lg K^\theta$	离子	$\lg K^\theta$	离子	$\lg K^\theta$
Ag^+	7.32	Er^{3+}	18.85	Mg^{2+}	8.7	Sr^{2+}	8.73
Al^{3+}	16.3	Eu^+	17.35	Mn^{2+}	13.87	Tb^{3+}	17.67
Ba^{2+}	7.86	Fe^{2+}	14.32	Mo^{2+}	28	Th^{4+}	23.2
Be^{2+}	9.3	Fe^{3+}	25.1	Na^+	1.66	Ti^{3+}	21.3
Bi^{3+}	27.94	Ga^{3+}	20.3	Nd^{3+}	16.6	TiO^{2+}	17.3
Ca^{2+}	10.69	Gd^{3+}	17.37	Ni^{2+}	18.62	Tl^{3+}	37.8
Cd^{2+}	16.46	HfO^{2+}	19.1	Pb^{2+}	18.04	Tm^{3+}	19.07
Ce^{3+}	15.98	Hg^{2+}	21.7	Pd^{2+}	18.5	U(IV)	25.8
Co^{2+}	16.31	Ho^{3+}	18.7	Pm^{2+}	16.75	VO^{2+}	18.8
Co^{3+}	36	In^{3+}	25.0	Pr^{3+}	16.40	Y^{3+}	18.09
Cr^{3+}	23.4	La^{3+}	15.50	Sc^{3+}	23.1	Yb^{3+}	19.57
Cu^{2+}	18.80	Li^+	2.79	Sm^{3+}	17.14	Zn^{2+}	16.50
Dy^{3+}	18.30	Lu^{3+}	19.83	Sn^{2+}	22.11	ZrO^{2+}	29.5

附录Ⅸ EDTA 滴定中常用的掩蔽剂

掩蔽剂	掩蔽离子	测定离子	pH	指示剂	备注
二巯基丙醇（BAL）	Ag^+、As^{3+}、Bi^{3+}、Cd^{2+}、Hg^{2+}、Pb^{2+}、Sb^{3+}、Sn^{4+}、Co^{2+}、Cu^{2+}、Ni^{2+}	Ca^{2+}、Mg^{2+}、Mn^{2+}	10	铬黑T	Co^{2+}、Cu^{2+}、Ni^{2+} 与 BAL 的配合物有颜色
三乙醇胺（TEA）	Al^{3+} Al^{3+}、Fe^{3+}、Mn^{2+} Al^{3+}、Fe^{3+}、Tl^{3+}、Mn^{2+} Al^{3+}、Fe^{2+}、Sn^{4+}、Ti^{2+}	Mg^{2+}、Zn^{2+} Ca^{2+} Ca^{2+} Ni^{2+} Cd^{2+} Mg^{2+}、Mn^{2+}、Pb^{2+}、Zn^{2+}	10 碱性 >12 10 10	铬黑T Cu-PAN 紫脲酸铵或钙指示剂 紫脲酸铵 铬黑T	
酒石酸盐	Al^{3+} Al^{3+}、Fe^{3+} Al^{3+}、Fe^{3+}、少量 Ti^{4+}	Zn^{2+} Ca^{2+}、Mn^{2+} Ca^{2+}	5.2 10 >12	二甲酚橙 Cu-PAN 钙黄绿素或钙指示剂	
柠檬酸	少量 Al^{3+} Fe^{3+}	Zn^{2+} Ca^{2+}、Mn^{2+} Ca^{2+}	8.5~9.5 8.5	铬黑T 萘基偶氮羟啉S	30℃ 丙酮（黄→粉红） 测定 Cu^{2+} 和 Pb^{2+} 时加入 Cu-EDTA
氰化物	Ag^+、Cd^{2+}、Co^{2+}、Cu^{2+}、Fe^{2+}、Hg^{2+}、Ni^{2+}、Zn^{2+} 和铂系金属	Ba^{2+}、Sr^{2+}、Ca^{2+} Mg^{2+} Mg^{2+}、Ca^{2+} Mn^{2+}、Pb^{2+}	10.5~11 >12 10 10	金属酞 钙指示剂 铬黑T 铬红B	50%甲醇溶液
氟化物	Al^{3+} Al^{3+}、Fe^{3+}	Cu^{2+} Zn^{2+} Cu^{2+}	3~3.5 5~6 6~6.5	萘基偶氮羟啉S 二甲酚橙 铬天菁S	氟化物又是沉淀掩蔽剂
碘化钾	Hg^{2+}	Cu^{2+} Zn^{2+}	7 6.4	PAN 萘基偶氮羟啉S	70℃

附录 X　常见化合物的相对分子质量

化合物	相对分子质量	化合物	相对分子质量
Ag_3AsO_4	462.52	$Ce(SO_4)_2$	332.24
$AgBr$	187.77	$Ce(SO_4)_2 \cdot 4H_2O$	404.30
$AgCl$	143.32	$CoCl_2$	129.84
$AgCN$	133.89	$CoCl_2 \cdot 6H_2O$	237.93
$AgSCN$	165.95	$Co(NO_3)_2$	181.56
Ag_2CrO_4	331.73	$Co(NO_3)_2 \cdot 6H_2O$	291.03
AgI	234.77	CoS	90.99
$AgNO_3$	169.87	$CoSO_4$	154.99
$AlCl_3$	133.34	$CoSO_4 \cdot 7H_2O$	281.10
$AlCl_3 \cdot 6H_2O$	241.43	$CO(NH_2)_2$	60.06
$Al(NO_3)_3$	213.01	$CrCl_3$	158.36
$Al(NO_3)_3 \cdot 9H_2O$	375.13	$CrCl_3 \cdot 6H_2O$	266.45
Al_2O_3	101.96	$Cr(NO_3)_3$	238.01
$Al(OH)_3$	78.00	Cr_2O_3	151.99
$Al_2(SO_4)_3$	342.14	$CuCl$	99.00
$Al_2(SO_4)_3 \cdot 18H_2O$	666.41	$CuCl_2$	134.45
As_2o_3	197.84	$CuCl_2 \cdot 2H_2O$	170.48
As_2O_5	229.84	$CuSCN$	121.62
As_2S_3	246.02	CuI	190.45
$BaCO_3$	197.34	$Cu(NO_3)_2$	187.56
BaC_2O_4	225.35	$Cu(NO_3)_2 \cdot 3H_2O$	241.60
$BaCl_2$	208.42	CuO	79.55
$BaCl_2 \cdot 2H_2O$	244.27	Cu_2O	143.09
$BaCrO_4$	253.32	CuS	95.61
BaO	153.33	$CuSO_4$	159.06
$Ba(OH)_2$	171.34	$CuSO_4 \cdot 5H_2O$	249.68
$BaSO_4$	233.39	$FeCl_2$	126.75
$BiCl_3$	315.34	$FeCl_2 \cdot 4H_2O$	198.81
$BiOCl$	260.43	$FeCl_3$	162.21
CO_2	44.01	$FeCl_3 \cdot 6H_2O$	270.30
CaO	56.08	$FeNH_4(SO_4)_2 \cdot 12H_2O$	482.18
$CaCO_3$	100.09	$Fe(NO_3)_3$	241.86
CaC_2O_4	128.10	$Fe(NO_3)_3 \cdot 9H_2O$	404.00
$CaCl_2$	110.99	FeO	71.85

化合物	相对分子质量	化合物	相对分子质量
$CaCl_2 \cdot 6H_2O$	219.08	Fe_2O_3	159.69
$Ca(NO_3)_2 \cdot 4H_2O$	236.15	Fe_3O_4	231.54
$Ca(OH)_2$	74.10	$Fe(OH)_3$	106.87
$Ca_3(PO_4)_2$	310.18	FeS	87.91
$CaSO_4$	136.14	Fe_2S_3	207.87
$CdCO_3$	172.42	$FeSO_4$	151.91
$CdCl_2$	183.32	$FeSO_4 \cdot 7H_2O$	278.01
CdS	144.47	$Fe(NH_4)_2(SO_4)_2 \cdot 6H_2O$	392.13
H_3AsO_3	125.94	$K_3Fe(CN)_6$	329.25
H_3AsO_4	141.94	$K_4Fe(CN)_6$	368.35
H_3BO_3	61.83	$KFe(SO_4)_2 \cdot 12H_2O$	503.24
HBr	80.91	$KHC_2O_4 \cdot H_2O$	146.14
HCN	27.03	$KHC_2O_4 \cdot H_2C_2O_4 \cdot 2H_2O$	254.19
$HCOOH$	46.03	$KHC_4H_4O_6$	188.18
CH_3COOH	60.05	$KHSO_4$	136.16
H_2CO_3	62.03	KI	166.00
$H_2C_2O_4$	90.04	KIO_3	214.00
$H_2C_2O_4 \cdot 2H_2O$	126.07	$KIO_3 \cdot HIO_3$	389.91
HCl	36.46	$KMnO_4$	158.03
HF	20.01	$KNaC_4H_4O_6 \cdot 4H_2O$	282.22
HI	127.91	KNO_3	101.10
HIO_3	175.91	KNO_2	85.10
HNO_3	63.01	K_2O	94.20
HNO_2	47.01	KOH	56.11
H_2O	18.015	K_2SO_4	174.25
H_2O_2	34.02	$MgCO_3$	84.31
H_3PO_4	98.00	$MgCl_2$	95.21
H_2S	34.08	$MgCl_2 \cdot 6H_2O$	203.30
H_2SO_3	82.07	MgC_2O_4	112.33
H_2SO_4	98.07	$Mg(NO_3)_2 \cdot 6H_2O$	256.41
$Hg(CN)_2$	252.63	$MgNH_4PO_4$	137.32
$HgCl_2$	271.50	MgO	40.30
Hg_2Cl_2	472.09	$Mg(OH)_2$	58.32
HgI_2	454.40	$Mg_2P_2O_7$	222.55
$Hg_2(NO_3)_2$	525.19	$MgSO_4 \cdot 7H_2O$	246.47
$Hg_2(NO_3)_2 \cdot 2H_2O$	561.22	$MnCO_3$	114.95
$Hg(NO_3)_2$	324.60	$MnCl_2 \cdot 4H_2O$	197.91

化合物	相对分子质量	化合物	相对分子质量
HgO	261.59	$Mn(NO_3)_2 \cdot 6H_2O$	287.04
HgS	232.65	MnO	70.94
$HgSO_4$	296.65	MnO_2	86.94
Hg_2SO_4	497.24	MnS	87.00
$KAl(SO_4)_2 \cdot 12H_2O$	474.38	$MnSO_4$	151.00
KBr	119.00	$MnSO_4 \cdot 4H_2O$	223.06
$KBrO_3$	167.00	NO	30.01
KCl	74.55	NO_2	46.01
$KClO_3$	122.55	NH_3	17.03
$KClO_4$	138.55	CH_3COONH_4	77.08
KCN	65.12	NH_4Cl	53.49
$KSCN$	97.18	$(NH_4)_2CO_3$	96.09
K_2CO_3	138.21	$(NH_4)_2C_2O_4$	124.10
K_2CrO_4	194.19	$(NH_4)_2C_2O_4 \cdot H_2O$	142.11
$K_2Cr_2O_7$	294.18	NH_4SCN	76.12
NH_4HCO_3	79.06	$PbCl_2$	278.11
$(NH_4)_2MoO_4$	196.01	$PbCrO_4$	323.19
NH_4NO_3	80.04	$Pb(CH_3COO)_2$	325.29
$(NH_4)_2HPO_4$	132.06	$Pb(CH_3COO)_2 \cdot 3H_2O$	379.34
$(NH_4)_2S$	68.14	PbI_2	461.01
$(NH_4)_2SO_4$	132.13	$Pb(NO_3)_2$	331.21
NH_4VO_3	116.98	PbO	223.20
Na_3AsO_3	191.89	PbO_2	239.20
$Na_2B_4O_7$	201.22	$Pb_3(PO_4)_2$	811.54
$Na_2B_4O_7 \cdot 10H_2O$	381.37	PbS	239.26
$NaBiO_3$	279.97	$PbSO_4$	303.26
$NaCN$	49.01	SO_3	80.06
$NaSCN$	81.07	SO_2	64.06
Na_2CO_3	105.99	$SbCl_3$	228.11
$Na_2CO_3 \cdot 10H_2O$	286.14	$SbCl_5$	299.02
$Na_2C_2O_4$	134.00	Sb_2O_3	291.50
CH_3COONa	82.03	Sb_2S_3	339.68
$CH_3COONa \cdot 3H_2O$	136.08	SiF_4	104.08
$NaCl$	58.44	SiO_2	60.08
$NaClO$	74.44	$SnCl_2$	189.60
$NaHCO_3$	84.01	$SnCl_2 \cdot 2H_2O$	225.63
$Na_2HPO_4 \cdot 12H_2O$	358.14	$SnCl_4$	260.50

续表

化合物	相对分子质量	化合物	相对分子质量
$Na_2H_2Y \cdot 2H_2O$	372.24	$SnCl_4 \cdot 5H_2O$	350.58
$NaNO_2$	69.00	SnO_2	150.69
$NaNO_3$	85.00	SnS_2	150.75
Na_2O	61.98	$SrCO_3$	147.63
Na_2O_2	77.98	SrC_2O_4	175.64
$NaOH$	40.00	$SrCrO_4$	203.61
Na_3PO_4	163.94	$Sr(NO_3)_2$	211.63
Na_2S	78.04	$Sr(NO_3)_2 \cdot 4H_2O$	283.69
$Na_2S \cdot 9H_2O$	240.18	$SrSO_4$	183.69
Na_2SO_3	126.04	$UO_2(CH_3COO)_2 \cdot 2H_2O$	424.15
Na_2SO_4	142.04	$ZnCO_3$	125.39
$Na_2S_2O_3$	158.10	ZnC_2O_4	153.40
$Na_2S_2O_3 \cdot 5H_2O$	248.17	$ZnCl_2$	136.29
$NiCl_2 \cdot 6H_2O$	237.70	$Zn(CH_3COO)_2$	183.47
NiO	74.70	$Zn(CH_3COO)_2 \cdot 2H_2O$	219.50
$Ni(NO_3)_2 \cdot 6H_2O$	290.80	$Zn(NO_3)_2$	189.39
Ni	90.76	$Zn(NO_3)_2 \cdot 6H_2O$	297.48
$NiSO_4 \cdot 7H_2O$	280.86	ZnO	81.38
P_2O_5	141.95	ZnS	97.44
$PbCO_3$	267.21	$ZnSO_4$	161.44
PbC_2O_4	295.22	$ZnSO_4 \cdot 7H_2O$	287.55

元素周期表

说明（图例）：

- 92 U — 原子序数、元素符号
- 铀 — 元素名称（注*的是人造元素）
- $5f^36d^17s^2$ — 外围电子层排布，括号指可能的电子层排布
- 238.0 — 相对原子质量（加括号的数据为该放射性元素半衰期最长同位素的质量数）

图例：金属　惰性气体　非金属　过渡元素

注：
相对原子质量录自 1999 年国际原子量表，非全部取 4 位有效数字。

周期	IA	IIA	IIIB	IVB	VB	VIB	VIIB	VIII			IB	IIB	IIIA	IVA	VA	VIA	VIIA	0
1	1 H 氢 $1s^1$ 1.008																	2 He 氦 $1s^2$ 4.003
2	3 Li 锂 $2s^1$ 6.941	4 Be 铍 $2s^2$ 9.012											5 B 硼 $2s^22p^1$ 10.81	6 C 碳 $2s^22p^2$ 12.01	7 N 氮 $2s^22p^3$ 14.01	8 O 氧 $2s^22p^4$ 16.00	9 F 氟 $2s^22p^5$ 19.00	10 Ne 氖 $2s^22p^6$ 20.18
3	11 Na 钠 $3s^1$ 22.99	12 Mg 镁 $3s^2$ 24.31											13 Al 铝 $3s^23p^1$ 26.98	14 Si 硅 $3s^23p^2$ 28.09	15 P 磷 $3s^23p^3$ 30.97	16 S 硫 $3s^23p^4$ 32.06	17 Cl 氯 $3s^23p^5$ 35.45	18 Ar 氩 $3s^23p^6$ 39.95
4	19 K 钾 $4s^1$ 39.10	20 Ca 钙 $4s^2$ 40.08	21 Sc 钪 $3d^14s^2$ 44.96	22 Ti 钛 $3d^24s^2$ 47.88	23 V 钒 $3d^34s^2$ 50.94	24 Cr 铬 $3d^54s^1$ 52.00	25 Mn 锰 $3d^54s^2$ 54.94	26 Fe 铁 $3d^64s^2$ 55.85	27 Co 钴 $3d^74s^2$ 58.93	28 Ni 镍 $3d^84s^2$ 58.69	29 Cu 铜 $3d^{10}4s^1$ 63.55	30 Zn 锌 $3d^{10}4s^2$ 65.38	31 Ga 镓 $4s^24p^1$ 69.72	32 Ge 锗 $4s^24p^2$ 72.59	33 As 砷 $4s^24p^3$ 74.92	34 Se 硒 $4s^24p^4$ 78.96	35 Br 溴 $4s^24p^5$ 79.90	36 Kr 氪 $4s^24p^6$ 83.80
5	37 Rb 铷 $5s^1$ 85.47	38 Sr 锶 $5s^2$ 87.62	39 Y 钇 $4d^15s^2$ 88.91	40 Zr 锆 $4d^25s^2$ 91.22	41 Nb 铌 $4d^45s^1$ 92.91	42 Mo 钼 $4d^55s^1$ 95.94	43 Tc 锝 $4d^55s^2$ [98]	44 Ru 钌 $4d^75s^1$ 101.1	45 Rh 铑 $4d^85s^1$ 102.9	46 Pd 钯 $4d^{10}$ 106.4	47 Ag 银 $4d^{10}5s^1$ 107.9	48 Cd 镉 $4d^{10}5s^2$ 112.4	49 In 铟 $5s^25p^1$ 114.8	50 Sn 锡 $5s^25p^2$ 118.7	51 Sb 锑 $5s^25p^3$ 121.8	52 Te 碲 $5s^25p^4$ 127.6	53 I 碘 $5s^25p^5$ 126.9	54 Xe 氙 $5s^25p^6$ 131.3
6	55 Cs 铯 $6s^1$ 132.9	56 Ba 钡 $6s^2$ 137.3	57~71 La~Lu 镧系	72 Hf 铪 $5d^26s^2$ 178.5	73 Ta 钽 $5d^36s^2$ 180.9	74 W 钨 $5d^46s^2$ 183.9	75 Re 铼 $5d^56s^2$ 186.2	76 Os 锇 $5d^66s^2$ 190.2	77 Ir 铱 $5d^76s^2$ 192.2	78 Pt 铂 $5d^96s^1$ 195.1	79 Au 金 $5d^{10}6s^1$ 197.0	80 Hg 汞 $5d^{10}6s^2$ 200.6	81 Tl 铊 $6s^26p^1$ 204.4	82 Pb 铅 $6s^26p^2$ 207.2	83 Bi 铋 $6s^26p^3$ 209.0	84 Po 钋 $6s^26p^4$ [209]	85 At 砹 $6s^26p^5$ [210]	86 Rn 氡 $6s^26p^6$ [222]
7	87 Fr 钫 $7s^1$ [223]	88 Ra 镭 $7s^2$ [226]	89~103 Ac~Lr 锕系	104 Rf 𬬻* $6d^27s^2$ [261]	105 Db 𬭊* $6d^37s^2$ [262]	106 Sg 𬭳* $6d^47s^2$ [263]	107 Bh 𬭛* [264]	108 Hs 𬭶* [265]	109 Mt 鿏* [265]	110 Uun * [269]	111 Uuu * [272]	111 Uub * [277]						

镧系：

57 La 镧 $5d^16s^2$ 138.9	58 Ce 铈 $4f^15d^16s^2$ 140.1	59 Pr 镨 $4f^36s^2$ 140.9	60 Nd 钕 $4f^46s^2$ 144.2	61 Pm 钷 $4f^56s^2$ [145]	62 Sm 钐 $4f^66s^2$ 150.4	63 Eu 铕 $4f^76s^2$ 152.0	64 Gd 钆 $4f^75d^16s^2$ 157.3	65 Tb 铽 $4f^96s^2$ 158.9	66 Dy 镝 $4f^{10}6s^2$ 162.5	67 Ho 钬 $4f^{11}6s^2$ 164.9	68 Er 铒 $4f^{12}6s^2$ 167.3	69 Tm 铥 $4f^{13}6s^2$ 168.9	70 Yb 镱 $4f^{14}6s^2$ 173.0	71 Lu 镥 $4f^{14}5d^16s^2$ 175

锕系：

89 Ac 锕 $6d^17s^2$ [227]	90 Th 钍 $6d^27s^2$ 232.0	91 Pa 镤 $5f^26d^17s^2$ 231.0	92 U 铀 $5f^36d^17s^2$ 238.0	93 Np 镎 $5f^46d^17s^2$ 237.0	94 Pu 钚* $5f^67s^2$ [244]	95 Am 镅* $5f^77s^2$ [243]	96 Cm 锔* $5f^76d^17s^2$ [247]	97 Bk 锫* $5f^97s^2$ [247]	98 Cf 锎* $5f^{10}7s^2$ [251]	99 Es 锿* $5f^{11}7s^2$ [252]	100 Fm 镄* $5f^{12}7s^2$ [257]	101 Md 钔* $5f^{13}7s^2$ [258]	102 No 锘* $5f^{14}7s^2$ [259]	103 Lr 铹* $5f^{14}6d^17s^2$ [262]